岳城水库溢洪道（来源：漳卫南局网站）

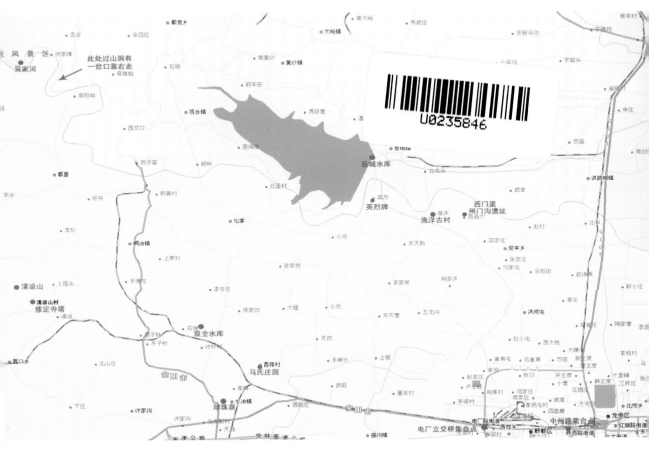

岳城水库位置概略图

航拍岳城水库大坝（来源：网上搜索航片图）

岳城水库全貌（来源：谷歌截图）

改建后溢洪道及主坝左坝肩

改建后溢洪道交通桥

改建后的溢洪道

2010年12月除险加固工程竣工验收会议现场

岳城水库除险加固工程
地质勘察与研究

高玉生　黄向春　杜长青　牛世豫

王晓燕　程汝恩　韩治国　　　编著

黄河水利出版社

·郑州·

内 容 提 要

本书共分 13 章,主要包括岳城水库概况、岳城水库工程地质条件、水库蓄水初期出现的主要病险问题、抗震加固和提高防洪标准及大坝加高、首次安全鉴定、主坝散浸问题、主坝右岸坝段坝基渗漏问题、大副坝坝后排水暗管涌砂问题、溢洪道除险加固、库区库岸稳定、天然建筑材料、有关地质问题评述、病险水库地质勘察与思考等内容。

该书内容丰富,实用性强,对类似工程具有一定的指导作用,可供工程技术人员进行病险水库除险加固工程地质勘察设计与技术管理时参阅。

图书在版编目(CIP)数据

岳城水库除险加固工程地质勘察与研究/高玉生等编著.—郑州:黄河水利出版社,2011.11

ISBN 978 - 7 - 5509 - 0143 - 8

Ⅰ.①岳… Ⅱ.①高… Ⅲ.①病险水库 – 加固 – 工程地质勘察 – 磁县 Ⅳ.①TV698.2

中国版本图书馆 CIP 数据核字(2011)第 240455 号

组稿编辑:王路平 电话:0371-6602212 E-mail:hhslwlp@ 126. com

出 版 社:黄河水利出版社

地址:河南省郑州市顺河路黄委会综合楼 14 层 邮政编码:450003

发行单位:黄河水利出版社

发行部电话:0371 – 66026940、66020550、66028024、66022620(传真)

E-mail:hhslcbs@ 126. com

承印单位:河南省瑞光印务股份有限公司

开本:787 mm × 1 092 mm 1/16

印张:17 彩插:2

字数:400 千字 印数:1—1 000

版次:2011 年 11 月第 1 版 印次:2011 年 11 月第 1 次印刷

定价:55. 00 元

前　言

　　我国现有水库约为 8.7 万座,其中中小型水库约为 8.6 万座,中小型水库约占水库总量的 99%。这些水库大部分修建于 20 世纪 80 年代以前,受当时政治、经济、技术等条件的限制,工程建设标准偏低,工程施工质量缺陷较多,边勘察、边设计、边施工的"三边"工程较多,再加上管理体制不健全、后期运行投入不足、管理设施和技术手段落后等原因,致使水库病险问题十分突出。据统计,全国病险水库约有 3.8 万座,约占全国水库总数的 45%,其中中小型病险水库数量众多,约有 3.7 万座,约占全国病险水库的 98%。大量病险水库的存在,不仅制约水库效益正常发挥,而且严重威胁着水库下游人民的生命财产安全,成为水库下游社会发展和经济建设的严重隐患。

　　党和国家对病险水库的治理一直十分重视,但是由于经济条件的制约,20 世纪 80 年代以前,病险水库的除险加固工作多处于哪里出现问题就治理哪里的被动应战状态,对病险水库除险加固工作缺乏统一的规划和部署。20 世纪 80 年代以来,病险水库除险加固工作提高到了一个新的水平,由"被动应战"转变为"主动治理"。1986～1992 年,水利部统一安排部署了两批,第一批 43 座,第二批 38 座,共 81 座重点病险水库的除险加固工程。这两批工程在 21 世纪初期以前已基本陆续完成。随着国家经济建设和社会发展的需要,1998 年以来,病险水库的除险加固工作力度进一步加大,党和国家领导人在多次讲话和批文中,强调要加快病险水库除险加固工作步伐,国家相关部委下发了一系列文件和管理办法,督促和指导全国病险水库的治理工作,使病险水库的除险加固工作得到了进一步落实。2000 年 10 月,水利部主持编制了《全国病险水库、水闸除险加固专项规划报告》,2007 年水利部进一步修订编制了《全国病险水库除险加固专项规划》。该规划共计列入病险水库除险加固工程 6 240 项,包括主要大中型水库及重点小(1)型水库"三类坝"工程,要求用 3 年左右的时间基本完成。这些项目的完成,将基本扭转我国病险水库在水利建设中的尴尬局面,基本实现水利工程能够正常发挥应有作用的目标,基本消除对下游地区人民生命财产及社会、经济发展的严重威胁。

　　岳城水库 1965 年基本建成,拦河大坝达到原设计高程。自 1961 年开始蓄水运行以来,一直存在着病险问题,被列入水利部第一批 43 座重点病险水库治理之首。岳城水库存在的主要病险问题有:防洪标准偏低,坝体、坝基渗漏和渗透稳定及坝体抗滑稳定、抗震稳定不符合规范要求,泄水和输水建筑物存在安全隐患,坝体施工质量和结构缺陷,金属结构及机电设备落后、老化等问题。岳城水库除险加固工程地质勘察历时长、任务重、时间紧迫,几代地质勘察工作者为此付出了艰辛的劳动,取得了丰富翔实的资料,进行了科学、严谨的分析和论证,为岳城水库除险加固工作的顺利进行做出了积极的贡献。现将岳城水库除险加固工程有关工程地质勘察与研究的相关内容,汇总、分析、总结成书,以供经验交流和有关人员使用时参考。

　　在岳城水库除险加固工程地质勘察过程中,一直得到有关行政主管部门、岳城水库管理局和当地政府的大力支持和帮助;成书过程中得到了中水北方勘测设计研究有限责任公司有关专家的帮助和指导,得到中水北方勘测设计研究有限责任公司勘察院的有力支持,在此一并感谢。

由于水平有限,难免会有疏漏和不当之处,敬请读者批评指正。

编 者

2011 年 5 月

目　录

第 1 章　岳城水库概况

1.1　工程概况

1.1.1　工程概述

岳城水库位于河北省磁县与河南省安阳县交界附近、漳河中下游段,地理坐标东经114°9′~114°12′,北纬36°14′~36°18′,详见图1-1。岳城水库是漳河上一个主要控制性工程,总库容为 13 亿 m^3,控制流域面积为 18 100 km^2。枢纽主要建筑物有拦河坝(包括主坝 1 座、副坝 4 座)、泄洪洞、溢洪道、电站、灌区渠首。详见图1-2。

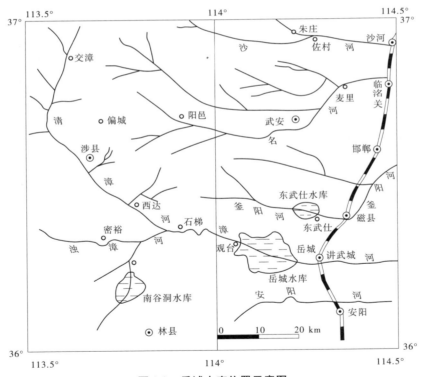

图 1-1　岳城水库位置示意图

拦河坝为均质土坝,由一座主坝和四座副坝组成,主坝最大坝高为 55.5 m,长为3 603.3 m,副坝最大坝高为 32.5 m,总长为 2 693 m,坝顶高程均为 159.5 m,坝顶宽为4.0~7.1 m,坝顶防浪墙顶高程为 161.3 m。

主坝桩号为 0+000~3+603.30,坝顶全长为 3 603.3 m,坝顶高程为 159.5 m,最大

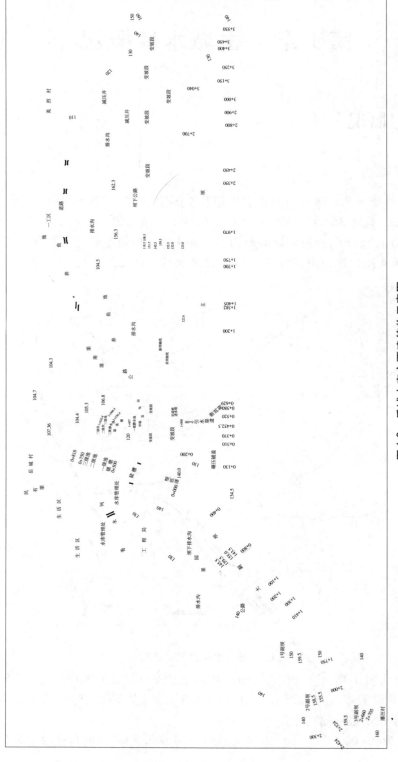

图 1-2　岳城水库主要建筑物示意图

坝高为 55.5 m,坝轴线方向为 NE20°。坝体原设计为均质土坝,1987～1991 年大坝加高时,下游采用砂卵石全断面压坡,上游采用黏土斜墙防渗。

溢洪道位于主、副坝连接处,地基主要为第三系黏性土,为软基溢洪道,进口闸共 9 孔,净宽为 108 m,总宽为 131.5 m,设计泄量为 11 000 m³/s,校核泄量达到 12 850 m³/s。设计单宽流量为 83.65 m²/s,校核单宽流量为 97.72 m²/s。

泄洪洞位于主坝桩号 0+452.3 处,为坝下埋管式,共 9 孔,孔径 6 m×6.7 m(宽×高),右侧边孔为电站引水洞,电站装机 17 MW。其余 8 孔用以泄洪,最大泄量为 3 500 m³/s。

岳城水库通过河北省民有渠和河南省漳南渠灌溉农田,设计灌溉面积 220 万亩❶,并可为邯郸、安阳提供工业和城市生活用水。

现状水库设计防洪标准为 1 000 年一遇,校核防洪标准接近 2 000 年一遇,超过 2 000 年一遇洪水需爆破 2 号小副坝泄洪。

岳城水库 1959 年开工建设,1961 年开始蓄水,1965 年坝顶高程达原设计的 155.5 m,工程基本建成,1976 年进行了第一次大坝加高(坝顶高程 157.0 m),1987～1991 年再次加高,并使主坝轴线向下游平移 13 m,主坝坝顶高程达 159.5 m,水库汛后最高蓄水位为 149.0 m,汛期兴利水位为 132.0 m,死水位为 125.0 m。1992 年 12 月经水利部验收完毕。

2001～2002 年,原水利部天津勘测设计研究院对岳城水库进行了安全鉴定,认为岳城水库实际抗御洪水标准低于部颁水利枢纽工程除险加固近期运用洪水标准的要求,部分工程存在安全隐患,水库大坝定为三类坝。

岳城水库除险加固工程不改变水库的功能和调度运用方式。汛后最高蓄水位仍为 149.0 m,汛限水位仍维持在 134.0 m,起调水位为 132.0 m,死水位为 125.0 m。

1.1.2 历次主要除险加固

岳城水库经过了多次除险加固,历次主要加固项目有:

(1)主坝上游坝坡滑坡及上游铺盖塌陷处理工程(抗震加固工程)。

1975 年和 1980 年分别对主坝上游坝坡滑坡进行了抗震压坡处理及上游铺盖塌陷进行了裂缝灌浆和碾压处理,也分别称为 1975 年第一次抗震加固工程、1980～1982 年二期抗震加固工程。

(2)大坝加高工程及提高防洪标准。

"75·8"大水后,经水文复查水库防洪标准由 1 000 年一遇降为 300 年一遇。为使水库防洪标准达到 500 年一遇,1976 年 5～7 月完成了主坝和大副坝加高 1.0 m 工程,坝顶高程为 157.0 m。为确保工程安全,1987 年 9 月～1991 年底,完成了坝体加高、溢洪道和泄洪洞改建工程。坝顶高程由 157.0 m 加高到 159.50 m,溢洪道泄量加大到 12 850 m³/s,水库设计防洪标准达到 1 000 年一遇,校核防洪标准接近 2 000 年一遇。

(3)大副坝坝坡塌坑及坝后排水暗管涌砂处理工程。

1996 年汛前～1997 年汛前,对大副坝下游坝脚的 8 条横向排水管进行了应急处理;

---

❶1 亩 = 1/15 hm²,全书同。

1998 ~ 2002 年汛前完成了大副坝坝后排水暗管涌砂处理工程。通过上游建造防渗墙和下游排水系统改造,彻底根治了自 1961 年水库蓄水以来一直存在的大副坝坝后排水暗管涌砂问题。

（4）主坝散浸和右岸坝段坝基渗漏等（本期除险加固）。

2009 年 9 月 28 日 ~ 2010 年 12 月 15 日,除险加固项目主要有主坝右岸坝基防渗处理、增设主坝下游坡排水暗沟、改造主坝下游排水暗沟、处理下游护坡和排水沟塌陷、主副坝坝顶防浪墙加高、改造变形、渗流和地震强震观测设施、加高溢洪道泄槽段及消力池边墙、延长尾水渠柔性板混凝土板的衬砌范围、进水塔碳化处理启闭机房拆除重建、更换部分金属结构和启闭设备、新建坝下公路、坝顶公路改建等,是一次较为全面的除险加固工作。

（5）其他处理工程。主要有泄洪洞中 7 孔弧门改造工程和水文测报系统改扩建工程。

岳城水库经过上述除险加固后,现状水库设计防洪标准达到了 1 000 年一遇,校核防洪标准达到了水利部颁布的《水利水电枢纽工程除险加固近期非常运用洪水标准》,为 2 000 年一遇。当来水超过 2 000 年一遇时仍需炸开 2 号小副坝泄洪。

1.2　除险加固勘察概况

（1）抗震加固和大坝加高及提高防洪标准地质勘察。

1976 年 12 月,水利电力部第十三工程局勘测设计院提交了《漳河岳城水库加固设计工程地质勘察报告》(101 - D(76)1)。

1982 年 12 月,水利电力部天津勘测设计院地勘总队提交了《漳河岳城水库提高防洪标准初步设计阶段工程地质勘察报告》(101 - D(82)1)。

1987 年 9 月,水利电力部天津勘测设计院地勘总队提交了《漳河岳城水库提高防洪标准技施阶段地质勘察说明》(101 - D(87)1)。

1987 年 9 月 ~ 1991 年底,水利电力部天津勘测设计院承担了大坝加高施工地质工作,1992 年 9 月提交了《岳城水库大坝加高工程施工地质勘察报告》(101 - D(92)2)。

（2）安全鉴定地质勘察。

2002 年 4 月,为满足首次安全鉴定要求,中水北方勘测设计研究有限责任公司曾进行了少量的地质勘察工作,并于同年 6 月提交了《岳城水库大坝首次安全鉴定地质评价报告》。

（3）主坝散浸地质勘察。

1989 年 5 月,水利部天津勘测设计院地勘总队提交了《岳城水库主坝桩号 2 + 900 ~ 3 + 250 坝体渗水检查说明》(101 - D(89)1)。

1996 年,中国水利水电科学研究院对岳城水库大坝桩号 0 + 120 ~ 0 + 325、2 + 900 ~ 3 + 250 渗水问题突出的地段进行了现场电磁波探查工作,提交了测试成果报告。

1997 年 4 ~ 6 月,水利部天津水利水电勘测设计研究院曾对散浸问题进行勘察研究工作,6 月提交了《岳城水库主坝散浸专题研究勘察报告》(101 - D(97)1)。

（4）主坝右岸坝基渗漏地质勘察。

1966 年 12 月,水利电力部海河勘测设计院勘测总队提交了《漳河岳城水库主坝右岸

（桩号 3 + 050 附近）渗漏问题地质说明书》（101 – D(76)1）。

2008 年 2 月，中水北方勘测设计研究有限责任公司承担了岳城水库除险加固工程勘察工作，提交了《岳城水库除险加固工程可行性研究阶段工程地质勘察报告》（101 – D(2008)1）。

2008 年 12 月中旬 ~ 2009 年 1 月中旬，中水北方勘测设计研究有限责任公司承担了岳城水库除险加固工程补充勘察工作，2009 年 3 月提交了《岳城水库除险加固工程初步设计阶段工程地质勘察报告》（101 – D(2009)1）。

（5）大副坝坝后排水暗管涌砂及坝坡塌坑地质勘察。

1979 年 3 月，水利部天津水利水电勘测设计研究院勘察院提交了《漳河岳城水库大副坝除险加固工程初步设计补充工程地质勘察报告》（101 – D(79)1）。

1992 年 1 月，水利部能源部天津勘测设计院地勘总队提交了《岳城水库大副坝塌坑处理工程竣工报告》（101 – D(92)1）。

（6）曾研究的第二溢洪道、第三溢洪道地质勘察。

1977 年 11 月，水利电力部第十三工程局勘测设计院提交了《漳河岳城水库新副坝和里青溢洪道工程地质勘察报告》（101 – D(77)1）。

1980 ~ 1981 年，对早期研究的第二溢洪道方案进行了初步设计阶段的地质勘察，在拟定新副坝部位进行了相应的地质勘察工作，范围包括该期研究的第二溢洪道位置，但主要勘探点距离该期研究的第二溢洪道建筑物较远，同年 12 月，水利电力部天津勘测设计院提交了《漳河岳城水库提高防洪标准工程地质勘察报告》。

1998 年 5 月，水利部天津水利水电勘测设计研究院编制《岳城水库提高防洪标准二期工程补充规划报告》，再次提出了早期研究的第二溢洪道方案。

2002 年 5 ~ 8 月，水利部天津水利水电勘测设计研究院承担了岳城水库除险加固工程可行性研究阶段勘察工作，对该期研究的第二溢洪道、第三溢洪道进行了地质勘察，8月提交了《岳城水库除险加固工程可行性研究阶段工程地质勘察报告》（101 – D(2002)1）。

（7）库区塌岸治理。

1962 年 3 月，水利电力部北京勘测设计院编制的《1957 ~ 1961 年工程地质勘察综合报告》（101 – D(57 – 61)1），对库区塌岸宽度进行了初步预测。

2002 年，安全鉴定期间和除险加固工程可行性研究阶段，水利部天津水利水电勘测设计研究院对库区塌岸进行了地质调查，对库岸稳定性进行了评价和再次对塌岸宽度进行了初步预测。

（8）天然建筑材料地质勘察。

不同时期，针对相应的不同除险加固方案，按照规范要求和设计需要，对所需要的天然建筑材料进行了不同阶段地质勘察工作，并提交了勘察成果。近 20 多年以来，除险加固工作所需要的混凝土骨料、反滤料等勘察工作主要集中在上七垣、下七垣料场及库尾观台，防渗土料勘察工作主要集中在左岸潘汪、右岸东清流和英烈，柔性混凝土防渗墙和帷幕灌浆所需要黏土勘察工作主要集中在 2 号小副坝下游，施工平台填筑料勘察工作主要集中在主坝右岸东清流一带残丘，护坡所需要的块石料等主要采取上游库尾开采或附近河南省安阳县铜冶镇和河北省峰峰一带采石场外购解决。

第 2 章　岳城水库工程地质条件

2.1　区域地质

2.1.1　地质概况

岳城水库位于太行山山前丘陵地带漳河干流上,属于山区至平原的过渡地带。库区观台以上为峡谷地貌,观台以下为丘陵残丘,坝址区河谷宽阔,河漫滩以上发育阶地。

区内新上第三系、第四系地层分布广泛,水库库尾分布奥陶系碳酸盐岩、石炭系及二叠系砂页岩地层,坝址区松散堆积物覆盖在三叠系砂页岩上,基岩面埋藏较深。

岳城水库地区处于华北台块山西台背斜与河淮台向斜的过渡地带,太行山隆起的东部,见图 2-1。基底岩层主要由前震旦系片麻岩、片岩等组成;自吕梁运动起至燕山运动期间,本区地壳运动以造陆形式为主,造成了各地层间多呈假整合接触或部分地层(上奥陶、志留、泥盆、下石炭系)缺失;燕山运动在本区形成了走向 NNE 向及 NWW 向的褶皱和断裂,奠定了本区地质构造的基本格局。受本次运动影响,本区缺失了上三叠、侏罗、白垩及老上第三系地层;喜玛拉雅运动之后,河淮台向斜开始下沉,本区接受了冲积、洪积相的堆积。第四纪以来,地壳升降频繁,造成了现代的漳河河谷地貌,第四纪早更新世(Q_1)时期,冲洪积红土卵石层不整合于第三纪地层上,至中更新世(Q_2)时期,棕红色老黄土普遍覆盖本区,晚更新世(Q_3)初期,本区地壳相对上升,河流急剧下切,形成漳河二级阶地。随后在底部堆积冲积砂卵砾石,上部堆积冲积、坡积棕红色、棕黄色、黄土状低液限黏土;全新世(Q_4)以来,地壳又有升降,形成了一级阶地及河漫滩,堆积物主要为冲积的砂层、砂卵砾石、低液限粉土、低液限黏土等。

本区构造形迹主要为平缓的折曲,并伴随着陡倾角断层,形成许多地堑、地垒。据1989 年出版的《河北省北京市天津市区域地质志》和 1997 年 2 月国家地震局分析预报中心编制的《南水北调中线工程枢纽渠段地震安全性评价总结报告》,区域内主要发育有近SN 向、NNE 向至 NE 向及 NWW 向断裂,主要有邢台－邯郸断裂(F_1)、紫山东断裂(F_2)、紫山西断裂(F_3)、鼓山西断裂(F_4)、太行山断裂(F_5)、磁县断裂(F_6)、安阳南断裂(F_7)、岳城断层(F_8)、辛店断裂(F_9)、柳园集断裂(F_{10})、汤东断裂(F_{11}),见表 2-1 和图 2-2。

部分主要的断裂简述如下:

(1)邢台－邯郸断裂(F_1)。该断裂是太行山隆起区与华北平原断陷区内的邯郸－任县断陷的分界断裂,北起邢台东北,向南经永年临名关,到邯郸市区西侧,大致顺京广铁路线延伸,到磁县后,过丰乐镇、洪河屯至安阳,长度约 150 km,总体呈 NNE 向,倾向东,倾角较陡。

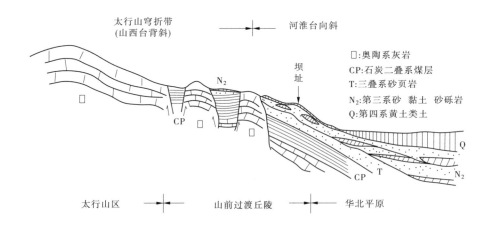

图 2-1　区域构造剖面示意图

表 2-1　主要区域断裂统计

断裂名称及编号	长度（km）	性质	产状	最新活动时代
邢台－永年断裂段	60	正断层	NNE/E∠较陡	晚更新世
永年－磁县断裂段	56	正断层	NNE/E∠80°	全新世早期
磁县－安阳断裂段	34	正断层	NNE/E∠较陡	第四纪早期
紫山东断裂（F_2）	72	正断层	NNE/E∠较陡	中更新世－北段 前第四纪－南段
紫山西断裂（F_3）	70	正断层	NNE/W∠75°	第四纪早－中期
鼓山西断裂（F_4）	20	正断层	近南北/W∠75°	前第四纪
太行山断裂（F_5）	140	正断层	NE－SN/NW－SE ∠40°~60°	晚第三纪早期
磁县断裂（F_6）	100	正断层	NWW/N∠80°	全新世
安阳南断裂（F_7）	80	正断层	NWW/N∠80°	中更新世
岳城断层（F_8）	18	正断层	30°~50°/SE∠50°	中更新世早期
辛店断裂（F_9）	30	正断层	NNE/W∠较陡	晚第三纪早期
柳园集断裂（F_{10}）	80	正断层	NNE/W∠45°~60°	早第三纪
汤东断裂（F_{11}）	90	正断层	NNE/W∠较陡	第四纪晚期

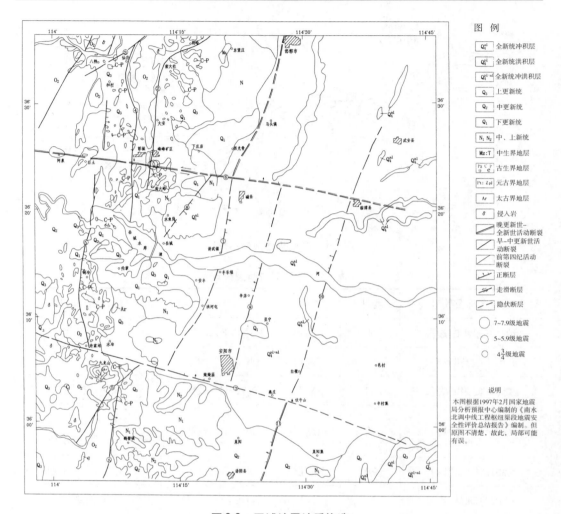

图 2-2　区域地震地质构造

　　(2)太行山断裂(F₅)。太行山山前断裂是一条 NNE 至近 SN 向的阶梯状正断层,控制了新生界地层的沉积和厚度变化,为边沉积边断陷的同生断裂。在白土一带被 NWW 向的磁县断裂(F₆)切割。

　　(3)磁县断裂(F₆)。该断裂为内黄隆起和临清凹陷的分界断裂,东起朝城南,西经大名、临漳、磁县北,进入太行山隆起区,到峰峰、陶泉以西,全长 100 多 km。该断裂走向 NWW,倾向 N,倾角较陡,是中生代以来长期发育的一条边界大断裂。

　　磁县断裂为 1830 年 7.5 级地震的发震断层,极震区长轴为 NWW 向,长度约 30 km,反映深部 NWW 向发震断层为左旋走滑为主的活动。该断层晚更新世晚期以来有过两次断错地表的活动。

　　(4)安阳南断裂(F₇)。该断裂西起安阳县水冶西的许家沟附近,向东横切汤阴地堑,经安阳市南到内黄一带,全长约 80 km。该断裂布格重力异常为一狭长的被 WW 向梯度带。

　　(5)岳城断层(F₈)。该断裂为太行山隆起区的山前台地和丘陵内的一条次级断裂,南起梧东煤矿,向北经磁县旺南村、水鱼岗、西来村,止于磁县 NWW 向断裂,全长约 18 km,总体走向为 NNE,倾向 SE,倾角 60°~70°,为正断层,又称梧东断裂。该断层推测可能在岳城水库大坝与岳城镇之间通过。

此外,新生代以来,晚近构造活动明显,故在上第三系地层中小褶曲和断层普遍存在,但断距一般较小;在第四系下更新统(Q_1)红土卵石层,以至晚更新统(Q_3)黄土状低液限黏土地层均有断裂发育,但规模较小。

2.1.2　地震基本烈度

工程区地层总体为单斜构造,但受多期构造运动影响,陡倾角正断层发育,延伸长,规模较大,而新华夏系构造体系又在本区非常发育,规模巨大,在上上第三系地层中 NNE 向小褶曲、小断层屡见不鲜,在下更新统红土卵石层和中、上更新统红土和黄土状低液限黏土及半胶结的砾岩中多处亦见有挤压、破裂形迹,表明本区自晚第三纪至晚更新世以来,遭受过强烈构造变动,具有发生中强地震的构造背景。

本区历史上地震活动频繁,据记载,自 1556 年以来,在磁县附近发生过六次地震。其中,1830 年的地震最大,震中在库区西北约 20 km 的彭城一带,震中烈度为 10 度,影响到库区 8 度,接近于 9 度边缘。1966 年邢台地震,影响到库区约为 5 度。

1962 年以前,中国科学院地球物理研究所将岳城水库地震基本烈度定为 9 度,主要参考"中国地震目录"和 1830 年磁县大地震的资料(见《漳河岳城水库 1957 年~1961 年工程地质勘察综合报告(1962)》、《漳河补充初步设计第三篇工程地质(1964)》)。1976 年唐山地震后,又进行了数次复查,据国家地震地质大队(77)地鉴字第 093 文,岳城水库地震基本烈度为 8 度(见《漳河岳城水库提高防洪标准工程地质勘察报告(补充设计)(1982)》),设计使用设防烈度均为 8 度。

根据《中国地震动参数区划图》(GB 18306—2001),岳城水库地区的地震动峰值加速度为 0.15g,动反应谱特征周期为 0.35 s,对应的地震基本烈度值为 7 度,见图 2-3。

2.2　库　区

按照汛后最高蓄水位 149 m 计,岳城水库库区回水至石场—冶子—西观台一带,沿河道长度约 12 km。

2.2.1　地形地貌

库区位于太行山山前丘陵地带,地形平缓,地面坡度多在 20°以下。库岸分水岭地段为残丘斜坡,高程为 160~225 m,相对高差为 50~70 m。库内冲沟发育。

漳河自西向东流经本区,在坝区形成宽广的河谷,仅漫滩和河床部分即宽达 1 800 m 左右,发育有一、二级阶地,阶地以上为残丘地形。

2.2.2　地层岩性

奥陶系中下统($O_1~O_2$)与寒武系假整合接触,主要有白云质灰岩、薄层泥灰岩及页

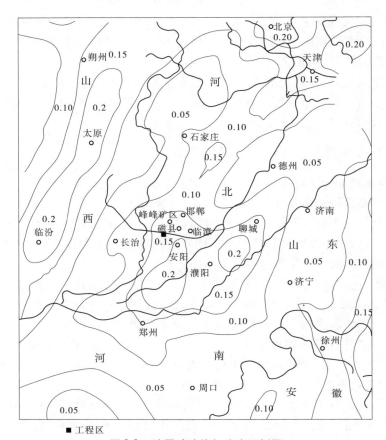

■ 工程区

图 2-3　地震动峰值加速度区划图

岩、厚层灰岩及豹皮灰岩,夹有泥灰岩,分布于水库尾部及左岸九山、鼓山南麓。

　　石炭系上中统($C_2 \sim C_3$)假整合于奥陶系之上。铝土页岩,内夹数层薄层煤层、页岩、砂岩,夹薄层灰岩,含煤 7 ~ 12 层。在水库右岸六河沟、岗子窑附近出露较为完整,但在回水范围内,本层未出露地表。

　　二叠系上统、下统($P_1 \sim P_2$)为细砂岩、页岩、含煤 3 ~ 5 层、中粗砂岩及砂质页岩、鲕状砂质页岩、砾岩、长石砂岩夹薄层页岩、砂质页岩,分布于库区。

　　二叠系、三叠系(P + T)为砂质页岩、泥灰岩及细砂岩、厚层细砂岩,夹薄层页岩,分布于库区。

　　上第三系(N)主要由上新统(N_2)地层组成,为第四系主要的下卧层。在残坡、斜坡、沟谷处有零星出露,为河湖相沉积,岩性复杂,相变现象显著,总厚度为 60 ~ 130 m。依其沉积韵律和岩性可分为四大层(第一层(N_2^1) ~ 第四层(N_2^4))。

　　第四系(Q)按成因可分为冲积、洪积、坡积、残积等。依岩性有红土卵石、黄土状低液限黏土、低液限粉土、砂砾石等。总厚度为 10 ~ 20 m,不整合于上第三系地层上。

2.2.3　地质构造

　　库区属于太行山穹褶带东翼的组成部分,为一单斜构造形式,走向 NE15°,倾向 SE,

倾角为 15°~25°,受历次构造运动影响,主要构造形迹为一些规模较小的褶皱和一些较大的断裂,在剖面上构成了一系列的地堑、地垒。

新生代以来,继承性的晚近构造活动明显,第三纪至第四纪上更新世以前的褶皱、断裂及裂隙在库区及枢纽附近皆有发现。

第三纪上新世(N_2)时,本区为凹陷地带,接受了以冲积、洪积与湖积的砂、砂砾石和黏性土堆积。第四系早更新世(Q_1)时期以冲洪积的红土卵石层不整合于第三纪地层上。至中更新世(Q_2)时,棕红色老黄土普遍覆盖本区。晚更新世(Q_3)初期,本区地壳相对上升,河流急剧下切,形成现代漳河河谷。随后,在底部又堆积了冲积砂卵石层,上部堆积了冲积、坡积棕红及棕黄色黄土状亚黏土层。全新世(Q_4)以来,地壳又有升降,形成了阶地及河漫滩,堆积物为冲积的砂、砂卵石等。

与库区关系较密切的构造有鼓山倾伏背斜、九山倾伏背斜、都党向斜、阳城倾伏向斜、花芦背斜、鱼山断层(F_{37})、西河断层(F_{24})、冶子断层等。

2.2.4 水文地质

库区老地层以单斜形式分布,走向 SN 或 NE20°、倾向 SE,倾角 15°~25°,与漳河近于直交,在漳村以东地区老地层被上第三系、第四系地层覆盖。根据岩层含水性不同,分为四个含水岩组:

奥陶系石灰岩含水组主要为岩溶水,在石场村以上直接出露于河床及河两岸,除部分受河水补给外,主要接受大气降水补给。

太原统灰岩含水组为溶洞裂隙水,分布于石场至申家庄一段,一般补给上第三系。

石盒子统和石千峰统砂岩含水组为基岩孔隙裂隙水,分布于申家庄至漳村段内,一般补给上第三系。

上第三系和第四系松散层含水组为孔隙水,主要在漳村以下的河床段内。第四系孔隙水多直接排入河流,而上第三系、第四系地下水多直接补给河水。

2.2.5 物理地质现象

库区内物理地质现象主要是冲沟和崩岸。沿漳河两岸二级阶地分布,受河流侧向冲刷,阶地前缘一般呈陡坎状;区内分布较厚的各种松散堆积层,岩性多为黄土状低液限黏土和粉土,垂直节理发育,具大孔隙,属于湿陷性土,因此漳河两岸冲沟发育,冲沟两壁多为直立或阶梯状陡坎,冲沟深度变化较大,岸坡抗冲刷能力差。

2.3 主 坝

主坝位于溢洪道与东清流村之间的漳河上,坝轴线方位约为 NE20°。主坝最大坝高55.5 m,长 3 603.3 m,桩号 0+000~3+603.30。

2.3.1 地形地貌

漳河在坝区形成宽广的河谷,仅河床漫滩部分宽度为 1 625 m,河床高程一般为 98~

106 m。两岸有明显的两级阶地发育,在二级阶地后缘与侵蚀斜坡残丘等相接,再上为剥蚀堆积丘陵,丘顶高程为 160 ~ 180 m。

坝址区冲沟发育,分布普遍,方向多为 NE30° ~ SN 向,与漳河垂直或斜交。

2.3.2　地层岩性

坝址区分布的上第三系上新统及第四系地层总厚度为 60 ~ 130 m。上新统地层多为第四系堆积物(厚度为 5 ~ 20 m)所覆盖,仅在较大的冲沟零星出露,其下为三叠系地层,钻孔揭露范围内岩性为页岩,不与工程直接接触,不再详述。

上新统(N_2)不整合于三叠系地层之上,自下而上大致分为三层:

(1)下部(N_2^1):岩性以粗砂、中砂、细砂、砂砾石为主,夹有低液限黏土、粉土薄层,为坝区透水、含水岩层。总厚度为 30 ~ 50 m。砂及砂砾石层局部钙质胶结成岩,厚度不一,一般为 1 ~ 3 m。砂及砂砾石层间夹有分布较稳定、延伸范围较广的亚砂土、亚黏土层,形成相对隔水层。

(2)中部(N_2^2):低液限黏土、高液限黏土互层,偶夹中细砂薄层。厚度为 7 ~ 14 m。土层间或有绿色斑点及钙质结核体。构成坝区较稳定的承压水隔水层。该层高差起伏较大,并大约在主坝桩号 0 +240 ~ 1 +300 之间因被河流冲蚀而缺失。

(3)上部(N_2^3):以中细砂为主,夹低液限黏土及砂层透镜体,为坝区又一透水、含水岩层,厚度为 25 ~ 50 m。该层岩性及颗粒组成变化很大,互层与夹层很多,其中夹有较厚的黏性土数层,形成了局部承压水隔水层。

第四系(Q)分为以下四层:

(1)下更新统(Q_1):红土卵石层,厚度为 5 ~ 10 m。分布于河谷两岸丘陵、残丘上,不整合于上第三系地层之上。

(2)中更新统(Q_2):冲积黄土状低液限黏土,厚度为 5 ~ 15 m。分布于坝区两侧分水岭高处。

(3)上更新统(Q_3):红土卵石层,坡积,分布于丘陵斜坡上;黄土状低液限黏土及粉土,冲积坡积,分布于大坝两岸阶地之上,下部为棕红色黄土状低液限黏土,厚度为 5 ~ 20 m,上部为浅黄色、黄褐色黄土状低液限黏土,厚度为 5 ~ 8 m;砂卵砾石层,位于二级阶地底部。

(4)全新统(Q_4):河床至一级阶地砂卵石层,在坝址处分布广泛,包括漫滩宽约 1 800 m,厚度为 10 ~ 15 m。冲积(Q_4^{al})的黄土状低液限黏土及低液限粉土,分布于一级阶地表部,厚度为 5 ~ 10 m,与漫滩接触处减至 1 ~ 3 m;坡残积层(Q_4^{dl+el})由底部的红土卵石或上第三系地层经地表水作用搬运或原地堆积而成,成分较杂,有卵石、泥粒,分布于两岸地形较高的残丘及斜坡地带,厚度为 0 ~ 3 m;残积层(Q_4^{el})零星分布,成分与下伏基岩有关,厚度为 0 ~ 2 m;坡积层(Q_4^{dl})为地表小溪和间歇性洪流的搬运作用结果,岩性较杂,由低液限粉土、砂卵石、砂粒混合而成。

主坝全长为 3 603.3 m,其中河床为 1 625 m,两岸为一、二级阶地及残丘斜坡。坝顶高程为 159.5 m。河床、漫滩及阶地下部为第四系砂卵石和胶结不良砾岩,颗粒组成极不均匀。两岸一、二级阶地交接地带往往夹低液限粉土、淤泥质低液限黏土。两岸阶地上部覆盖有大孔隙黄土状土,孔径一般为 1 ~ 3 mm,大者达 5 mm,为低液限黏土,层间夹砂砾石透镜体,具一般湿陷特征,其湿陷性各异。两岸黄土状土在大坝填筑前局部作了开挖和夯实处理。桩号 0 + 600 ~ 2 + 300 范围内未清基。1987 ~ 1991 年大坝二次加高时的扩基部分均进行了清理。

坝基范围内主要持力层为第四系全新统冲积(Q_4^{al})砂卵石、冲积坡积(Q_4^{al+dl})黄土状低液限黏土、粉土。下卧层为第四系上更新统冲积(Q_3^{al})胶结不良砾岩与新上第三系(N_2)中细砂、黏性土。按所处地貌单元的不同分述如下:

(1)桩号 0 + 051 ~ 0 + 193 为左岸斜坡段,0 + 193 ~ 0 + 590 段为左岸二级阶地部分。上部为第四系上更新统坡洪积(Q_3^{dl+pl})棕红色低液限黏土及冲积层(Q_3^{al})砾岩。棕红色低液限黏土具大孔隙,厚度为 4 ~ 14 m;砾岩(Q_3^{al})分布在棕红色低液限黏土之下,胶结程度不一,较好者系钙质胶结、坚硬,胶结不良者含泥质,厚度为 5 ~ 11 m;下部为上新统第一层(N_2^1),主要由中细砂夹低液限黏土、粉土条带、透镜体组成。

(2)桩号 0 + 590 ~ 0 + 650 段为左岸一级阶地部分。上部为第四系黄土状低液限粉土,其底部夹有中砂及细砂透镜体,厚度为 1 ~ 2 m;中部为第四系上更新统冲积(Q_3^{al})砂卵石,含砂量较高,较密实,开挖时观测透水性不强,厚度为 2 ~ 10 m。

(3)桩号 0 + 650 ~ 2 + 400 段为河床漫滩部分。上部为第四系全新统冲积(Q_4^{al})砂卵石层,厚度为 7 ~ 15 m;其下为上第三系低液限黏土、高液限黏土、细砂层。

(4)桩号 2 + 400 ~ 2 + 970 段为右岸一级阶地部分。上部为第四系全新统冲坡积(Q_4^{al+dl})黄土状低液限黏土,厚度为 3 ~ 10 m;下部为第四系上更新统冲积(Q_3^{al})砂卵石,厚度为 15 ~ 22 m。

(5)桩号 2 + 970 ~ 3 + 400 段为右岸二级阶地部分。上部为第四系全新统和上更新统冲坡积(Q_{3+4}^{al+dl})黄土状低液限黏土,厚度为 3 ~ 8 m;下部为第四系上更新统冲积(Q_3^{al})砂卵石,厚度为 6 ~ 10 m;下伏上第三系砂岩、细砂、低液限黏土层。

(6)桩号 3 + 400 ~ 3 + 603.3 段为丘陵斜坡段。上部为第四系上更新统坡洪积(Q_3^{dl+pl})黄土状低液限黏土,厚度为 5 ~ 18 m;下部为上第三系中粗砂层、低液限黏土、高液限黏土、粉土层。

主要断面地层岩性分述如下:

(1)0 + 200 断面:上部多为第四系上更新统坡洪积(Q_3^{dl+pl})棕红色黄土状低液限黏土,于背水坡中部尖灭,厚度为 0 ~ 14 m,其下为坡积(Q_3^{dl})红土卵石,厚度约 9.0 m,二层之间在坝轴线附近夹一层厚度为 1 ~ 2 m 的砂卵石透镜体;下卧层在坝轴线下游为上第三系上新统第二层(N_2^2)低液限黏土,厚度为 5 ~ 7 m,其下在坝轴线上游为上第三系上新统第一层(N_2^1)细砂夹低液限黏土,厚度为 3 ~ 5 m。

(2)0 + 450 断面:上部为第四系上更新统冲积层(Q_3^{al}),1 ~ 3 m 胶结不良砾岩,5 ~ 8 m 砾岩;其下为上第三系上新统第一层(N_2^1)砂层与低液限黏土层交错发育。

(3)1 + 200 断面:上部为第四系上更新统冲积(Q_3^{al})砂卵石,厚度为 11 ~ 17 m;其下为上第三系上新统第二层(N_2^2)低液限黏土、粉土;再下为上第三系上新统第一层(N_2^1)砂岩、低液限黏土夹小砾、低液限粉土、细砂层。

（4）2 + 700 断面：上部为第四系全新统冲积（Q_4^{al}）浅黄色黄土状低液限黏土，厚度为 6 ~ 9 m；其下为第四系上更新统冲积（Q_3^{al}）砂砾石 2 ~ 4 m，砂卵石 14 ~ 20 m。

（5）3 + 040 断面：上部为第四系上更新统冲积坡积（Q_3^{al+dl}）棕红色黄土状低液限黏土，厚度为 3 ~ 4 m；其下为第四系上更新统冲积（Q_3^{al}）砂卵石，厚度为 8 m 左右；再下为上第三系上新统第三层（N_2^3）砂岩、低液限黏土层、细砂层等，总厚度达 25 m。

由于早期的岩性定名与现行规范标准不一致，为保持资料一致，本书有关岩性名称均采用了现行规范采用的塑性图法，为此，对以往报告、资料中的有关岩性名称进行了统一，但由于岩性定名方法存在差异，其中不完全对应，故可能存在一些偏差。

2.3.3 地质构造

与工程关系较为密切的地质构造主要是新第三纪以来形成的断裂与褶皱。这些构造具有一定的继承性，多与老构造一致。主要构造方向为 NNE 和 NE，由一系列高角度正断层（60° ~ 80°）和一些短轴平缓的倾伏背向斜组成。

2.3.3.1 上第三系上新统地层（N_2）

在上第三系上新统地层（N_2）中，主要地质构造如下：

（1）截水槽底桩号 2 + 125 ~ 2 + 315 地段发现三条小断层 F_1、F_2、F_3，其中 F_1、F_2 长分别为 23 m、30 m，走向 NE15° ~ NE20°，倾向不一，倾角 70° 左右；F_3 延伸至截水槽下游砂卵石中，长度不详。三条断层垂直断距分别为 10 cm、18 cm、55 cm，破碎带宽度为 0.3 ~ 3 cm，局部为泥砂钙质胶结物充填。上覆第四系胶结不良砾岩未被错动。

（2）左岸香水河附近上第三系砂层中发现一条走向为 NE70° 的闭合小断层，断距为 10 ~ 15 cm。

（3）上第三系地层中裂隙普遍发育，以走向 NE50° ~ NE80°、NE20° 两组为主。裂隙多闭合，但在胶结岩层中多为张开。在截水槽开挖过程中，于槽底部出现成组裂隙，计有 150 余条。

2.3.3.2 第四系地层（Q）

第四系地层（Q）的地质构造如下：

（1）在泄洪洞基础开挖过程中，发现砾岩中有五条 NE28° ~ NE35° 方向的平行裂隙，长度为 10 ~ 100 m，为张开裂隙，沿砾岩胶结面裂开成锯齿状，宽度一般为 0.03 ~ 0.05 m，个别达 0.1 m，内有少量泥沙充填。

（2）左岸二级阶地土料路堑黄土中，发现有 NE30° ~ NE65° 方向的裂隙组，密度较大，平均每间隔 6 m 即出现一条，断裂面部分呈现弯曲，宽度为 0.5 ~ 4 cm，内充填黏土及钙质淋滤物。

2.3.4 水文地质

主坝建筑在上第三系、第四系松散地层之上，地下水类型随着地质条件的转化也是多种多样的。勘探成果表明，第四系地层中主要为潜水，埋藏于河床及两岸阶地底部砂砾石层中。上第三系地层中的地下水有三种类型：潜水与第四系潜水有直接水力联系，属孔隙水;层间水分布于河谷斜坡上,由于河谷切割作用,破坏了原有的承压条件,形成无压层间水;承压水,多层层间承压水达5层之多,水位变化不规律。

坝基地下水可分为潜水和承压水。潜水埋藏在第四系砂卵石、砾岩及上第三系上部的含水层内。在建坝前,河槽及河漫滩地下水位一般在104～106 m。两岸阶地,地下水位逐渐抬高。右岸一、二级阶地潜水位为106～110 m,在坝肩上第三系地层内潜水位达136 m。左岸一、二级阶地潜水位亦为106～110 m,在溢洪道处上第三系地层内潜水位为117 m。

承压水主要埋藏在上第三系 N_2 黏土层以下的含水层内。在两坝肩,由于上第三系地层层次较多,承压水因隔水层的埋藏深度不同也分为多层。承压水位一般高于潜水位,在河槽及河漫滩段承压水位为108～109 m,两岸阶地和两坝肩更高。

地下水与库水之间关系密切,水库蓄水前基本为地下水补给河水。

2.3.5　坝基土体的物理力学性质

前期勘察期间对坝基各类土层取样1 153组,基本查明了坝基土层的物理力学性质,见表2-2、表2-3。

表2-2　坝区各岩层渗透系数范围值

岩性	渗透系数(m/s)	岩性	渗透系数(m/s)
高液限黏土、低液限黏土(N_2)	$< 1.16 \times 10^{-7}$	胶结不良的砾岩(Q)	$5.79 \times 10^{-5} \sim 1.16 \times 10^{-4}$
细砂夹低液限黏土(N_2)	$1.16 \times 10^{-6} \sim$ 1.16×10^{-5}	含砂量较高的砂卵石(Q)	$1.16 \times 10^{-4} \sim 2.89 \times 10^{-4}$
粗中细砂(局部胶结)(N_2)	$2.32 \times 10^{-5} \sim$ 3.47×10^{-5}	砂卵石(Q)	$3.47 \times 10^{-4} \sim 6.94 \times 10^{-4}$
黄土状低液限黏土、红土卵石(Q)	$1.16 \times 10^{-5} \sim$ 2.32×10^{-5}	砂卵石夹集中渗流带(Q)	$1.16 \times 10^{-3} \sim 2.32 \times 10^{-3}$
胶结较良好的砾岩(Q)	$3.47 \times 10^{-5} \sim$ 5.79×10^{-5}	卵石集中渗流带(Q)	$> 2.32 \times 10^{-3}$

注:资料来源于《漳河岳城水库1957～1961年工程地质勘察综合报告》。

2.3.5.1　第四系砂卵石层

砂卵石颗粒组成极不均匀,大部分为卵石(漂石)和细砂两类,其中卵石占55%～85%,粒径1 mm以下的占8%～35%,粒径为1～10 mm的中间颗粒约占5%。

砂卵石层的渗透性。根据钻孔进行抽水和注水试验后求得的渗透系数见表2-4。

表2-3 1957～1961年岩土的物理力学性质统计

| 地层时代 | 岩性分类 | 数值类型 | 含水率 ω (%) | 干密度 ρ_d (g/cm³) | 比重 G_s | 塑性指数 I_P | 垂直渗透系数 K (cm/s) | 抗剪强度（饱和快剪） | | 土粒组成（%） | | | 饱和抗压强度（MPa） |
								凝聚力 C (kPa)	内摩擦角 φ (°)	极细砂粒 (0.1～0.05 mm)	粉粒 (0.05～0.005 mm)	黏粒 (<0.005 mm)	
	粉细砂	范围值	6～27	1.49～1.80	2.65～2.7	8.8～11.2	$1.1\times10^{-4}\sim3.1\times10^{-3}$	0～20	28～43.2	78～98	2～19	1～7	
		平均值	18.6	1.60	2.67	10	2×10^{-3}	7	36.4	92.5	5.17	2.33	
		试样组数	29	18	22	12	12	12	16	26	26	18	
	高液限低液限黏土	范围值	16.2～34.5	1.37～1.85	2.6～2.8	13.9～26.5	$1\times10^{-8}\sim4.79\times10^{-6}$	18～215	15.5～38	11～55	14～56	15～67	
		平均值	24.5	1.63	2.75	21.4	4.9×10^{-6}	71.5	23.3	23.8	34.6	41.6	
		试样组数	42	42	43	37		36	36	43	43	43	
	低液限黏土	范围值	11.50～28.6	1.37～1.86	2.64～2.75	6.8～24.2	$1.15\times10^{-7}\sim2.75\times10^{-4}$	9～111	17.8～40.5	22～94	2～70	3～24	
		平均值	20	1.65	2.72	17.2	8.35×10^{-5}	38.2	28.1	58.5	29.1	12.4	
		试样组数	70	69	82	68	4	69	56	80	80	80	
N₂	砂砾岩	平均值		2.49	2.69								16.87
		试样组数											3
	风化不良砂岩	平均值		2.45	2.68								26.15
		试样组数											2
	粗砂岩	平均值		2.26	2.68								15.13
		试样组数											2
	中砂岩	平均值		2.55	2.71								38.07
		试样组数											3

注：资料来源于《漳河岳城水库1957～1961年工程地质勘察综合报告》。原资料中低液限黏土名称分别为黏土、亚黏土。

表 2-4　砂卵石层的渗透系数统计

桩号		0 + 170 ~ 0 + 400	0 + 400 ~ 0 + 650	0 + 650 ~ 2 + 400	2 + 400 ~ 2 + 970	2 + 970 ~ 3 + 100	3 + 100 ~ 3 + 400
孔数		13	8	22	12	3	3
渗透系数（m/d）	平均值	8	2	40	30	14	90
	最大值	15	18.5	137	92	28	170

注:摘自《岳城水库工程设计总结》(1972 年 3 月)。

　　砂卵石的管涌性质。由试验求得最小管涌梯度为 0.07,试验成果详见表 2-5。由试验可知,砂卵石中卵石含量愈高,砂卵石中的孔隙愈大,则管涌梯度愈小。当砂粒含量达到 30% 左右时,砂卵石的孔隙即全部被砂粒所充填,此时,砂卵石的管涌破坏梯度有明显的变化,其破坏形式由管涌变为流土。

表 2-5　第四系砂卵石层管涌梯度

粒径 $d < 1$ mm 的含量	开始管涌梯度
20%	0.07 ~ 0.1
25%	0.15 ~ 0.3
30% 以上	0.5 ~ 1

注:摘自《岳城水库工程设计总结》(1972 年 3 月)。

　　第四系砂的性质。第四系砂的性质详见表 2-6。

表 2-6　第四系砂的性质

d_{10}（mm）	d_{50}（mm）	d_{60}（mm）	不均匀系数	无盖重破坏梯度	有盖重破坏梯度	渗透系数（m/d）
0.07 ~ 0.09	0.13 ~ 0.19	0.14 ~ 0.20	2 ~ 3	1	2	1

注:摘自《岳城水库工程设计总结》(1972 年 3 月)。

　　在两岸一级阶地黄土层以下砂卵石层以上有厚度为 0.2 ~ 3.0 m 的细砂成层分布,另外在整个第四系砂卵石层中也有细砂透镜体。

2.3.5.2　上第三系地层

　　上第三系砂、低液限粉土及高液限黏土的物理力学性质见表 2-7。上第三系砂砾岩的物理力学性质见表 2-8。

表2-7　上第三系砂、低液限粉土及高液限黏土的物理力学性质

岩性	比重	天然干密度（g/cm³）	天然含水率（%）	颗粒分布（%）			渗透系数（cm/s）	易溶盐含量（%）	有机质含量（%）
				>0.05 mm	0.05 ~ 0.005 mm	<0.005 mm			
砂	2.68	1.6 ~ 1.75	15 ~ 23	95	5	0 ~ 4	1×10^{-3} ~ 1×10^{-4}		
低液限粉土	2.70	1.65 ~ 1.70	20	58	30	12	5×10^{-6} ~ 1×10^{-7}	0.07	0.2
高液限黏土	2.75	1.63 ~ 1.70	24	23	34	43	1×10^{-8}		

注：摘自《岳城水库工程设计总结》（1972年3月）。在原资料中，低液限粉土岩性名称为砂壤土，高液限黏土岩性名称为黏土。

表2-8　上第三系砂砾岩的物理力学性质

岩石名称	比重	天然干密度（g/cm³）	孔隙率（%）	平均抗压强度（MPa）
风化砂岩	2.69	2.45	10.0	26
中砂岩	2.71	2.55	6.0	38
胶结不良砾岩	2.68	2.48	8.0	17
粗砂岩	2.69	2.26	16.0	15
砂砾岩	2.69	2.49	7.0	17

注：摘自《岳城水库工程设计总结》（1972年3月）。

坝基下的上第三系砂层一般具有微量胶结，组织紧密而均匀，抗压强度为68 ~ 150 kPa，天然干密度为1.6 ~ 1.75 g/cm³，天然孔隙比为0.4 ~ 0.35，不均匀系数为3左右，渗透系数为1×10^{-3} ~ 1×10^{-4} cm/s。

2002年复查又取样130组，进行土的物理力学性质试验，试验成果见表2-9。

由表2-9可知，各土层的物理力学生质如下：

第四系上更新统坡洪积（Q_3^{dl+pl}）低液限黏土含水率为15.8% ~ 19.7%，平均值为17.6%；湿密度为1.94 ~ 2.11 g/cm³，平均值为2.03 g/cm³；干密度为1.68 ~ 1.78 g/cm³，平均值为1.73 g/cm³；三轴试验有效强度$C' = 7.6$ ~ 78.6 kPa，$\varphi' = 19.6°$ ~ 33.9°，平均值$C' = 49.0$ kPa，$\varphi' = 24.1°$；渗透系数$K = 4.05 \times 10^{-7}$ ~ 1.45×10^{-5} cm/s，平均值$K = 7.60 \times 10^{-6}$ cm/s；压缩系数$a_{1-2} = 0.122$ ~ 0.268 MPa^{-1}，平均值为0.185 MPa^{-1}；属于密实、微透水、中等压缩性土。

第四系上更新统冲坡积（Q_3^{al+dl}）低液限黏土含水率为18.4% ~ 20.4%，平均值为19.4%；湿密度为1.83 ~ 2.08 g/cm³，平均值为1.92 g/cm³；干密度为1.52 ~ 1.75 g/cm³，平均值为1.61 g/cm³；直剪试验（饱固快）平均值$C = 24.9$ kPa，$\varphi = 29.5°$；渗透系数$K =$

表 2-9　2002 年坝基土体土工试验成果

地层时代	岩性	数据类型	含水率 ω (%)	比重 C_s	湿密度 ρ (g/cm³)	干密度 ρ_d (g/cm³)	饱和度 S_r (%)	孔隙比 e	液限 ω_L (%)	塑限 ω_P (%)	塑性指数 I_P	液性指数 I_L	直剪(饱固快)凝聚力 C (kPa)	直剪(饱固快)摩擦角 φ (°)	三轴(CU)总强度凝聚力 C (kPa)	三轴(CU)总强度内摩擦角 φ (°)	有效强度凝聚力 C′ (kPa)	有效强度内摩擦角 φ′ (°)	垂直渗透系数 K_{20} (cm/s)	压缩系数 a_{1-2} (MPa⁻¹)	压缩模量(饱和) E_{s1-2} (MPa)	颗粒 >0.05 mm (%)	颗粒 0.05~0.005 mm (%)	颗粒 <0.005 mm (%)
Q_3^{dl+pl}	低液限黏土	平均值	17.6	2.70	2.03	1.73	84.5	0.567	25.3	14.7	10.6	0.30	15.80	30.6	87.0	18.7	49.0	24.1	7.60×10^{-6}	0.185	9.49	51.6	27.0	21.4
		组数	5	5	5	5	5	5	5	5	5	5	1	1	4	4	4	4	4	4	4	1	1	1
		最大值	19.7	2.71	2.11	1.78	94.9	0.607	31.2	18.2	13.0	0.63			103.0	31.0	78.6	33.9	1.45×10^{-5}	0.268	13.43			
		最小值	15.8	2.70	1.94	1.68	70.3	0.522	21.4	13.0	8.4	0.12			9.8	12.7	7.6	19.6	4.05×10^{-7}	0.122	6.13			
	低液限粉土	平均值	15.5	2.68	1.78	1.54	56.1	0.740	21.5	17.1	4.4	-0.36										74.6	10.7	14.7
Q_3^{al+dl}	低液限黏土	平均值	19.4	2.73	1.92	1.61	76.4	0.703	29.4	17.2	12.3	0.23	24.9	29.5					1.65×10^{-5}	0.383	4.54	38.3	36.3	25.4
		组数	4	4	4	4	4	4	4	4	4	4	3	3					2	4	4	1	1	1
		最大值	20.4	2.75	2.08	1.75	92.7	0.789	37.5	20.6	16.9	0.45	41.6	34.8					3.28×10^{-5}	0.476	9.06			
		最小值	18.4	2.71	1.83	1.52	70.3	0.554	24.1	14.6	9.5	-0.13	1.61	23.5					1.07×10^{-7}	0.179	3.76			
	高液限黏土	平均值	20.8	2.74	1.99	1.65	85.1	0.666	44.5	20.7	23.8	0	48.3	20.0					1.50×10^{-8}	0.258	7.22			
		组数	3	3	3	3	3	3	3	3	3	3	3	3					2	3	3			
		最大值	25.4	2.74	2.05	1.75	90.7	0.768	50.6	24.0	26.6	0.1	109.9	28.8					2.90×10^{-8}	0.351	10.04			
		最小值	17.1	2.73	1.94	1.55	81.3	0.560	37.2	18.8	18.4	-0.1	28.4	8.5					0	0.155	4.95			
N_2	低液限黏土	平均值	18.6	2.67	2.02	1.70	87.9	0.568				0.38	10.89	34.5	46	25.3	27	30.8	5.57×10^{-5}	0.220	7.180	61.9	19.6	11.2
		组数	3	3	3	3	3	3					2	2	1	1	1	1	3	2	2	3	3	3
		最大值	19.4	2.70	2.09	1.75	96.5	0.587					12.87	35.3					1.15×10^{-4}	0.232	7.62	81.7	41.1	6.1
		最小值	17.5	2.65	1.96	1.67	79	0.543					8.9	33.6					2.59×10^{-5}	0.208	6.74	31.0	6.1	6.1

$1.07 \times 10^{-7} \sim 3.28 \times 10^{-5}$ cm/s，平均值 $K = 1.65 \times 10^{-5}$ cm/s；压缩系数 $a_{1-2} = 0.179 \sim$ 0.476 MPa^{-1}，平均值为 0.347 MPa^{-1}；属于密实、微透水、高压缩性土。

第四系全新统、上更新统冲积（Q_{3+4}^{al}）砂砾石层渗透系数平均值 $K = 2 \sim 90$ m/d，或者 $K = 2.32 \times 10^{-3} \sim 1.04 \times 10^{-1}$ m/s，属中等至强透水。

上第三系（N_2）低液限黏土含水率为 17.5% ～ 19.4%，平均值为 20.2%；湿密度为 1.96 ～ 2.09 g/cm^3，平均值为 2.02 g/cm^3；干密度为 1.67 ～ 1.75 g/cm^3，平均值为 1.70 g/cm^3；三轴试验 $C' = 27$ kPa，$\varphi' = 30.8°$；渗透系数平均值 $K = 5.57 \times 10^{-5}$ cm/s；压缩系数平均值 $a_{1-2} = 0.220$ MPa^{-1}；属于密实、微透水、中等压缩性土。

上第三系（N_2）高液限黏土含水率 17.1% ～ 25.4%，平均值 20.8%；湿密度为 1.94 ～ 2.05 g/cm^3，平均值 1.99 g/cm^3；干密度为 1.55 ～ 1.75 g/cm^3，平均值 1.65 g/cm^3；直剪试验 $C = 48.3$ kPa，$\varphi = 20.0°$；渗透系数平均值 $K = 1.50 \times 10^{-8}$ cm/s；压缩系数平均值 $a_{1-2} = 0.258$ MPa^{-1}；属于密实、极微透水、中等压缩性土。

上第三系（N_2）粉细砂含水率为 6% ～ 27%，平均值 18.6%；干密度为 1.49 ～ 1.80 g/cm^3，平均值为 1.60 g/cm^3；直剪试验（饱固快）$C = 0 \sim 20$ kPa，$\varphi = 28° \sim 43.2°$，平均值 $C = 7$ kPa，$\varphi = 36.4°$；渗透系数 $K = 1.1 \times 10^{-4} \sim 3.1 \times 10^{-3}$ cm/s，平均值 $K = 2.0 \times 10^{-3}$ cm/s；属中等透水。

2.4　副　坝

副坝由大副坝、1 ～ 3 号小副坝组成，其位于漳河左岸潘汪村南侧、溢洪道北西侧，大副坝和 1 号小副坝坝轴线方位约为 NW343°，2 号小副坝轴线方位约为 NE21°，3 号小副坝轴线方位约为 NW315°。副坝最大坝高为 32.5 m，总长为 2 691 m，坝顶高程均为 159.5 m。大副坝位于漳河左岸、溢洪道北侧，坝顶长度 1 439 m，桩号 0 - 009 ～ 1 + 400；1 号小副坝位于大副坝北侧，坝顶长度为 352 m，桩号为 1 + 400 ～ 1 + 752；2 号小副坝位于 1 号小副坝北侧，坝顶长度为 559 m，桩号为 1 + 752 ～ 2 + 311；3 号小副坝位于 2 号小副坝北西侧，坝顶长度为 341 m，桩号为 2 + 311.3 ～ 2 + 652.74。

2.4.1　大副坝

2.4.1.1　地形地貌

坝址区位于太行山山前丘陵地带，丘陵表部平缓，高程一般在 160 ～ 190 m，高出河水面 90 m 左右。坝基坐落在残丘之间的鞍状地形上。大坝施工时均进行了清基，将表层松散土层进行了清除，但因没有施工记录，故无法详述。

2.4.1.2　地层岩性

大副坝坝基分布地层主要为上第三系地层，桩号 0 + 600 ～ 1 + 400 有第四系地层。基岩（二叠、三叠系）埋藏于坝基百米以下。

上第三系地层按照岩性可划分三层，自下而上分述如下：

第一层（N_2^1）：岩性以粗、中、细砂、砾石及砂砾石层为主，夹低液限粉土及低液限黏土层。其中砂的成分以石英为主，密实，局部成岩，在砂层和砂砾石层之间，有多层低液限黏土呈薄层或透镜体状分布,形成局部隔水层,该层埋藏于坝基以下 35 ~ 80 m,厚度为 37 ~ 42 m。

第二层(N_2^2):由棕红色高液限黏土、低液限黏土组成,大部分呈固结状,是大副坝区的主要隔水层,夹有低液限粉土、砂土、砂砾岩薄层或透镜体。该层分布于坝基以下 17 ~ 67 m,厚度为 5 ~ 20 m。

第三层(N_2^3):该层主要由中、细砂组成,夹有高液限黏土、低液限黏土、砂岩、砂砾岩薄层或透镜体,本层岩性及颗粒变化较大,互层及夹层较多,其中高液限黏土与低液限黏土多以薄层状分布,或以分布范围较广、厚度度较大的透镜体出现,形成局部隔水层,如上部分布的二层高液限黏土、低液限黏土,厚度为 0.5 ~ 9 m,不均匀分布。该层埋藏于坝基以下 0.5 ~ 3.1 m,厚度为 17 ~ 65 m,平均为 35 m。

第四系地层:按其成因类型可分为冲积、坡积、洪积、残积等;就其物质组成而言,有红土卵石、黄土状低液限黏土、低液限粉土及河流冲积而成的卵石、砂砾石等;按其相对时代可分为第四系下更新统(Q_1)、第四系中更新统(Q_2)、第四系上更新统(Q_3)及第四系全新统(Q_4)。坝基以下分布厚度为 0.5 ~ 4 m。

主要剖面地层岩性分述如下:

0 + 400 断面:上部为上第三系上新统第三层(N_2^3)中、细砂,夹有高液限黏土、低液限黏土、砂岩、砂砾岩薄层及透镜体,厚度为 20 m 左右,其中顶部有一层高液限黏土、低液限黏土,厚度为 2 ~ 4 m;其下为上第三系上新统第二层(N_2^2)高液限黏土、低液限黏土,厚度为 8 ~ 20 m;再下为上第三系上新统第一层(N_2^1)砂岩。

0 + 800 断面:上部为第四系坡残积层(Q_4^{dl+el})断续分布,浅黄色黄土状低液限黏土,厚度为 1.5 ~ 4 m,在坝脚排水沟下游,分布有厚度为 0.5 ~ 3 m 的人工填土;其下为上第三系上新统第三层(N_2^3)中、细砂,夹有高液限黏土、低液限黏土、砂岩、砂砾岩薄层及透镜体,厚度为 20 ~ 40 m;再下为上第三系上新统第二层(N_2^2)低液限黏土、低液限粉土,夹细砂薄层,厚度为 3 ~ 9 m;再下为上第三系上新统第一层(N_2^1)中、细砂层,夹高低液限黏土、砂砾岩、高低液限黏土及小砾透镜体。

1 + 200 断面:上部为第四系坡残积层(Q^{dl+el})断续分布,浅黄色黄土状低液限黏土,厚度 1 ~ 3 m;其下为上第三系上新统第三层(N_2^3)中、细砂,夹有高液限黏土、低液限黏土、高低液限黏土夹小砾、砂砾石、砂岩、砂砾岩薄层及透镜体,厚度 45 ~ 50 m;再下为上第三系上新统第二层(N_2^2)高液限黏土、低液限黏土,厚度 8 m 左右;再下为上第三系上新统第一层(N_2^1)中、细砂层。

2.4.1.3　水文地质条件

主要岩性以黏性土、各种粒径的砂及胶结程度不一的砂岩、砂砾岩为主,各种不同的地层相互交错,形成了大小不等、厚度不一的透镜体,使含水层相互隔离或连通,表现出复杂的多层水文地质结构。主要地下水类型有承压水及潜水。

承压水主要赋存于上第三系上新统第一层(N_2^1)的砂及砂砾石层中,厚度为 37 ~ 42 m,该承压底板为三叠系页岩,顶板为上第三系上新统第二层(N_2^2)高液限黏土、低液限黏土层,其顶板高程自南向北依次递降,高程为 80 ~ 108 m,建库前承压水位高程在 106 ~ 124

m,皆高出河水位。承压水由漳河两岸地下水及上游河水补给。水库蓄水后,承压水位与库水位变化关系密切。地下水化学类型为 $HCO_3 - Ca^{2+} \cdot Mg^{2+} \cdot Na^+$ 型。

潜水赋存于第四系及上第三系上新统第三层(N_2^3)砂、砂砾石及砂砾岩中,属于孔隙潜水,主要接受大气补给及第四系地层的潜水补给,水库蓄水后,坝下游潜水位与库水位的变化关系密切。地下水化学类型为 $HCO_3 - Ca^{2+} \cdot Mg^{2+}$ 型。

2.4.1.4　坝基土层物理性质及渗透性

上第三系地层中,各粒径组砂层单层颗粒比较均一,干密度为 1.43 ~ 1.72 g/cm^3,含水率为 11.1% ~ 21.7%,属中密 - 密实结构,其渗透系数为 2.8×10^{-5} ~ 2.5×10^{-3} cm/s,属中等 - 弱透水。第二层高液限黏土、低液限黏土,其中高液限黏土干密度为 1.71 ~ 1.78 g/cm^3,含水率为 18.8% ~ 20.5%,属密实结构,渗透系数 $K = 3.5 \times 10^{-9}$ ~ 4.2×10^{-7} cm/s,属不透水;低液限黏土干密度为 1.62 ~ 1.83 g/cm^3,含水率为 17.0% ~ 23.2%,结构致密,大部分为固结状,其渗透系数 $K = 3.5 \times 10^{-9}$ ~ 1.5×10^{-6} cm/s,属微 - 不透水。大副坝坝基土层土工试验汇总见表 2-10。

2.4.2　1 号小副坝

1 号小副坝位于大副坝北端残丘凹地,原地面高程为 152 m,清除表部疏松土层 2 m 左右,因当时没有施工记录,清基状况不详。1965 年建成时最大坝高为 5.5 m,坝顶高程为 155.5 m;1976 年大坝加高后,最大坝高为 7 m,坝顶高程为 157.0 m;1987 年再次加高后,即现在最大坝高为 9.5 m,坝顶高程为 159.5 m。

坝基地层岩性自上而下分述如下。顶部为第四系地层,桩号 1 + 400 ~ 1 + 580 分布第四系全新统坡残积(Q_4^{dl+el})浅黄色黄土状低液限黏土,厚度为 1 ~ 4 m;桩号 1 + 580 ~ 1 + 752 分布第四系下更新统冲洪积(Q_1^{al+pl})红土卵石,厚度为 1 ~ 5 m;其下为上第三系上新统第三层(N_2^3)高液限黏土、低液限黏土层、砂层、低液限粉土、砂砾层,另有低液限黏土、砂岩、砂砾岩、高低液限黏土夹小砾等透镜体发育,总厚度为 60 ~ 70 m;其下为上第三系上新统第二层(N_2^2)高液限黏土、低液限黏土层,夹细砂、砂岩透镜体;下伏上第三系上新统第一层(N_2^1)砂层。

1 号小副坝坝基持力层为第四系坡残积黄褐色黄土状低液限黏土和坡洪积红土卵石层,下伏上第三系紫红色高液限黏土。未做防渗措施,仅坝下设置了砂砾褥垫排水。上第三系潜水位埋深在 140 m 高程以下。

1991 年 1 号副坝加高 2.5 m 后,下游压坡地基相应扩宽 4 ~ 20 m。主要位于原坝脚下游,地面高程为 148 ~ 156 m,高差为 8 m。清基挖除上部为 1 m 厚度的疏松土层,建基面高程在 147 ~ 155 m。持力层主要为厚度为 1 ~ 5 m 第四系坡洪积红土卵石、黄褐色黄土状低液限黏土和大于 4 m 厚度的上第三系紫红色、致密、坚硬状高液限黏土、低液限黏土。下伏上第三系中细砂。

经清基处理后,在建基面不同部位 0.7 m 左右的深度内,采取上第三系黏性土样 4 组,实测干密度为 1.61 ~ 1.83 g/cm^3,平均值为 1.68 g/cm^3。说明天然地基土体很密实,作为基础是可靠的。

表 2-10　大副坝坝基土层土工试验汇总

时代	岩性名称	指标	含水率 ω(%)	干密度 ρ_d(g/cm³)	孔隙比 e	饱和度 S_r	土粒比重 G_s	液限 ω_L(%)	塑限 ω_P(%)	塑性指数 I_P	液性指数 I_L	渗透系数 K(cm/s)	颗粒组成(%) 砂粒(>0.05mm)	0.05~0.005mm	<0.005mm	控制粒径 d_{60}(mm)	有效粒径 d_{10}(mm)	不均匀系数 C_u	说明
上第三系(N)	高液限黏土、低液限黏土	平均值										1.0×10^{-5}							1962 年以前资料
	粗、中砂	平均值										3.0×10^{-3}							
	细砂	最大值	24	1.59	0.73	94.2	2.67					1.6×10^{-4}	90.8	9.5	1.8	0.25	0.056	5.48	
		最小值	13.5	1.54	0.68	49.4	2.66					2.8×10^{-5}	88.7	8.2	1	0.22	0.042	3.75	
		平均值	20.8	1.56	0.71	78.3	2.67					8.0×10^{-5}	89.7	9	1.3	0.23	0.048	4.85	
		组数	4	4	4	4	4					3	3	3	3	3	3	3	
	中砂	最大值	21.7	1.72	0.91	90.5	2.7					2.5×10^{-3}	95	7.3	2.1	0.51	0.23	4.59	
		最小值	11.1	1.43	0.57	29.8	2.66					5.0×10^{-5}	92	4.3	0.7	0.25	0.014	1.96	
		平均值	16.2	1.57	0.72	57.8	2.68						93.4	5.6	1	0.39	0.16	3.2	
		组数	20	25	26	21	23					19	11	11	8	18	21	2	
上第三系(N₂³)	中砂	最大值											40.6	93.5	3.8				1976 年以前资料
		最小值											4.8	56.5	1.7				
		平均值											24.8	72.5	2.7				
		组数											7	7	7				

续表 2-10

时代	岩性名称	指标	含水率 ω (%)	干密度 ρ_d	孔隙比 e	饱和度 S_r	土粒比重 G_s	液限 ω_L (%)	塑限 ω_P (%)	塑性指数 I_P	液性指数 I_L	渗透系数 K (cm/s)	颗粒组成(%) 砂粒 >0.05 mm	颗粒组成(%) 0.05～0.005 mm	颗粒组成(%) <0.005 mm	控制粒径 d_{60} (mm)	有效粒径 d_{10} (mm)	不均匀系数 C_u	说明
上第三系 (N_2^2)	高液限黏土及低液限黏土	最大值	30	1.79	0.883	100	2.78					1.0×10^{-4}							
		最小值	18.1	1.52	0.528	89.7	2.74					1.9×10^{-8}							1997 年试验资料
		平均值	24.2	1.63	0.7	95.1	2.75					3.1×10^{-5}	22.6	41.5	35.9				
		组数	6	6	6	6	6					4	1	1	1				
	低液限黏土	最大值	23.2	1.83	0.673	100	2.75	39.6	24.5	15.1	0.3	1.5×10^{-6}	59.3	55.8	29.3				
		最小值	17.0	1.62	0.478	89	2.69	30.0	18.7	10.7	-0.48	3.5×10^{-9}	18.3	26.9	9.3				
		平均值	19.7	1.74	0.561	95	2.71	33.9	21.4	12.5	-0.16	3.4×10^{-7}	34.2	45.4	20.4				
		组数	10	10	10	10	10	11	11	11	10	8	11	11	11				
	高液限黏土	最大值	20.5	1.78	0.601	96	2.75	49.1	25.8	23.3		4.2×10^{-7}	26.2	50.8	75.8				
		最小值	18.8	1.71	0.534	93	2.73	43.6	21.8	21.8		3.5×10^{-9}	9.6	14.6	23.0				1999 年试验资料
		平均值	19.9	1.74	0.576	94	2.74	46.0	23.6	22.4		2.1×10^{-7}	19.0	38.4	42.6				
		组数	3	3	3	3	3	3	3	3		3	3	3	3				

2.4.3　2 号小副坝

2 号小副坝位于 1 号小副坝北端垭口部位,原地面高程为 148 m,没有清基。1965 年建成时最大坝高为 9.5 m,坝顶高程为 155.5 m;1976 年大坝加高后,最大坝高为 11 m,坝顶高程为 157.0 m;1987 年再次加高后,即现在最大坝高为 13.5 m,坝顶高程为 159.5 m。

坝基地层岩性自上而下分述如下:顶部为第四系地层,桩号 1 + 850 ~ 2 + 240 分布第四系全新统坡残积(Q_4^{dl+el})浅黄色黄土状低液限黏土,厚度为 1 ~ 3 m(包括底部 1 m 红土卵石);桩号 1 + 752 ~ 1 + 850、2 + 240 ~ 2 + 311 分布第四系下更新统冲洪积(Q_1^{al+pl})红土卵石,厚度为 1.5 ~ 7 m;其下为上第三系上新统第三层(N_2^3)高液限黏土、低液限黏土、低液限粉土互层、砂层。

坝基持力层为上第三系黏性土和坡洪积红土卵石层。上第三系潜水水位埋深在 142 m 高程以下。由于坝基主要是上第三系黏性土层,未做防渗措施,仅坝下设置了砂砾褥垫排水。

1991 年 2 号副坝加高 2.5 m 后,下游压坡地基相应扩宽 10 ~ 17 m。主要位于原排水沟下游,地面高程为 145 ~ 155 m,中间低两侧高,高差为 10 m 左右。清基挖除上部厚度1 m 的松弛土层,建基面高程在 145 ~ 155 m,持力层主要为黄土状低液限黏土。

经清基处理后,在建基面不同部位 0.3 ~ 1 m 深度内,共挖坑取土样 8 组,其中黄土状低液限黏土 6 组,实测干密度为 1.60 ~ 1.77 g/cm³,平均值为 1.69 g/cm³;红土卵石 2 组,其干密度为 1.91 ~ 2.08 g/cm³。上述成果表明,天然地基土密实,作为压坡基础强度是可靠的。

为解决非常洪水,在 2 号小副坝设有 8 个供炸坝用的药室,底高程为 149.60 m,基础岩性为坝体填筑低液限黏土,取样 8 组,其干密度为 1.67 ~ 1.80 g/cm³,平均值为 1.75 g/cm³;防浪墙基础亦为坝体填筑低液限黏土,取样 81 组,其干密度为 1.65 ~ 1.76 g/cm³,平均值为 1.72 g/cm³,见表 2-11。

2.4.4　3 号小副坝

3 号小副坝位于 2 号小副坝的北西部位,是 1987 ~ 1991 年大坝加高时新建的。

坝基地层岩性为第四系全新统坡洪积(Q_4^{dl+pl})红土卵石棕红色,密实。主要由硅质卵砾石和黏性土混杂砂粒组成,局部间夹黏性土透镜体。下伏上第三系黏性土。

坝基(含截水槽)主要坐落在残丘斜坡上,原地面高程为 153 ~ 160 m。清基后建基面高程,最高达 159 m,一般为 155 ~ 156 m。持力层大部分为第四系红土卵石,少量为上第三系低液限黏土,地表松散杂填土仅分布在桩号为 2 + 535 ~ 2 + 575、长度 40 m 的坝段范围内。

地下潜水埋藏深度为 10 ~ 17 m,相应高程为 143 m。

清基除对地表松散杂填土和耕植土进行了清除外,还将上第三系低液限黏土顶部白色钙质粉末(淋滤风化形成)富集部位也进行了清除。

沿坝轴线上游 4 m 处的红土卵石层内开挖了一条截水槽,即从桩号 2 + 378 ~ 2 + 637,截水槽长度为 259 m,深度为 1.5 m,底宽为 2 m,顶宽度为 4 m,槽内填筑了低液限黏

表 2-11　2 号副坝药室、防浪墙与路面工程基础检验成果汇总

分项工程	桩号	设计指标	试样组数	含水率（%）			干密度（g/cm³）		
				最大值	最小值	平均值	最大值	最小值	平均值
2 号副坝药室	1+880～1+920,2+020～2+060,2+160～2+200	设计干密度≥1.65 g/cm³	8	18.1	15.8	17.1	1.80	1.67	1.75
防浪墙	0−009～0+060		81				1.76	1.65	1.72
	0−009～0+060	灰土路基干密度≥1.55 g/cm³	4				1.62	1.56	1.60
坝顶公路	0+060～2+311	砾石土路基干密度≥2.0 g/cm³	35				2.13	2.00	2.08
	1+752～2+311	泥结碎石路面干密度≥2.1 g/cm³	10	7.1	5.0	5.9	2.27	2.17	2.22
上坝公路	0−000～0+308	灰土路基干密度≥1.55 g/cm³	11				1.63	1.56	1.60
	1+400～1+530		3				2.24	2.11	2.10
坝下公路	0+307～1+400	砾石土路基干密度≥2.0 g/cm³	23				2.11	2.01	2.06

注：摘自《岳城水库大坝加高工程副坝竣工设计报告（验收文件）》（1991 年 10 月）。

土,与坝连成一体。

　　为检查持力层的密实程度,在建基面以下 0~1.0 m 深度内,在坝基和截水槽的不同部位,共取原状样 14 组。其中红土卵石样 8 组,干密度平均值为 1.99 g/cm³,最小值为 1.73 g/cm³,含水率最大值为 15.7%,最小值为 4.5%,平均值为 10.6%;人工填土样 6 组,干密度平均值为 1.71 g/cm³,最小值为 1.62 g/cm³,含水率最大值为 22.7%,最小值为 14.9%,平均值为 19.9%。说明地基土较密实,符合设计要求。

2.5　溢洪道

　　溢洪道位于主坝与大副坝衔接处,轴线方位约为 SE129°。

　　溢洪道分进口堰、泄槽、镇墩、消力池、海漫等部分,全长约 2 000 m。进口堰位于主副坝间,桩号 0+000~0+350 段,溢洪道沿线通过残丘、漳河二级阶地、斜坡三个地貌单元,主要由上第三系、第四系松散地层组成,由于受新构造断裂影响,岩相急剧变化。

　　进口堰前设碾压均质壤土铺盖,与主副坝铺盖连成一体;边墙外侧设两级排水干沟;基础面上铺设有网状反滤排水,预埋有渗压管。进口堰以下为 1:15 缓坡段,接镇墩、一级消力池、二级溢流堰、二级消力池、三级坎、护坦、海漫,尾水渠与泄洪洞共用;尾水渠左堤边坡及海漫采用浆砌石块石护之;缓坡段中部(F_4 断层附近)及镇墩以下设纵横三排减压井。

2.5.1　地形地貌

　　溢洪道位于主副坝衔接处,地貌原属残丘斜坡,地面高程为 112~146 m,地形高差达 30 m。

2.5.2　地层岩性

　　溢洪道区出露地层主要为上第三系上新统和第四系上更新统地层,岩性变化较为复杂。上第三系地层自下而上分为四大层,简述如下。

　　第一层(N_2^1):由砂、砂砾岩组成,局部胶结成岩,夹两层低液限黏土,厚度约为 50 m;

　　第二层(N_2^2):由高液限黏土、低液限黏土及夹低液限粉土透镜体组成,厚度为 8~15 m;

　　第三层(N_2^3):由各种粒径的砂组成(局部胶结为砂岩),并夹有砂砾石(局部胶结成砂砾岩),夹高液限黏土、低液限黏土、低液限粉土薄层或透镜体,厚度为 17~22 m。

　　第四层(N_2^4):下部为高液限黏土、低液限黏土,厚度为 10~20 m。上部由低液限粉土-低液限黏土组成,厚度为 20 m 左右,顶部夹有细砂薄层,局部有砂砾石存在,并有不同程度的胶结,厚度为 3~7 m。

　　第四系上更新统主要为坡积砂卵石,厚度为 1~2 m。

　　溢洪道各工程部位地基岩性分述如下:

　　进口堰:桩号为 0+133~0+161,长度为 28 m,建基高程中闸室部位为 135.5 m,两侧齿槽 134.5 m。基础岩性为上第三系上新统第三层(N_2^3)灰黄色砂层,夹小砾石、黏土碎块,局部胶结成岩,密实,斜交层理发育;另有低液限粉土、高液限黏土夹小砾、低液限黏土透镜体发育,厚度为 20 m 左右;下伏上第三系上新统第二层(N_2^2)高液限黏土、低液限黏土层。

陡槽段:桩号为 0 + 161 ~ 0 + 500,长度为 339 m,建基高程为 137.1 ~ 117.0 m,呈1:15 坡度,宽度从 127 m 扩散为 164 m。基础岩性主要为上第三系上新统第三层(N_2^3)中细砂层,局部胶结成砂岩或砂砾岩,黏性土透镜体发育。该层厚度为 18 ~ 22 m。下伏上第三系上新统第二层(N_2^2)高液限黏土、低液限黏土层,夹低液限粉土透镜体组成,厚度为 8 ~ 15 m。桩号 0 + 475 附近发育 F_4 断层。

曲板:桩号为 0 + 500 ~ 0 + 516,长度为 16 m,建基高程为 117 ~ 114 m,地基岩性主要为上第三系上新统第四层(N_2^4)胶结不良砾岩、砂层,厚度为 10 ~ 14 m,其下为上新统第四层(N_2^4)高液限黏土、低液限黏土、低液限粉土层,厚度大于 30 m。

镇墩段(桩号 0 + 516 ~ 0 + 556)、一级消力池(桩号 0 + 556 ~ 0 + 620):建基高程呈阶梯状,陡坡段为 114 ~ 106 m,平坡段为 106 ~ 104 m,斜坡段为 104 ~ 99 m,一级消力池为 100 ~ 99 m。基础岩性主要为新上第三系上新统第四层(N_2^4)黏性土、中细砂。其中,陡坡段由砾岩、粉细砂层,夹砂岩、中细砂砾岩透镜体组成,总厚度在 10 m 以上;平缓坡—斜坡段——一级消力池由上第三系上新统第四层(N_2^4)高液限黏土、低液限黏土、低液限粉土与低液限黏土互层组成。

二级溢流堰、二级消力池:桩号为 0 + 620 ~ 0 + 697,堰底高程为 99.4 m,齿槽部位为 98.4 m,消力池基础为 98 m 左右。基础岩性主要为上第三系上新统第四层(N_2^4)高液限黏土,厚度为 14 ~ 18 m,下伏上第三系上新统第三层(N_2^3)砂层。

三级溢流堰、三级消力池:桩号为 0 + 697 ~ 0 + 715 ~ 0 + 750,建基高程为 101 ~ 97.8 m。基础岩性主要为上第三系上新统第四层(N_2^4)高液限黏土,厚度为 13 ~ 15 m,下伏上第三系上新统第三层(N_2^3)砂层。

护坦、海漫:桩号 0 + 750 ~ 0 + 765 ~ 0 + 905.33,建基高程为 98 m。基础岩性主要为上第三系上新统第四层(N_2^4)高液限黏土,厚度为 12 ~ 20 m,下伏上第三系上新统第三层(N_2^3)砂。桩号 0 + 790 ~ 0 + 850 地基顶部有约 1.5 m 的第四系上更新统坡积(Q_3^{dl})砂砾石层。

防渗铺盖:厚度为 1 ~ 3 m,均质碾压土,为黄土状低液限黏土,铺盖长度为 250 m,高程为 135 ~ 137 m。下伏厚度约为 20 m 的上第三系上新统第三层(N_2^3)砂层。

2.5.3　地质构造

溢洪道地区构造发育。区内老构造以平缓的褶曲伴随着高角度的正断层为主要形式,其构造线以 NNE 向及 NE 向为主,构成许多地堑及地垒。新生代以来,继承性的构造运动很明显,新上第三系地层中小褶曲和断层普遍存在,第四系下更新统(Q_1)的红土卵石层至上更新统(Q_3)黄土状低液限黏土层中皆有断裂发现,见表 2-12 及图 2-4。在溢洪道基坑开挖中发现了 9 条新生代以来的断层,除 F_4 断层有一定规模外,其余断层规模皆较小,施工地质编录中有记载的就有 39 条之多。另有许多 NE 向、NW 向近垂直的裂隙存在,但都没有错动的痕迹。

表 2-12　溢洪道基坑范围断层统计

断层编号	断层所在位置	断层性质	产状要素			断距(m)	断层带宽度(m)	断层带简述
			走向	倾向	倾角			
F$_4$	陡槽段下部(0+475)	正	NE35°~NE25°	SE	65°~70°	40	0.8~1.5	充填黏土及白色钙质物,具擦痕
F$_5$	进口段中心线右(0+145~0+170)	正	SE135°	SW	65°	0.9	0.005~0.04	充填细砂及低限粉土条带,局部细砂胶结成砂岩
F$_6$	一级消力池左边墙(0+600~0+610)	正	NE75°	SE	60°	0.8	0.1~0.02	充填低液限黏土,断层面具擦痕
F$_7$	陡槽段下部,左边墙以北(0+480)	正	NE68°	NW	40°	6.5	0.04	充填低液限黏土,断层面具擦痕
F$_8$	陡槽段下部,左边墙以北(0+480)	正	NE69°	SE	70°~80°	未测到	0.4	上部充填主要为白色钙质物,下部为低液限黏土
F$_9$	二级溢流堰,左边墙(0+615~0+620)	正	NE80°	NW	75°~80°	0.15	0.01~0.03	充填低液限黏土,局部有钙质物,断层面凹凸不平
F$_{10}$	二级溢流堰,左边墙(0+615~0+620)	正	NE75°	SE	80°	0.07	0.03	充填低液限黏土,局部有钙质物,断层面凹凸不平
F$_{11}$	一级消力池左斜墙(0+600)	正	NE15°	NW	76°	0.2	0.03	充填低液限黏土,局部有钙质物,断层面凹凸不平
F$_{12}$	陡槽段下部,左边墙以北(0+465)	正	SE158°	NE	56°	2.0	0.02	充填低液限黏土
F$_{13}$	一级消力池中心线北(0+695)	正	NE33°	NW	36°	未测到	0.03~0.05	上部充填主要为白色钙质物,下部为低液限黏土,具擦痕

注:摘自《岳城水库溢洪道技术设计阶段工程地质勘察报告》(101-D(65)1)、《岳城水库施工地质编录》(101-D(62-69)1)。

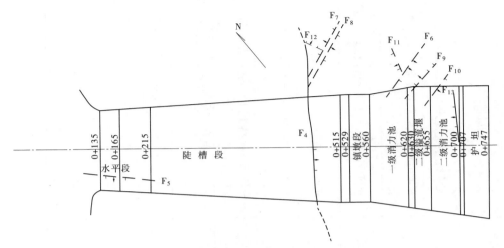

图 2-4　溢洪道地段断层分布示意图

在桩号 0 + 475 附近,F_4 断层错断了上第三系上新统(N_2)地层及第四系下更新统(Q_1)红土卵石层。该断层走向为 NE25 ~ NE35°,倾向为 SE,倾角为 65°,平移正断层,垂直错距 40 m 左右,破碎带宽为 0.8 ~ 1.5 m,填充有低液限黏土和砂的混杂物及钙质结核,断层面上有斜向的擦痕,红土卵石层中卵石排列与断层面近于平行,有明显的拖曳现象,其影响带宽为 5 ~ 6 m。F_4 断层往西南向泄洪洞及主坝方向延伸,但在泄洪洞修建过程中,作为建筑物地基的上更新统(Q_3)砾岩及黄土层中皆未发现该断层,说明 F_4 断层发生在晚更新世(Q_3)以前。

2.5.4　水文地质条件

水文地质条件受岩性和构造控制。根据含水层的埋藏情况划分为潜水和承压水两种类型。

2.5.4.1　潜水

潜水埋藏于上第三系顶部、第四系地层中,水库蓄水前水位为 105 ~ 110 m,主要为大气降水补给,向漳河及香水河排泄。水库蓄水后,随库水位升降而变化,当库水位为 139 m 时,潜水位上升至 115 ~ 130 m。由于地层岩性不均匀和断层影响,地下水的变化规律不明显。

根据观测资料分析,溢洪道区库水对潜水的补给主要来自坝体上游坝脚一带,分别向香水河、泄洪洞左边墙的排水沟内及漳河排泄。

由于 F_4 断层有良好的阻水作用,使溢洪道上游段即进口堰至 F_4 断层一段(F_4 断层北西侧)上第三系砂层、砂砾岩层中的潜水位(该段地层渗透系数较大,地下水坡降较小,F_4 断层内充填较好),比溢洪道下游段(F_4 断层东南侧)相同含水层中的潜水位高约 4.0 m。

2.5.4.2　承压水

由于 F_4 断层的阻水作用,使 F_4 断层两侧的承压水表现出不同的特征。

断层北西侧,即溢洪道上游段的承压水分两层:第一层承压含水层(上第三系上新统第一层（N_2^1）细砂、砂砾石层），厚度为 15～20 m，黏性土底部高程为 55～65 m，黏性土厚度为 4～8 m，水库蓄水前水位为 115 m 左右，蓄水后水位变化很大，当库水位为 139 m 时，承压水位为 135.0 m；第二层承压含水层（上第三系上新统第三层（N_2^3）细砂、砂砾石层），厚度为 20～25 m，黏性土底部高程为 90～100 m，黏性土厚度为 8～12 m，蓄水前水位为 110～115 m，当库水位为 139 m 时，承压水位为 118～130 m。承压水位上升时间一般较库水位滞后 1～2 天。因受断层阻水影响，该区承压水改变流向，在泄洪洞以北漳河二级阶地排出并与潜水混合。

断层东南侧，即溢洪道下游段的承压水分三层，第一含水层、第二含水层同上，因埋深较大，与工程关系不密切。与工程关系密切的是第三层承压水（上第三系上新统第四层（N_2^4）细砂层、胶结不良砾岩），隔水层底部高程为 70～90 m，自北向南降低，黏性土厚度为 10～30 m，含水层厚度为 40～55 m，承压水位变化在 111～113 m，流向自东北向西南递降。根据观测，断层下游的承压水不受库水位变化的影响，其由较远的香水河上游补给，排泄区在下游河床。1966 年施工时，为了降低黏性土地基的顶托力，曾在溢洪道 F_4 断层上、下游打减压井释放承压水，观测该处水位为 105.5～106.5 m，根据 F_4 下游溢洪道面板观测孔（溢 23-05 孔）近 20 年的观测资料，承压水头稳定在 106～106.34 m 高程，说明该含水层仍与库水位无关，1987 年加固阶段勘探孔所测得的承压水位在 107 m 左右，与上述观测资料吻合。（见《漳河岳城水库提高防洪标准技施阶段地质勘察说明》（101-D（87）1）。

溢洪道基础各种地层的渗透系数见表 2-13。

表 2-13　溢洪道基础各种地层的渗透系数

类别	岩性	渗透系数（m/s）
隔水层	上第三系高液限黏土、低液限黏土	1.16×10^{-7}
相对隔水层	上第三系低液限黏土-粉土、低液限粉土、低液限黏土夹砾石	$1.16 \times 10^{-7} \sim 1.16 \times 10^{-6}$
弱透水层	第四系黄土状土、红土卵石	$1.16 \times 10^{-5} \sim 2.32 \times 10^{-5}$
弱透水层	上第三系砂层	$1.16 \times 10^{-5} \sim 3.47 \times 10^{-5}$
弱透水层	上第三系砂岩、砂砾岩	$3.47 \times 10^{-5} \sim 5.79 \times 10^{-5}$
中等透水层	第四系砂卵石、第三纪砂砾石	$5.79 \times 10^{-4} \sim 1.16 \times 10^{-4}$
强透水层	第四系砂及第三纪胶结不良砾岩	$1.16 \times 10^{-4} \sim 2.32 \times 10^{-4}$
集中透水带	上第三系砂砾石、裂隙发育的砾岩、砂砾岩	$> 3.47 \times 10^{-4}$

注：摘自《岳城水库溢洪道设计说明书》（101H-G.3-1S，1970 年 10 月）。

2.5.5　物理力学性质

溢洪道各地层的物理力学性质见表 2-14～表 2-16。

表 2-14　溢洪道上第三系砂物理力学性质成果

数据类型	物理性质 比重	干密度 (g/cm³)	含水率 (%)	土粒组成(%) 2~0.05 mm	0.05~0.005 mm	<0.005 mm	压缩系数 a_{1-4} (MPa^{-1})
最大值							
最小值							
平均值	2.68	1.62	19.2	81.5	11.4	7.1	0.17
小值平均值							
组数		34	25	25	25	25	

数据类型	野外大型剪切试验 凝聚力 (kPa)	内摩擦角 (°)	混凝土板与砂摩擦试验 凝聚力 (kPa)	内摩擦角 (°)	室内直剪(饱固快) 干密度 (g/cm³)	凝聚力 (kPa)	内摩擦角 (°)
最大值	51	21.8	51			15	31.0
最小值	28	12.5	15				
平均值	45	17.0	28		1.50	10	
小值平均值						9	29.9
组数	2	2	3		3	8	8

注:摘自《岳城水库溢洪道设计说明书》(101H-G.3-1S)。

表 2-15　溢洪道上第三系低液限粉土和低液限黏土物理力学性质成果

岩性	数据类型	物理性质		土粒组成（%）			抗剪强度（饱固快）	
		比重	干密度（g/cm³）	2~0.05 mm	0.05~0.005 mm	<0.005 mm	凝聚力（kPa）	内摩擦角（°）
上第三系低液限粉土	最大值	2.71	1.68				22	31.5
	最小值	2.69	1.54				17	28.5
	平均值			71.5	20.0	8.5		
	小值平均值							
	组数	4	4	2	2	2	4	4
上第三系低液限黏土	最大值	2.72	1.70				80	30.5
	最小值	2.69	1.57				40	1.75
	平均值			41.3	22.0	36.7		
	小值平均值							
	组数	6	6				6	6

注：摘自《岳城水库溢洪道设计说明书》(101H－G.3－1S)。原资料中，低液限粉土岩性名称为亚砂土，低液限黏土岩性名称为亚黏土。

表 2-16　溢洪道上第三系高液限黏土物理力学性质试验成果

数值类型	含水率 (%)	湿密度 (g/cm³)	干密度 (g/cm³)	孔隙比	饱和度	比重	黏粒含量 <0.005 mm (%)	液限 (%)	塑限 (%)	塑性指数	稠度	活动度	体缩 (%)
最大值	29.0	2.08	1.75	0.94	100	2.78	84	58.7	27.0	34.6	0.065	0.715	16.08
最小值	19.9	1.89	1.43	0.58	86.1	2.73	45	37.1	17.7	19.4	-0.16	0.624	11.51
平均值	25.4	2.00	1.62	0.71	97.5	2.76	68.8	53.7	24.8	27.2	-0.044	0.653	14.09
组数	118	58	121	89	58	121	84	84	84	84	5	4	4

数值类型	压缩系数 a_{1-4} (MPa⁻¹)	原状直接快剪 C (kPa)	原状直接快剪 φ (°)	原状三轴不排水剪 C (kPa)	原状三轴不排水剪 φ (°)	浸水直接快剪 C (kPa)	浸水直接快剪 φ (°)	浸水三轴固结不排水剪 C (kPa)	浸水三轴固结不排水剪 φ (°)	固结直接快剪 C (kPa)	固结直接快剪 φ (°)	混凝土与黏土摩擦试验 C (kPa)	混凝土与黏土摩擦试验 φ (°)
最大值	0.080	125	19.5	110	15.0	115	12.0	30	18.0	50	27.0	64	28.0
最小值	0.030	100	5.0	45	8.0	65	10.0	30	6.5	40	18.5	9	17.3
平均值	0.046	105	16.5	90	9.0	92	10.0	35	11.0	40	24.5		
组数	4	5		5		5		3		4		6	

注：摘自《岳城水库溢洪道设计说明书》(101H-G.3-1S)。原资料中,岩性名称为黏土。

2.6 泄洪洞

泄洪洞位于主坝桩号 0 + 452.3,洞向约为 SE110°。

泄洪洞工程包括进水塔、坝下埋管 9 个、静水池、溢流堰、挡土边墙等混凝土及钢筋混凝土建筑物。首部为进水塔,总宽度 77 m。

地处左岸二级阶地底部砾岩上。砾岩为第四系(Q_3^{al})河流冲积物,级配不均一,组成砾岩中的粗颗粒成分以石英岩、灰岩为主,并含少量上第三系砂岩。颗粒直径一般为 0.05 ~ 0.2 m,个别在 0.4 m 以上,为钙质、泥质胶结。砾岩厚度为 6 ~ 11 m,其性状不论是在水平方向还是在垂直方向上的变化都很大,开挖后按工程地质特性分为四类。

(1)I 类砾岩(胶结较好),以钙质胶结为主,青灰色,泥质含量极少,锤击发脆声,不易破裂,有足够的承载力,其抗压强度可达 2×10^4 ~ 4×10^4 kPa,个别样品试验 $\tan\varphi = 0.65, C = 70$ kPa,弹性模量为 1.0×10^7 kPa。但在 I 类砾岩顶部 2 m 夹有胶结不良的 II 类砾岩透镜体。

(2)II 类砾岩(胶结不良),以钙质胶结为主,灰黄色,含泥砂及微胶结砂岩,卵石数量增多,胶结不均,锤击易破,抗压强度为 1×10^4 kPa,个别样品试验 $\tan\varphi = 0.6, C = 50$ kPa,弹性模量为 1.0×10^3 ~ 3.0×10^3 MPa。其中夹有 III 类砾岩透镜体。

(3)III 类砾岩(胶结很差),以胶结物泥质为主,少量钙质,土黄色,砾石粒径较上两类小,用水冲之即可分裂,较一般砂卵石层紧密,主要分布在上部 2 ~ 4 m,其间夹有透镜体。

(4)IV 类砾岩,风化成泥砂夹少量砾石,水冲之即流失。此类泥砂层,主要分布在砾岩顶部 2 m 范围内。

泄洪洞基础砾岩物理力学性质试验成果见表 2-17。

表 2-17 泄洪洞基础砾岩物理力学性质试验成果

试验编号	密度（g/cm³）				吸水率（%）		抗压强度（MPa）		弹性模量（×10⁴ MPa）		泊松比	说明
	干密度	平均值	湿密度	平均值	吸水率	平均值	径高比	湿抗压	径高比	弹性模量		
一组	2.49	2.52	2.54	2.56	2.12	1.78	1:1.255	14.38	1:0.947	1.68	0.11	
	2.54		2.57		1.46		1:1.606	7.65	1:1.048	1.31	0.12	
	2.52		2.56		1.75		1:1.447	12.98	1:1.059	1.49	0.11	
二组	2.52	2.52	2.55	2.55	1.45	1.36	1:1.094	14.42	1:0.939	1.18	0.18	试件均为Ⅰ类砾岩
	2.54		2.58		1.65		1:0.977	9.15	1:0.819	1.42	0.19	
	2.51		2.53		0.97		1:1.165	8.21	1:0.974	2.39	0.22	
三组	2.49	2.51	2.54	2.55	2.01	1.49	1:1.697	4.11	1:1.053	0.95	0.12	
	2.51		2.54		1.01		1:1.302	8.90	1:1.024	1.31	0.09	
	2.54		2.58		1.45		1:1.326	10.72	1:0.963	1.82	0.26	
总平均值	25.18		25.54			1.54		10.06		1.51	0.16	

注：摘自《岳城水库泄洪洞基础胶结不良砾岩试验报告》（91-04）。

第 3 章　水库蓄水初期出现的主要病险问题

3.1　主坝上游铺盖塌坑、洞穴、裂缝问题

1974 年汛前检查发现主坝南北两端黄土台地段上游铺盖出现裂缝 22 条,长度为 780 m,冲沟 3 条,长度为 468 m,洞穴 12 个,塌坑 47 个。经天津水利水电勘测设计研究院设计,中国水利水电第五工程局第一分局于 1974 年 7 月中、下旬逐个进行开挖回填夯实处理,1975 年汛前进行了铺盖加固处理。

分析损坏原因如下:

(1)天然黄土地基中发育裂缝。从历次塌沟、塌坑和洞穴开挖后的资料来看,下部均存在软弱部位。1974 年的施工记录表明,凡表面塌陷地点,挖穿人工铺盖发现天然黄土地基上绝大部分都有裂缝。库水沿裂缝渗透作用,使厚度度不大的人工铺盖被击穿而形成表面的塌陷。

黄土地基中裂缝的成因可分为两类,即先成裂缝和后成裂缝。

先成裂缝是在建坝以前已存在的裂缝,左岸二级阶地黄土中可见,属构造裂隙和卸荷裂隙。

后成裂缝即在大坝建成后,由于附加荷载及水文条件的变化而造成,其与黄土的特性有关:一是附加压力作用下的机械压密程度不一,一般施工期间就产生了;二是浸水后的湿陷;三是长期渗透影响下的溶滤变形。

(2)局部地形和岩性条件的影响。如南岸坝脚至帷幕灌浆中心线,正处于一条宽度为 30 m、深为 10 m 的老冲沟地带,自南坝头到桩号 2 + 950 转向下游,冲沟内堆积物较复杂,其两侧地层差异大,未予清除即进行大坝人工铺盖填筑,南岸大部分塌陷和裂缝均位于这条冲沟的边缘地带。

(3)库水位升降与大气的交替作用。水库南北两岸天然黄土阶地铺盖地段,在高程 135 m 以下随库水位涨落每年都要经受水和大气的交替作用。由于黄土和下部砂卵石层孔隙较大,当库水位上涨时要排出空气,当库水位下降时要吸进空气,当库水位涨落急剧时,这种排吸作用沿缝隙进行,加速了铺盖的破坏。

其工程处理措施是:裂缝、塌坑一般开挖 2 m,将松土去掉,当缝宽不超过 1 cm 时不再向下挖,然后以小石堵缝回填夯实。当 2 m 以下缝宽超过 1 cm 时要继续开挖。当深度至 4 m,缝宽仍大于 1 cm 时,即预埋灌浆管回填夯实。回填土干密度要求达到 1.60 g/cm³,然后加 1.0 m 铺盖(见《漳河岳城水库加固设计工程地质勘察报告》(101 - D(76)1))。

在 1989 ~ 1991 年大坝加高施工过程中,上游采用黏土斜墙防渗,砂砾料与壤土之间设一层砾径为 0.5 ~ 10 mm 的反滤,厚度为 30 cm。至今尚未发现新问题。

3.2　主坝上游坝坡滑坡

据水库管理处《主坝上游坡滑动情况报告》,1974 年 8 月 23 日,库水位下降至 124.51 m 时,检查主坝上游发现有明显的裂缝,位置为桩号 1 +464 ~ 1 +723(中段),高程 136 ~ 140 m 处,裂缝宽 33 cm,下错 50 cm;主坝桩号 2 +170 ~ 2 +380(南段),高程 129 ~ 137 m,裂缝宽 16 cm,下错 70 cm。中国水利水电第五工程局第一分局于 1975 年 3 月下旬 ~ 6 月上旬进行了压坡处理。

坑探发现滑坡段有明显的错台,最大错距为 70 cm。桩号 1 +580 坑自土面以下深挖 2.1 m,发现有明显滑动面,坡度约为 1:0.9,表面破碎带较宽,为 20 ~ 30 cm。

1974 年 8 月 28 日在桩号 1 +470 ~ 1 +732 内,实测 7 个断面,从中可以看出,中段滑坡自高程 142 ~ 130 m 范围内有明显的下沉和局部隆起现象。1974 年 11 月,勘探发现 1 +600 上 65 孔和 1 +535 上 71 孔,分别在深度 8.11 m、高程 125.27 m 及深度 9.65 m、高程 122.46 m 处,有 35° ~ 40°的滑裂面,可见擦痕。

从南、中滑坡段竖井中发现 70°以上裂隙较发育,如 2 +300 上 73 井中,有把软层错开现象,错距达 20 cm;还可看到张开 1 ~ 2 cm、最宽为 2.5 cm、无充填、垂直延伸 40 cm 以上的裂隙;另有 20° ~ 45°或近似水平、倾向上游、局部可见擦痕的缓倾角裂隙发育。在中滑坡段有千层饼状(1 ~ 3 mm 厚度的小薄层)挤压错动带,厚度达 0.8 ~ 1.5 m。沿缓倾角裂隙、滑动带或软硬层界面有出水现象,甚至有气体逸出。

竖井开挖时,中滑坡段发现在深度 7 ~ 10 m 以上,井壁坍塌十分严重;南滑坡段 4 ~ 5 m 以上,有软层或裂隙而无坍塌现象,见图 3-1。

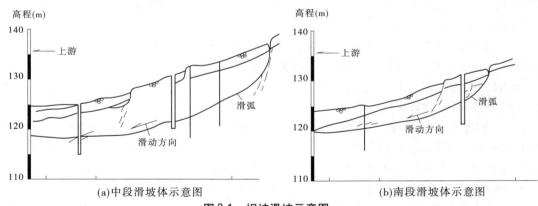

(a)中段滑坡体示意图　　　　　　　　　(b)南段滑坡体示意图

图 3-1　坝坡滑坡示意图

从滑坡体表面看,有明显的阶梯状错台、中部下凹、下部隆起的迹象。滑坡内部有高角度裂隙发育,张开至闭合,局部充填软泥和硬土块,有软弱层被错断的情况,裂缝和软层充水程度高,特别有明显的千层饼状滑动带和滑动面,构成了与运动方向一致的滑弧。各种迹象表明,该滑坡属于浅层滑动,滑坡体厚度:南段滑坡为 4 ~ 5 m,中滑坡段为 7 ~ 10 m。

分析滑坡产生的主要原因,可能由于坝坡土体固结的不均一性,产生裂缝,库水沿通道直接浸入,致使松软层饱和,硬层软化,强度降低。在库水位骤降时,出现反向渗透压力,促使平衡遭到破坏。

其工程处理措施是:与裂缝、塌坑同期处理,一般开挖 2 m,将松土去掉,预埋灌浆管回填夯实。回填土干密度要求达到 1.60 g/cm³,然后加 1.0 m 铺盖,见《漳河岳城水库加固设计工程地质勘察报告》(101 - D(76)1)。处理效果较好,至今未出现新问题,坝坡稳定性良好。

第4章　抗震加固和提高防洪标准及大坝加高

4.1　抗震加固工程地质（主坝上游压坡）

主坝压坡范围为桩号 0 + 550 ~ 2 + 850,其中主坝桩号 1 + 317 ~ 2 + 523 曾在1975 ~ 1976 年进行了压坡处理。

第二次压坡桩号为 0 + 550 ~ 1 + 415、2 + 425 ~ 2 + 850。压坡料为红土卵石。

（1）第二次压坡。自 1961 年蓄水至 1980 年,水库运行已 19 年,库底已形成了一定厚度的淤积层,据勘察,从桩号 0 + 550 ~ 2 + 850 上 130 ~ 211 m,宽度 80 m 范围内,淤泥层由坝脚向库内逐渐加厚,厚度为 2 ~ 7 m,在宽度 37 m 压坡地基范围内,厚度为 2 ~ 5 m,底面碾压面高程从 116 m 递降为 113 m,呈一向库内缓倾斜面。桩号 0 + 550 ~ 0 + 650 段,因原碾压土面高差悬殊,加之后期处理塌坑影响,厚度变化很大,如桩号 0 + 600 上 167 m 两孔间距 1 m,厚度差达 2 m 以上。主坝南段也表现出厚度由北向南逐渐变薄现象。

另据 1976 年勘察资料,原已压坡段顺坡脚淤泥厚度一般 4 m 左右,1980 年探测淤泥厚度为 5.5 ~ 6.0 m,说明自 1976 年汛后至 1980 年,3 年多时间内淤泥厚度增加了 1.5 ~ 1.8 m。

在天然状态下,淤泥一般为褐灰色,局部灰黑色,暴露于大气后变成黄褐色,土质较均匀,可见层理,略具臭味,大部分呈流动 – 软塑状,易触变液化。除表部有 0.30 m 厚硬壳外,深度在 1.5 ~ 2.0 m 间也有已厚度为 20 cm 左右的较密层,至 3.0 m 以下钻进进尺较慢,呈可塑状。

据土工试验成果,淤泥颗粒组成为:粉粒含量平均值为 47.2%,黏粒含量平均值为 50.4%,塑性指数平均值为 19,液限含水率平均值为 43.2%,小于天然含水率,天然孔隙比为 1.60,干密度为 1.06 g/cm^3,向下部土体干密度逐渐增大,说明下部土体较密实;压缩系数 a_{1-2} 平均值为 1.2 MPa^{-1},为高压缩性;渗透系数平均值为 5.44 × 10^{-7} cm/s,属于极微透水。

由于压坡地段地基属灵敏度高、低强度软层,易产生过大沉陷变形,为保证压坡体稳定,在桩号 0 + 550 ~ 0 + 650、0 + 650 ~ 1 + 415 上 125 ~ 135.1 m 采用砂坑排水固结。桩号 2 + 425 ~ 2 + 850 由于地面积水,采取震压卵石挤淤法进行处理,而桩号 1 + 415 ~ 2 + 425 段当初压坡时也采用了卵石挤淤法进行处理。

对压坡地段采取开挖竖井和试坑注水试验进行检查处理效果和地基稳定性。

（2）第一次压坡再次压坡。从 1975 年压坡体上游边界再向库内压坡,宽度为 30 m。

该段淤泥顶面高程为 117.70 ~ 118.23 m,高差为 0.53 m,大致呈现南高北低,且微向库内倾斜。

据勘探,淤泥层可划分为上部、下部两层。上部岩性为淤泥质低液限黏土,间夹 4 ~ 8

cm、最薄为 1~3 mm 的低液限粉土。厚度由北向南从 3.80 m 增至 4.70 m,底部高程为 114~113.5 m。下部岩性为淤泥质低液限黏土,间夹 5~18 cm 厚低液限粉土、高液限黏土薄层。厚度由北向南从 1.70 m 增至 2.0 m,其下与碾压面间夹 8~10 cm 厚的砂砾石透镜体。

在天然状态下,淤泥一般为灰黄色,间或有灰黑色、棕色夹层,暴露于大气后呈黄褐色,土质较均匀,可见层理,略具臭味。除表部有 0.30 m 厚硬壳外,中上部呈流动-软塑状,极易触变液化;下部呈可塑状。

据土工试验成果,淤泥质土颗粒组成为:粉粒含量平均值为 52.1%,黏粒含量平均值为 43.5%,塑性指数平均值为 15,液限含水率平均值为 40.6%,小于天然含水率平均值 48.2%,天然孔隙比为 1.30,干密度为 1.21 g/cm³,向下部土体干密度逐渐增大,说明下部土体较密实;压缩系数 a_{1-2} 平均值为 1.1 MPa^{-1},为高压缩性;渗透系数平均值为 8.76×10^{-6} cm/s,属于极微透水。

压坡地段地基属于软土,采取砂井排水固结措施。随后采取钻孔、取样试验等手段对压坡地基土体工程性状进行了对比分析,干密度、抗剪强度增加较为明显。

4.2　提高防洪标准及大坝加高工程地质

据《岳城水库大坝加高工程施工地质报告》(101-D(92)2),有关部位工程地质条件简述如下。

4.2.1　主坝下游压坡扩宽地基

(1)桩号 0+056.75~0+370 段。该段长度为 313.25 m,位于溢洪道与泄洪洞之间,地貌上原属残丘斜坡与漳河左岸二级阶地的过渡地带,现为一缓坡,地面高程在 140~120 m,高差约 20 m。

清理扩宽地基 5~20 m,挖除表部厚 1.5~3 m 的疏松素填土后,建基面高程为 138.5~118.5 m,高差为 20 m。其持力层为 1~3 m 厚素填土,是原坝体填筑土弃料,至今已有 20 年以上,密实,由含少量砾、含较多砾的低液限黏土和砾质土组成。下部为第四系冲坡积、坡洪积棕红色、棕黄色黄土状低液限黏土,胶结不良砾岩和上第三系砂层与黏性土,均比较密实。潜水位埋深在 120 m 高程以下,与库水位关系密切。

经清基处理后,在建基面素填土不同部位取两组试样,实测干密度分别为 1.63 g/cm³ 和 1.84 g/cm³,说明素填土密实,清基质量良好。

(2)桩号 0+580~0+800 段。该段长度为 220 m,位于泄洪洞右侧、老排水沟下游坝下公路部位。原地貌上属漳河左岸一级阶地,地形为缓坡,地面高程为 115~109 m,高差为 6 m。

清理扩宽地基 4~14 m,挖除上部 2~4 m 厚松散的素填土及电站的生活垃圾,建基面高程为 111~107.80 m,高差为 3.2 m。其持力层除上部有 0.5~1.5 m 厚密实的素填土(含少量砾的)外,下伏 0.5~4 m 厚的第四系冲积的棕黄色、褐黄色黄土状低液限黏土、低液限粉土;其下为第四系砂卵石,局部有胶结现象。潜水位埋深在 107 m 高程以下,与库水位关系密切。

经清基处理后,在建基面不同部位的素填土中共采取土样5组,实测干密度为1.66~1.81 g/cm³,平均值为1.70 g/cm³,说明填土是密实的,清基质量是好的。

(3)桩号0+800~2+400段。该段长度为1 600 m,地处老排水沟下游公路部位。地貌上原属漳河河床漫滩,地形较平坦,呈现中间低、两侧高的趋势;地面高程为106.5~109 m,高差为2.5 m。

清理扩宽地基18~20 m,挖除上部1~1.5 m厚的较松素填土,建基面高程(含盲沟及新排水沟)大致在105~108 m,一般为106 m,最大高差为3 m。其持力层除尚有1~2 m厚的密实的素填土,包括含少量砾、含较多砾的低液限黏土和砾质土外,其余为第四系冲积砂卵砾石层。本段潜水位高程在105.5 m左右,其中桩号1+700为最低点,高程约105 m,向两侧岸边略有增高,与库水位关系密切。

经清基处理后,除对桩号1+700和1+100两处素填土部位,由于含水率高和下伏泥砾层,在清基过程中受振动碾压的影响,产生了塌陷和弹簧土(长度为5~10 m,宽度为2~5 m,深度为0.5 m),分别挖除外,对桩号1+970地段(长度为20 m,宽度为10 m,厚度为1.0 m)原河中淤泥也进行了清理,均重新填筑了砂砾料及反滤层。清基验收时,在不同断面的素填土部位共取土样19组,实测干密度为1.60~1.87 g/cm³。该成果说明人工地基土是密实的,清基质量是好的。

施工清基中于1989年4月10日发现桩号0+900原老排水沟上游高程107.5 m部位有水渗出。渗水与浸湿范围,顺坝方向长度约10 m,且在出逸点处有积水现象。

为了进一步查清原因,沿出水点向上游坝内追索,用人工开挖一条宽度为1.0 m、深度为1.2 m、长度为10 m的沟,直至原坝体110 m平台部位。经实际观察,水主要沿护坡块石下部砂砾垫层与碾压土接触面逸出,水层厚度约30 cm,且随着沟向里延伸碾压土坝面增高,出水点至沟端相应抬升至108.5 m高程;渗水主要沿沟左壁呈分散状,局部为小的集中细流,水量约0.10 L/s,并随着时间延长,水量有明显减少。综上分析,出水原因主要是由坝面砂砾垫层存在雨后滞水区,下游排水沟淤塞排水不畅积聚所致。

最终处理是,在渗水部位,即长度为20 m,宽度为20 m范围内铺设了厚度为30 cm的碎石反滤后,上部继续填筑砂砾料压坡。

(4)桩号2+400~2+900段。该段长度为500 m,位于老排水沟下游公路一线,地貌上原属漳河右岸一级阶地部位。地形较平缓,地面高程为108~111.5 m,高差为35 m。

清理扩宽地基3~20 m,挖除上部1~2 m厚的较松素填土后,建基面高程(含新排水沟)大致在105.6~109 m,最大高差为3.4 m。其持力层主要为0.5~1.5 m厚密实的素填土(含少量砾的)和1~5 m厚的第四系冲积棕黄色黄土状低液限黏土。该段潜水位高程约105.5 m,由左向右略有升高,与库水位关系密切。

经清基处理后,在建基面不同部位的素填土中共取样10组,实测干密度为1.61~1.87 g/cm³,平均值为1.74 g/cm³,说明人工填土地基是密实的,清基质量良好。

(5)桩号3+350~3+567.14段。该段长度为217.14 m,位于老排水沟下游。地貌上原属漳河右岸二级阶地后缘与斜坡衔接地段,地形呈缓坡;地面高程为131.5~157 m,高差为25.5 m。

清理扩宽地基8~16 m,挖掉上部0.5~1.0 m厚的疏松素填土后,建基面高程为

131 ~ 156.5 m,高差为 25.5 m。其持力层除桩号 3 + 390 以北有平均厚度为 2 m 左右的密实素填土(含少量砾)外,其他全为密实的第四系坡洪积棕红色黄土状低液限黏土。下卧层为第四系胶结不良砾岩和上第三系中细砂层。潜水位埋深高程为 120 ~ 130 m,与高库水位关系密切。

经清基处理,分别在建基面上素填土和黄土状低液限黏土部位各取 1 组试样,实测干密度分别为 1.74 g/cm³ 和 1.64 g/cm³,说明天然和人工地基土都是比较密实的。

综上所述,主坝压坡各扩宽地基段清基质量良好,不论是人工填土还是天然土,都是比较密实的,干密度都在 1.63 g/cm³ 以上,不会产生大的沉陷变形和剪切破坏,作为压坡基础持力层,其强度是可靠的。河床漫滩部位虽然地下水埋藏较浅,但由于采取了排水反滤措施,一般不易产生渗透变形,因而地基是稳定可靠的。

4.2.2　副坝下游压坡扩宽地基

4.2.2.1　大副坝

大副坝位于漳河左岸、溢洪道北侧,延伸至桩号 1 + 400 与 1 号小副坝衔接,原系碾压式均质土坝,最大坝高 30 m。主要坐落在残丘斜坡上,中间为一平缓的凹地。坝基上部覆盖 2 ~ 4 m 厚的第四系黄土状低液限黏土,下部为上第三系中细砂和黏性土。由于上第三系砂层比较密实,渗透性小,渗漏量不大,坝基未做防渗措施,只在坝下设置砂砾褥垫和纵向排水暗沟。

大副坝加高 2.5 m 后,坝顶高程从 157 m 增至 159.5 m,最大坝高为 32.5 m,轴线下移 13 m。其下游压坡相应扩宽地基 5 ~ 10 m,桩号 0 + 255 以右为 15 ~ 45 m(与溢洪道接触的裹头部位)。主要位于原坝脚排水沟下游及老公路一带。地形呈中间低凹、向两端增高趋势,比较平缓,地面高程为 132 ~ 154 m,高差约 22 m,潜水位高程大致在 126 ~ 130 m,向两端有所升高,与库水位关系密切。

清基挖除上部 1 ~ 2 m 厚的人工填土疏松部分后,建基面高程为 129.90 ~ 152.90 m,高差为 23 m。其地基尚有 0.5 ~ 2 m 厚密实的素填土,由原坝体填筑土弃料与开挖纵向排水沟弃料所组成,土质较杂,主要包括含少量砾的低液限黏土,含较多砾的低液限黏土和砾质土三种岩性,两端可见 1 m 左右厚的第四系坡残积棕红色黄土状低液限黏土。下伏上第三系紫红色致密、坚硬状高液限黏土和密实的砂层。

经清基处理后,在建基面不同地段 0.5 m 左右的深度内,对基础素填土、第三系、第四系黏性土共采取土样 26 组,实测干密度为 1.61 ~ 1.85 g/cm³,平均值为 1.74 g/cm³。说明不论是填土还是天然土都是很密实,清基质量良好,作为压坡基础是可靠的。

4.2.2.2　1 号小副坝

1 号小副坝位于大副坝左侧,桩号 1 + 400 ~ 1 + 752,全长为 352 m,原坝高 5 m。主要坐落在高程为 152 ~ 157 m 的鞍形残丘斜坡上。坝基持力层为第四系坡残积黄褐色黄土状低液限黏土和坡洪积红土卵石层,下伏上第三系紫红色高液限黏土。上第三系潜水位埋深在 140 m 高程以下。

坝加高 2.5 m 后,最大坝高 7.5 m,下游压坡地基相应扩宽 4 ~ 20 m。主要位于原坝脚下游,地面高程为 148 ~ 156 m,高差为 8 m。清基挖除上部 1 m 厚的疏松土层,建基面高程为 147 ~ 155 m。持力层主要为厚约 5 m 的第四系坡洪积红土卵石、黄褐色黄土状低液限黏土和厚度大于 4 m 的上第三系紫红色、致密、坚硬状高液限黏土、低液限黏土。下伏上第三系中细砂。

经清基处理后,在建基面不同部位 0.70 m 左右深度内,其采取上第三系黏性土样 4 组,实测干密度为 1.62 ~ 1.83 g/cm³,平均值为 1.73 g/cm³。说明天然地基土是密实的,清基质量是好的,作为压坡地基是可靠的。

4.2.2.3　2 号小副坝

2 号小副坝位于桩号 1 + 752 ~ 2 + 311,全长为 559 m,为非常泄洪口门,最大坝高为 14 m。主要坐落在地面高程为 143 ~ 155 m 的鞍形残丘斜坡上。坝基持力层为上第三系高液限黏土和第四系坡洪积红土卵石层。上第三系潜水位埋深在 142 m 高程以下。由于坝基主要是上第三系高液限黏土隔水层,未做防渗措施,仅坝下设置了砂砾褥垫排水。

坝加高 2.5 m 后,最大坝高为 16.5 m,下游压坡地基相应扩宽 10 ~ 17 m。主要位于原排水沟下游,地面高程为 145 ~ 155 m,中间低、两侧高,高差为 10 m。清基挖出上部 1.0 m 左右厚的松弛土层,建基面高程在 145 ~ 155 m。持力层主要为 1 ~ 3 m 厚的第四系坡残积黄褐色黄土状低液限黏土、坡洪积红土卵石;下伏上第三系紫红色,致密、坚硬状高液限黏土。

经清基处理后,在建基面不同部位 0.3 ~ 1.0 m 深度内共挖坑取土样 8 组,其中黄土状低液限黏土 6 组(含素填土 1 组),实测干密度为 1.60 ~ 1.76 g/cm³,干密度平均值为 1.71 g/cm³;红土卵石 2 组,其干密度为 1.91 ~ 2.08 g/cm³。上述成果表明,天然地基土密实,清基质量良好,作为压坡地基强度是可靠的。

4.2.2.4　3 号小副坝

1. 地质条件

3 号小副坝坝址位于漳河左岸,西与潘汪村毗连,桩号为 2 + 311.3 ~ 2 + 652.74,全长为 341.44 m,是碾压式均质土坝,坝顶高程为 159.65 m,最大坝高为 6 m。1988 年 4 月开工,1990 年 12 月建成。

坝基(含截水槽)主要坐落在残丘斜坡上,原地面高程为 153 ~ 160 m,清基后建基面高程最高达 159 m,一般为 155 ~ 156 m。持力层大部分为第四系红土卵石,少量为上第三系低液限黏土,人工填土仅分布在桩号 2 + 535 ~ 2 + 575、长度为 40 m 的坝段范围内。

红土卵石为坡洪积物,棕红色,密实,主要由硅质卵砾石和黏性土混杂砂粒组成,局部间夹黏性土透镜体。下伏上第三系黏性土。

地下潜水埋藏深度为 10 ~ 17 m,相应高程为 143 m。

2. 地基处理

清基除对地表松散杂填土和耕植土进行了清除外,将上第三系低液限黏土顶部白色钙质粉末(淋滤风化形成)富集部位也进行了清除。

沿坝轴线上游 4 m 处,于红土卵石层内开挖了一条截水槽,即从桩号 2 + 378 ~ 2 + 637、长 259 m、深 1.5 m、底宽 2 m、顶宽 4 m 内填筑了低液限黏土,与坝连成一体。

为检查持力层的密实程度,在建基面以下 0 ~ 1.0 m 深度内,分别在坝基和截水槽的不同部位共采集原状土样 14 个测定干密度。红土卵石样 8 个,干密度平均值为 1.99 g/cm³,

最小值为 1.73 g/cm³;含水率最大值为 15.7%,最小值 4.5%,平均值为 10.6%。人工填土样 6 个,干密度平均值为 1.71 g/cm³,最小值为 1.62 g/cm³;含水率最大值为 22.7%,最小值为 14.9%,平均值为 19.0%。试验干密度值证实了地基土的密实性。经现场验收,认为清基质量全部符合设计要求。

综上可知,3 号小副坝坐落位置高,坝底荷载小,坝基持力层密实,渗透性小,强度完全可以满足要求,一般不会产生大的沉陷。洪水期高库水位运用,亦不可能出现渗透变形,因而坝基是稳定的。

4.2.3　溢洪道防冲墙地基

4.2.3.1　工程地质条件

1. 防冲墙地基

防冲墙地基建基面高程 100.2 ~ 101.0 m 位于潜水位以下,所涉及的地层为胶结不良砾岩和上第三系黏土、中细砂层。

胶结不良砾岩是漳河二级阶地底部粗粒冲积物,黄色、灰黄色、胶结极不均一,多呈透镜体状相互穿插。按胶结程度大致分为三类:即含泥质较多的砂砾石、钙泥质胶结差的砾岩和钙质胶结较好的砾岩。局部夹细砂和低液限粉土透镜体。漂砾含量约占 30% 以上。该层属孔隙性潜水含水层,富水性好,渗透性不均一,K 值变化在 22 ~ 135 m/d,有明显的集中渗流现象。根据三个勘探竖井揭示和部分冲击造孔速率统计分析,其中胶结好的砂砾石占 40%,胶结差的和无胶结的砂砾石各占 30%。该层底高程为 92 ~ 94 m,厚度为 6 ~ 8 m。另外,根据竖井取砾岩试验成果,胶结好的砾岩湿密度平均值为 2.52 g/cm³,湿抗压强度为 20.6 ~ 22.2 MPa。

高液限黏土(N_2^4),紫红色,天然状态下呈硬塑至坚硬,局部可塑,断口具油脂光泽,干裂成片状、碎块状剥落。底部 1 ~ 3 m 为低液限黏土、低液限粉土。该层底高程为 69 ~ 79 m,厚为 10 ~ 25 m,为良好的隔水层。

中细砂(N_2^3),灰黄色,以细砂为主,含黏粒,较密实,局部胶结成岩。渗透系数平均值 3.6 m/d。该层揭露厚度为 25 m,是承压含水层,上覆黏土为隔水顶板,承压水位高程为 106 ~ 107 m,水头高度为 28 ~ 38 m。

2. 柔性板地基

柔性板地基建基面高程 101 m 以下为 6 ~ 8 m 厚的砂卵石及胶结不良砾岩。下游 200 ~ 300 m 范围内 102 m 高程以上为素填土和 1 ~ 2.5 m 厚的香水河砂砾石,夹淤泥与细砂层。102 m 高程以下亦为胶结不良的砾岩。

3. 导流墩地基

从地基开挖和墩基灌注桩孔取芯观察,除右侧第 1 个墩基为钙质胶结较好的砾岩外,其余 8 个墩基均为胶结差的砾岩和砂砾石。其中左侧 2 个墩基灌注桩造孔时,发现上游侧各有 1 ~ 2 个孔有细砂流出。

4.2.3.2　工程地质评价

1. 胶结不良砾岩问题

从工字墙造孔部分进尺速率统计资料表明,钙质胶结较好的砾岩占 40%,钙泥质胶结差和无胶结的砂砾石各占30%。

根据防冲墙盖板与下游柔性板地基开挖情况可知,建基面100.2~101 m高程大约有50%的面积为胶结差的砾岩,50%为无胶结砂砾石。在开挖过程中仅发现1~5号工字墙部位,高程101~103 m有70%的胶结较好的砾岩分布。另外,根据水工模型试验可知,当出口流速为5~8 m/s时,尾水冲刷最深点高程为67.6 m。

总之,胶结不良砾岩的胶结程度极不均一,三种不同类型的胶结岩体呈透镜状相互穿插,不存在层状连续性,胶结差的和无胶结的砂砾石合占60%以上。从总体看,与砂砾石抗冲性接近,建议允许冲刷流速以小于4 m/s为宜。

2. 防冲措施问题

胶结不良砾岩胶结不均一,岩质差,允许抗冲流速低。结合水工模型试验成果分析,无论从工程地质观点还是从溢洪道安全运用考虑,采取防冲措施是十分必要的。

当防冲墙底高程为85 m,墙高为15.3 m时,其墙体除下部8 m在上第三系黏土层外,上部埋在胶结不良砾岩内有7 m左右。相对来说,墙体抗冲稳定性较好。

3. 导流墩基础加固问题

基于改建后海漫地段流速过大,导流墩地基大部分为砂砾石,稳定性差。为此,需对墩基进行灌注桩锚固,以提高导流墩的抗冲稳定性。

综上所述,溢洪道出口地段第四系胶结不良砾岩抗冲性能差,采取防冲墙、柔性板与导流墩锚固措施,对改善尾水冲刷是完全必要的。

4.2.4　泄洪洞接长段地基

4.2.4.1　工程地质条件

泄洪洞建基面高程由左至右大致为106~107 m,清基后第四系胶结不良砾岩剩余厚度尚有7~10 m,下伏上第三系砂、砂砾岩和黏性土。本次灌注桩孔所涉及的地层,除上部有1.04~1.70 m厚的混凝土面板外,其下部全为第四系胶结不良砾岩,根据胶结情况,从上至下分为三种类型,即Ⅲ类、Ⅱ类、Ⅰ类,现分述如下:

Ⅲ类:胶结较差的砾岩,钙泥质胶结,含细砂较多,岩芯呈散砾状,局部砾石表面附有钙质,最大硅质砾径为30 cm,一般砾径为7~15 cm。该类砾岩大致分布在104 m高程以上,成层连续性较好,厚度为0.4~2.18 m。

Ⅱ类:胶结较差的砾岩,泥钙质胶结,岩芯多呈块状,少量柱状。硅质砾石最大直径大于30 cm,一般砾径为8~15 cm,砾岩内具有直径大小不一的孔洞,主要泥钙质胶结的黄色细砂岩风化溶蚀后形成的。孔洞直径与原砾径基本一致。该类砾岩多呈透镜体状,分布在Ⅰ、Ⅲ类砾岩之间,厚度为0.30~2.00 m。

Ⅰ类:胶结较好的砾岩,钙质胶结,岩芯呈柱状,有的桩孔岩芯长度达60 cm。一般砾径为7~20 cm,其中硅质砾径最大可在30 cm以上。有类似Ⅱ类砾岩的孔洞,直径为2~10 cm。该类砾岩主要分布在Ⅱ类砾岩下部,成层连续性较好,桩孔揭露厚度为1.60~5.00 m。

为进一步了解砾岩物理力学性质,由于受各类砾岩成柱条件的限制,仅从Ⅰ类砾岩桩孔岩芯中直接选取3组(每组3块)9块试件进行了室内测试。试件直径为25 cm,长度为24.93~42.30 cm。据试验成果分析,固胶结不紧密,试件破坏均是沿着砾石与砂粒胶结物的结合面破坏的。从试验成果可知,测得的数据也较为分散,表现出砾岩本身具有明显的非均质性和各向异性。以抗压强度为例,湿抗压强度值变化为 4.11 ~ 14.42 MPa,说明岩石胶结很不均一。

4.2.4.2　工程地质评价

1. 桩基强度问题

桩孔围岩除上部有大于 1 m 厚的混凝土底板和边墙外,下部全为第四系胶结不良砾岩,其中 I 类砾岩中厚度多在 3 m 以上。根据原勘探资料推断,桩孔底部还有 2 ~ 5 m 厚的砾岩。试验湿抗压强度平均值为 10.06 MPa,完全可以满足桩端承载力的要求。

另外,桩孔岩芯中多有 2 ~ 10 cm 的孔洞,不仅造成孔壁不光滑,还使混凝土桩体与砾岩相互咬合,提高了桩周摩阻力,保证了桩基的牢固可靠。

2. 边墙加固问题

延长段两侧边墙为浆砌块石挡土墙,在边墙上造孔时,发现孔内漏水、漏钢砂现象严重,且掉块、卡钻时有发生,取芯呈散块状,说明原边墙内砌石体质量很差。为了提高接长段边墙的强度,经设计与指挥部研究决定,进行了灌浆补强工作。共完成灌浆孔 30 个,累计进尺 44.12 m,灌入水泥量 10.5 t,填充了边墙的孔隙、孔洞,提高了边墙强度。

总之,采取灌注桩和边墙灌浆措施,对提高泄洪洞接长段基础强度,保证坝体稳定性,都是十分必要和有效的。

4.2.5　主要结论

(1)主坝下游压坡各扩宽地基段,清基质量良好,地基土密实,平均干密度在 1.63 g/cm³ 以上,作为压坡地基是可靠的。河床漫滩部位地下潜水位埋藏较浅,且与库水位关系密切,由于采取了排水反滤措施,一般不易发生渗透变形,故地基是比较稳定的。但大坝加高后,将高库水位运行,其渗流观测工作必须相应加强。

(2)大副坝下游压坡扩宽地基,清基质量良好,地基土密实,平均干密度在 1.74 g/cm³ 以上,其强度作为压坡地基是比较可靠的。由于原排水暗沟桩号 0 + 850 ~ 1 + 110 段进行了灌砂处理,为了了解大副坝地基渗流场的变化,要特别重视灌砂段与非灌砂段地下水动态观测。

(3)1、2 号小副坝下游压坡扩宽地基,清基质量良好,地基土密实,平均干密度在 1.71 g/cm³ 以上,作为压坡地基是比较可靠的。由于坐落位置高,又是黏性土地基,坝基未做防渗处理,需注意高库水位运行时的观测工作。

(4)3 号小副坝,清基质量良好,地基土密实,平均干密度在 1.71 g/cm³ 以上,运行期不会产生大的沉陷变形。建议加强高库水位运行时的观测工作。

(5)泄洪洞灌注桩孔大部分位于钙质胶结较好的 I 类砾岩内,桩端承载力与桩周摩阻力较高,桩基是可靠的。应通过桩孔内埋设的仪器进行变形观测,应特别重视泄洪期的变形观测。

(6)泄洪洞出口地段第四系胶结不良砾岩抗冲性能较差,采取改善尾水冲刷的各项措施是完全必要的,今后尤其需要观测泄洪时的冲刷情况。

第 5 章　首次安全鉴定

5.1　区域地质

5.1.1　地质概况

区内上第三系、第四系地层分布广泛,水库库尾分布奥陶系碳酸盐岩、石炭系及二叠系砂页岩地层,坝址区松散堆积物覆盖在三叠系砂页岩上,基岩面埋藏较深。

区内构造形迹主要为平缓的折曲,并伴随着陡倾角断层,形成许多地堑、地垒。根据1989 年出版的《河北省北京市天津市区域地质志》和 1997 年 2 月国家地震局分析预报中心编制的《南水北调中线工程枢纽渠段地震安全性评价总结报告》,区域内主要发育有近南北向、北北东至北东向及北西西向断裂,主要有邢台 – 邯郸断裂(F_1)、紫山东断裂(F_2)、紫山西断裂(F_3)、鼓山西断裂(F_4)、太行山断裂(F_5)、磁县断裂(F_6)、安阳南断裂(F_7)、岳城断层(F_8)、辛店断裂(F_9)、柳园集断裂(F_{10})、汤东断裂(F_{11})。

此外,新生代以来,晚近构造活动明显,故在上第三系地层中小褶曲和断层普遍存在,但断距一般较小;在第四系下更新统(Q_1)红土卵石层,以至晚更新统(Q_3)黄土状低液限黏土地层均有断裂发育,但规模较小。

5.1.2　地震基本烈度

据记载,自 1556 年以来,在磁县附近发生过 6 次地震。其中,1830 年的地震最大,震中在库区西北约 20 km 的彭城一带,震中烈度为 10 度,影响到库区为 8 度,接近于 9 度边缘。1966 年邢台地震,影响到库区约为 5 度。

根据《中国地震动参数区划图》(GB 18306—2001),岳城水库地区的地震动峰值加速度为 0.15g,动反应谱特征周期为 0.35 s,对应的地震基本烈度值为 7 度。

5.2　库区复查

5.2.1　工程地质条件

库区地处漳河干流太行山前丘陵地带,地形受岩性和构造控制,山脉走向呈南北向平行排列,主要可划分为中低山区、丘陵和河谷地貌三大地貌单元。

古生代奥陶纪以前老地层分布在库区外围,与工程关系不大,叙述从略。古生代奥陶纪以后地层,除志留系、泥盆系、侏罗系和白垩系以及上第三系地层缺失外,其余各层均有出露,新生界上上第三系和第四系地层在本区甚为发育,构成了工程区基本地质格局。

上第三系上新统(N_2)是库区和坝址区的主要地层,分布范围甚广,库区及临近的临水、南大峪、石庙、老鸦峪、申家庄、水冶一线均有出露。地层成因、岩性、岩相复杂多变,厚度不稳定,尤其以库区中部和尾部明显,岩性主要有砾岩、砂砾岩、各种粒径的砂、高液限黏土、低液限黏土、低液限粉土等,呈透镜体状分布。

第四系地层在库区及其周围地区普遍分布,就岩性而言,有红土卵石、黄土状低液限黏土和粉土、砂砾石等,成因主要有冲积、洪积、坡积、残积。

从区域地质构造看,库区地处山西台背斜与河淮台向斜过渡地带,基岩地层总体为一单斜构造,其走向为 NE15°左右,倾向为 SE,倾角为 15°~25°。受多期构造运动影响和破坏,实际上是由规模较小的褶皱和规模较大的断裂组成,且这些较大规模的断裂在本区形成了一系列地堑和地垒。经向构造体系和新华夏构造体系构成了库区主要构造格局,经向构造体系以褶曲为主,新华夏构造体系以断裂为主。由于库区范围内广泛分布着上上第三系和第四系地层,故各种构造均被覆盖,出露较差。主要的构造形迹有褶皱、断层等。

按照水文地质条件,可以粗略划分为奥陶系灰岩岩溶水、石炭系岩溶 – 裂隙水、二叠系基岩裂隙水、上第三系和第四系松散堆积层孔隙水四个含水岩组。

5.2.2　主要工程地质问题评价

5.2.2.1　渗漏问题

库区中段及其以上库盆主要分布为石炭系太原统砂、页岩夹煤系地层,透水性很弱。虽有高角度正断层密集,且与河流近乎垂直,但因断层两侧为砂页岩地层,断层错动后接触较好,故不至于产生大量的库水渗漏。在库水位高于 147 m 时仅在库尾冶子村附近分布有奥陶系灰岩,有可能发生渗漏。但由于灰岩出露范围不大,水头不高,时间短暂,两岸阶地大部分有黄土覆盖,即使发生渗漏,其渗漏量也不大。

库区下段库盆主要由新上第三系、第四系地层组成。上第三系地层因经过成岩作用,有不同程度的固结及胶结,渗透系数很小,多为 1~3 m/d。第四系地层中的砂卵石层渗透性较大,但在坝基下进行防渗处理后,也没有外渗通道,且上第三系、第四系之下的二叠系、三叠系地层为相对隔水层,因此不会产生大量的库水渗漏。

通过几十年的运行及 2002 年调查访问,水库库区并未发现渗漏问题。

5.2.2.2　库岸稳定

安全鉴定期间访问了岳城水库管理局,并现场进行了地质调查,塌岸未达到原来预测范围,也未发现新问题,且经过几十年运行,塌岸已经基本趋于稳定,大坝加高后,库水位仅比原预测时的水位高出 2.5 m,最高水位持续时间比较短,故水库塌岸不会对水库构成新的、较大威胁。

2009 年对库岸稳定进行了专题勘察研究,有关结论详见第 10 章。

5.2.2.3　库区浸没

水库蓄水后对居民点及农田的浸没影响不大。水库下游两岸一、二级阶地底部砂卵砾石层排水条件较好,浸没影响很小。

5.2.2.4　库区淤积

汇入库中的水主要来自漳河及其支流清漳河、浊漳河。清漳河除汛期外,一般泥沙含量较少。浊漳河泥沙含量则较高,是水库淤积物的主要来源。水库运行多年后,现今已形成了一定的水库淤积。

5.3　主坝复查

5.3.1　主坝工程地质条件

主坝地基分布上第三系上新统及第四系地层,总厚度为 60 ~ 130 m。上新统地层多为第四系堆积物(厚度为 5 ~ 20 m)所覆盖,仅在较大的冲沟零星出露,其下为三叠系地层,在勘探深度内岩性为页岩。

上第三系上新统(N_2)不整合于三叠系地层之上,自下而上大致分为三层($N_2^1 \sim N_2^3$),岩性主要为黏性土、砂层。

第四系(Q)地层成因较复杂,岩性主要为黏性土、砂层、砂卵砾石,厚度变化较大,分布范围变化大。

地质构造主要是新第三纪以来形成的断裂与褶皱,其具有一定的继承性,多与老构造一致。发育方向为 NNE 和 NE,由一系列高角度正断层(60° ~ 80°)和一些短轴平缓的倾伏背向斜组成,但一般规模不大。

第四系地层中主要为潜水,埋藏于河床及两岸阶地底部砂砾石层中。上第三系地层中的地下水有潜水、层间水、承压水。潜水与第四系潜水有直接水力联系,属孔隙水;层间水分布于河谷斜坡上,由于河谷切割作用,破坏了原有的承压条件,形成无压层间水;承压水为多层层间承压水,达五层之多,水位变化不规律。

5.3.2　坝基渗流控制措施及效果

坝基下第四系、上第三系地层具有一定的渗透性,采取了上游防渗与坝下游排水的渗流控制措施。上游防渗采取垂直防渗(灌浆帷幕或截水槽)与水平防渗(铺盖)相结合的措施。

根据地层的渗透情况分析,黄土和上第三系砂层是坝前地下水的入渗途径,而第四系砂卵石及胶结不良砾岩是坝基地下水排泄的主要途径。

总之,坝基防渗、排水效果较好,没有大的问题。

5.3.3　主坝坝体质量

5.3.3.1　坝体结构

主坝坝体为均质土坝,1960 年主坝建至坝顶高程达 148 m 时曾停建,续建后于 1965年达到设计高程 155.5 m。为提高防洪标准,1976 年汛前加高到 157.0 m,1987 年 9 月 ~ 1991 年底二次加高至 159.5 m 高程,最大坝高为 55.5 m。其中桩号 0 + 650 ~ 1 + 600 坝段,高程在 112 m 以下,厚度为 6 m 左右,为水中倒土坝。第二次加高时,坝后进行了砂砾石压坡,表部上游坡设有护坡块石、反滤料及砂砾垫层;下游坡坡面设有护坡块石、砂砾料全断面压坡、马道及排水沟。

坝体断面一般为:上游坡 1:2.75、1:3、1:4,下游坡 1:2.5、1:2.75、1:3.5、1:3.75,坝顶宽 8 m。各坝段下游坡在压坡砂砾料的厚度、砂砾料与碾压土接触面的坡度、形态以及坝面排水沟与坝脚排水沟的距离等方面有所差异。如桩号 0 + 102.55 ~ 0 + 310 和桩号 2 + 900 ~ 3 + 140 段设有上、下两条马道,高程分别为 145.5 m 和 131.5 m,上马道以上坝坡为 1:2.5,下马道以下坝坡为 1:5,两条马道之间坝坡为 1:3.0 ~ 1:3.25,3 + 140 ~ 3 + 250 段为变坡段,上马道以上逐渐变为 1:2.75,两条马道之间渐变为 1:3.25。而其他坝段,下马道以下坝坡较陡,坡度为 1:3.25 ~ 1:3.75。

大坝加高时,桩号 2 + 900 ~ 3 + 250 之间下马道以下设有压坡,2 + 900 以南 131.5 m 高程以下未设反滤,而其他坝段均有数米厚度的砂砾石压坡。

5.3.3.2 坝体碾压土质量

坝体碾压土(Q_4^r):主坝碾压土料来源为漳河、香水河阶地上的第四系黄土状低液限黏土,呈灰黄、黄褐色或棕红色,以粉粒为主,少数含粉砂稍高,局部为细粉砂或低液限粉土,可见钙质结核及卵砾石、粉细砂零星分布。

坝体碾压土密实,多呈硬塑 – 可塑状,局部为坚硬或软塑状,微 – 弱透水,中等压缩性。按其含水率及干密度不同,分为软层土和硬层土。试验含水率大于 20%、干密度小于 1.65 g/cm³ 的土层为软层土,其他为硬层土。迎水坡软层土占 10% ~ 40%,背水坡软层土占 30%(见《漳河岳城水库大坝质量检查说明》(101 – D(76)2S))。在钻孔钻进过程中,遇软层出现缩孔现象。坝体土以往力学试验成果见表 5-1、表 5-2。

2002 年安全鉴定坝体取土样 116 组,岩性多为黄土状低液限黏土。坝体碾压土密实,多呈硬塑 – 可塑状,局部为坚硬或软塑状,微 – 弱透水,中等压缩性,见表 5-3、表 5-4。

坝体土的软硬层分布只与含水率、干密度大小有关,无随深度递变的规律。坝体中含有夹层、软层,说明坝体填土是不均匀的,非想象中的均质土坝。经地质雷达测试坝体土电性信号不均一,亦表明坝体土的均一性较差。

其中,硬层土含水率相对较低,呈稍湿 – 较湿,而干密度相对较高,手挖不动;软层土呈囊状或透镜体状普遍存在,上游比下游多,其含水率相对较高(大于 20%),呈湿 – 饱和,一般可塑,少数软塑,个别流塑,干密度相对较低(小于 1.65 g/cm³),手触易变形,局部见渗水或震动液化现象。钻探中,缩孔段主要位于碾压土中,分布高程上游为 121 m,下游为 125 m。软硬层的存在不单纯与土粒组成有关,主要与碾压密实程度与后期浸水软化有关。

右坝肩坝体土进行了渗透变形试验,可能出现的破坏形式为流土,建议允许破坏坡降为 0.39,试验成果见表 5-5。

5.3.3.3 水中倒土段(桩号 0 + 650 ~ 1 + 600)坝体质量

含水率最大值为 20.2%,最小值为 16.3%,平均值为 18.4%,干密度最大值为 1.90 g/cm³,最小值为 1.69 g/cm³,平均值为 1.77 g/cm³,与原来平均含水率 23%、干密度 1.50 g/cm³ 比较,说明质量向好的方向转化,与碾压土比较,含水率偏低,干密度偏高,总强度接近于碾压土(硬层)。说明经过多年压缩固结,比较密实,强度显著提高,详见表 5-6。

表 5-1　主坝下游坡坝体土直剪试验成果统计

位置	饱固快剪 凝聚力 C(kPa) 平均值	小值平均	组数	内摩擦角 φ(°) 平均值	小值平均	组数	饱和快剪 凝聚力 C(kPa) 平均值	小值平均	组数	内摩擦角 φ(°) 平均值	小值平均	组数	自然快剪 凝聚力 C(kPa) 平均值	小值平均	组数	内摩擦角 φ(°) 平均值	小值平均	组数
钻孔 软层	20	10	8	27.3	24.5	8	32	17	9	13.7	13.3	9						
钻孔 硬层	55	40	26	26.0	25	26	40	25	15	22.7	22.7	15	45	35	5	23.0	22.5	5

表 5-2　主坝上、下游坡坝体土三轴剪试验成果统计

位置	算术平均值 总强度 C(kPa)	φ(°)	有效强度 C'(kPa)	φ'(°)	组数	图解法 总强度 C(kPa)	φ(°)	有效强度 C'(kPa)	φ'(°)	组数	加权平均值 总强度 C(kPa)	φ(°)	有效强度 C'(kPa)	φ'(°)	组数	说明
上下游钻孔 软层	17~13	5.7~3.7	18~14	17.2~6.3	4	22~17	5.0~4.7	25	17.0~14.0	4						平均值~小值平均值 组数
上下游钻孔 硬层	48~27	17.7~11.4	16~10	31.9~30.0	13	42~30	22.7~18.7	16	33.0~32.0	13						平均值~小值平均值 组数
上下游钻孔 混合	44~22	18.5~14.8	16~11	28.4~17.2	17	40~23	18.5~12.3	15	31.5~29.0	17	36~26	17.4~14.5	19	28.2~26.6	17	平均值~小值平均值 组数

注：表 5-1、表 5-2 均摘自《漳河岳城水库大坝质量检查说明》(101 – D(76)2S)。

表 5-3　坝体填筑土"硬层"试验统计

土样编号	取土深度 (m)	天然基本物理性质 含水率 ω(%)	比重 G_s	湿密度 ρ (g/cm³)	干密度 $ρ_d$ (g/cm³)	饱和度 S_r (%)	孔隙比 e	界限含水率 液限 $ω_L$(%)	塑限 $ω_P$(%)	塑性指数 I_P(%)	液性指数 I_L	直剪(饱固快) 凝聚力 C(kPa)	摩擦角 φ(°)	三轴(CU') 总强度 凝聚力 C(kPa)	总强度 内摩擦角 φ(°)	有效强度 凝聚力 C'(kPa)	有效强度 内摩擦角 φ'(°)	垂直渗透系数 K_{20} (cm/s)	压缩性(饱和) 压缩系数 a_{1-2} (MPa⁻¹)	压缩模量 E_{s1-2} (MPa)	颗粒组成(%) >0.05 mm	0.05~0.005 mm	<0.005 mm
ZK1-1	2.15~2.40	21.0	2.72	2.02	1.67	90.8	0.629	26.4	16.0	10.4	0.48	11.55	23.2					$1.05×10^{-5}$	0.204	7.63	7.30	49.50	20.80
ZK1-2	5.12~5.4	18.5	2.70	2.03	1.71	86.3	0.579	25.3	15.6	9.7	0.30	14.89	28.3					$2.66×10^{-5}$	0.368	4.53	5.90	59.40	19.30
ZK1-3	7.65~7.90	20.1	2.70	2.02	1.68	89.4	0.607	29.5	17.6	11.9	0.21	1.88	27.2					$1.69×10^{-6}$	0.322	5.13	13.00	65.80	21.20
ZK1-4	10.15~10.4	17.2	2.71	2.04	1.74	83.6	0.557	25.5	15.1	10.4	0.20	56.10	19.3					$2.68×10^{-5}$	0.275	5.69	12.90	52.30	23.40
ZK1-5	12.65~12.9	16.1	2.70	2.05	1.77	82.7	0.525	25.7	15.2	10.5	0.09	32.48	25.6					$3.16×10^{-5}$	0.152	9.86	9.60	56.30	21.70
ZK1-6	15.15~15.4	16.1	2.72	1.83	1.58	60.7	0.722	28.5	17.5	11.0	-0.13	45.34	21.4					$4.84×10^{-5}$	0.460	3.85	21.40	60.70	17.90
ZK1-7	17.65~17.9	15.7	2.71	1.86	1.61	62.3	0.683	26.9	16.7	10.2	-0.10	27.64	23.5						0.442	3.66	14.40	51.40	21.20
ZK1-8	20.15~21.4	14.0	2.70	2.02	1.77	71.9	0.525	23.0	14.2	8.8	-0.02	3.02	25.6					$8.96×10^{-6}$	0.193	7.73	11.40	43.40	21.50
ZK2-1	4.65~4.90	20.2	2.72	2.01	1.67	87.4	0.629	28.5	15.8	12.7	0.35	12.32	26.4					$7.31×10^{-5}$	0.336	5.01	17.40	58.40	24.20
ZK2-3	9.15~9.40	19.6	2.71	2.01	1.68	86.6	0.613	27.8	16.4	11.4	0.28	28.11	25.5					$1.04×10^{-5}$	0.196	7.99			
ZK2-4	11.65~11.9	19.6	2.70	2.06	1.72	92.3	0.576	28.9	14.4	14.5	0.36	28.60	22.0					$5.57×10^{-7}$	0.271	5.86			
ZK2-5	14.15~14.4	20.0	2.73	2.05	1.71	91.5	0.596	28.5	17.0	11.5	0.26	60.52	17.8					$2.73×10^{-7}$	0.219	7.31			
ZK2-6	16.65~16.9	16.7	2.70	2.08	1.78	87.2	0.517	26.1	15.8	10.3	0.09			30	28.7	21	31.89	$1.66×10^{-5}$	0.318	5.00			
ZK2-7	19.15~19.4	16.4	2.70	1.92	1.65	69.6	0.636	26.2	14.1	12.1	0.19	9.97	17.5								9.20	50.80	22.10
ZK2-7	19.15~19.4	16.4	2.70	1.92	1.65	69.6	0.636	26.2	14.1	12.1	0.19	9.97	17.5								9.20	50.80	22.10
ZK2-8	22.15~22.4	18.5	2.72	2.07	1.75	90.8	0.554	28.3	15.6	12.7	0.23			55.6	15.5	46.6	24.58	$7.43×10^{-8}$	0.161	9.54			
ZK2-9	24.15~24.4	16.8	2.71	2.08	1.78	87.1	0.522	27.2	14.2	13.0	0.20			61.18	21.43	39.77	29.35	$2.89×10^{-5}$	0.323	4.82			

续表5-3

土样编号	取土深度(m)	含水率(%)	比重G_s	湿密度ρ(g/cm³)	干密度ρ_d(g/cm³)	饱和度S_r(%)	孔隙比e	液限ω_L(%)	塑限ω_P(%)	塑性指数I_P(%)	液性指数I_L	直剪(饱固快)凝聚力C(kPa)	直剪(饱固快)摩擦角φ(°)	三轴(CU')总强度凝聚力C(kPa)	三轴(CU')总强度内摩擦角φ(°)	三轴(CU')有效强度凝聚力C'(kPa)	三轴(CU')有效强度内摩擦角φ'(°)	垂直渗透系数K_{20}(cm/s)	压缩系数a_{1-2}(MPa⁻¹)	压缩模量E_{s1-2}(MPa)	颗粒组成>0.05mm(%)	颗粒组成0.05~0.005mm(%)	颗粒组成<0.005mm(%)
ZK2-10	26.15~26.4	22.2	2.70	1.99	1.63	91.3	0.656	26.3	15.8	10.5	0.61			22.6	20.4	20.8	28.68	5.95×10^{-7}	0.296	5.56			
ZK2-12	31.15~31.4	17.5	2.71	2.05	1.74	85.1	0.557	27.5	15.4	12.1	0.17			99.12	11.78	82.17	17.36	1.66×10^{-7}	0.341	4.72			
ZK3-1	5.15~5.40	22.4	2.74	2.02	1.65	92.9	0.661	26.5	16.0	10.5	0.61	19.42	26.1					1.06×10^{-5}	0.184	8.93	0	75.20	24.80
ZK3-4	10.95~11.2	19.4	2.73	2.04	1.71	88.8	0.596	28.3	17.0	11.3	0.21	86.39	18.7					1.81×10^{-7}	0.154	10.23			
ZK3-5	13.15~13.4	18.8	2.73	2.08	1.75	91.7	0.560	27.0	15.6	11.4	0.28	32.63	27.1					8.35×10^{-6}	0.139	11.14			
ZK3-6	15.15~15.4	16.8	2.73	2.07	1.77	84.6	0.542	31.4	18.1	13.3	-0.10	77.75	19.1					2.31×10^{-7}	0.221	7.06	0	69.40	30.60
ZK3-7	17.15~17.4	17.1	2.72	2.07	1.77	86.7	0.537	28.6	16.2	12.4	0.07	27.33	28.0					0	0.151	10.04			
ZK3-8	19.25~19.5	16.9	2.70	2.03	1.74	82.7	0.552	29.0	17.6	11.4	-0.06	10.53	32.8					1.21×10^{-6}					
ZK3-9	21.45~21.7	18.7	2.73	2.05	1.73	88.3	0.578	29.9	17.0	12.9	0.13	84.67	28.7					2.41×10^{-5}	0.189	8.08	0	71.10	28.90
ZK3-10	23.35~23.6	16.0	2.71	2.07	1.78	83.0	0.522	27.9	16.2	11.7	-0.02							6.99×10^{-6}					
ZK3-11	25.15~25.4	16.4	2.71	2.08	1.75	92.3	0.554	30.5	16.4	14.1	0.17	66.94	21.3					1.65×10^{-6}	0.134	11.45	19.20	58.90	21.90
ZK4-1	2.35~2.60	18.1	2.71	2.09	1.80	87.9	0.506	26.8	15.7	11.1	0.06	29.86	23.2					7.18×10^{-6}	0.313	5.06			
ZK4-2	5.15~5.40	16.6	2.71	2.05	1.74	88.0	0.557	26.2	16.6	9.6	0.16	25.38	31.4					7.80×10^{-5}	0.173	8.88			
ZK4-3	6.75~7.0	17.0	2.72	2.12	1.81	92.0	0.503	27.3	15.7	11.6	0.11							3.87×10^{-6}					
ZK4-4	9.65~9.90	18.9	2.71	2.02	1.70	86.2	0.594	27.8	16.8	11.0	0.19	7.00	23.8					7.68×10^{-8}	0.171	8.88			
ZK4-5	11.65~11.9	18.9	2.71	2.08	1.75	93.4	0.549	27.1	16.5	10.6	0.23	11.40	24.8					1.20×10^{-5}					
ZK4-6	13.65~13.9	19.7	2.72	2.08	1.74	95.1	0.563	27.4	18.0	9.4	0.18	72.10	14.9					1.92×10^{-6}	0.219	7.20			

续表5-3

土样编号	取土深度 (m)	天然基本物理性质 含水率 (%)	比重 G_s	湿密度 ρ (g/cm³)	干密度 ρ_d (g/cm³)	饱和度 S_r (%)	孔隙比 e	界限含水率 液限 ω_L (%)	塑限 ω_P (%)	塑性指数 I_P (%)	液性指数 I_L	直剪(饱固快) 凝聚力 C (kPa)	摩擦角 φ (°)	三轴(CU') 总强度 凝聚力 C (kPa)	总强度 内摩擦角 φ (°)	有效强度 凝聚力 C' (kPa)	有效强度 内摩擦角 φ' (°)	垂直渗透系数 K_{20} (cm/s)	压缩性(饱和) 压缩系数 a_{1-2} (MPa⁻¹)	压缩模量 E_{s1-2} (MPa)	颗粒组成(%) >0.05 mm	0.05~0.005 mm	<0.005 mm
ZK4-8	17.65~17.9	19.1	2.71	2.00	1.68	84.4	0.613	26.6	17.1	9.5	0.21							1.54×10^{-6}	0.288	5.63			
ZK4-9	19.65~19.0	18.1	2.72	2.08	1.76	90.3	0.545	27.9	15.5	12.4	0.21	38.45	24.3					4.23×10^{-8}	0.187	8.26			
ZK4-10	21.65~21.9	15.1	2.71	2.13	1.85	88.0	0.465	27.2	14.9	12.3	0.02	49.28	32.5					4.92×10^{-7}	0.116	12.70			
ZK4-11	23.65~23.9	16.9	2.71	2.07	1.77	86.2	0.531	26.9	14.5	12.4	0.19	4.11	28.4					5.79×10^{-7}	0.165	8.99			
ZK4-12	25.55~25.8	19.5	2.72	2.06	1.72	91.2	0.581	27.5	17.1	10.4	0.23	27.02	24.0					2.72×10^{-5}	0.264	5.87			
ZK4-13	28.15~28.4	13.6	2.70	2.16	1.90	87.2	0.421	25.3	16.8	8.5	-0.38	71.36	36.0					6.28×10^{-6}	0.120	12.86	0	74.50	25.50
ZK4-14	31.65~31.9	18.2	2.72	2.10	1.78	93.7	0.528	28.3	16.7	11.6	0.13	63.77	26.1					4.52×10^{-7}	0.148	11.02			
ZK4-15	33.45~33.7	19.5	2.70	1.95	1.63	80.2	0.656	26.2	18.5	7.7	0.13	21.48	30.2					1.08×10^{-5}	0.233	6.88			
ZK4-16	35.15~35.4	20.2	2.72	2.07	1.72	94.5	0.581	27.8	16.9	10.9	0.30	55.88	28.3					7.35×10^{-7}	0.264	6.02			
ZK4-17	37.25~37.5	18.8	2.70	2.05	1.73	90.5	0.561	26.2	16.9	9.3	0.20	9.09	33.0					4.46×10^{-6}	0.177	9.24	0	69.90	30.10
ZK4-18	39.15~39.4	23.7	2.73	2.05	1.66	100.4	0.645	34.8	20.6	14.2	0.22	72.23	19.2					0	0.464	3.63			
ZK5-1	4.0~4.25	16.3	2.71	2.00	1.72	76.7	0.576	26.0	15.4	10.6	0.08	24.76	26.3					1.91×10^{-5}			19.50	62.90	17.60
ZK5-2	5.45~5.7	15.0	2.71	2.16	1.88	92.1	0.441	25.7	15.6	10.1	-0.06							3.06×10^{-6}			11.50	59.30	19.80
ZK5-3	7.35~7.6	13.8	2.70	2.08	1.83	78.4	0.475	24.2	15.6	8.6	-0.21							3.94×10^{-6}	0.296	5.26			
ZK5-4	9.8~10.05	19.3	2.72	2.06	1.73	91.7	0.572	25.8	16.7	9.1	0.29	7.49	32.9					1.57×10^{-7}			13.10	66.10	20.80
ZK5-5	12~12.25	18.4	2.73	2.03	1.71	84.2	0.596	31.1	18.0	13.1	0.03	68.08	20.5					4.84×10^{-8}			18.30	58.40	23.30
ZK5-6	13.65~13.9	17.6	2.73	1.91	1.62	70.1	0.685	27.8	17.7	10.1	-0.01							2.88×10^{-5}	0.255	6.52	31.10	44.80	24.10

续表 5-3

土样编号	取土深度 (m)	天然基本物理性质						界限含水率				直剪(饱固快)		三轴(CU')				垂直渗透系数 K_{20} (cm/s)	压缩性(饱和)		颗粒组成 (%)		
		含水率 (%)	比重 G_s	湿密度 ρ (g/cm³)	干密度 ρ_d (g/cm³)	饱和度 S_r (%)	孔隙比 e	液限 ω_L (%)	塑限 ω_P (%)	塑性指数 I_P (%)	液性指数 I_L	凝聚力 C (kPa)	摩擦角 φ (°)	总强度凝聚力 C (kPa)	总强度内摩擦角 φ (°)	有效强度凝聚力 C' (kPa)	有效强度内摩擦角 φ' (°)		压缩系数 a_{1-2} (MPa^{-1})	压缩模量 E_{s1-2} (MPa)	>0.05 mm	0.05~0.005 mm	<0.005 mm
ZK5-9	19.15~19.4	16.7	2.72	1.84	1.58	63.0	0.722	26.9	15.4	11.5	0.11	36.02	17.5								19.00	38.50	30.50
ZK5-10	20.65~20.9	18.1	2.73	2.00	1.69	80.3	0.615	32.0	17.9	14.1	0.01	41.11	14.1					4.92×10^{-7}	0.321	5.11	14.00	50.00	36.00
ZK5-12	24.65~24.9	19.3	2.70	2.01	1.68	85.8	0.607	22.6	14.3	8.3	0.60	25.98	28.3					2.18×10^{-5}	0.318	5.02	14.50	23.90	18.30
ZK6-1	2.65~2.90	19.5	2.70	2.08	1.74	95.4	0.552	25.8	14.8	11.0	0.43	58.52	24.3					2.36×10^{-6}	0.196	7.93	18.20	62.90	18.90
ZK6-2	4.65~4.90	19.5	2.71	2.04	1.71	90.4	0.585	25.3	15.2	10.1	0.43	27.52	28.8					4.11×10^{-6}	0.174	9.06			
ZK6-3	6.65~6.90	19.4	2.71	2.05	1.72	91.3	0.576	26.0	16.8	9.2	0.28	24.22	30.2					2.11×10^{-7}	0.269	5.89			
ZK6-4	8.15~8.40	17.2	2.71	1.98	1.69	77.2	0.604	25.8	16.5	9.3	0.08	12.00	27.8					2.95×10^{-5}	0.523	3.34			
ZK6-5	9.65~9.90	18.7	2.71	2.04	1.72	88.0	0.576	26.7	15.4	11.3	0.29	29.74	31.9										
ZK6-6	11.65~11.9	19.6	2.72	2.01	1.68	86.1	0.619	27.2	15.8	11.4	0.33	6.89	29.6					1.88×10^{-5}					
ZK6-7	13.45~13.7	18.3	2.71	2.04	1.72	86.2	0.576	24.8	15.6	9.2	0.29	32.99	22.3					4.02×10^{-7}					
ZK6-8	15.65~15.9	14.9	2.73	2.09	1.82	81.4	0.500	29.5	15.4	14.1	-0.04							4.33×10^{-6}	0.091	16.30			
ZK6-9	16.95~17.2	15.1	2.72	2.05	1.78	77.8	0.528	26.4	14.5	11.9	0.05	55.00	20.0					9.39×10^{-7}	0.261	5.90			
ZK6-10	18.15~18.4	15.4	2.71	2.04	1.72	72.0	0.581	27.1	14.3	12.8	0.09	27.64	33.3					6.32×10^{-5}	0.265	5.73	21.30	56.70	22.00
ZK6-11	20.2~20.45	15.1	2.71	2.04	1.77	77.1	0.531	24.8	14.6	10.2	0.05	18.39	29.5					1.69×10^{-6}	0.211	7.38			
ZK6-12	22.2~22.45	16.6	2.72	2.06	1.77	84.1	0.537	27.2	16.2	11.0	0.04	51.88	20.5					2.08×10^{-7}					
ZK6-13	24.65~24.9	16.4	2.71	2.04	1.75	81.0	0.549	27.1	14.8	12.3	0.13	46.40	25.9					9.77×10^{-5}	0.244	6.45			
ZK6-14	26.65~26.9	20.0	2.72	2.04	1.70	90.7	0.600	29.0	16.8	12.2	0.26							1.91×10^{-7}	0.281	5.63			
ZK6-15	29.15~29.4	18.6	2.72	2.06	1.74	89.8	0.563	26.6	15.1	11.5	0.30							2.37×10^{-7}					
ZK6-16	31.35~31.6	19.4	2.71	2.07	1.73	92.8	0.566	25.8	15.4	10.4	0.38							1.19×10^{-5}					
SJ4-1	5.2~5.5	17.9	2.72	2.06	1.75	87.8	0.554	27.2	14.9	12.3	0.24			26.5	24	22	27.84	2.70×10^{-6}	0.247	6.37	12.8	51.4	22.0

续表 5-3

土样编号	取土深度 (m)	天然基本物理性质 含水率 ω (%)	比重 G_s	湿密度 ρ (g/cm³)	干密度 ρ_d (g/cm³)	饱和度 S_r (%)	孔隙比 e	界限含水率 液限 ω_L (%)	塑限 ω_P (%)	塑性指数 I_P (%)	液性指数 I_L	直剪(饱固快) 凝聚力 C (kPa)	摩擦角 (°)	三轴(CU') 总强度 凝聚力 C (kPa)	内摩擦角 φ (°)	有效强度 凝聚力 C' (kPa)	内摩擦角 φ' (°)	垂直渗透系数 K_{20} (cm/s)	压缩性(饱和) 压缩系数 a_{1-2} (MPa⁻¹)	压缩模量 E_{S1-2} (MPa)	颗粒组成(%) >0.05 mm	0.05~0.005 mm	<0.005 mm
SJ4-2	7.2~7.5	17.2	2.72	2.01	1.72	80.5	0.581	25.3	15.2	10.1	0.20	45.71	13.9					6.71×10^{-5}	0.169	9.23	15.9	46.7	22.1
SJ5-1	6.2~6.5	20.7	2.73	2.07	1.71	94.7	0.596	28.0	16.8	11.2	0.35			31.5	29	21.5	32.41	4.82×10^{-5}	0.209	7.86	18.6	58.9	22.5
SJ5-2	7.7~8.0	19.2	2.73	2.00	1.68	83.9	0.625	29.3	17.9	11.4	0.11	43.10	22.3						0.103	15.39	16.6	61.3	22.1
SJ6-2	4.7~5.0	17.7	2.72	2.07	1.76	88.3	0.545	26.0	15.4	10.6	0.22	43.61	21.3					6.06×10^{-6}	0.077	19.43	18.6	59.3	22.1
SJ6-3	6.7~7.0	19.1	2.73	2.08	1.75	93.1	0.560	27.0	16.2	10.8	0.27			89.5	23	69	25.3	4.88×10^{-7}	0.097	16.70	14.6	60.1	25.3
SJ6-4	8.7~9.0	18.5	2.72	2.04	1.72	86.6	0.581	25.0	15.4	9.6	0.32	17.93	29.1					2.51×10^{-5}	0.084	18.95	10.7	58.7	19.9
SJ6-5	9.7~10.0	18.8	2.73	2.04	1.72	87.4	0.587	25.2	15.1	10.1	0.37	39.73	30.7					1.05×10^{-5}	0.101	15.56	21.7	59.6	18.7
SJ7-1	2.0~2.2	17.7	2.73	2.08	1.77	89.1	0.542	27.0	15.7	11.3	0.18	62.43	23.8					9.47×10^{-7}	0.134	11.47	14.4	64.6	21.0
SJ7-2	3.8~4.0	16.9	2.72	2.06	1.76	84.3	0.545	26.6	15.9	10.7	0.09	57.55	28.1					5.97×10^{-5}	0.149	10.06	12.4	53.8	22.3
SJ7-3	5.8~6.0	19.2	2.73	2.03	1.70	86.5	0.606	30.2	16.8	13.4	0.18	38.34	25.2					2.21×10^{-6}	0.083	18.97	13.3	65.2	21.5
SJ7-3	5.8~6.0	19.2	2.73	2.03	1.70	86.5	0.606	30.2	16.8	13.4	0.18	38.34	25.2					2.21×10^{-6}	0.083	18.97	13.3	65.2	21.5
SJ7-4	7.7~8.0	19.5	2.73	2.04	1.71	89.2	0.596	27.0	17.7	9.3	0.19	46.25	24.0					1.29×10^{-6}	0.102	15.11	17.7	60.3	22.0
SJ7-5	9.7~10.0	16.0	2.72	2.13	1.84	91.0	0.478	26.4	15.2	11.2	0.07	36.97	24.3	27	30	23	32.34	1.94×10^{-6}	0.092	16.38	14.0	53.4	22.5
SJ8-2	5.0~5.4	19.1	2.73	2.07	1.74	91.6	0.569	26.5	15.6	10.9	0.32			28.5	26.5	20.5	30.77	6.85×10^{-7}	0.219	7.17	15.6	48.9	25.1
SJ8-3	7.5~7.8	17.9	2.72	2.09	1.77	90.7	0.537	26.0	14.5	11.5	0.30	36.29	25.2	47.2	23.0	36.6	28.1	1.37×10^{-5}	0.221	8.67	17.6	60.7	21.7
平均值		18.1	2.72	2.04	1.73	86.0	0.572	27.2	16.1	11.1	0.18	26.00	27.00	27.68	17.28	21.47	23.77	4.09×10^{-5}	0.115	13.14	13.6	57.4	22.9
大值平均值		19.51				90.12	0.612												0.316	5.99			
小值平均值			2.71	1.98	1.69																		
Q_4 组数		84	84	84	84	84	84	84	84	84	84	64	64	10	10	10	10	79	68	68	41	41	41
最大值		23.7	2.74	2.16	1.90	100.4	0.722	34.8	20.6	14.5	0.61	86.39	36.0	99.1	30.0	82.2	32.4	9.77×10^{-5}	0.523	19.43			
最小值		13.6	2.70	1.83	1.58	60.7	0.421	22.6	14.1	7.7	-0.38	1.88	13.9	22.6	11.8	20.5	17.4	0	0.077	3.34			

注：壤土是根据《壤土的分类标准》（GBJ 145—90），按 I_P 指数分类的，基本相当于原有资料中的亚黏土地层。

表 5-4　坝体填筑土"软层"试验统计

编号	岩性	深度(m)	含水率 ω(%)	比重 G_s	湿密度 ρ(g/cm³)	干密度 $ρ_d$(g/cm³)	饱和度 S_r(%)	孔隙比 e	液限 $ω_L$(%)	塑限 $ω_P$(%)	塑性指数 I_P(%)	液性指数 I_L	直剪(饱固快)凝聚力 C(kPa)	直剪(饱固快)摩擦角 φ(°)	三轴(CU')总强度凝聚力 C(kPa)	三轴(CU')总强度内摩擦角 φ(°)	三轴(CU')有效强度凝聚力 C'(kPa)	三轴(CU')有效强度内摩擦角 φ'(°)	垂直渗透系数 K_{20}(cm/s)	压缩系数 a_{1-2}(MPa⁻¹)	压缩模量 E_{s1-2}(MPa)	颗粒组成 >0.05mm(%)	颗粒组成 0.05~0.005mm(%)	颗粒组成 <0.005mm(%)
ZK2-2	Q_4填土	7.15~7.40	26.0	2.72	1.94	1.54	92.3	0.766	27.5	16.2	11.3	0.87	24.02	20.8					2.04×10^{-6}	0.249	6.90			
ZK2-11		28.65~28.9	26.1	2.74	1.99	1.58	97.4	0.734	30.8	18.1	12.7	0.63			19.2	22.3	11	28.97	2.95×10^{-5}	0.173	10.09			
ZK2-13		33.65~33.9	26.3	2.73	1.99	1.58	98.6	0.728	29.8	19.0	10.8	0.68			60.77	20.95	42.2	28.47	9.01×10^{-6}	0.292	5.87	13.00	65.40	21.60
ZK3-2		7.15~7.40	23.8	2.74	1.98	1.60	91.5	0.713	26.5	15.9	10.6	0.75	27.47	24.7					2.26×10^{-5}	0.280	6.20			
ZK3-3		8.85~9.10	24.5	2.73	1.92	1.54	86.6	0.773	26.5	17.4	9.1	0.78	9.60	30.7					3.56×10^{-5}	0.278	6.44			
ZK3-12		27.65~27.9	20.8	2.72	1.98	1.64	85.9	0.659	26.0	15.6	10.4	0.50	10.40	26.5					5.67×10^{-5}	0.226	7.19	0.00	77.90	22.10
ZK4-7		15.65~15.9	20.7	2.71	1.97	1.63	84.7	0.663	28.1	18.0	10.1	0.27	3.93	23.0					3.33×10^{-7}	0.321	5.04	11.40	64.30	24.30
ZK5-7		15.65~15.85	25.4	2.74	1.86	1.48	81.7	0.851	30.6	17.8	12.8	0.59	34.14	20.8					1.31×10^{-5}	0.308	5.94	19.40	59.80	20.80
ZK5-8		17.15~17.35	21.3	2.72	1.88	1.55	76.8	0.755	27.6	18.2	9.4	0.33	8.86	28.1					2.96×10^{-6}			10.30	40.50	30.20
ZK5-11		22.25~22.40	20.0	2.74	1.92	1.60	76.9	0.713	30.3	19.5	10.8	0.05	12.00	26.0					6.02×10^{-6}	0.310	5.68	17.90	25.70	19.80
ZK5-13		25.65~25.9	21.8	2.70	1.99	1.63	89.7	0.656	24.0	14.0	10.0	0.78	21.74	29.3						0.230	7.07	17.7	61.0	21.3
SJ6-1		2.8~3.1	22.4	2.71	1.88	1.54	79.9	0.760	25.2	15.8	9.4	0.70	18.21	29.5					1.10×10^{-5}	0.308	5.64	17.7	61.0	21.3
SJ8-1		3.4~3.6	21.7	2.73	1.98	1.63	87.8	0.675	26.2	16.5	9.7	0.54	36.18	24.0					2.71×10^{-5}	0.148	11.03	19.6	58.5	21.9
平均值			23.1	2.73	1.94	1.58	86.9	0.726	27.6	17.1	10.5	0.57	18.8	25.8	39.99	21.63	26.60	28.72	1.80×10^{-5}	0.260	6.92			
大值平均值			25.4				92.9	0.767						26.0					3.43×10^{-5}	0.300				
小值平均值					1.89	1.53							15.0								5.96	20.6	56.6	22.8
组数			13	13	13	13	13	13	13	13	13	13	11	11	2	2	2	2	12	12	12	8	8	8
最大值			26.3	2.74	1.99	1.64	98.6	0.851	30.8	19.5	12.8	0.9	36.2	30.7	60.8	22.3	42.2	29.0	5.67×10^{-5}	0.321	11.03	38.2	77.9	30.2
最小值			20.0	2.70	1.86	1.48	76.8	0.656	24.0	14.0	9.1	0.1	3.9	20.8	19.2	21.0	11.0	28.5	3.33×10^{-7}	0.148	5.04	0.0	25.7	19.8

表 5-5 右坝肩坝体土渗透变形试验成果统计

地层划分	数据类型	制样指标 干密度 (g/cm³)	制样指标 含水率 (%)	临界坡降 i_K	破坏坡降 i_F	建议允许破坏坡降 i	渗透系数 K_{20} (cm/s)	比重	孔隙比	孔隙率 (%)	破坏形式	水流方向	按塑性指数分类	说明
软层	平均值	1.54	22.2	1.29	2.12	0.52	6.67×10^{-4}	2.73	0.773	43.5	流土	由下向上	壤土	制样后呈团粒结构，形成弱透水或中等透水，渗透系数的大小与制样后的团粒结构有关，仅供参考
	大值平均值	1.48	25.4			0.43	7.61×10^{-4}		0.851	46.0				
	小值平均值			1.06	1.80			2.72						
	组数	3	3	3	3	3	3	3	3	3				
	最大值	1.60	25.4	1.76	2.75	0.70	7.86×10^{-4}	2.74	0.851	46.0				
	最小值	1.48	20.0	0.92	1.77	0.37	4.78×10^{-4}	2.72	0.713	41.6				
硬层	平均值	1.72	17.2	1.99	3.25	0.80	2.43×10^{-3}	2.72	0.588	36.8	流土	由下向上	壤土	
	大值平均值	1.66	21.1			0.39	4.06×10^{-3}		0.645	39.4				
	小值平均值			0.99	2.01			2.71						
	组数	12	12	12	12	12	12	12	12	12				
	最大值	1.88	19.3	4.65	6.16	1.86	6.49×10^{-3}	2.73	0.722	41.9				
	最小值	1.58	13.8	0.75	1.26	0.30	1.37×10^{-5}	2.70	0.441	30.6				
软硬层混合	平均值	1.67	18.4	1.82	2.97	0.73	1.99×10^{-3}	2.72	0.634	38.5	流土	由下向上	壤土	
	大值平均值	1.57	16.3	3.24	5.19	1.30	4.06×10^{-3}	2.73	0.745	42.6				
	小值平均值			1.10	1.86	0.44		2.71						
	组数	12	12	12	12	12	12	12	12	12				
	最大值	1.88	25.4	4.65	6.16	1.86	6.49×10^{-3}	2.74	0.851	46.0				
	最小值	1.48	13.8	0.75	1.26	0.30	1.37×10^{-5}	2.70	0.441	30.6				

表 5-6　水中倒土层试验成果

指标	含水率 ω (%)	干密度 ρ_d (g/cm³)	抗剪强度				压缩系数 a_{1-2} (MPa⁻¹)	渗透系数 $K(\times 10^{-7})$ (cm/s)
			饱固快		饱和快			
			C (kPa)	φ (°)	C (kPa)	φ (°)		
最大值	20.2	1.90					0.24	6.57
最小值	16.3	1.69						0.26
平均值	18.4	1.77	35	26.7	37	19.2		2.90
大值平均值								6.00
小值平均值			22	24.7	25	17.0		
组数	18	12	6	6	3	3	1	5

注:此表摘自《漳河岳城水库大坝质量检查说明》(101 – D(76)2S)。

水中倒土层渗透系数最大值为 6.57×10^{-7} cm/s,平均值为 2.9×10^{-7} cm/s,大值平均值为 6.00×10^{-7} cm/s,其渗透性小于碾压土层。其压缩系数 a_{1-2} 为 0.24 MPa⁻¹(土样取自 1 +438 下 27 孔 109.91 m 高程处)。

5.3.3.4　坝上游压坡段(桩号 0 +550 ~2 +850)坝体质量

水库运行期间,主坝上游坡及两岸黄土铺盖曾断续发生塌坑和滑坡等,故于 1975 年至 1976 年进行了以压坡为主的第一期抗震加固工程(压坡段桩号 1 +317 ~2 +523,长度 1 200 m),1980 年进行了第二期抗震加固工程的上游压坡(北段桩号 0 +550 ~1 +415,长度 865 m;南段桩号 2 +425 ~2 +850,长度 425 m),全长度 2 300 m。

1. 淤泥层

抗震加固补充勘察时,勘探表明,从桩号 0 +550 ~2 +850 上 130 ~167 m,宽度 37 m 压坡地基范围内,淤泥厚度为 2 ~5 m;底部碾压面高程从 116 m 递降为 113 m,呈向库内缓倾斜面。

淤泥成分主要来源是库水的悬移质和少量坝面粗粒洗刷物、微量有机物。一般为褐灰色,略具腥味,大部分呈流塑 – 软塑状态,易触变液化。属灵敏度高和强度低的高液限黏土或低液限黏土层,物理力学性质详见表 5-7 ~ 表 5-9。

2. 红土卵石压坡

为保证压坡体稳定,在填筑红土卵石料前,对淤泥层采取打砂井排水固结的措施,井径为 0.30 m,井深为 3 ~6 m,平均深度为 4.3 m,间距为 2 m,呈梅花形布置,平均贯入度可达 4/5 左右;然后在淤泥表面普遍铺设 0.80 m 厚的碎石垫层,与砂井连成一个排水整体。

其上用红土卵石压坡,从原淤积层 116 m 高程起达到 125 m 高程。压坡段淤泥层压坡前、后物理力学试验成果分别见表 5-8、表 5-9。从中可以看出,淤泥层经用红土卵石压坡处理后较压坡前有较多的改善,压缩率提高 22%,实际干容重提高 22%,抗剪强度凝聚力值亦有明显提高。

表 5-7　主坝(桩号 0+550~2+850)待压坡段淤泥试验统计

数值	天然状态基本物性指标									土粒组成(%)		
	含水率 ω (%)	湿密度 ρ (g/cm³)	干密度 ρ_d (g/cm³)	孔隙比 e	饱和度 G	土粒比重 ΔS	液限 ω_L (%)	塑限 ω_p (%)	塑性指数 I_p	砂粒 >0.05 (mm)	粉粒 0.05~0.005 (mm)	粘粒 <0.005 (mm)
最大值	69.3	1.96	1.54	2.06	100.0	2.76	54.6	31.9	22	19.6	80.7	65.7
最小值	27.5	1.56	0.90	0.77	91.4	2.71	27.9	20.7	6	1.0	30.2	3.5
平均值	53.1	1.71	1.13	1.46	98.8	2.74	41.4	25.1	16.3	3.8	50.7	45.5
组数	104	104	104	99	99	99	57	57	57	66	66	66

项目	抗剪强度						十字板	压缩系数 a_{1-2} (MPa⁻¹)	贯入击数 $N_{63.5}$ (次)	渗透系数 K (cm/s)	天然稠度 n (mm)	有机质 (%)
	饱和快		饱固快		原状抗剪 C_u (kPa)	重塑抗剪 C_u' (kPa)	灵敏度 C_u/C_u'					
	凝聚力 C (kPa)	内摩擦角 φ (°)	凝聚力 C (kPa)	内摩擦角 φ (°)								
最大值	22	29.3	27	26.6	43.7	8.8	31.8	1.68	2.1	3.96×10^{-5}	>10	1.50
最小值	0	0	0	9.0	0.7	0	1.1	0.67	0	7.49×10^{-8}	3~7	0.73
平均值	9	11.1	7	16.9	12.8	2.8	5.47	1.17	0.7	8.7×10^{-6}	7~10	1.02
小值平均值	3	2.2	5	9.5								
组数	42	42	31	31	70	67	61	17	11	13	51	8

注:摘自《岳城水库抗震加固工程补充地质勘察报告》(1980 年 7 月)、《岳城水库抗震加固工程补充地质勘察说明》(1981 年 10 月)。

表 5-8　主坝（桩号 1+317～2+523）已压坡段淤泥试验统计

项目	天然状态基本物性指标									土粒组成（%）			有机质（%）
	含水率 ω（%）	湿密度 ρ（g/cm³）	干密度 ρ_d（g/cm³）	孔隙比 e	饱和度 G	土粒比重 ΔS	液限 ω_P（%）	塑限 ω_L（%）	塑性指数 I_P	砂粒 >0.05 mm	粉粒 0.05～0.005 mm	粘粒 <0.005 mm	
最大值	49.6	2.00	1.59	1.37	100	2.73	51.4	28.7	23	16.6	69.4	62.5	
最小值	25.4	1.72	1.15	0.70	96.4	2.70	31.1	19.1	12	3.0	34.5	20.6	
平均值	41.2	1.81	1.29	1.13	98.6	2.72	43.3	25.3	18	5.5	49.8	44.7	
组数	8	8	8	8	8	8	8	8	8	8			8

项目	抗剪强度				十字板			压缩系数 a_{1-2}（MPa⁻¹）	贯入击数 $N_{63.5}$（次）	渗透系数 K（cm/s）	天然稠度 n（mm）
	饱和快		饱和固快		原状抗剪 C_u（kPa）	重塑抗剪 C'_u（kPa）	灵敏度 C_u/C'_u				
	凝聚力 C（kPa）	内摩擦角 φ（°）	凝聚力 C（kPa）	内摩擦角 φ（°）							
最大值	16	21.2	21	4.3	44.1	18.0	11.8	0.93	2	1.53×10^{-5}	3～7
最小值	5	15.0	11	0.5	28.0	8.0	2.5	0.17	0.5	5.03×10^{-7}	3～7
平均值	9	17.1	15	2.6	35.5	10.1	4.8		0.6		3～7
组数	3	3	3	3	6	6	6	2	4	2	8

注：摘自《岳城水库抗震加固工程补充地质勘察说明》（1981 年 10 月）。

表 5-9　淤泥层压坡前后主要物理力学性质试验成果比较

项目		物理性质			力学性质					
		含水率 ω (%)	干密度 ρ_d (g/cm³)	孔隙比 e	饱和快		饱固快		十字板 C_u (kPa)	压缩系数 a_{1-2} (MPa⁻¹)
					凝聚力 C (kPa)	内摩擦角 φ (°)	凝聚力 C (kPa)	内摩擦角 φ (°)		
压坡前	最大值	69.3	1.54	2.06	22	29.3	27	26.6	43.7	1.68
	最小值	27.5	0.90	0.77	0	0	0	9.0	0.7	0.67
	平均值	53.1	1.13	1.46	9	11.1	7	16.9	12.8	1.17
	组数	104	104	99	42	42	31	31	70	17
压坡后	最大值	49.6	1.59	1.37	21	4.3	16	21.2	44.1	0.93
	最小值	25.4	1.15	0.70	11	0.5	5	15.0	28.0	0.17
	平均值	41.2	1.29	1.13	15	2.6	9	17.1	35.5	
	组数	8	8	8	3	3	3	3	6	2

注：摘自《岳城水库抗震加固工程补充地质勘察说明》(1981 年 10 月)。

5.3.3.5　坝体护坡材料质量

（1）坝体护坡石。主坝上游坝坡段设 45 cm 厚度的块石护坡,高程 157 m 平台块石护坡厚度为 40 cm,下游为块卵石护坡,厚度为 20 cm。

（2）坝坡反滤料。在主坝上游坝坡块石下面为粒径 5 ~ 40 mm 的反滤料,厚度为 50 cm。反滤料由砂卵砾石组成,砾石成分主要为灰岩、砂岩,砾径一般为 2 ~ 5 cm,磨圆较好;砂为中细砂,疏松。

（3）坝后压坡砂砾料。在主坝上游坝坡反滤料层之下有厚度约为 55 cm 的砂砾石,在下游坝坡由砂卵石组成,局部夹亚黏土团块。卵砾石成分主要为灰岩及砂岩,磨圆较好,其直径一般为 2 ~ 150 cm,个别达 15 cm 以上;砂为细砂。

该层颗粒组成极不均一,在中上部可见砾石集中、局部架空现象,水流痕迹明显;其底部局部地段细砾含量高达 50.8%,黏土杂质含量可达 14% 左右(见《岳城水库主坝散浸专题研究勘察报告》101 - D(97)2),严重影响排水效果。因此,该层的透水性亦极不均一。

5.3.3.6　坝体水

根据勘探和观测资料,坝体中主要存在三种形式的水。其一,为聚集在压坡砂砾石含水带中的水,主要接受大气降水补给,不同部位含水带厚度度不一。其二,为库水浸入水,在坝体内形成一条浸润线,其水位随库水位而变化。因观测设备损坏,近几年没有完整的观测资料,无法画出浸润线。其三为上层滞水。由于坝体土土质不均匀,局部土体渗透性较小,形成上层滞水。这类水存在状态不稳定,主要受大气降水和库水变化影响。

5.3.3.7 坝顶公路

坝顶公路位于主坝坝顶、防浪墙下游侧。全长为 3 517.07 m,路面宽度为 7.1 m,轴线高程为 159.65 m。基层分别为灰土(0+086~0+862.7)与砾石土(0+862.2~3+603.07),厚度均为 30 cm。路面混凝土强度等级分别为 300 级(灰土段)与 250 级(砾石土段),厚度均为 20 cm。路面设有纵缝、胀缝与缩缝,下游侧砌有路缘石。

路基土体设计要求,灰土干密度为 1.55~1.60 g/cm³,砾石土干密度≥2 g/cm³。

大坝加高施工时,现场抽测灰土 18 组,干密度为 1.57~1.60 g/cm³,平均干密度为 1.58 g/cm³;现场抽测砾石土 40 组,干密度为 2.0~2.30 g/cm³,平均干密度为 2.11 g/cm³,满足设计要求。

由于坝顶为当地交通要道,运输车辆长期超载行驶,现阶段坝顶公路已遭破坏,多处出现破碎、大坑,路面及路基均有不同程度损坏。

5.3.4 主坝存在问题评价

5.3.4.1 坝基工程地质问题与评价

1. 坝基渗流问题

1) 坝基渗流量

根据水利部大坝安全监测中心技术部 1991 年 7 月编写的《岳城水库主、副坝渗流观测资料的分析与应用》,主坝坝后排水量长年稳定在 510~587 L/s,且有随时间下降的趋势。由此可见,主坝渗漏量不大。

相对而言,主坝渗漏量较大部位在右坝肩桩号 3+020 附近地段。1963~1986 年观测资料表明,该地段渗流量随库水位升降而增减,最大超过 400 L/s,占长年稳定渗流量的 68%~78%,显得问题较突出。该地段处于二级阶地前缘,坝基地层由上第三系和第四系地层组成,其岩性自上而下主要为第四系黄土状土、砂卵砾石层、胶结及胶结不良砾岩、上第三系砂层、低液限黏土、高液限黏土及固结、半固结砂层。施工时,包括该地段在内的右岸坝基(桩号 2+800~3+410)进行了帷幕灌浆,坝前做了人工铺盖,坝后设置了排水沟及减压井,整体渗流量不大,防渗效果良好。唯独 3+020 附近地段形成集中渗流,从水库运行长远计,应进行防渗处理。

2) 坝基渗透稳定

根据水利部大坝安全监测中心技术部 1991 年 7 月编写的《岳城水库主、副坝渗流观测资料的分析与应用》,主坝河床段截水槽削减水头在 75% 以上,左岸帷幕削减水头大约 52%,右岸帷幕削减水头略小。另据《岳城水库大坝加高工程施工管理运用情况报告》,1991 年测压管补设和处理后,计算了渗透坡降,左岸坡降为 0.014~0.063,河床段坡降为 0.02~0.031,右岸坡降为 0.015~0.045,和过去资料比较,变化甚微。试验求得的坝基主要渗透地层破坏坡降为 0.07~0.10,可见主坝的平均水平渗流坡降小于破坏坡降。由此可见,坝基渗流稳定性总体还是可靠的。

大坝加高施工期,计算右岸坝头绕坝渗漏坡降较大,最大为 0.127,超过了地层允许破坏坡降。3+050 断面等水位线明显向下游凸出,这表明渗透坡降大。勘察表明,主要是由于该处上游坝基砾岩胶结不良,局部卵石集中、架空,渗透性较大,下游坝基存在的黏土透镜体起阻渗作用,渗流不畅所致。这次安全鉴定对此问题又进行了勘察,在桩号 3 + 040 坝上游 ZK6 表明坝基存在第四系上更新统冲积(Q_3^{al})砂砾石渗透性较大;在桩号 3 + 040 和 3 + 400 坝下游的 ZK7、ZK8、SJ8 也表明下游坝基土体渗透性较小,起阻水作用,致使右坝头绕坝渗漏坡降较大,运行中应加强监测,注意渗透稳定问题。建议在对右坝肩坝基进行防渗堵漏时对此进行一并处理。

2. 坝基沉陷问题

主坝加高压坡时地基清基后,地基土取样 98 组,进行室内试验,其干密度最大值为 1.80 g/cm^3,最小值为 1.60 g/cm^3,平均值为 1.72 g/cm^3。由此可见,地基土不论是人工填土还是天然土都比较密实,目前尚未发现有破坏现象,见《岳城水库大坝加高工程施工地质报告》(1992 年 9 月)。

大坝建成已经运行多年,根据变形观测资料分析,沉降量随时间的延续逐年减小,渐趋稳定,不存在沉陷问题。

5.3.4.2　坝体问题与评价

1. 主坝坝体土土质不均

主坝原设计为均质土坝,经过数次大坝加高加固,坝体不少部位上游坡增加了防渗层,下游坝坡增加了砂砾石压坡,实际已非均质土坝。仅就坝体土填筑而言,坝体部分部位利用了水中倒土,大部分为碾压土,由于施工方法不同而使土质不均匀外,单就碾压土而言,由数次加固前的取样试验和本次勘察也反映出土质不均。坝体土干密度、含水率有明显差异,形成了所谓的硬层和软层。但总体指标基本满足设计要求,坝体土填筑质量总体较好。硬层是指干密度大于 1.65 g/cm^3 的土层,而软层是指干密度小于 1.65 g/cm^3、含水率大于 20% 的土层,夹层是指岩性与坝体土存在明显差异的土层和薄层、透镜体等。

2. 主坝南北两岸黄土台地上游铺盖塌坑、洞穴、裂缝问题

由于天然黄土地基中发育裂缝、局部地形和岩性条件的影响、库水位升降与大气的交替作用等,黄土台地出现塌坑、裂缝等问题,已经进行开挖回填处理,详见《漳河岳城水库加固设计工程地质勘察报告(101 – D(76)1)》。此外,1989 ~ 1991 年大坝加高施工过程中,上游采用黏土斜墙防渗,砂砾料与壤土之间设一层砾径为 0.5 ~ 10 mm 的反滤,至今尚未发现新问题。有关情况见第 4 章。

3. 滑坡段(主坝上游坡桩号 1 + 464 ~ 1 + 723(中段)、2 + 170 ~ 2 + 380(南段))

由于坝坡土体固结的不均一性,产生裂缝,库水沿通道直接浸入,致使松软层饱和,硬层软化,强度降低。在库水位骤降时,出现反向渗透压力,促使平衡遭到破坏。采取的开挖回填处理措施见《漳河岳城水库加固设计工程地质勘察报告(101 – D(76)1)》。处理效果较好,至今未出现新问题,坝坡稳定性良好。有关情况见第 3 章。

4. 主坝桩号 0 + 120 ~ 0 + 325、2 + 900 ~ 3 + 250 散浸问题

主坝坝坡出现的散浸现象是聚积在护坡石下砂砾石与坝体碾压土接触面以上砂砾石含水带中的水在马道附近排泄不畅而在坝坡排水沟底缓慢渗出的结果。坝体土内未发现集中渗流通道,渗水非库水直接入渗所致,其水源主要为大气降水,与库水关系不大。有关情况见第 6 章。

5.4 大副坝复查

5.4.1 大副坝工程地质条件

大副坝坝基分布地层主要为上第三系地层,桩号 0 + 600 ~ 1 + 400 有第四系地层。

上第三系地层按照岩性可划分为三层($N_2^1 \sim N_2^3$),岩性主要黏性土和砂层。

第四系地层,按其成因类型可分为冲积、坡积、洪积、残积等;按其物质组成可分为红土卵石、黄土状低液限黏土、低液限粉土及河流冲积卵石、砂砾石等;按其相对时代可分为第四系下更新统(Q_1)、第四系中更新统(Q_2)、第四系上更新统(Q_3)及第四系全新统(Q_4)。岩性、分布范围变化较大。

坝基岩性主要为黏性土、各种粒径的砂及胶结程度不一的砂岩、砂砾岩等,各种岩性相互交错,形成了大小不等、厚度不一的透镜体或薄层、夹层等,形成了复杂的多层水文地质结构。地下水类型主要有承压水及潜水。

承压水主要赋存于上第三系上新统第一层(N_2^1)的砂及砂砾石层中,承压水由漳河两岸地下水及上游河水补给。水库蓄水后,承压水位与库水位变化关系密切。

潜水赋存于第四系及上第三系上新统第三层(N_2^3)砂、砂砾石及砂砾岩,属于孔隙潜水,主要接受大气补给及第四系地层的潜水补给,坝下游潜水位与库水位的变化关系密切。

5.4.2 大副坝坝体质量

5.4.2.1 大副坝坝体结构

大副坝为均质土坝,上游设厚度为 45 cm 的块石护坡,块石下面是粒径为 5 ~ 40 mm、厚度为 50 cm 的反滤和厚度为 55 cm 的砂砾料。下游为块、卵石护坡,厚度为 20 cm。下游坡靠近坝脚排水沟处的护坡下面 3 m 范围内设有粒径为 1 ~ 10 mm 的反滤,厚度为 30 cm。

大副坝加高时,上游从原坝顶壤土顶面高程 155.5 m 填筑至 159.5 m 高程,做了黏性土斜墙防渗。下游用砂砾料压坡。

大副坝坝体断面,坝顶宽度为 8 m,上游坡为 1:2.5,下游一级坡为 1:2.25,二级坡为 1:2.75,从溢洪道左翼头至桩号 0 + 209.36 段的二级坡为 1:3。在一、二级坡交接处高程 145.5 m 设马道一条,宽度为 1.5 m。

为排坝面及坝顶雨水,在大副坝下游每隔 100 m 设一道横向排水沟,在 145.5 m 高程马道的上游侧设一道纵向排水沟,断面尺寸为 0.3 m × 0.3 m,沿坝脚设一条底宽为 1.5 m、深为 0.4 m、边坡为 1:1.5 的纵向排水沟(排水沟均为浆砌石),汇集到坝脚排水沟的雨水,通过坝下游横向排水沟排入香水河。

5.4.2.2 大副坝坝体质量

大副坝坝体土中共取样 15 组,含水率为 15.3% ~ 19.4%,干密度为 1.66 ~ 1.80

g/cm³，平均值为 1.74 g/cm³，满足设计要求的不小于 1.65 g/cm³，见表 5-10。坝体土斜墙填筑及上下游削坡质量见表 5-11。坝体反滤填筑质量见表 5-12。

表 5-10　副坝坝体含水率、干密度检验成果汇总

桩号		大副坝 0 - 009 ~ 1 + 400	1 号小副坝 1 + 400 ~ 1 + 752	2 号小副坝 1 + 752 ~ 2 + 311	合计
试样数(个)		15	8	14	37
含水率 (%)	最大值	19.4	17.2	17.7	19.4
	最小值	15.3	14.2	14.1	14.1
	平均值	17.0	15.1	16.2	15.9
干密度 (g/cm³)	最大值	1.80	1.73	1.80	1.80
	最小值	1.66	1.65	1.73	1.65
	平均值	1.74	1.69	1.77	1.76

注:设计干密度不小于 1.65 g/cm³，摘自《岳城水库大坝加高工程副坝竣工设计报告(验收文件)》(1991 年 10 月)。

大副坝加高施工中，对加高部分坝体土，逐层取样，共 580 组，含水率平均值为 16.5%，干密度为 1.65 ~ 1.80 g/cm³，平均值为 1.73 g/cm³；坝面共取样 73 组，干密度为 1.65 ~ 1.79 g/cm³，平均值为 1.73 g/cm³，见表 5-11。

表 5-11　副坝坝体土上下游削坡部位填筑质量检验成果汇总

分项工程	桩号(m)	试样数 组	干密度(g/cm³) 最大值	干密度(g/cm³) 最小值	干密度(g/cm³) 平均值	设计指标
坝体土斜墙填筑	0 - 009 ~ 1 + 400	580	1.80	1.65	1.73	设计干密度不小于 1.65 g/cm³
	1 + 400 ~ 1 + 752	86	1.79	1.66	1.73	
	1 + 752 ~ 2 + 311	294	1.79	1.65	1.72	
上下游削坡	0 - 009 ~ 1 + 400	73	1.79	1.65	1.73	
	1 + 400 ~ 1 + 752	24	1.74	1.66	1.70	
上游削坡	1 + 752 ~ 2 + 311	10	1.79	1.67	1.74	

注:摘自《岳城水库大坝加高工程副坝竣工设计报告(验收文件)》(1991 年 10 月)。

大副坝加高施工中，坝体下游压坡砂砾料填筑，大坝加高部分上游护坡和坝脚排水沟下砂砾垫层铺筑，逐层取样，共取样 450 组，砾石含量大于 55%，干密度为 2.14 ~ 2.34 g/cm³，平均值为 2.23 g/cm³，含泥量为 0.98% ~ 3.64%(49 组试样)；削坡后坝面检查，共取样 129 组，干密度为 2.11 ~ 2.28 g/cm³，平均值为 2.19 g/cm³；砂砾垫层检查，共取样 73 组，干密度为 2.06 ~ 2.26 g/cm³，平均值为 2.17 g/cm³；含泥量为 1.39% ~ 3.43%，满足质量要求，见表 5-13。

大副坝加高施工中，坝体上游护坡反滤料(5 ~ 40 mm)取样 32 组，干密度为 1.85 ~

表 5-12　副坝坝体反滤填筑质量检验成果汇总

分项工程	桩号	干密度（g/cm³）			含泥量（$d<0.1$ mm）（%）	针片状颗粒含量（%）	限制粒径 d_{60}	有效粒径 d_{10}	不均匀系数 d_{60}/d_{10}	设计指标
		最大值	最小值	平均值						
加高部分上游护坡反滤料（$d=5\sim40$ mm）	$0-009.206\sim1+400$	2.13	1.85	1.97	1.20~2.04	2.83~3.63	24.10~23.20	7.60~9.80	2.29~3.13	干密度 $\geq$ 1.85 g/cm³，含泥量<3%，不均匀系数 $\leq$ 8，针片状含量<5%
	$1+400\sim1+752.05$	2.12	1.85	1.98	1.74~2.00	2.01~2.05	22.50~22.60	7.10~9.20	2.45~3.17	
	$1+752.05\sim2+311.304$	2.13	1.85	1.98	1.10~2.01	1.46~2.15	23.20~27.00	6.60~9.80	2.76~3.89	
坝顶斜墙与砂砾料间反滤料（$d=0.5\sim40$ mm）	$0-009.206\sim1+400$	1.71	1.65	1.67	1.42~2.57	2.15~2.93	4.60~5.10	0.90~1.19	4.14~5.67	干密度 $\geq$ 1.60 g/cm³，含泥量<3%，不均匀系数 $\leq$ 8，针片状含量<5%
	$1+400\sim1+752.05$	1.69	1.66	1.67	1.02~1.39	1.76~2.27	4.55~4.85	0.88~1.20	4.04~5.17	
坝脚贴坡排水反滤料（$d=0.5\sim40$ mm）	$0-009.206\sim1+400$	1.72	1.65	1.68	1.19~2.06	2.41~2.97	5.10~6.20	1.35~1.80	2.91~4.15	
	$1+400\sim1+752.05$	1.70	1.65	1.67	1.05~1.21	3.21~3.74	5.60~6.00	1.70~1.80	3.28~3.53	
	$1+752.05\sim2+311.304$	1.69	1.65	1.67	1.16~1.91	1.39~2.99	5.40~5.55	1.45~1.80	3.03~3.83	

注：摘自《岳城水库大坝加高工程副坝竣工设计报告（验收文件）》（1991 年 10 月）。

表 5-13　副坝坝体砂石填筑质量检验成果汇总

分项工程	桩号(m)	试样数组	干密度(g/cm³)			含泥量(%)(d<0.05 mm)	设计指标
			最大值	最小值	平均值		
坝体砂砾料填筑	0-009~1+400	450	2.34	2.14	2.23	0.98~3.64 (49组)	设计干密度不小于 2.07 g/cm³,干密度随砾石含量不同而异,含泥量小于 5%
	1+400~1+752	26	2.31	2.16	2.22		
	1+752~2+311	89	2.33	2.12	2.23		
上下游削坡	0-009~1+400	129	2.28	2.11	2.19		
	1+400~1+752	17	2.21	2.14	2.17		
	1+752~2+311	23	2.23	2.14	2.19		
加高部分上游护坡和坝脚排水沟砂砾垫层	0-009~1+400	73	2.26	2.06	2.17	1.39~3.43 (11组)	设计干密度不小于 2.05 g/cm³
	1+400~1+752	18	2.20	2.05	2.14		
	1+752~2+311	18	2.23	2.06	2.15		

注:摘自《岳城水库大坝加高工程副坝竣工设计报告(验收文件)》(1991 年 10 月)。

2. 13 g/cm³,平均值为 1. 97 g/cm³;坝顶斜墙与砂砾间反滤料(0. 5 ~ 10 mm),取样 47 组,干密度为 1. 65 ~ 1. 71 g/cm³,平均值为 1. 67 g/cm³;下游坝脚贴坡排水反滤料(1 ~ 10 mm),取样 50 组,干密度为 1. 65 ~ 1. 72 g/cm³,平均值为 1. 68 g/cm³,见表 5-12。

5.4.2.3　大副坝坝顶公路

大副坝桩号 0 − 009 ~ 0 + 060 段路基为 3:7 灰土,厚度为 30 cm,干密度为 1. 58 ~ 1. 60 g/cm³;桩号 0 + 060 ~ 1 + 470 段路基为砾质土,厚度为 30 cm,干密度为 2. 0 ~ 2. 13 g/cm³。

路面混凝土,桩号 0 − 009 ~ 0 + 060 及 1 + 470 ~ 1 + 752 段,设计强度等级为 30 级,抗压强度为 35. 4 ~ 39. 5 MPa,平均为 36. 2 MPa;桩号 0 + 060 ~ 1 + 470 段,设计强度等级为 25 级,抗压强度 25. 1 ~ 31. 4 MPa,平均为 27. 5 MPa。

5.4.3　大副坝坝坡塌坑及坝后排水暗管涌砂问题与评价

大副坝存在的主要问题是坝后涌砂及坝坡塌坑。在大坝建设过程中,于 1961 年汛后,当库水位超过 140 m 时,桩号 0 + 850 横向排水沟内出现涌砂现象,至 1976 年共涌出砂 200 m³。1976 年 9 月,在下游坝坡桩号 0 + 850 排水沟附近出现塌坑,为此将排水沟内的检查井用反滤料填堵,并于下游开挖一条明排水沟,开挖检查发现下部砂卵石中细粒料大部分流失。1977 年 7 月于桩号 0 + 944 下 58. 5 m 处开挖勘探竖井也发现排水沟内回填的砂卵石有细砂流失,卵石架空,而坝基上第三系砂层未见破坏。1982 年 8 月,坝面第二次出现较浅的塌坑三处;1989 年 8 月,在大副坝加高过程中于桩号 0 + 890 坝轴线下 60 m 处出现塌坑;1990 年 8 月,于桩号 0 + 883 坝轴线下 63 m 又发现塌坑,见表 5-14。

表 5-14　历年塌坑汇总

塌坑位置	塌坑发生日期 (年-月-日)	塌坑规模 长 × 宽 × 深 (m × m × m)	塌坑发生时库水位 高程(m)	说明
0 + 903 下 65. 5	1976-09-17	1. 9 × 1. 6 × 1. 1	148. 23	开挖发现其下砂卵石的细料大部分流失
1 + 076 下 80. 3	1982-08-13	2. 3 × 4. 3 × 0. 2	144. 75	暴雨后塌坑,并发现桩号 1 + 100 断面横向排水管出口有细砂流失
1 + 082 下 80. 3		2. 3 × 2. 6 × 0. 3		
1 + 102 下 81. 5		5 × 4. 5 × 0. 65		
0 + 890 下 73	1989-08-06	1. 5 × 1. 5 × 2. 0 (圆形)	130. 57	雨后塌坑,开挖竖井发现砂卵石有架空现象
0 + 883 下 76	1990-05-18	2. 0 × 2. 0 × 1. 5 (圆形)	138. 61	

岳城水库大副坝坝基为上第三系中细砂层,较密实,渗透性小,坝基未做防渗措施,只在坝下游设置砂砾褥垫及纵向排水沟。

为查明排水沟涌砂来源,从开挖的试坑及 0 + 850 检查井中分别取上第三系砂及渗出砂取样做重矿物分析,结果表明排水沟中砂砾石的细砂与检查井内淤砂重矿物相近而与上第三系砂相差较大,说明涌砂主要来自排水沟的砂砾石,从而说明大副坝发生塌坑主要是因为排水沟内砂砾石中的砂料偏细,反滤料级配偏粗,施工质量不良,当水力坡降较大时,使细砂流失,砂砾石架空引起塌陷。

为确保大副坝的安全,针对坝体涌砂、塌坑问题,在大副坝桩号 0 + 850 ~ 1 + 110 下游排水沟段长度为 260 m、宽度为 6 m 范围内进行灌砂处理。采用先堵后灌,即先堵原检查井与新挖堵漏井,再按上、中、下三排超前造孔和开挖竖井予埋灌砂管。实际灌砂孔及竖井共 143 个,总进尺 1 721.12 m。对深度为 6 ~ 8 m 排水沟混凝土暗管和回填的砂卵石分别灌注冯村砂和高店砂。其中冯村砂含少量砾,细度模数为 2.29,灌入混凝土排水暗管后可保证暗管仍能起到一定的排水作用;高店砂为级配良好的中砂,细度模数为 1.63,抗管涌梯度大,故采用高店砂灌注坝体。

钻孔灌砂采用水泵供水、孔口加砂,并在自然水头压力下以一定流量、一定水砂比、冲灌交替的方法,通过 ϕ89 mm 钢管管路,将高店砂灌入砂卵石架空地层内。单孔灌砂一般为 3 ~ 4 段次,累计段长为 6 ~ 8 m。每段灌砂前后各做一次简易注水试验,以测定其渗透性。共灌砂 264 m³。

为检查灌砂效果,在灌砂完工地段进行了检查井开挖和检查孔再造。自检试验及试坑注水试验,得出砂卵石干密度为 2.25 g/cm³、渗透系数 $K = 6.84 \times 10^{-5}$ m/s,满足设计 $K = 5.79 \times 10^{-5} ~ 9.26 \times 10^{-5}$ cm/s 的要求。

灌砂处理从 1991 年 3 开始,至同年 11 月结束。通过灌砂处理前后观测资料资料对比可以看出,在同一库水位条件下,坝体灌砂段灌后渗流量变小(见《岳城水库大副坝塌坑处理工程竣工报告》101 - D(92)1)。

灌砂一年内效果较好,一年后局部又有细砂流出现象。为防止涌砂继续发生,1998 年 12 月 ~ 2000 年 6 月,在大副坝桩号 0 + 250 ~ 1 + 220 范围内,坝轴线上游 50 m 左右(37.9 ~ 63.4 m)建一道长度为 991.44 m、厚度为 0.8 m 的塑性混凝土防渗墙。其顶部高程为 141.0 ~ 148.7 m,底部高程为 83.0 ~ 110.5 m,高度为 33 ~ 67 m。

防渗墙自上至下穿过以下地层:坝体填筑土(Q_4^r),厚度为 10 ~ 14 m;第四系全新统冲积(Q_4^{al})黄土状低液限黏土、粉土、卵石、砂砾石等,厚度为 0.5 ~ 3.1 m;上第三系第三层(N_2^3)中、细砂,夹高液限黏土、低液限黏土薄层及砂岩、砂砾岩透镜体,厚度为 14 ~ 45 m;上第三系第二层(N_2^2)上部棕红色低液限黏土夹少量高液限黏土及低液限粉土薄层或透镜体,土层密实,厚度为 1 ~ 5 m。防渗墙基础坐落在连续稳定、相对隔水的上第三系第二层(N_2^2)下部棕红色高液限黏土、低液限黏土层上,进入该层 1 m 以上,该层土体固结程度较好,渗透系数为 $8.64 \times 10^{-5} ~ 8.64 \times 10^{-7}$ cm/s,满足防渗墙地基的设计要求,防渗墙地基主要土层物性指标见表 5-15。

大副坝防渗墙建成至今已运行两年,效果明显,已无涌砂现象,流入下游坝脚香水河的渗出水清澈干净,且渗流量减小至很少。

表 5-15　高液限黏土及低液限黏土（N₂²）土工试验汇总

岩性	数值类型	含水率 ω (%)	干密度 (g/cm³)	孔隙比 e	饱和度 S_r	土粒比重 G_s	液限 ω_L (%)	塑限 ω_P (%)	塑性指数 I_P	液性指数 I_L	渗透系数 K (cm/s)	颗粒组成（%） 砂粒 >0.05 mm	颗粒组成（%） 粉粒 0.05~0.005 mm	颗粒组成（%） 黏粒 <0.005 mm
低液限黏土	最大值	23.2	1.83	0.673	100	2.75	39.6	24.5	15.1	0.30	1.5×10^{-6}	59.3	55.8	29.3
	最小值	17.0	1.62	0.478	89	2.69	30.0	18.7	10.7	-0.48	3.5×10^{-9}	18.3	26.9	9.3
	平均值	19.7	1.74	0.561	95	2.71	33.9	21.4	12.5	-0.16	3.4×10^{-7}	34.2	45.4	20.4
	组数	10	10	10	10	10	11	11	11	10	8	11	11	11
高液限黏土	最大值	20.5	1.78	0.601	96	2.75	49.1	25.8	23.3		4.2×10^{-7}	26.2	50.8	75.8
	最小值	18.8	1.71	0.534	93	2.73	43.6	21.8	21.8		3.5×10^{-9}	9.6	14.6	23.0
	平均值	19.9	1.74	0.576	94	2.74	46.0	23.6	22.4		2.1×10^{-7}	19.0	38.4	42.6
	组数	3	3	3	3	3	3	3	3		3	3	3	3

注：摘自《岳城水库除险加固工程大副坝涌砂处理工程技施阶段设代地质报告》（101 - D（2000）1）。

5.5 1、2、3 号小副坝复查

5.5.1 1、2、3 号小副坝工程地质条件

5.5.1.1 1 号小副坝工程地质条件

坝基地层岩性主要为第四系全新统坡残积（Q_4^{dl+el}）浅黄色黄土状低液限黏土、下更新统冲洪积（Q_1^{al+pl}）红土卵石；其下为上第三系上新统第三层（N_2^3）、第二层（N_2^2）、第一层（N_2^1）砂层，岩性为黏性土和砂层，层位和岩性变化较大，夹层活透镜体较多。

1991 年大坝加高下游压坡地基第四系坡洪积红土卵石、黄褐色黄土状低液限黏土和上第三系紫红色高液限黏土、低液限黏土、中细砂。

地下水主要为潜水和承压水，潜水赋存在第四系地层中，承压水赋存在上第三系砂层中。

5.5.1.2 2 号小副坝工程地质条件

坝基地层岩性主要为第四系全新统坡残积（Q_4^{dl+el}）浅黄色黄土状低液限黏土、下更新统冲洪积（Q_1^{al+pl}）红土卵石；其下为上第三系上新统第三层（N_2^3）高液限黏土、低液限黏土、低液限粉土互层、砂层。

1991 年大坝加高下游压坡地基岩性为黄土状低液限黏土。

地下水主要为潜水和承压水，潜水赋存在第四系地层中，承压水赋存在上第三系砂层中。

5.5.1.3 3 号小副坝工程地质条件

3 号小副坝位于 2 号小副坝的北西部位，是 1987～1991 年大坝加高时新建的。

坝基地层岩性为第四系全新统坡洪积（Q_4^{dl+pl}）红土卵石，下伏上第三系黏性土。

地下水主要为潜水和承压水，潜水赋存在第四系地层中，承压水赋存在上第三系砂层。

5.5.2 1、2、3 号小副坝坝体质量

5.5.2.1 1、2 号小副坝坝体质量

1 号副坝 1987～1991 年大坝加高时，在坝顶挖除扰动层后，对坝体土取样 8 组，测得含水率为 14.2%～17.2%，平均值为 15.1%；干密度为 1.65～1.73 g/cm³，平均值为 1.69 g/cm³，见表 5-10。试验表明，坝体土密实。加高形式与断面同大副坝。

2 号副坝 1987～1991 年大坝加高时，在坝顶挖除扰动层后，对坝体土取样 14 组，测得含水率为 14.1%～17.7%，平均值为 16.2%；干密度为 1.73～1.80 g/cm³，平均值为 1.77 g/cm³，详见表 5-10。试验表明，坝体土密实。考虑到药室布置的要求，采用黏土心墙与原防渗体相连，下游用砂砾料压坡，加高形式与断面同大副坝。

5.5.2.2 3 号小副坝坝体质量

3 号小副坝坝体土为粉质壤土，上游坡为 1:2.65，下游坡为 1:2.25～1:1.5。坝体土

压实干密度为 1.66 ~ 1.80 g/cm³,平均值为 1.77 g/cm³。

反滤排水填筑的砂砾石垫层厚度为 50 ~ 55 cm,干密度为 2.09 ~ 2.20 g/cm³,平均值为 2.15 g/cm³;反滤层厚度为 50 cm,干密度为 1.66 ~ 1.80 g/cm³,平均值为 1.71 g/cm³。

坝坡砌筑,上游坡面为干砌块石,厚度为 30 cm;下游坡面为卵石,厚度为 20 cm,坝脚 2 +430 ~ 2 +600 为浆砌石块排水沟。

通过访问岳城水库管理局及现场地质调查,1、2、3 号小副坝坝基、坝体均未发现问题。坝基虽有少量渗漏,但对渗透稳定没有影响。

5.6　溢洪道复查

5.6.1　溢洪道工程地质条件

溢洪道区出露地层主要为上第三系上新统和第四系上更新统地层,岩性变化较为复杂。

上第三系地层自下而上分为四大层,岩性主要为砂层、高液限黏土、低液限黏土、低液限粉土。第四系上更新统主要为坡积砂卵石。

溢洪道地区构造发育。区内老构造以平缓的褶曲伴随着高角度的正断层为主要形式,其构造线以 NNE 及 NE,构成许多地堑及地垒。上第三系地层中小褶曲和断层普遍存在,第四系下更新统(Q_1)的红土卵石层至上更新统(Q_3)黄土状低液限黏土层中皆有断裂发现。在溢洪道基坑开挖中发现了 9 条新生代以来的断层,除 F_4 断层有一定规模外,其余断层规模皆较小,施工地质编录中有记载的就有 39 条之多。另有许多 NE、NW 向近垂直的裂隙存在,但都没有错动的痕迹。

水文地质条件受岩性和构造控制。根据含水层的埋藏情况划分为潜水和承压水两种类型。

5.6.2　溢洪道工程地质问题评价

坝址新地质构造现象显著。在上第三系地层中普遍发现平缓的褶曲和高角度断层。延伸于溢洪道中部的 F_4 断层,开挖时发现宽度一般为 0.8 ~ 1.5 m,主要充填物为黏土及黏土和砂的混合物,表部富集钙质物及结核,充填物与断层两侧地层接合较好,因而断层起到阻水作用,其破碎带及影响带宽度为 6 ~ 7 m,断层南延至泄洪洞地基的 Q_3 砾岩中,未见错断现象,仅见 NE 向的裂隙发育,说明这一时期仍有构造应力存在。施工开挖过程中又发现了 9 条新断层。在坝址上、下游二级阶地的黄土层(Q_3)中,亦见很多 NE、NW 向近于垂直的裂隙发育,其垂直断距一般为数厘米。由此说明,坝区存在新构造运动,但幅度已显著减小。从截水槽及溢洪道开挖中看到错断了上第三系地层的断层,都没有穿过上覆的上更新统(Q_3)的砾岩及黄土层,表明上更新世以来这些断层没有再发生继承性的活动。

由于 F_4 断层的阻水作用,使得断层上下盘产生水头差,局部形成较大的水力坡降,有可能形成潜蚀破坏。

对于溢洪道面板下的承压水,采用专泵定时抽水,以减小扬压力。运行几十年期间,只在 1996 年泄洪过水一次,溢洪道工程未发现大的问题。

5.7　泄洪洞复查

5.7.1　泄洪洞工程地质条件

泄洪洞分布地层岩性为砾岩,砾岩为第四系(Q_3^{al})河流冲积物,级配不均一,组成砾岩中的粗颗粒成分以石英岩、灰岩为主,并含少量上第三系砂岩。颗粒直径一般为 0.05 ~ 0.2 m,个别在 0.4 m 以上,为钙质、泥质胶结。

5.7.2　泄洪洞地质评价

泄洪洞的主要建筑物大部分置于 Ⅰ 类砾岩之上。涵洞地基局部 Ⅱ 类砾岩分布,在洞身北面 1 + 040 ~ 1 + 050 宽度约 15 m 范围内,静水池桩号 1 + 250 ~ 1 + 358 段中线南边,桩号 1 + 450 以西以及进水塔前 0 + 010 ~ 0 + 020 段中线以北部分地带分布有 Ⅲ 类砾岩。在静水池中线靠北零星分布有 Ⅳ 类泥砂夹少量砾石层(成为较大的透镜体),进水塔前面 1 + 000 ~ 1 + 010 段南翼墙一带主要分布 Ⅳ 类岩石。可见静水池建筑物除 1 + 370 ~ 1 + 407 部分置于较好的砾岩上外,大部分基础都在胶结不良的砾岩上。所有 Ⅳ 类砾岩泥砂层,设计上均按软基考虑。

此外,砾岩中裂隙较发育。在洞身桩号 1 + 050 ~ 1 + 110 段有一组较发育的裂隙,走向 NE28 ~ 35°,略向 SE 倾斜,其中有两条较大的裂隙穿过了南北两个边墩并向外延伸,其余三条延伸约 10 m 即尖灭,其性质为张开裂隙,沿胶结面裂开成锯齿状,宽度一般为 3 ~ 5 cm,个别地段达 10 cm,裂隙间有少量泥砂充填。另在洞身桩号 1 + 380 ~ 1 + 430 段亦有两条裂隙,由南边墙向北延伸尖灭,性质同前。在进水塔北部尚有一组东西向裂隙,外表极不明显,仅见有地下水渗出。

施工时对此作了固结灌浆处理。

泄洪洞基础砾岩,胶结不密实,不均匀,软硬相差悬殊,在大坝加高施工中对其进行了加固施工,于 1991 年取灌注桩孔中的岩芯,进行了室内岩石试验,单块样品直径 $\phi = 25$ cm,长度在 24.93 ~ 42.43 cm,三组九块。

5.8　电站复查

电站由引水管道、厂房、尾水渠三部分组成。引水管道利用现有 9 孔坝下埋管中的右边孔,上游在进水塔内设有拦污栅、闸门及通气孔。在廊道内另装设压力钢管。在洞出口处通过镇墩改变方向,引水至厂房。压力管道全长 280 m。厂房下游为尾水渠,用混凝土的挡土墙与底版封闭成槽形。

电站位于泄洪洞消力池右岸。洞出口的两侧基础开挖至 106 m 高程,为胶结较好的 Ⅱ 类砾岩,抗压强度为 10 MPa,个别样品试验 $\tan\varphi = 0.6$,$C = 50$ kPa,弹性模量为 $1.0 \times$

$10^3 \sim 3.0 \times 10^3$ MPa,作为电站基础有足够的强度。

5.9　主要结论

（1）根据《中国地震动参数区划图》（GB 18306—2001），岳城水库地区的地震动峰值加速度为 $0.15g$,对应的地震基本烈度为Ⅶ度。

（2）水库运行已经三四十年,大坝最后一次加高后也已有十年,至今尚未发现有较大的水库工程地质问题。前期勘察时,对水库不同水位条件下的塌岸进行了预测,但水库现状塌岸尚未达到原预测范围。

（3）主坝坐落在上第三系、第四系松散堆积物之上,施工期进行了基础开挖和适当处理,并设置了坝前水平铺盖、坝基垂直防渗帷幕、坝后排水系统。运行以来,坝基总体状况良好。但是,右岸坝基桩号 3 +020 附近地段坝基渗漏量较大;右坝肩绕坝渗漏量虽然不大,但渗透坡降超过地层允许破坏坡降,建议进行处理。

（4）主坝原设计为均质土坝,运行中曾进行了数次加固、加高,一般坝体上游坡做了防渗层,下游坡用砂卵砾石压坡,实际上已非均质土坝。以往及本次坝体土勘察成果表明,坝体土土质不均,形成了所谓的硬层和软层,但总体来看坝体土的主要控制指标大多满足设计要求,运行状况一般良好。运行中坝体已出现过一些问题,如南北两岸坝前黄土台地水平铺盖出现塌坑、洞穴和裂缝,坝体中段和南段上游坡滑坡等。这些问题均已进行及时处理,本期调查亦未发现异常现象。

大坝最后一次加高后,在桩号 0 +120 ～0 +325、2 +900 ～3 +250 坝下游坡,因护坡石下砂卵砾石与坝体碾压土接触附近排水不畅而导致散浸,至今尚未处理,运行中应加强监测。

（5）大副坝坐落在上第三系、第四系松散地层之上,运行中坝下游坡曾出现塌坑和涌砂,已进行过灌砂处理并在坝基下增设了塑性混凝土防渗墙,取得明显效果。此次调查未发现新的异常。

（6）1 号、2 号小副坝与主坝同期兴建,3 号副坝是在大坝最后一次加高时新建的。这三座副坝坝体不高,已有成果表明,坝基土层密实,坝体土质较好,均满足设计要求,并未发现异常。

（7）溢洪道进口堰及泄槽均建在上第三系、第四系松散地层上。水库虽然运行多年,但溢洪道过水次数不多,至今尚未发现异常。但是,错断上第三系地层的 F_4 断层在泄槽中段通过。由于 F_4 断层有一定规模,其阻水作用使断层上、下盘产生明显水头差,局部形成较大的水力坡降,对此运行中应注意监测。

（8）泄洪洞建筑物均坐落在第四系上更新统砾岩上,大部分砾岩胶结良好,部分砾岩胶结较差或无胶结。施工时进行了必要的开挖,并进行固结灌浆,运行至今尚未发现因地质条件恶化带来的不良地质问题。

（9）电站基础坐落在第四系上更新统胶结较好的砾岩上,其物理力学指标满足电站基础要求,运行至今基础尚未发现异常。

第 6 章　主坝散浸问题

6.1　散浸概况

在大坝加高过程中,1988 年 11 月 7 日发现主坝桩号 2 + 900 ~ 3 + 250 段下游坡高程 130.8 ~ 131.5 m 处有大片渗水现象,并在桩号 2 + 926 处有水集中逸出,此时库水位为 145.39 m。

1996 年 3 月,水库管理单位发现大坝桩号 2 + 900 ~ 3 + 250 段下游坡高程 131.1 m 处有大面积散浸现象,此时库水位为 135 m 左右;1996 年年底,桩号 2 + 927 ~ 2 + 940 段高程 130.6 ~ 128.95 m 下游护坡上出现结冰,桩号 3 + 120 ~ 3 + 200 段下游坡高程 131.5 m 马道附近护坡亦见有结冰。

6.2　散浸的勘察和研究

为了查清主坝左右两坝段发生散浸的原因及散浸渗水的水源,曾先后三次进行了勘察和研究。

6.2.1　1988 ~ 1989 年

6.2.1.1　沟探

当库水位为 142.6 m 时,在砂砾石填筑面与原坝坡面交接处,自桩号 2 + 912 ~ 3 + 005 m 高程 141.49 ~ 146.0 m 间,开挖了一条平行坝轴线的探沟;在桩号 2 + 926 下 81 m (高程 131.0 m 以下)直至坝脚挖了一条垂直坝轴线的探沟。探沟开挖过程中未发现坝体裂缝及集中渗水现象,仅发现桩号 2 + 912 ~ 2 + 950m 下 43 m 高程 141.49 m,桩号 2 + 981 ~ 3 + 005 下 38 m 高程 142.99 m 坡面坝体壤土含水率偏高,最大值达 23.2%。

6.2.1.2　渗水量观测

在桩号 2 + 926 下 81 m 渗水集中逸出处,管理处从 1988 年 12 月 1 日开始至 1989 年 3 月对渗水量进行了观测,观测到的最大出水量为 23 L/h,以后渗水量呈减少趋势。从图 6-1 可以看出,1989 年 1 月 27 日前库水位逐渐降低,渗流量减少,此后库水位上升,渗流量仍然递减。两条曲线呈大交叉。

6.2.1.3　坝体软弱土层及水位勘探

为了了解坝体填筑质量和浸润线,在桩号 2 + 926、3 + 030、3 + 050 和 3 + 200 垂直坝轴线布置了 4 条勘探线,每条线上布置 3 个钻孔,钻孔距坝轴线分别为上 5 m、下 37 m 和下 86 m。其中桩号 2 + 926、3 + 030、3 + 200 勘探线主要了解坝体有无软弱夹层和上层浸润线,桩号 3 + 050 勘探线主要了解坝基土层及正常浸润线。钻孔一律采用干钻,终孔时

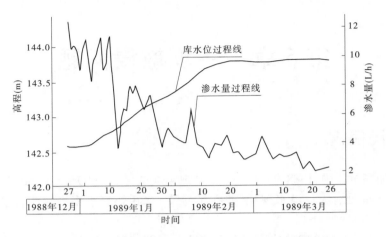

图 6-1　主坝桩号 2 + 926 下 81 m 渗水坑渗水过程线

有 10 个钻孔内无水。

在钻探试验过程中,对连续采取的每个试样都进行了细致的观察与描述,未发现裂缝和明显的千层饼现象。从松密程度来看,密实的试样一般呈坚硬至硬塑状,松散的试样多呈可塑至软塑。

坝体土层依照原状样品的天然状态,结合试验成果划分为软层和硬层。干密度小于 1.65 g/cm³ 的样品所在位置定为软层,其他密实的部位则定为硬层。对 12 个钻孔所出现的 36 个软层进行了系统整理,发现各孔软层数量悬殊,软层累计厚度占碾压土层的百分比差别大;软层单层厚度变化大,从 0.1 ~ 4.0 m 不等;软层的分布高程不一致,水平连续性差,属于水平连续性差的透镜体软层。

对 12 个观测孔观测各孔内的水位,每隔 10 天测定一次,共观测 4 次。除桩号 3 + 030 下 37 m 孔内一直无水,其他各孔水位变化幅度不大。从获得的水位资料看,分布高程大致为 113 ~ 139 m。通过桩号 2 + 926、3 + 030、3 + 050、3 + 200 四条断面钻孔水位点和库水位 143.21 m 的点绘,除桩号 3 + 030 断面因下 37 m 内无水中断外,都呈现出较好的水位连线,见图 6-2。

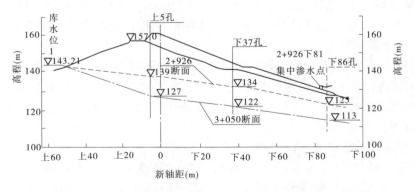

图 6-2　坝体测压管水位线示意图

6.2.2　1996 年

1996 年 4 月,受水库管理部门的委托,中国水利水电科学研究院仪器研究所采用电磁测深技术对主坝左、右发现散浸的坝段进行了探查。

探查区域为主坝左端桩号 0 +120 ~ 0 +325 和右端桩号 2 +900 ~ 3 +250 两渗水坝段坝体。探查区域测网布置:在坝上游坡高程 147.0 m、坝顶高程 159.5 m,坝后上马道高程 145.5 m 和坝后下马道高程 131.5 m,与坝轴线平行布置 4 条测线,在各条测线上每 10 m 间距布置一个测站。测线总长度为 4 500 m,共测得数据近 46 200 个。

从右端坝段 4 条测线的探查可知,桩号 2 +900 ~ 3 +250 坝段无明显的渗流通道存在,但坝体中确实存在异常部位。左端坝段各条测线上未见明显的异常,亦未见明显的渗流通道存在。

6.2.3　1997 年

本期勘察是在以往勘察研究基础上进行的一次较为全面的勘察研究。

6.2.3.1　勘察工作

本期探查主要采用了钻探、竖井勘探及物探地质雷达测试等手段,辅以土工、水文试验等。勘察工作以主坝右端桩号 2 +900 ~ 3 +250 为重点,以期在查明该段散浸原因、渗水来源的基础上,对主坝左端布置少量工作予以验证。

在右段桩号 2 +900 ~ 3 +250 段共布置了 8 个钻孔、4 个竖井。左端桩号 0 +120 ~ 0 +325 段共布置了 6 个钻孔、1 个竖井。

6.2.3.2　坝基地质条件

主坝坝基范围内主要持力层为第四系冲积砂卵石、黄土状低液限黏土、低液限粉土。下卧层为第四系冲积胶结不良砾岩与上第三系中细砂、黏性土。

坝基地下水可分为孔隙潜水和承压水两种类型,孔隙潜水埋藏于第四系砂砾石、砾石层及上第三系上部的 N_2^3 含水层内,承压水主要埋藏在上第三系 N_2^2 黏土隔水层以下的含水层内。建坝前,两岸一、二级阶地地段潜水位为 106 ~ 110 m,承压水位略高于潜水位。蓄水后,潜水和承压水与库水位水力联系密切。

6.2.3.3　坝基渗流控制及效果

如前文所述,坝基采取帷幕灌浆、截水槽和黄土铺盖相结合的防渗措施,两岸坝肩采用砂砾褥垫排水。主坝左岸桩号 0 +170 ~ 0 +370 利用泄洪洞消力池北边墙排水暗沟排水,桩号 0 +642 ~ 2 +400 段在下游坝脚设置排水暗沟,桩号 2 +450 ~ 3 +200 段采取排水暗沟和减压井相结合的排水措施,并在桩号 3 +110 下游方向延伸设有长度 300 m 的横向排水沟和减压井系统。

据水利部大坝安全监测中心技术部 1991 年编制的《岳城水库主、副坝渗流观测资料的分析与应用》,主坝河床段 75% 以上的水头由截水槽损失,说明河床段的防渗效果是好的。左右岸帷幕灌浆段等水位线向下游弯曲,均存在着不同程度的绕坝渗漏;水头经帷幕灌浆后的损失量最大仅为 52%(左岸),右岸损失率更小,说明帷幕灌浆的防渗效果明显比截水槽差。

另据《岳城水库大坝加高工程施工期管理运用情况报告》,1991 年观管补设和处理后,计算了渗透坡降,左岸坡降为 0.014 ~ 0.063,河床段坡降为 0.02 ~ 0.031,右岸段坡降为 0.015 ~ 0.045,和以往资料比较,变化甚微。试验求得的坝基砂砾石破坏坡降为 0.07 ~ 0.10,可见主坝的平均水平渗流坡降小于允许坡降。施工期,右坝头绕渗坡降最大为 0.127 2,3 +050 断面等水位线向下游明显凸出且坡降大,是由于该处上有坝基砾岩胶结不良,局部卵石集中、架空,渗流通畅,下游坝基存在黏土透镜体起截渗作用所致。因此,总的看来,坝基渗透稳定性还是可靠的。

6.2.3.4　坝体现状

据水工设计成果和勘察资料,坝体现状如下。

1. 坝体结构

主坝原为均质土坝,1987 ~ 1991 年大坝坝顶加高至 159.5 m,下游坝坡采用砂砾料全断面压坡,表部上游坡设有护坡块石、反滤料及砂砾垫层;下游坝坡设有护坡块石,砂砾料压坡。据调查,各坝段下游坡压坡砂砾料厚度、砂砾料与碾压土接触面的坡度、形态以及坝面排水沟与坝脚排水沟的距离等方面均有差异。如桩号 0 +102.55 ~ 0 +310 段、桩号 2 +900 ~ 3 +140 段设有上、下两条马道,高程分别为 145.5 m、131.5 m,上马道以上坝坡为 1:2.5,下马道以下坝坡为 1:5,两条马道之间坝坡为 1:3.0 ~ 1:3.25,3 +140 ~ 3 +250 段为变坡段,上马道以上逐渐变为 1:2.75,两条马道之间渐变为 1:3.25。而其他坝段,下马道以下坝坡较陡,坡度为 1:3.25 ~ 1:3.75。

大坝加高时,桩号 2 +900 ~ 3 +250 坝段只从 131.5 m 高程以上开始压坡,高程 131.5 m 马道以下为原坝坡。主坝左坝头桩号 0 +310 以左用砂砾料全断面压坡,但高程 131.5 m 以下压坡厚度较薄。坝基设有 2 ~ 4 m 厚度的砂砾褥垫排水。

2. 坝体材料

根据勘察成果,坝体材料如下:

坝体护坡石:由块石、卵石组成,厚度为 0.2 ~ 0.4 m。

坝坡反滤料:由砂卵石组成,砾石成分主要为灰岩、砂岩,粒径一般为 2 ~ 5 cm,磨圆较好;砂为中细砂,疏松。

坝后压坡砂砾料:由砂卵砾石组成,局部夹亚黏土团块。砾石成分主要为灰岩及砂岩,粒径一般为 3 ~ 10 cm,个别达 15 cm 以上,磨圆较好;砂为细砂,浅黄色。

该层颗粒组成极不均一,在中上部可见砾石集中、局部架空现象,水流痕迹明显;其底部局部地段细颗粒含量高达 50.8%,黏土杂质可达 14% 左右,严重影响排水效果。可知,该层透水性亦很不均一。

该层自坝顶向坝脚逐渐变薄,厚度为 7.05 ~ 1.25 m,底部高程为 140.09 ~ 129.88 m,按设计,在近坝顶 157 m 高程处厚度达 8 m 左右。

坝体碾压土:主要由黄土状低液限黏土组成,可见钙质结核及卵砾石、粉细砂零星分布,密实,多呈硬塑 – 可塑状,局部为坚硬或软塑状。软塑者干密度大多小于 1.65 g/cm³,习惯上称之为软层(相对于坝体碾压土干密度要求)。坝体各土层的物理力学性质试验指标详统计见表6-1,夹层与软层的分布及特征见表6-2。

从表6-1 可知,坝体土的干密度平均值在 1.70 g/cm³ 以上,说明坝体的填筑质量是好

表 6-1　坝体各土层的物理力学性质试验指标统计

取样位置	层位	试验项目	含水率(%)	湿密度(g/cm³)	干密度(g/cm³)	孔隙比	饱和度(%)	土粒比重	液限(%)	塑限(%)	塑性指数	垂直渗透系数(cm/s)	压缩系数(kPa⁻¹)	砂粒(%)	粉粒(%)	黏粒(%)	土名(按塑性土)
南段	硬层	组数	261	261	261	50	50	49	48	48	48	3	4	40	40	40	
		范围值	13.9~21.1	1.97~2.10	1.66~1.85	0.47~0.62	61~96	2.70~2.73	23.4~28.4			5.48×10^{-8} ~ 1.38×10^{-5}	0.021~0.029				低液限黏土
		平均值	18.4	2.07	1.74	0.56	88	2.71	26.3	16.7	9.6	2.74×10^{-6}	0.025	29.2	49.0	21.8	
	软层	组数	53	53	53	16	16	16	15	15	15	6	8	13	13	13	
		范围值	19.7~23.4	1.87~2.02	1.48~1.64	0.65~0.82	82~90	2.71~2.74	23.4~28.4			1.88×10^{-4} ~ 7.55×10^{-6}	0.023~0.047				低液限黏土
		平均值	22	1.96	1.60	0.70	86	2.72	25.5	16.1	9.4	4.75×10^{-5}	0.038	30.5	47.8	21.7	
北段	硬层	组数	11	11	11	11	11	11	10	10	10			11	11	11	
		范围值	13.9~18.8	1.91~2.11	1.69~1.85	0.47~0.60	78~90	2.67~2.72									低液限黏土
		平均值	17.3	2.06	1.76	0.54	86	2.71	25.3	16.8	8.5			35.0	45.1	19.9	
	软层	组数	2	2	2	2	2	2	2	2	2			2	2	2	
		范围值	19.1~22.9	1.93~1.96	1.57~1.65	0.63~0.74	82~85	2.69~2.73									低液限黏土
		平均值	21	1.95	1.61	0.69	83	2.71	25.0	17.9	7.9			25.2	54.3	20.5	

的。坝体中含有夹层、软层，又说明坝体填土是不均匀的,非理想的均质土坝,见图 6-3、图 6-4。地质雷达测试时,坝体土电信号不均一,也表明坝体土的均一性较差。

软、硬层填土的垂直渗透系数 K 分别为 7.55×10^{-6} cm/s ~ 1.88×10^{-4} cm/s、5.48×10^{-8} cm/s ~ 1.38×10^{-5} cm/s,平均值分别为 4.75×10^{-5} cm/s、2.74×10^{-6} cm/s,相差近 20 倍,分别属于弱透水及微透水。

表 6-2　坝体土中夹层与软层的分布及特征

孔号	夹层		软层	
	分布高程/厚度（m）	说明	分布高程/厚度（m）	说明
ZKZ1	136.71 ~ 133.91/2.8	卵砾石夹土,稍湿		
ZKZ2	139.9 ~ 139.4/0.5 132.9 ~ 132.0/0.9	卵砾石土,稍湿	139.4 ~ 139.1/0.30 138.8 ~ 138.60/0.2 137.9 ~ 137.7/0.2	低液限黏土,可塑
ZKZ4	137.72 ~ 137.42/0.3 136.72 ~ 133.82/2.9 132.12 ~ 129.62/2.5	土含细砂及卵砾石,普遍含卵砾石	133.37 ~ 133.27/0.1 130.62 ~ 130.12/0.5	
ZKZ5			151.51 ~ 151.41/0.1 149.11 ~ 148.91/0.2 145.31 ~ 145.11/0.2 143.81 ~ 143.61/0.2	低液限黏土,软塑
ZKZ6	148.55 ~ 148.25/0.3 147.1 ~ 146.9/0.2 145.0 ~ 144.9/0.1		144.1 ~ 144.0/0.1 143.15 ~ 142.95/0.2 142.8 ~ 142.7/0.1	低液限黏土,软塑
ZKZ7	124.45 ~ 121.65/2.8	土含卵砾石	137.80 ~ 137.70/0.1 134.75 ~ 134.45/0.3 128.05 ~ 127.85/0.2	低液限黏土,软塑
ZKZ8	136.78 ~ 136.28/0.5 135.88 ~ 135.58/0.3 135.58 ~ 134.78/0.8 132.28 ~ 131.48/0.8	土含细砂,很湿 土含细砂,很湿 土含较多卵石、块石 土含卵砾石	134.18 ~ 133.88/0.3	低液限黏土,软塑
ZKZ9			146.55 ~ 146.35/0.2	低液限黏土,软塑
ZKZ10	133.86 ~ 132.66/1.2	土夹卵砾石	136.96 ~ 136.76/0.2	低液限黏土,软塑
ZKZ12	138.69 ~ 137.89/0.8	细砂夹低液限黏土		
ZKZ13	136.93 ~ 132.43/4.5 132.43 ~ 131.18/1.25	土夹砾石(10%左右) 砾石夹土		
ZKZ15	136.02 ~ 132.77/3.25	土夹砾石 稍湿	138.62 ~ 138.22/0.4	低液限黏土,软塑

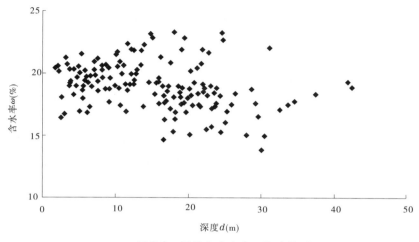

图6-3　坝体土含水率—深度关系

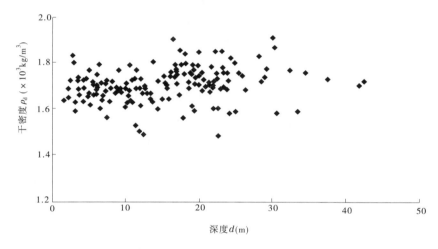

图6-4　坝体土干密度—深度关系

3. 坝体水

据勘探和观测,坝体主要存在两种形式的水。一种为积聚在压坡砂砾石含水带中的水,其主要接受大气降水补给,不同部位含水带厚度不一,一般小于0.3 m;另一种为坝体毛细含水带中的毛细水,其动态遵循黏性土中结合水的运动规律,在毛细力的作用下,水缓慢地渗出,即存在滞后现象。如1989 年3 月对主坝桩号2 + 900 ~ 3 + 250 段进行渗水检查时,共布置了12 个观测孔,从3 月6 日开始施工,至4 月8 日结束,终孔时有10 个钻孔内无水,4 月8 日统一观测时,均发现孔内有水;桩号3 + 030 下37 孔内一直无水,桩号3 + 200 下86 孔,4 月8 日观测时水位高程为123.89 m,至4 月25 日观测,其水位上升至124.6 m。

该期钻孔终孔时,所有钻孔均未见水位,而数小时后,在孔底可见到少量水。如ZKZ4孔,在终孔停机14 h 后观测,孔内水位高程为126.42 m(孔内水深1.3 m,孔径为130

mm);ZKZ5 孔在终孔停机约 4 h 后观测,孔内水位高程为 133. 11 m(孔内水深 1. 3 m,孔径为 130 mm);ZKZ6 孔在终孔停机 2 h 后观测,孔内水位高程为 132. 60 m(孔内水深 0. 85 m,孔径为 130 mm)。

6.2.3.5 散浸分析

1. 主坝南段(桩号 2 +900 ~ 3 +250)

1)坝坡渗水原因

为了查明渗水原因,专门开挖了竖井和探坑,直接观察和观测水的出溢情况。

主坝下游坝坡第二条马道高程 131. 5 m 处探坑 TK2 中有少量积水。据观测,坑中积水是沿护坡石下的砂砾石中渗出的。为查明水的补给、排泄条件,在该坑的上、下坡分别开挖了 TJZ1、TJZ2 竖井,见图 6-5。

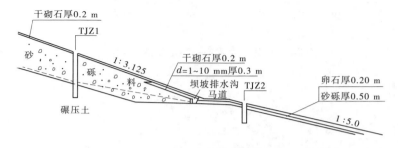

图 6-5　渗透剖面示意图(桩号 3 +190)

竖井 TJZ1,地面高程 138. 89 m,井深 9. 56 m,其中砂砾石厚度为 5. 78 m。开挖中可见沿护坡石下砂砾石与坝体碾压土接触面上有水渗出,且在接触面附近形成了厚度约 30 cm 的砂砾石含水饱水带。揭露该层初始,四壁皆渗水,两日后仅西、南壁仍有水渗出,以西南角为甚。据观测,渗水量仅为 0. 54 L/h。而其下的坝体碾压土的湿度随深度增加而逐渐变小,土体变得越来越密实,因此可以认为 TK2 中的渗水来源于上述砂砾石含水带中。

竖井 TJZ2,井口高程 130. 31 m,井深 3. 4 m,其中砂砾石垫层厚度仅为 0. 79 m。据该井揭露,护坡石下砂砾石与碾压土接触面附近仅在西壁(上游壁)形成了厚度为 0. 25 ~ 0. 30 m 的含水带,而其他三壁仅含水率较高,但未见渗水现象。

大坝加高前高程 131. 5 m 处马道宽度达 10 m,加高后仅剩 1. 5 m,该地段现马道及其下游坝坡护坡石及砂砾垫层很薄,仅 0. 94 m。由颗粒分析可知,该砂砾石中细颗粒物质含量达 50. 8% ,其中黏土杂质含量占 14. 1% 。此外,对取自 TK2 附近的砂砾石进行颗粒分析及室内渗透试验,其成果见表 6-3,从试验成果可知,砂砾石中细颗粒物质含量较高,渗透系数在 $7. 6 \times 10^{-5}$ cm/s 左右,属弱透水,因此造成该处排水不畅。

此外,据《岳城水库大坝加高工程施工地质报告》记载,1989 年 4 月 10 日施工清基中发现桩号 0 +900,原老排水沟上游高程 107. 50 m 部位有水渗出。为查清原因,沿出水点开挖宽度为 1 m、深度为 1. 2 m,长度为 10 m 的沟向上游坝内追索,直至原坝体 110 m 平台部位。经观察,渗水主要沿护坡石下部砂砾石垫层与碾压土接触面逸出,饱水带厚度约 0. 30 m,且顺沟随着碾压土顶面增高,出水点亦相应增高,至沟端抬升至 108. 50 m 高程。

渗水主要沿沟左壁呈分散状逸出,局部为小的集中细流,随着时间延长,水量明显减少。

综上所述,坝体渗水是由于聚积在压坡砂砾石含水带中的水在马道附近排泄不畅致使在坝面排水沟底部渗出。

表 6-3　砂砾石试验成果

取样位置	混合级配							
	>80 mm	80~40 mm	40~20 mm	20~5 mm	5~2 mm	2~1 mm	1~0.5 mm	0.5~0.25 mm
TK2 北 5 m	3.1	22.5	21.7	16.9	3.0	1.1	5.2	11.6

取样位置	混合级配				渗透系数(cm/s)		
	0.25~0.1 mm	0.1~0.05 mm	0.05~0.005 mm	<0.005 mm	$i=1.15$	$i=1.51$	$i=1.70$
TK2 北 5 m	8.9	3.0	2.3	0.7	7.56×10^{-5}	7.83×10^{-5}	7.40×10^{-5}

注:参照 TJ2 竖井 $\rho_d=2.26$ g/cm³。

2)渗水来源

据勘察,在南段桩号 2+900~3+250 段共布置 8 个钻孔、4 个竖井,最大深度 25 m(ZKZ5、ZKZ6),最大井深 9.56 m(TJZ1),揭露最低高程为 120.35 m(ZKZ7),其中 ZKZ1、ZKZ2、ZKZ3 均已进入坝基。

除此之外,还进行了地质雷达探测、探坑渗水量观测等工作。结合前人工作成果分析,认为坝体不存在集中渗漏通道,渗出水的来源主要为大气降水,与库水关系不大。

(1)据竖井、探槽、钻孔揭露,坝体内不存在集中渗漏通道。

竖井勘探表明,在碾压坝体土附近均未发现渗水现象,而在护坡石下砂砾石与碾压土接触面附近普遍见有水缓慢渗出,在局部砂层透镜体内见有极少量封闭水体渗出。如坝前 TJZ3 竖井,井深 8.0 m,井底高程为 131.77 m,低于当时库水位 2.6 m。揭露深度内发现沿护坡石下反滤料与碾压土接触面东、南、北三壁均有水渗出,以东壁(坝顶一侧)为甚,据观测,其渗流量为 2.8 L/h。坝体碾压土多呈可塑状,密实,未发现渗水现象,仅在东壁高程 137.25 m、南壁高程 131.54 m 处厚度约 0.15 m、0.10 m 的粉砂透镜体中见有微量渗水。

探槽揭露亦未发现裂缝及集中渗水现象。

据 1992 年《岳城水库大坝加高工程竣工设计报告》,在大坝加高施工中,1998 年 11 月 7 日发现主坝桩号 2+900~3+250 下游坡高程 130.8~131.5 m 有大片散浸现象,为查明原因,当库水位为 142.60 m 时,在压坡砂砾石填筑面与坝坡接触处自桩号 2+912~3+005、高程 141.49~146 m 间开挖了一条平行坝轴线的探槽;在桩号 2+906 下 81 m(高程 131.5 m 以下)直至坝脚开挖了一条垂直坝轴线的探槽,两处探槽均未发现坝体有裂缝及集中渗水现象,仅在桩号 2+912~2+950 距离坝轴线下 43 m,高程 141.49 m;桩号 2+981~3+005 下 38 m,高程 142.99 m 处,坡面坝体土含水率偏高。

前文已述,坝体土均一性较差,土中含有卵砾石或粉细砂透镜体以及呈透镜体状软层。从表6-2可以看出,卵砾石或卵砾石夹土无论是在空间分布上,还是在厚度上均无规律,呈透镜状,水平方向的连通性极差。因此,难以形成集中渗流通道。

坝体土中的软层,由于填筑土料来自不同的料源及施工工艺、质量的差异,且经两次大坝加高,土的固结程度有所改善,即使同称为软层,其间的物理力学性质指标也有差异,很难形成完整的渗透层,而且软层如作为渗流通道,主要应具备两个条件,其一,软层的水平连通性好;其二,软层黏性土内的毛细水只有在一定的水力坡度下才能使其渗出。由竖井观测,软层含水量较高,但并不渗水,说明这两个条件坝体中软层均不具备,因此通过软层渗流的可能性极小。

此外,运用地质雷达结合竖井、钻孔探测,重点复核了桩号3+180地段,复核结果表明,该地段未发现明显的异常现象。

综上所述,经竖井、探槽、钻孔等揭露,未见大坝土体中有集中渗流通道存在,因此不存在库水沿坝体渗流通道而直接入渗的可能性。

(2)坝坡渗水点与坝体水位、库水位关系表明,坝坡渗水非库水直接入渗补给,主要为大气降水补给,与库水关系不大。

①坝坡渗水点高程与坝体浸润线关系。

据实测,坝坡渗水点高程为131.0 m左右。

1989年3月,对主坝桩号2+900~3+250段坝体渗水检查勘察时,利用钻孔水位资料,对该段坝体浸润线进行了分析,认为坝体内存在两条浸润线,其中高线如图6-6所示。从图6-6可知,渗水点附近,该浸润线高程约为125 m,低于渗水点高程约6 m。

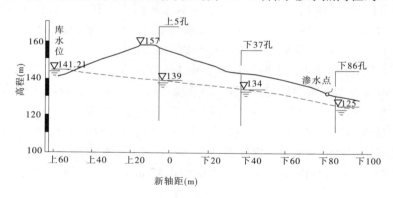

图6-6 坝体浸润线示意图

1997年在桩号3+182剖面线上施钻的ZKZ6、ZKZ4孔水位分别为132.6 m和126.42 m,形成的水位线如图6-7所示。由图6-7可见,渗水点地段的坝体水位低于12 642 m,较渗水点高程低约5 m。

据1972年水利电力部第十三工程局勘测设计大队编制的《岳城水库工程设计总结》,在将坝体三维渗流简化为二维渗流的前提下推测了库水位为设计洪水位152.4 m时,桩号3+100断面的浸润线如图6-8所示。

由图6-8可见,坝坡渗水点亦高于该部位的浸润线。

综合比较上述成果不难看出,坝坡渗水点高出该地段的浸润线或坝体水位。值得说

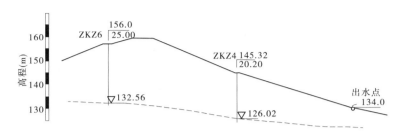

图 6-7　桩号 3 + 182 剖面钻孔观测压水位线示意图

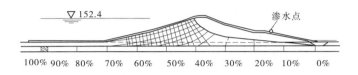

图 6-8　桩号 3 + 100 浸润线示意图

明的是,1989 年渗水检查报告中的所谓浸润线和 1997 年的坝体水位线,实际应是坝体测压水头的连线,理论上该线应高于真正的坝体浸润线。

②坝坡渗水点渗流量与库水位关系。

据主坝桩号 2 + 926 下 81 m 探坑渗水量观测成果,当库水位持续上升或处于相对稳定时,渗流量却明显地减少,详见图 6-1,说明渗水量与库水无明显联系。

③散浸范围变化与库水位及降雨的关系。

据现场观测,勘察期间 4、5 月份散浸地范围有明显变化,在库水位相对稳定(133.93 ~ 134.32 m)、几乎无雨的条件下,5 月份坝坡渗水的分布范围明显比 4 月份小,见图 6-9、图 6-10。说明渗水的补给来源不稳定,渗水与降雨、蒸发关系密切而与库水联系不明显。

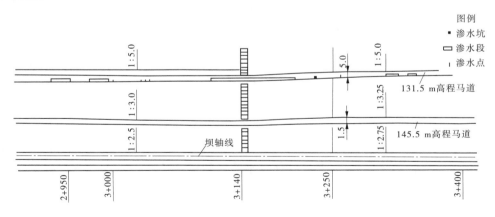

图 6-9　主坝南段散浸点(段)分布图(1997 年 4 月 12 日观测)

④坝坡渗水分布高程及探坑涌水量与库水关系。

自 1998 年 11 月发现散浸现象以来,库水位在不断变化,而坝坡渗水点的分布却一直在高程 130.8 ~ 131.5 m,说明渗水与库水无明显联系。

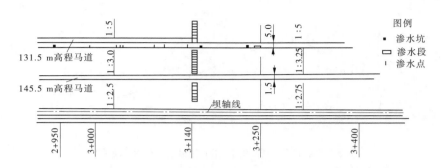

图6-10　主坝南段散浸点(段)分布图(1997年5月15日观测)

据1997年4月17~20日对桩号3+186探坑TK2涌水量的观测,将坑内水掏干,每24 h观测一次,其涌水量越来越小,见表6-4,水位恢复不到上一天的水位高程,而当时库水位为134.37 m,高于探坑底部高程,说明渗水的补给源不稳定,与库水无明显联系。

表6-4　桩号3+186(TK2)涌水量观测成果

观测日期	4月17日	4月18日	4月19日	4月20日
涌水量(L)	81.2	70.6	61.8	35.3

⑤坝坡结冰现象与库水及降雨关系。

据水库管理处观测,1996年底桩号2+926~2+940段、高程130.6~128.95 m及桩号3+120~3+200 m段下游坡高程131.5 m马道附近护坡石下有结冰现象,且比其他时期散浸严重。分析原因主要是1996年汛期降雨量大,致使压坡砂砾石内积水较多,说明渗水与降雨关系密切,而与库水联系不明显。

(3)运用地质雷达探测和土工试验方法为辅助手段,对散浸进行了探测和分析。

在散浸地段坝后131.5 m高程处,与坝前各测了一条平行坝轴线剖面,而两条测线护坡石厚度度和砂砾石垫层厚度度基本一致,但其电信号传播有明显差异,据有关专家解译,两剖面相比较,坝体土的坝前含水率小于坝后含水率。

此外,土工试验成果(详见表6-1)表明,天然状态下实测碾压坝体土的饱和度一般为61%~90%,最高数值为96%,仅有3%的试样饱和度大于95%。而室内试验土体的饱和度一般在95%以上时,土样才能达到饱和含水率。

由上述成果可知,坝坡渗水与库水关系不大,同时说明坝体的碾压质量是较好的。

综上所述,坝体不存在集中渗漏通道;坝坡渗水的主要来源是压坡砂砾石体中积存的大气降水,与库水关系不大,至于是否有库水通过软层补给压坡砂砾石体有待进一步查明。但据现有成果推断,即使有,补给量也不会大。

3)散浸的空间分布

由于积水在坝下第二马道(131.5 m高程)排泄不畅而在坝面排水沟底渗出,所以散浸的分布高程在131.5 m左右,且前已叙及,渗水补给主要为雨水,其分布与气候的变化有关,即无论是在横向上(平行坝轴线方向)还是在纵向上(垂直坝轴线方向),其分布范围是不变的,如图6-9、图6-10所示。

2. 主坝北段(桩号 0 + 120 ~ 0 + 325)

以南段散浸研究为基础,在此段布置 6 个钻孔,竖井 1 个(TJZ5)。

根据观察,北段(桩号 0 + 120 ~ 0 + 325)坝体渗水是沿护坡石下砂砾石中渗出的。根据坝坡上竖井 TJZ5 揭露,在护坡石下砂砾石与碾压土接触面附近有水渗出,并形成了厚度约 0.25 m 含水带。该带被揭穿后,四壁皆有水渗出,尤以东、西两壁最甚,局部形成集水点,渗水量约为 0.88 L/h;而其下坝体土多呈可塑 – 硬塑状,无集中渗流。因此可以认为,该含水带中的水为坝坡渗水的补给源。此外,根据坝体结构,在 131.5 m 高程马道的前部坝面形成了长度约 5 m 反坡段,且由于马道附近厚度约 1.7 m(ZKZ11)的砂砾石内含有低液限黏土团块,砂为细砂,泥质含量较高,其渗透性较差,因此使得聚积在反坡段砂砾石含水带中的水排泄不畅而在坝面排水沟底渗出,见图 6-11。

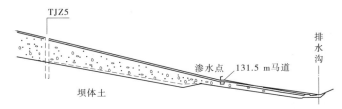

图 6-11　主坝桩号 0 + 190 渗透剖面示意图

此外,北段所布置 6 个钻孔,孔底高程为 109.66 ~ 128.42 m,均低于渗水点高程。揭露深度内多未发现坝体土内存在集中渗流通道,仅在 ZKZ12 孔高程 138.69 ~ 137.89 m 细砂透镜体被揭穿后才有水缓慢渗出,停机观测 4 h,测得水位高程为 138.99 m,高于当时库水位 133.93 m。而砂层下坝体土多呈可塑 – 硬塑状,密实,与上述 TJZ5 竖井所揭露坝体土特征基本一致。

根据勘察期间现场观测,在库水位相对稳定(在 133.93 ~ 134.32 m)且几乎无降雨的条件下,5 月份坝坡散浸点的分布范围比 4 月份小得多,见图 6-12,说明渗水补给源不稳定,受降雨和蒸发量影响大,而与库水无直接联系。

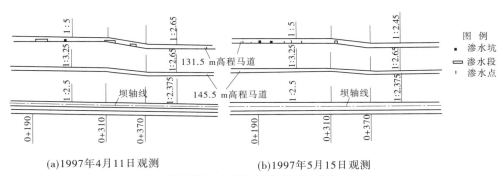

图 例
▪ 渗水坑
▭ 渗水段
— 渗水点

(a)1997年4月11日观测　　　　(b)1997年5月15日观测

图 6-12　主坝北段散浸(段)分布

综上所述,可以认为北段坝体内无集中渗流通道存在,渗水非库水直接入渗所致。散浸的分布范围随时空变化亦有差异,其分布高程在 131.5 m 左右,分布大概如图 6-12 所示。

6.2.3.6 主要结论

主坝坝坡出现的散浸现象是由于聚积在护坡石下砂砾石与坝体碾压土接触面以上砂砾石含水带中的水在马道附近排泄不畅而在坝坡排水沟底缓慢渗出的结果;因马道附近坝体结构及排水体结构等方面的差异,从而导致渗水点呈断续散状分布。

坝体土内未发现集中渗流通道,渗水非库水直接入渗所致,其水源主要为大气降水,与库水关系不大,至于是否有库水通过软层补给压坡砂砾石体有待进一步查明,但即使有,补给量也不会大。

散浸的空间分布随时空有所变化,分布高程在 131.5 m 左右。

勘察期间,库水位较低,对散浸研究显得不利,建议在适当的条件下,在库水位相对较高且持续稳定时间较长时补充研究工作。

为了更准确地了解坝体浸润线位置,建议沿散浸段某一桩号布置一排观测孔,孔深均钻至坝体建基面,而后回填数十厘米,观测坝体水位。

加强系统观测工作,如散浸点的分布范围变化,降雨前后渗水点的渗流量观测,以及降雨前后探坑内水位恢复速度的变化等,以便进一步论证散浸水的来源。

6.3 散浸原因分析

(1)根据竖井、钻探、物探揭露,坝体内不存在集中渗漏通道。

对主坝散浸段进行了 3 次探查,共完成了 2 条槽探、26 个钻孔、5 个竖井,并用电磁技术和地质雷达进行了探测,均未发现坝体存在裂缝等集中渗漏通道。

坝体有夹层、软层透镜体存在,但其空间分布散乱,连通性差。未发现库水通过夹层、软层直接补给渗水的证据。

(2)坝体测压管水位低于散浸渗水出逸点。

根据实地测量,坝坡渗水点高程为 130.8 ~ 131.5 m。1989 年通过 4 条断面钻孔水位和库水位 143.21 m 的连线,如图 6-6 可知,散浸渗水点附近测压管水位为 125.0 m,低于渗水点高程约 6 m,说明散浸渗水与坝体内渗流无直接的水力联系。

(3)主坝碾压土体为未饱和状态。

1997 年桩号 2 + 926 三个钻孔土工试验成果资料表明,天然状态下实测碾压坝体土的含水率很接近,饱和度为 61% ~ 90%,最高值为 96%,仅有 3% 的试样饱和度大于95%。而土工试验规程规定,实验室室内试验土样的饱和度在 95% 以上时,土样才能达到饱和含水率,可见土体基本为未饱状态。

(4)竖井揭露,散浸段渗水主要来自砂砾料与碾压土体接触面的含水带。

1997 年挖的 5 个竖井都证实,砂砾料与碾压土接触界面附近有水缓慢渗出,且在接触面附近有 25 ~ 30 cm 的砂砾石含水带。而坝体内土体一般呈可塑 - 硬塑状,未见渗水现象。局部砂层透镜体内见有极少量封闭水体渗出。

1997 年汛前对大副坝下游 6 根横向排水管改造时,坝脚排水沟采用明挖,深度超过7 m,上游侧开挖坡砂砾料与碾压土接触面均有水渗出,坡面呈现散浸现象。此外,据《岳城水库大坝加高工程施工地质报告》记载,1989 年 4 月 10 日施工清基中发现桩号 0 + 900

及原排水沟上游高程 107.5 m 部位有水渗出。为查清原因,沿渗水点开挖探槽向上游追索,直至原坝体 110 m 高程平台部位,经观察,渗水主要沿护坡石下部砂砾石垫层与碾压土接触面逸出,饱水带厚度约为 0.3 m,出水点顺沟坡抬高,自沟端抬高至 108.5 m 高程。渗水量随时间的延长明显减少,说明渗水主要是坝体砂砾料垫层中积存的水。

散浸坝段的共同特点是渗水点上部压坡砂砾料厚度大,其下部无压坡砂砾料(南段)或很薄(北段),且下游侧砂砾料细料较多或含泥量大,属弱透水土料,致使渗水排泄不畅,砂砾料中的水在下渗至坝体土时受阻并沿坡面汇流至高程 131.5 m 马道附近而集中逸出。

(5)渗流量过程线与库水位过程线大交叉。

图 6-1 绘制了 1988 年 12 月至 1989 年 3 月桩号 2 + 926 探坑渗水量及相应时间库水位过程线,两者呈大交叉形态,说明渗水不是由库水直接补给的。

(6)散浸出水点与库水无直接关系。

自 1988 年 11 月发现散浸至 1997 年 12 月,库水位升降幅度约 21 m,但渗水出逸点高程一直在 130.8 ~ 131.5 m,说明出逸点不随水位变化。

6.4　综合评价

综上所述,主坝右、左散浸坝段坝体不存在贯穿性裂缝或连续的夹层、软层形成的渗流通道;库水不直接补给渗水;渗水主要来自砂砾料原存积水和大气降水;其含水带为砂砾料与碾压土体接触面;由于坝体存在不规则、不连续的夹层及软层,也可能形成相当复杂渗流阻力较小的一些渗流途径,但也极微弱,对大坝不构成威胁。

6.5　施工处理

6.5.1　设计方案

既然散浸的渗水是来自砂砾料中的水,渗水主要沿砂砾料与坝体土接触面流动,出逸点高程为 130.8 ~ 131.5 m,虽然散浸段观测到的坝体水位连线高于原设计采用的浸润线,但经计算下游坝坡抗滑稳定安全系数满足规范要求,因此目前不用考虑在上游做防渗墙或在下游坝坡压坡的方案。2010 年除险加固设计只在右、左散浸坝段分别布设纵、横排水沟,将渗水引至坝脚排水沟。

对主坝右段桩号 2 + 900 ~ 3 + 250 散浸段,拟在下游 131.5 m 高程马道的上游侧砂砾料末端设纵向排水沟,起始桩号为 2 + 850,终止桩号为 3 + 330,全长 450 m,排水沟采用新型塑料排水盲沟,直径为 300 mm,外包 300 g/m² 土工布,土工布外设厚度为 20 cm 的粗砂垫层。塑料排水盲沟中心线原则上应与砂砾料和坝体壤土的接触面齐平。在桩号 2 + 905、2 + 955、3 + 005、3 + 055、3 + 105、3 + 155、3 + 205、3 + 250 共设 8 条横向排水沟,采用直径为 200 mm 的塑料排水盲沟,外包 300 g/m² 土工布,土工布外设厚度为 20 cm 的粗砂垫层。排水盲沟转折处设检查井。排水盲沟上部回填厚度为 30 cm 的砂砾料,再干砌厚度为 20 cm 的块(卵)石。

对主坝左段桩号 0 + 120 ~ 0 + 350 散浸段,新设纵向排水沟位于高程 131.5 m 马道上游侧,起始桩号位于 0 + 100,终止桩号为 0 + 370,全长 270 m。采用直径为 300 mm 的塑料排水盲沟,外包 300 g/m² 土工布,土工布外设厚度为 20 cm 粗砂垫层。在桩号 0 + 200、0 + 250、0 + 300、0 + 350 设 4 条横向排水沟,采用直径为 200 mm 的塑料排水盲沟,外包 300 g/m² 土工布,土工布外设厚度为 20 cm 的粗砂垫层。

此外,为彻底解决该段排水暗管引起的安全隐患,对此段进行了改造,即将原钢筋混凝土管及外包反滤全部挖除,改用与原设计内径相同的钢筋混凝土花管,花管接头采用承插式,花管外设反滤。排水花管纵坡及位置均与原设计相同。对破损的浆砌石检查井也进行了修补。

根据管理处实测,主坝下游坝坡塌坑面积为 14 650 m²,为防止下游坝坡进一步塌陷,危及大坝稳定安全,对下游护坡及排水沟塌陷进行了处理。将已塌坑和架空的下游护坡石拆除,其下若有反滤料及砂砾料破坏的地方也应挖除,然后按原设计回填级配较好的砂砾料及 30 cm 厚度的反滤料,最后在表面砌筑 20 cm 厚度干砌块石或卵石护坡。

6.5.2 施工处理

中国水利水电第五工程局有限公司承担了主坝散浸施工处理,2010 年 7 月 12 日开工,2010 年 10 月 1 日竣工,并通过了竣工验收。

第 7 章　主坝右岸坝段坝基渗漏问题

7.1　渗漏问题

水库蓄水运行以来,主坝右岸坝段坝基渗漏问题受到多方关注,为此,断续进行了一系列研究分析工作,其主要成果集中在两份报告中:

一是 1976 年由原水利电力部天津勘测设计院编制的《漳河岳城水库加固设计工程地质勘察报告》,主要结论是:

(1)第四系砂卵石允许水力坡降为 0.10,桩号 2 +900 ~ 3 +100 段坝基平均水力坡降小于 0.10,但局部地段可能隐藏着破坏现象,如桩号 3 +050 下 40 m 与 3 +050 下 65 m 两孔之间水力坡降已达 0.40 以上。

(2)目前尚未发现坝后排水沟渗透水流有挟砂现象,若长期在较高的渗透压力作用下,坝基渗透稳定问题值得密切关注。

二是 2002 年大坝安全鉴定期间由水利部、交通部、电力工业部南京水利科学研究院编制的《岳城水库大坝渗流安全分析报告》。有关渗漏问题的主要结论是:

(1)对于主坝桩号 3 +050 断面,在库水位为 147.67 m 时,坝基砂卵石层实测的水平坡降平均值为 0.080 49,计算的水平坡降平均值为 0.084 49,计算的下游坝脚处出逸坡降平均值为 0.035 40;在正常蓄水位为 148.50 m 时,坝基砂卵石层的水平坡降平均值为 0.087 56,下游坝脚处的出逸坡降平均值为 0.039 29。

(2)当库水位为 148.50 ~ 159.10 m 时,坝基砂卵石层的渗透破坏坡降仅为 0.07,允许坡降为 0.035,说明主坝在未来高水位运行情况下的坝基渗流安全没有保证。

(3)在两岸阶地,由于帷幕截渗效果欠佳,坝基潜水位偏高,在正常运行条件下,水平向渗透坡降超过砂卵石层的容许坡降,坝基渗流安全缺乏足够保证。

需要说明的是,该报告评价砂卵石层渗透稳定标准由原设计使用的 0.07 ~ 0.1 降低为 0.035,但其根据和原因未做说明。

从以上两个报告可以看出,在桩号 3 +050 附近坝基砂卵石层的水力坡降偏大,可能存在渗透变形问题,因此主坝右岸坝基渗漏主要着眼点不是渗漏量的大小,而是渗透变形问题。

7.2　工程地质条件

7.2.1　地形地貌

根据以往资料,主坝右岸坝基在坝轴线桩号 2 +400 ~ 3 +012 段为右岸一级阶地,3 +

012～3＋400 段为二级阶地。在坝基下二级阶地前缘附近（桩号 2＋970），沿钻孔 175、54、14、82 方向发育一条冲沟，延伸方向为近 EW，宽度为 20～40 m，并沿钻孔 175、178、192、183 方向（近 SN）和钻孔 14、8、215（近 SN）方向发育两条小的分支，该冲沟在坝轴线上游延伸长度超过 2 km，在坝轴线下游延伸长度超过 1 km。而 3＋400 以右地段地形地貌属于残丘，山脊高程为 180～193m，宽度为 70～100 m，地势较为平坦。山脊两侧冲沟较为发育，宽度为 30～60 m，多与漳河直交或斜交。右坝肩（3＋400～3＋590）处于残丘斜坡地段，坝肩山脊外侧（N 侧）距坝肩约 500m 发育一条较大的冲沟，发育方向为 NE－SW，沟底高程为 128～174 m。

7.2.2 地层岩性

坝址区分布的上第三系上新统及第四系地层，总厚度为 60～130 m。上新统地层多被第四系堆积物（厚度为 5～20 m）所覆盖，仅在较大的冲沟零星出露，其下为三叠系地层。钻孔揭露范围内三叠系地层岩性为页岩，不与工程直接接触，不再详述。

7.2.2.1 上新统 N_2

上新统（N_2）不整合于三叠系地层之上，自下而上大致分为四层：

N_2^1：岩性以粗砂、中砂、细砂、砂砾石为主，夹有低液限黏土或粉土薄层，为坝区透水、含水岩层，总厚度为 30～50 m。砂及砂砾石层局部钙质胶结成岩，厚度不一，一般为 1～3 m。砂及砂砾石层间夹有分布较稳定、延伸范围较广的低液限粉土、低液限黏土层，透水性较弱。

N_2^2：高液限黏土，偶夹中细砂薄层，厚度为 10～35 m。土层间含有绿色斑点及钙质结核体，构成坝区较稳定的承压水隔水层。该层高差起伏较大，并在主坝桩号 0＋240～1＋300 因被河流冲蚀而缺失。

N_2^3：以中细砂为主，夹高、低液限黏土及低液限粉土透镜体，为坝区又一透水、含水岩层，厚度为 11～43 m。该层岩性及颗粒组成变化很大，互层与夹层很多，其中夹有较厚度的黏性土数层，形成了局部承压水隔水层。

N_2^4：以低液限黏土（粉土）为主，含有细砂等，属于相对隔水层，厚度为 10～30 m。该层夹有较厚的数层中粗砂层或透镜体，主要分布在右坝肩。

7.2.2.2 第四系（Q）

下更新统（Q_1）：红土卵石层，厚度为 5～10 m。分布于河谷两岸丘陵、残丘上，不整合于上第三系地层之上。

中更新统（Q_2）：冲积黄土，厚度为 5～15 m。分布于坝区两侧分水岭高处，在本期测区范围内未出露。

上更新统（Q_3）：该层按成因、岩性可划分为三种类型：①低液限黏土夹卵石，坡积，分布于丘陵斜坡上；②黄土状土，冲坡积和坡洪积，分布于右岸阶地上部，该层上下部岩性有所不同，其下为坡洪积的棕红色黄土状低液限黏土，厚度为 5～15 m，其上为冲坡积浅黄色、黄褐色黄土状低液限黏土，厚度为 5～8 m；③砂卵砾石层，位于二级阶地下部，厚度一般为 4～9 m，局部胶结。关于该层定名，在以往大部分资料中，定名为砂卵石，局部胶结，在部分文献中，定名为胶结不良砾岩或胶结砾岩。这说明该层岩性变化较大，不同地段胶结程度也有明显的差异。根据本期勘察资料,对于二级阶地底部的岩性总体为砂卵石,仅局部有胶结。

全新统冲积(Q_4^{al})层,岩性为浅黄色黄土状低液限黏土和砂卵砾石,浅黄色黄土状低液限黏土分布在上部,厚度为 4 ~ 10 m,其下为砂卵石、砂砾石,厚度为 15 ~ 22 m。

按所处地貌单元的不同分述如下:

(1)桩号 2 + 400 ~ 3 + 012 段为右岸一级阶地。上部为冲积(Q_4^{al})和冲坡积(Q_4^{al+dl})浅黄色黄土状低液限黏土,厚度为 4 ~ 10 m,局部冲沟中有洪积(Q_4^{pl})砂卵石;中部为第四系全新统冲积(Q_4^{al})砂砾石和砂卵石,局部夹有砂层透镜体,其底部分布厚度为 0.2 ~ 3.0 m的细砂层,厚度为 15 ~ 22 m,在桩号 2 + 800 ~ 2 + 900 最厚处厚度达 25 m。其下为上第三系高低液限黏土,厚度为 7.5 ~ 16 m,而桩号 2 + 400 ~ 2 + 700 段主要为细砂层夹有黏性土透镜体,厚度为 12 ~ 15 m。

(2)桩号 3 + 012 ~ 3 + 400 段为右岸二级阶地。上部为第四系全新统上更新统冲坡积(Q_{3+4}^{al+dl})浅黄色黄土状低液限黏土及上更新统冲坡积(Q_3^{al+dl})棕红色黄土状低液限黏土,厚度分别为 1 ~ 12 m、5 ~ 15 m;中部为上更新统冲积(Q_3^{al})砂卵石,局部有胶结不良砾岩,厚度为 4 ~ 9 m;其下为上第三系细砂(局部为砂岩)夹有高液限黏土层,厚度为 21 ~ 25 m。

(3)桩号 3 + 400 ~ 3 + 590 为斜坡段。分布地层上部主要为第四系上更新统冲坡积(Q_3^{al+dl})浅黄色黄土状低液限黏土、坡洪积(Q_3^{dl+pl})和坡积(Q_3^{dl})棕红色黄土状低液限黏土,厚度为 10 ~ 13 m;其下为上第三系地层,岩性为低液限黏土(粉土)夹数层固结、半固结砂层。

(4)右坝肩残丘,分布地层主要为第四系上更新统坡洪积(Q_3^{dl+pl})浅黄色黄土状低液限黏土和下更新统冲洪积(Q_1^{al+pl})红土卵石,局部为第四系全新统人工堆积杂填土(Q_4^r)、上更新统坡残积(Q_3^{dl+el})黄土状低液限黏土夹卵砾石和上第三系砂层及砂砾岩,第四系黏性土分布范围较大,但其厚度变化较大,一般为 3 ~ 20 m;其下为上第三系地层,岩性为低液限黏土(粉土)夹数层固结、半固结砂层。右坝肩上游侧的冲沟未出露上第三系地层,仅在上游 130 ~ 170 m、550 m 处高程 142 ~ 145 m、150 m 处分别分布有上第三系砂砾岩。

大坝上游坝坡范围内厚度为 2 ~ 5 m 的水库淤积物在以往的加固中均进行了压坡处理。

7.2.3　地质构造

区内由于覆盖较厚,老构造未出露,而新构造迹象在本区时有所见,规模一般不大。

坝址区地质构造受区域构造单元控制,主要发育有一系列陡倾角的正断层和一些短轴平缓的倾伏背向斜,其中褶皱多发育在上第三系地层,走向为 NE65° ~ NE85°,倾向为SE 和 NW,倾角为 10° ~ 20°。比较明显的向斜,其核部分布在河床 31 钻孔一带,两翼分别位于右坝肩观孔 1 和河床钻孔 5。另外一个向斜的核部在主坝桩号 2 + 400 孔 7 附近,走向为 NE70°,与坝轴线夹角为 50°,两翼近似对称,向南延伸至 3 + 200,北翼至 1 + 300附近,倾角一般为 10° ~ 20°,靠近轴部两侧约 500 m 处倾角较陡,在截水槽桩号 1 + 900 处测得倾角为 35°。而大副坝观孔 20 则为一背斜轴部。

在前期勘察和施工中,发现的主要地质构造形迹如下:

在溢洪道施工开挖中,发现 F_4 断层,在桩号 3 + 110 坝后排水沟中发现 F_{22} 断层,在拟建的第二溢洪道勘察时推测有 F_{26} 断层。

F_4 断层:分布在溢洪道桩号 0 + 460 附近(泄槽部位),横跨溢洪道,走向为 NE25° ~ 35°,倾向为 SE,倾角为 65°左右,断距约 40 m,属于压扭性结构面,具良好的隔水作用,使上下两盘构成两个不同的水文地质单元;此外,下盘(靠水库一侧)承压水随库水位而变化,上盘与库水基本无水力联系。

F_{22} 断层:走向为 NE35°,倾向为 SE 或 NW,倾角为 85°,东盘相对下降,上更新统(Q_3)低液限黏土错断了 0.80 m,充填钙质物,在主坝桩号 3 + 110 坝后垂直排水沟开挖中,于桩号 0 + 280 与 0 + 300 减压井之间揭露该断层。

F_{26} 断层:该断层为拟建第二溢洪道勘察时,根据钻孔资料推测的断层。走向为 NE10°左右,倾向为 SE,倾角约为 65°,上第三系地层被错断 10 m 以上,东盘相对下降,具拖曳现象,在 386 钻孔与 371 钻孔之间通过。F_{26} 断层具有明显的隔水作用。

坝址区 F_4 断层、F_{22} 断层及 F_{26} 断层规模大小不等,但其产状和性质基本相同,并与区域岳城断层相近,正处于岳城断层向西南方向的延伸线附近,判断这些断层可能与岳城断裂有一定的关系。

此外,在 389、390、392 等钻孔中,发现上第三系地层中发育有 75°以上的陡倾角和缓倾角裂隙,可见擦光面,一般充填 1 ~ 4 cm 厚的黏土及钙质物,密实,接触良好,在钻进过程中,发现局部有漏水现象。

7.2.4　水文地质

坝基地下水可划分为第四系砂卵石层潜水和上第三系砂层、砂砾石层承压水。第四系分布较为稳定的低液限黏土层和上第三系成层分布的高液限黏土及低液限黏土,可视为相对隔水层。

坝基不同单元,地下水特征略有差别。据本期勘察成果,在一级阶地,一般第四系地层的地下水水位为 106 ~ 113 m,含水层厚度为 15 ~ 22 m;在二级阶地,一般第四系地层的地下水水位为 117 ~ 119 m,含水层厚度为 4 ~ 9 m,在斜坡地带(坝肩),第四系地层主要为黏性土,透水性很弱,在本期钻孔中尚未发现地下水。据以往勘察资料,上第三系地层的承压水具有多层承压水,其水位一般高于第四系地层水位,在河槽和河漫滩部位,承压水位为 108 ~ 109 m;阶地和右坝肩部位,承压水位为 128.02 ~ 149.19 m。由于上第三系承压水顶部隔水层分布稳定,一般不直接作用到坝基,与坝基地下水渗流关系密切的主要是第四系砂卵石中的地下水。勘察钻孔地下水位观测成果见表 7-1。从表 7-1 中可以看出,一级阶地和二级阶地的地下水位低于库水位,库水补给地下水。

2002 年完成的位于右岸坝顶拐弯附近的钻孔 ZK3,其上第三系地层上部的砂层的初见水位为 149.19 m,中部粉砂层的初见水位为 148.97 m,在右坝肩残丘斜坡的 ZK2,其第四系红土卵石未见地下水位,而上第三系地层初见水位为 142.17 m。由此可见,在右坝肩坝外不远地段,上第三系水位高于现状库水,上第三系承压水向库内及漳河排泄。

表 7-1　主坝桩号 2 + 300 以右坝段勘察钻孔地下水位观测成果

位置	钻孔编号	第四系地层		第三系地层	
		岩性	终孔水位（m）	岩性	终孔水位（m）
高漫滩	ZKR1	砂卵石	109.72		
	ZKR3	砂卵石	107.63		
一级阶地	ZKR4	砂卵石	111.91	固结中细砂	
	ZKR6	细砂、砂卵石	107.64		
	ZKR9	砂卵石	113.01	低液限黏土	
	ZKR10	砂卵石	108.75		
	ZKR11	砂卵石	107.52	胶结不良砾岩、低液限黏土	
	ZKR12	砂砾卵石	115.93	低液限黏土	
	ZKR13	砂卵石	107.94	砂岩	
	ZKR14	砂卵石	111.04	砂岩、低液限黏土	
二级阶地	ZKR2 – 1	砂卵石	117.93	砂岩、低液限黏土	
	ZKR7 – 1	胶结不良砾岩	111.422	砂岩、低液限黏土	
	ZKR15	胶结不良砾岩夹砂卵石	119.50	固结中细砂、低液限黏土	
	ZKR16	砂卵石	109.11	砂岩、低液限黏土	
	ZKR17	砂卵石、胶结不良砾岩	118.41	砂岩、固结砂	
	ZKR18	砂卵石	114.28	砂岩、低液限黏土	
	ZKR19	砂卵石	116.65	固结中细砂、低液限黏土	
	ZKR20	砂卵石	116.32	砂岩	
	ZKR21	砂卵石、细砂	113.23	固结细砂、低液限黏土	
斜坡	ZKR26		128.02	砂层、低液限黏土	128.02

注：库水位为 136.55 ~ 137.58m。部分钻孔水位为钻井期间观测资料或终孔观测成果,大部分钻孔水位为持续观测的最后一次观测成果。

7.2.5　坝基地层与坝体材料物理力学性质及渗透性

7.2.5.1　坝基地层

（1）第四系全新统冲积（Q_4^{al}）砂卵石层。

该层分布在一级阶地,其形成时代略早于河床砂卵石层,但其颗粒组成与其相近。

第四系砂卵石总体颗粒组成极不均匀,大部分为卵石,含有不均匀分布的砾和砂。卵石占 55% ~ 85% ,砾砂中粒径 1 mm 以下占 8% ~ 35% ,1 ~ 10 mm 的颗粒约占 5% 。坝基砂卵石层的颗分曲线见图 7-1,第四系砂卵石层颗粒组成见表 7-2,第四系砂的颗粒组成及破坏梯度见表 7-3。

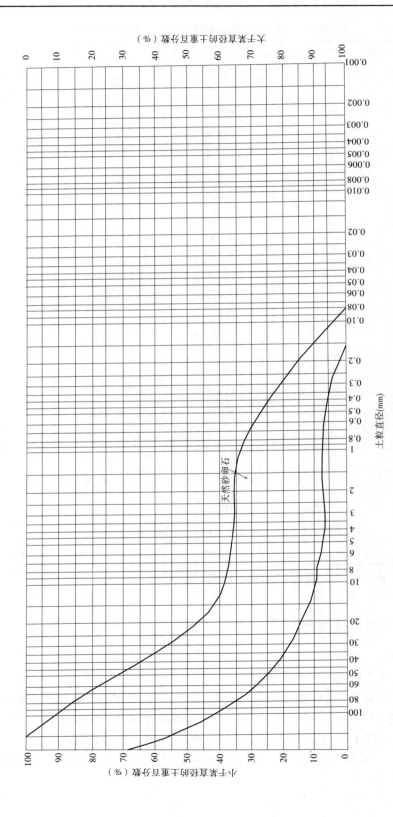

图 7-1　坝基砂卵石层的颗分曲线

注：引自 1964 年 9 月编制的《岳城水库补充初步设计第三篇工程地质》。

表 7-2　第四系砂卵石层颗粒组成

比重	干密度 （g/cm³）	孔隙率 （%）	d_{10} （mm）	d_{50} （mm）	d_{60} （mm）	不均匀 系数	$d > 1$ mm 的 含量（%）
2.65 ~ 2.66	1.9 ~ 2.2	17 ~ 28.5	0.2	30 ~ 50	40 ~ 60	200 ~ 300	80

注:引自 1972 年 3 月编制的《岳城水库工程设计总结》。

表 7-3　第四系砂的颗粒组成及破坏梯度

d_{10} （mm）	d_{50} （mm）	d_{60} （mm）	不均匀 系数	无盖重破坏 梯度	有盖重破坏 梯度	渗透系数 （m/d）
0.07 ~ 0.09	0.13 ~ 0.19	0.14 ~ 0.20	2 ~ 3	1	2	1

注:引自 1972 年 3 月编制的《岳城水库工程设计总结》。

根据以往试验成果,渗透系数一般为 3.47×10^{-2} ~ 6.94×10^{-2} cm/s,具中等透水性,但透水性很不均一,个别地段具强透水性。

(2)第四系全新统冲积(Q_4^{al})和冲坡积(Q_4^{al+dl})、上更新统冲坡积(Q_3^{al+dl})和坡洪积(Q_3^{dl+pl})浅黄色黄土状低液限黏土和棕红色黄土状低液限黏土,局部为低液限粉土,主要分布在一级阶地、二级阶地上部,厚度变化较大。

根据 2006 年土工试验成果,浅黄色黄土状低液限黏土,局部为低液限粉土,浅黄色、棕黄色,可塑 - 硬塑状,局部坚硬或软塑状,土质较均匀,含水率为 13.3% ~ 26.2%,平均值为 20.1%;湿密度为 1.83 ~ 2.09 g/cm³,平均值为 2.00 g/cm³;干密度为 1.52 ~ 1.80 g/cm³,平均值为 1.66 g/cm³;塑性指数为 8.7 ~ 13.7,平均值为 11.1;液性指数为 -0.33 ~ 0.75,平均值为 0.295;饱和固结快剪试验的凝聚力 $C = 2.0$ ~ 54.5 kPa,内摩擦角 $\varphi = 11.8°$ ~ 34.2°,平均值 $C = 22.2$ kPa,$\varphi = 25.6°$;压缩系数 $a_{1-2} = 0.131$ ~ 0.497 MPa^{-1},平均值为 0.288 MPa^{-1};属于密实、中等压缩性土。其垂直渗透系数为 4.77×10^{-8} ~ 4.45×10^{-5} cm/s,平均值为 8.50×10^{-6} cm/s;水平渗透系数为 8.97×10^{-7} ~ 2.10×10^{-5} cm/s,平均值为 9.48×10^{-6} cm/s,水平渗透系数与垂直渗透系数的平均值接近,具微 - 极微透水性。试验成果见表 7-4。

棕红色黄土状低液限黏土,棕红色,可塑 - 硬塑状,土质较均匀,局部夹有卵砾石,含水率为 14.5% ~ 26.9%,平均值为 21.8%;湿密度为 1.63 ~ 2.09 g/cm³,平均值为 2.00 g/cm³;干密度为 1.46 ~ 1.78 g/cm³,平均值为 1.65 g/cm³;塑性指数 8.9 ~ 14.5,平均值为 11.9;液性指数为 -0.04 ~ 0.87,平均值为 0.38;饱和固结快剪试验的凝聚力 $C = 1.9$ ~ 49.8 kPa,内摩擦角 $\varphi = 16.9°$ ~ 32.2°,平均值 $C = 23.7$ kPa,$\varphi = 23.4°$;压缩系数 $a_{1-2} = 0.114$ ~ 0.346 MPa^{-1},平均值为 0.246 MPa^{-1};属于密实、中等压缩性土。其垂直渗透系数为 2.39×10^{-7} ~ 3.79×10^{-5} cm/s,平均值 1.46×10^{-5} cm/s;水平渗透系数为 7.12×10^{-5} ~ 1.42×10^{-3} cm/s,平均值为 5.05×10^{-4} cm/s,水平渗透系数大于垂直渗透系数,具弱 - 微透水性,局部中等透水性。试验成果见表 7-4。

(3)第四系上更新统冲积(Q_3^{al})砂卵石,分布在二级阶地下部,与一级阶地砂卵石层颗粒组成大致相近,但局部有胶结现象。

表7-4　坝基土体物理力

地层代号	岩性	土样编号	取土深度 (m)	物理性质						界限含水率				直剪试验	
				含水率 (%)	比重 G_s	湿密度 ρ (g/cm³)	干密度 ρ_d (g/cm³)	饱和度 S_r (%)	孔隙比 e	液限 ω_L (%)	塑限 ω_P (%)	塑性指数 I_P	液性指数 I_L	饱和固结快剪	
														凝聚力 (kPa)	摩擦角 (°)
Q_4^{al} Q_4^{al+dl} Q_3^{al+dl} Q_{3+4}^{al+dl}	浅黄色黄土状低液限黏土	ZKR3-3	11.5~12.0	18.4	2.71	2.00	1.69	82.6	0.604	27.1	16.6	10.5	0.17		
		ZKR3-4	12.5~13.0	17.3	2.72	2.07	1.76	86.3	0.545	27.2	16.0	11.2	0.12	20.7	30.6
		ZKR4-5	31.0~31.5	17.2	2.71	2.07	1.77	87.8	0.531	24.2	14.0	10.2	0.31	38.2	26.3
		ZKR4-6	32.5~33.0	22.4	2.73	2.08	1.70	100.0	0.606	30.9	17.4	13.5	0.37	2.7	28.6
		ZKR6-5	10.5~11.0	17.8	2.71	2.06	1.75	87.9	0.549	26.4	16.9	9.5	0.09	6.0	34.2
		ZKR7-1-1	2.5~3.0	19.4	2.71	2.07	1.73	92.8	0.566	25.6	15.5	10.1	0.39	13.4	29.8
		ZKR7-1-2	10.5~11.0	20.0	2.71	2.02	1.68	88.4	0.613	27.0	16.2	10.8	0.35		
		ZKR7-1-3	19.0~19.5	25.6	2.73	1.95	1.55	91.8	0.761	29.3	18.1	11.2	0.67	45.0	21.4
		ZKR7-1-4	21.0~21.5	25.3	2.73	1.99	1.59	96.3	0.717	28.0	17.4	10.6	0.75		
		ZKR9-4	45.5~46.0	23.7	2.73	1.96	1.58	88.9	0.728	28.0	16.7	11.3	0.62	7.3	29.7
		ZKR9-5	47.0~47.5	21.4	2.72	2.07	1.71	98.6	0.591	28.6	18.4	10.2	0.29		
		ZKR9-6	49.0~49.5	22.5	2.73	2.05	1.67	96.8	0.635	28.3	17.2	11.1	0.48	19.9	27.6
		ZKR9-7	54.5~55.0	22.8	2.73	2.01	1.64	93.7	0.665	27.7	16.1	11.6	0.58		
		ZKR10-3	11.0~11.5	22.1	2.71	2.02	1.65	93.2	0.642	27.0	15.8	11.2	0.56	22.6	17.9
		ZKR10-4	12.0~12.5	25.2	2.73	1.99	1.59	96.0	0.717	27.3	16.0	11.3	0.81	2.0	22.4
		ZKR12-4	26.5~27.0	21.9	2.71	2.06	1.69	98.3	0.604	26.7	15.9	10.8	0.56		
		ZKR12-5	29.0~29.5	18.3	2.70	2.04	1.72	86.7	0.570	23.6	14.4	9.2	0.42	48.6	19.8
		ZKR12-6	31.5~32.0	16.4	2.70	2.09	1.80	88.6	0.500	22.2	13.5	8.7	0.33		
		ZKR13-3	5.0~5.5	16.5	2.71	2.08	1.79	87.0	0.514	28.9	15.2	13.7	0.09	34.6	32.4
		ZKR13-4	5.5~6.0	17.7	2.72	2.08	1.77	89.7	0.537	28.5	16.5	12.0	0.10		
		ZKR14-2	28.2~28.7	17.9	2.73	2.03	1.72	83.2	0.587	25.2	14.4	10.8	0.32	13.9	27.9
		ZKR16-3	8.0~8.5	26.2	2.73	1.93	1.53	91.2	0.784	31.2	17.6	13.6	0.63		
		ZKR16-4	9.5~10.0	22.5	2.71	2.05	1.67	97.9	0.623	32.6	20.1	12.5	0.19	54.5	11.8
		ZKR20-3	28.0~28.5	19.9	2.72	2.08	1.73	94.6	0.572	26.6	16.4	10.2	0.34	48.0	22.9
		ZKR20-4	31.0~31.5	23.2	2.73	1.93	1.57	85.7	0.739	28.7	16.9	11.8	0.53	4.6	26.1
		ZKR21-4	10.0~10.5	16.3	2.69	1.85	1.59	63.4	0.692	27.7	18.4	9.3	-0.23		
		ZKR21-5	11.0~11.5	13.3	2.71	1.97	1.74	64.7	0.557	24.2	14.0	10.2	-0.07	7.1	30.3
		ZKR21-6	12.0~12.5	18.4	2.73	1.83	1.55	66.0	0.761	28.9	18.0	10.9	0.04		
		ZKR21-7	13.5~14.0	17.0	2.72	1.78	1.52	58.6	0.789	30.0	18.6	11.4	-0.14	19.5	21.8
		ZKR26-1	16.5~17.0	15.7	2.73	2.01	1.74	75.3	0.569	25.7	15.7	10.0	0.00		
		ZKR26-2	18.5~19.0	16.2	2.73	1.90	1.64	66.5	0.665	31.2	19.9	11.3	-0.33	28.6	22.4
		ZKR26-3	20.5~21.0	17.8	2.74	1.84	1.56	64.5	0.756	32.5	18.4	14.1	-0.04		
		ZKR26-4	22.0~22.5	25.5	2.74	1.93	1.54	89.7	0.779	32.5	20.7	11.8	0.41	6.9	28.5
组数				33	33	33	33	33	33	33	33	33	33	20	20
平均值				20.1	2.72	2.00	1.66	85.8	0.638	27.9	16.8	11.1	0.295	22.2	25.6
最大值				26.2	2.74	2.09	1.80	100.0	0.789	32.6	20.7	14.1	0.81	54.5	34.2
最小值				13.3	2.69	1.78	1.52	58.6	0.500	22.2	13.5	8.7	-0.33	2.0	11.8

学性质试验成果

渗透系数（垂直 K_{20}、水平 K_{20}，单位 cm/s）；固结（压缩系数 a_{1-2}，MPa^{-1}；压缩模量 Es_{1-2}，MPa）；黄土湿陷（双线法）湿陷系数（荷重 50、100、150、200、300 kPa）、湿陷起始压力 P_{sh}（kPa）；颗粒组成（%）；土的定名（土的分类标准 GBJ 145—90 按塑性指数分类）。

垂直 K_{20} (cm/s)	水平 K_{20} (cm/s)	a_{1-2} (MPa^{-1})	Es_{1-2} (MPa)	荷重50 (kPa)	荷重100 (kPa)	荷重150 (kPa)	荷重200 (kPa)	荷重300 (kPa)	P_{sh} (kPa)	>2.0 mm	2.0~0.50 mm	0.50~0.25 mm	0.25~0.075 mm	0.075~0.005 mm	<0.005 mm	土的定名
		0.265	6.056									6.1	8.2	61.0	24.7	低液限黏土
												4.8	9.6	64.5	21.1	低液限黏土
6.79×10^{-7}		0.252	6.093	0.000	0.001	0.003	0.001	0.001	>300				7.7	74.6	17.7	低液限黏土
		0.228	7.057	0.000		0.001	0.000	0.001	>300					71.1	28.9	低液限黏土
		0.131	11.789									2.1	4.1	72.5	21.3	低液限粉土
	5.52×10^{-6}															低液限黏土
		0.311	5.172									0.9	6.0	67.6	25.5	低液限黏土
	5.20×10^{-6}	0.240	7.332									5.6	76.5	17.9	低液限黏土
		0.333	5.162													低液限黏土
													4.1	70.5	25.4	低液限黏土
1.70×10^{-6}		0.220	7.237											70.9	29.1	低液限黏土
																低液限黏土
4.77×10^{-8}		0.223	7.479										9.4	61.9	28.7	低液限黏土
		0.364	4.496									2.1	5.4	65.1	27.4	低液限黏土
	1.54×10^{-6}	0.383	4.490										5.2	68.2	26.6	低液限黏土
7.07×10^{-7}		0.254	6.319													低液限粉土
																低液限粉土
4.45×10^{-5}		0.236	6.362													低液限黏土
														10.6	64.4	25.0	低液限黏土
		0.193	7.989									7.4	17.8	49.9	24.9	低液限黏土
		0.306	5.176											62.5	37.5	低液限黏土
	8.97×10^{-7}	0.382	4.674											62.9	37.1	低液限黏土
													7.5	67.5	25.0	低液限黏土
		0.218	7.185	0.000					>300			4.6	5.8	68.4	21.2	低液限黏土
3.40×10^{-6}		0.325	5.356	0.000	0.002	0.006	0.005	0.005	>300				5.2	77.0	17.8	低液限黏土
	2.10×10^{-5}	0.225	7.516													低液限粉土
												6.7	64.8	28.5	低液限黏土
		0.497	3.554										7.5	56.2	36.3	低液限黏土
												2.7	6.5	69.1	21.7	低液限黏土
	1.84×10^{-5}	0.347	4.535													低液限黏土
														64.9	35.1	低液限黏土
		0.399	4.393											74.3	25.7	低液限黏土
	1.38×10^{-5}															低液限黏土
6	7	22	22	4	2	3	3	3	4			8	18	24	24	
8.50×10^{-6}	9.48×10^{-6}	0.288	6.156	0.000	0.002	0.003	0.002	0.002	>300			3.8	7.4	66.9	26.3	
4.45×10^{-5}	2.10×10^{-5}	0.497	11.789	0.000	0.002	0.006	0.005	0.005	>300			7.4	17.8	77.0	37.5	
4.77×10^{-8}	8.97×10^{-7}	0.131	3.554	0.000	0.001	0.001	0.000	0.001	0.000			0.9	4.1	49.9	17.7	

续表 7-4

地层代号	岩性	土样编号	取土深度 (m)	物理性质						界限含水率				直剪试验	
				含水率 (%)	比重 G_s	湿密度 ρ (g/cm³)	干密度 ρ_d (g/cm³)	饱和度 S_r (%)	孔隙比 e	液限 ω_L (%)	塑限 ω_P (%)	塑性指数 I_P	液性指数 I_L	饱和固结快剪	
														凝聚力 (kPa)	摩擦角 (°)
Q_4^{al+dl}	粉土	ZKR11-1	2.0~2.5	23.1	2.69	1.92	1.56	85.8	0.724	26.6	17.4	9.2	0.62		
		ZKR11-2	3.5~4.0	24.3	2.70	2.00	1.61	96.9	0.677	26.6	17.2	9.4	0.76	28.5	28.1
组数				2	2	2	2	2	2	2	2	2	2	1	1
平均值				23.7	2.70	1.96	1.59	91.3	0.701	26.6	17.3	9.3	0.7	28.5	28.1
Q_3^{al+dl} Q_3^{dl+pl}	棕红色黄土状低液限黏土	ZKR2-1-4	27.5~28.0	14.5	2.71	2.04	1.78	75.2	0.522	25.6	14.9	10.7	-0.04	15.8	32.2
		ZKR2-1-5	31.5~32.0	19.5	2.72	2.09	1.75	95.7	0.554	27.4	15.9	11.5	0.31		
		ZKR2-1-6	33.5~34.0	22.6	2.72	2.09	1.70	100.0	0.600	28.1	16.3	11.8	0.53	6.0	30.5
		ZKR16-5	12.0~12.5	26.3	2.72	1.93	1.53	92.0	0.778	32.1	18.6	13.5	0.57		
		ZKR16-6	13.0~13.5	26.9	2.73	1.85	1.46	84.4	0.870	30.3	17.3	13.0	0.74	14.9	25.9
		ZKR16-7	14.5~15.0	25.2	2.74	2.02	1.61	98.4	0.702	33.7	19.2	14.5	0.41		
		ZKR16-8	15.0~15.5	23.0	2.72	2.05	1.67	99.5	0.629	30.8	17.3	13.5	0.42	15.9	21.2
		ZKR16-9	17.0~17.5	24.6	2.74	2.03	1.63	99.0	0.681	33.5	20.0	13.5	0.34		
		ZKR17-3	27.0~27.5	21.2	2.72	2.05	1.69	94.6	0.609	29.5	17.1	12.4	0.33		
		ZKR18-4	42.0~42.5	21.0	2.73	2.05	1.69	93.2	0.615	25.4	14.0	11.4	0.61	29.5	21.9
		ZKR18-5	43.0~43.5	18.2	2.75	2.06	1.74	86.2	0.580	27.5	16.2	11.3	0.18		
		ZKR18-6	44.0~44.5	20.9	2.74	2.09	1.73	98.1	0.584	25.2	16.3	8.9	0.52	28.4	22.4
		ZKR18-7	49.0~49.5	21.0	2.71	2.04	1.69	94.3	0.604	28.9	17.2	11.7	0.32		
		ZKR19-3	22.5~23.0	23.2	2.73	2.03	1.65	96.8	0.655	30.3	17.5	12.8	0.45	37.0	17.8
		ZKR19-4	29.0~29.5	23.2	2.71	2.02	1.64	96.4	0.652	30.5	18.5	12.0	0.39		
		ZKR19-5	31.0~31.5	18.9	2.73	2.09	1.76	94.9	0.540	25.2	13.5	11.7	0.46	49.8	16.9
		ZKR20-5	40.0~40.5	20.2	2.72	1.97	1.64	83.4	0.659	25.5	14.0	11.5	0.54	28.5	27.0
		ZKR20-6	42.5~43.0	23.2	2.72	2.03	1.65	97.3	0.648	24.5	14.3	10.2	0.87		
		ZKR20-7	43.5~44.0	20.5	2.72	2.01	1.67	88.7	0.629	32.7	19.3	13.4	0.09	33.4	26.4
		ZKR21-8	15.5~16.0	18.6	2.70	1.90	1.60	73.0	0.688	27.4	17.3	10.1	0.13		
		ZKR21-9	17.5~18.0	18.8	2.72	1.63	1.37	51.9	0.985	30.1	17.9	12.2	0.07	1.9	31.5
		ZKR21-10	20.0~20.5	26.1	2.71	1.94	1.54	93.1	0.760	28.6	17.3	11.3	0.78		
		ZKR26-5	23.0~23.5	20.2	2.73	1.97	1.64	83.0	0.665	29.7	19.2	10.5	0.10		
		ZKR26-6	26.5~27.0	17.2	2.71	2.03	1.73	82.3	0.566	28.9	16.7	12.2	0.04		
组数				24	24	24	24	24	24	24	24	24	24	11	11
平均值				21.8	2.72	2.00	1.65	89.64	0.657	28.81	16.9	11.9	0.38	23.7	23.4
最大值				26.9	2.75	2.09	1.78	100.0	0.985	33.7	20.0	14.5	0.9	49.8	32.2
最小值				14.5	2.70	1.63	1.37	51.9	0.522	24.5	13.5	8.9	1.9	16.9	
N_2	低液限黏土	ZKR18-8	59.5~60.0	26.3	2.75	2.02	1.60	100.0	0.719	38.9	21.7	17.2	0.27		
		ZKR18-9	60.5~61.0	21.4	2.71	2.06	1.70	97.6	0.594	29.8	15.6	14.2	0.41		
		ZKR26-7	37.5~38.0	24.2	2.77	2.07	1.67	100.0	0.659	41.9	24.9	17.0	-0.04		
		ZKR26-8	38.5~39.0	23.3	2.73	2.09	1.70	100.0	0.606	32.4	18.6	13.8	0.34		
组数				4	4	4	4	4	4	4	4	4	4		
平均值				23.8	2.74	2.06	1.67	99.4	0.644	35.8	20.2	15.6	0.244		

渗透系数：垂直 K_{20} (cm/s)	渗透系数：水平 K_{20} (cm/s)	固结：压缩系数 a_{1-2} (MPa^{-1})	固结：压缩模量 E_{s1-2} (MPa)	黄土湿陷(双线法) 湿陷系数 荷重50 (kPa)	荷重100 (kPa)	荷重150 (kPa)	荷重200 (kPa)	荷重300 (kPa)	湿陷起始压力 P_{sh} (kPa)	颗粒组成(%) >2.0 mm	2.0~0.50 mm	0.50~0.25 mm	0.25~0.075 mm	0.075~0.005 mm	<0.005 mm	土的定名：土的分类标准 (GBJ 145—90) 按塑性指数分类
6.56×10^{-6}		0.222	7.786										5.7	79.2	15.1	低液限粉土
		0.246	6.808													低液限粉土
1		2	2										1	1	1	
6.56×10^{-6}		0.234	7.297										5.7	79.2	15.1	
												4.0	7.9	66.7	21.4	低液限黏土
2.39×10^{-7}		0.114	13.612													低液限黏土
														71.4	28.6	低液限黏土
	2.27×10^{-5}	0.299	5.955										4.8	66.8	28.4	低液限黏土
													3.1	67.1	29.8	低液限黏土
		0.116	14.690										3.9	56.9	39.2	低液限黏土
												6.9	7.3	49.9	35.9	低液限黏土
		0.272	6.174										1.1	66.5	32.4	低液限黏土
																低液限黏土
												6.6	8.9	60.0	24.5	低液限黏土
1.12×10^{-6}		0.184	8.596													低液限黏土
																低液限粉土
		0.294	5.465										7.1	63.4	29.5	低液限黏土
3.90×10^{-5}		0.239	6.940													低液限黏土
		0.262	6.298											67.4	32.6	低液限黏土
		0.269	5.727													低液限黏土
7.36×10^{-6}		0.314	5.289								4.3	6.2	19.7	43.9	25.9	低液限黏土
2.10×10^{-6}		0.163	10.136	0.000	0.003	0.006	0.006	0.009	>300			9.6	13.7	55.4	21.3	低液限黏土
3.79×10^{-5}		0.243	6.721	0.000	0.002	0.004	0.004	0.005	>300			4.7	14.1	52.5	28.7	低液限黏土
	7.12×10^{-5}	0.313	5.387													低液限黏土
																低液限黏土
	1.42×10^{-3}	0.346	5.095								4.0	7.2	17.7	49.8	21.3	低液限黏土
		0.266	6.260													低液限黏土
																低液限黏土
6	3	15	15	2	2	2	2	2			2	7	12	14	14	
1.46×10^{-5}	5.05×10^{-4}	0.246	7.490	0.000	0.003	0.005	0.005	0.007			4.2	6.5	9.1	59.8	28.5	
3.90×10^{-5}	1.42×10^{-3}	0.346	14.690	0.000	0.003	0.006	0.006	0.009			4.3	9.6	19.7	71.4	39.2	
2.39×10^{-7}	2.27×10^{-5}	0.114	5.095	0.000	0.002	0.004	0.004	0.005			4.0	4.0	1.1	43.9	21.3	
																低液限黏土
		0.297	5.376									0.2	17.2	50.1	32.5	低液限黏土
		0.078	21.327											34.5	65.5	高液限黏土
																低液限黏土
		2	2									1	1	2	2	
		0.188	13.352									0.2	17.2	42.3	49.0	

根据以往试验成果,渗透系数一般为 $1.16 \times 10^{-2} \sim 2.89 \times 10^{-2}$ cm/s,具中等透水性,但透水性很不均一。

(4)上第三系上新统(N_2)低液限黏土、高液限黏土和砂层。

根据 2006 年土工试验成果,低液限黏土,棕红色,可塑状,局部坚硬,夹有小砾石,含水率为 21.4% ~ 26.3%,平均值为 23.8%;湿密度为 2.02 ~ 2.09 g/cm³,平均值为 2.06 g/cm³;干密度为 1.60 ~ 1.70 g/cm³,平均值为 1.67 g/cm³;压缩系数为 0.078 ~ 0.297 MPa⁻¹,平均值为 0.188 MPa⁻¹;属于密实、中等压缩性土,试验成果见表 7-4。

根据 2002 年安全鉴定期间土工试验成果,高液限黏土含水率为 17.1% ~ 25.4%,平均值为 20.8%;湿密度为 1.94 ~ 2.05 g/cm³,平均值为 1.99 g/cm³;干密度为 1.55 ~ 1.75 g/cm³,平均值为 1.65 g/cm³;直剪试验 $C = 48.3$ kPa,$\varphi = 20.0°$;渗透系数平均值 $K = 2.20 \times 10^{-8}$ cm/s;压缩系数平均值 $a_{1-2} = 0.258$ MPa⁻¹;属于密实、极微透水、中等压缩性土。粉细砂含水率为 6% ~ 27%,平均值为 18.6%;干密度为 1.49 ~ 1.80 g/cm³,平均值为 1.60 g/cm³;直剪试验(饱固快)$C = 0 \sim 20$ kPa,$\varphi = 28° \sim 43.2°$,平均值 $C = 7$ kPa,$\varphi = 36.4°$;渗透系数 $K = 3.1 \times 10^{-3} \sim 1.1 \times 10^{-4}$ cm/s,平均值 $K = 2.0 \times 10^{-3}$ cm/s,具中等透水。

坝基土的渗透变形试验成果见表 7-5。

7.2.5.2　坝体土体

在以往勘察设计中,对坝体土质量进行了多次全面检查,2006 年勘察仅利用钻探之便取坝体土样 31 组,对右岸坝段坝体土进行了复核,根据试验成果,按塑性指数分类,为低液限黏土,局部夹有低液限粉土,棕黄色、棕红色,夹有卵砾石,土质较均匀,多呈硬塑 - 可塑状,局部为坚硬状,含水率为 15.4% ~ 24.6%,平均值为 18.5%;湿密度为 1.83 ~ 2.13 g/cm³,平均值为 2.05 g/cm³;干密度为 1.55 ~ 1.84 g/cm³,平均值为 1.73 g/cm³;塑性指数为 8.7 ~ 14.4,平均值为 11.6;液性指数为 -0.07 ~ 0.66,平均值为 0.19;饱和固结快剪试验的凝聚力 $C = 2.0 \sim 67.7$ kPa,内摩擦角 $\varphi = 21.0° \sim 34.4°$,平均值 $C = 31.2$ kPa,$\varphi = 26.7°$;压缩系数 $a_{1-2} = 0.071 \sim 0.425$ MPa⁻¹,平均值 0.238 MPa⁻¹;垂直渗透系数为 $7.98 \times 10^{-8} \sim 1.76 \times 10^{-4}$ cm/s,平均值为 7.15×10^{-5} cm/s;水平渗透系数 5.34×10^{-6} cm/s。坝体土体物理力学性质试验成果见表 7-6,坝体土体渗透变形试验成果见表 7-7。

7.3　已有防渗、排水措施和效果

7.3.1　已有防渗、排水措施

坝基采取上游防渗与下游排水的渗流控制措施,上游防渗对第四系砂卵砾石层采取垂直防渗与水平防渗(铺盖)相结合的措施。垂直防渗措施包括灌浆帷幕(桩号 2 + 400 ~ 3 + 440)和截水槽(桩号 2 + 300 ~ 2 + 500),灌浆帷幕和截水槽中心线与原坝轴线的距离为 91.2 ~ 225 m,灌浆帷幕进入上第三系地层 2 ~ 4 m;帷幕上游 20 ~ 25 m 至坝脚范围内的土层进行夯实,要求人工铺盖厚度不小于 2 m。下游采取减压井与排水沟相结合的排水措施。

表 7-5　坝基土体渗透变形试验成果

地层代号	岩性	土样编号	含水率 (%)	干密度 (g/cm³)	临界坡降 i_K	破坏坡降 i_F	建议允许破坏坡降 i	渗透系数 垂直 K_{20} (cm/s)	比重	孔隙比	破坏形式	水流方向
Q_4^{al+dl}	浅黄色黄土状低液限黏土	ZKR4-6		1.70	1.13	10.88	0.57	4.70×10^{-5}	2.72	0.600	流土	由下向上
		ZKR9-4		1.58	1.47	7.88	0.74	2.80×10^{-5}	2.73	0.728	流土	由下向上
		ZKR9-7		1.64	1.60	9.99	0.80	2.00×10^{-5}	2.73	0.665	流土	由下向上
Q_{3+4}^{al+dl}		ZKR11-2	14.0	1.61	1.00	6.62	0.50	2.10×10^{-5}	2.70	0.667	流土	由下向上
		ZKR12-5		1.72	0.99	5.93	0.50	2.10×10^{-4}	2.70	0.570	流土	由下向上
Q_3^{al+dl}		ZKR13-3		1.79	0.98	12.09	0.49	2.50×10^{-6}	2.71	0.514	流土	由下向上
		ZKR21-4	14.0	1.59	0.72	5.95	0.36	5.70×10^{-5}	2.69	0.692	流土	由下向上
		ZKR26-1	13.0	1.74	0.98	10.31	0.49	1.20×10^{-4}	2.73	0.569	流土	由下向上
		ZKR26-3	14.0	1.56	0.91	6.02	0.46	5.40×10^{-5}	2.74	0.756	流土	由下向上
		组数	4	9	9	9	9	9	9	9	9	
		平均值	13.75	1.66	1.09	8.41	0.55	6.22×10^{-5}	2.72	0.640		
		最大值	14.0	1.79	1.60	12.09	0.80	2.10×10^{-4}	2.74	0.756		
		最小值	13.0	1.56	0.72	5.93	0.36	2.50×10^{-6}	2.69	0.514		
Q_3^{al+dl}	棕红色黄土状低液限黏土	ZKR2-1-5		1.75	1.25	16.57	0.63	2.80×10^{-5}	2.72	0.554	流土	由下向上
		ZKR7-1-4		1.59	0.96	9.70	0.48	1.70×10^{-4}	2.73	0.717	流土	由下向上
		ZKR16-6	15.0	1.46	0.76	3.24	0.38	9.80×10^{-4}	2.73	0.870	流土	由下向上
		ZKR18-4	13.0	1.69	1.50	8.18	0.75	2.20×10^{-4}	2.73	0.615	流土	由下向上
Q_3^{dl+pl}		ZKR19-3		1.65	1.27	11.15	0.64	5.00×10^{-5}	2.73	0.655	流土	由下向上
		ZKR19-4		1.64	1.21	12.16	0.61	1.60×10^{-5}	2.71	0.652	流土	由下向上
		ZKR20-5	15.0	1.64	1.21	9.99	0.61	2.00×10^{-5}	2.71	0.652	流土	由下向上
		组数	3	7	7	7	7	7	7	7	7	
		平均值	14.3	1.63	1.17	10.14	0.59	2.12×10^{-4}	2.72	0.674		
		最大值	15.0	1.75	1.50	16.57	0.75	9.80×10^{-4}	2.73	0.870		
		最小值	13.0	1.46	0.76	3.24	0.38	1.60×10^{-5}	2.71	0.554		

表 7-6　坝体土体物理力

地层代号	岩性	土样编号	取土深度（m）	物理性质						界限含水率				直剪试验	
				含水率（%）	比重 G_s	湿密度 ρ（g/cm³）	干密度 ρ_d（g/cm³）	饱和度 S_r（%）	孔隙比 e	液限 ω_L（%）	塑限 ω_P（%）	塑性指数 I_P	液性指数 I_L	饱和固结快剪	
														凝聚力（kPa）	摩擦角（°）
Q_4^r	坝体填筑土	ZKR1 – 1	15.0～15.5	16.9	2.73	2.06	1.76	83.7	0.551	27.4	16.8	10.6	0.01		
		ZKR1 – 2	19.5～20.0	17.8	2.73	2.07	1.76	88.2	0.551	27.4	16.0	11.4	0.16	34.1	21.4
		ZKR1 – 3	24.5～25.0	16.1	2.72	2.13	1.83	90.0	0.486	28.4	15.9	12.5	0.02		
		ZKR1 – 4	29.5～30.0	16.2	2.74	2.13	1.83	89.3	0.497	27.4	16.3	11.1	−0.01	67.7	30.4
		ZKR2 – 1 – 1	11.5～12.0	20.0	2.72	2.03	1.69	89.3	0.609	26.9	16.0	10.9	0.37		
		ZKR2 – 1 – 2	14.0～14.5	18.3	2.73	1.99	1.68	79.9	0.625	29.8	16.5	13.3	0.14	35.2	27.7
		ZKR2 – 1 – 3	24.5～25.0	18.9	2.72	2.04	1.72	88.4	0.581	26.1	14.5	11.6	0.38		
		ZKR3 – 1	6.0～6.5	17.8	2.72	2.00	1.70	80.7	0.600	26.5	15.5	11.0	0.21		
		ZKR3 – 2	7.5～8.0	17.5	2.75	2.08	1.77	86.9	0.554	26.9	15.4	11.5	0.18		
		ZKR4 – 1	15.0～15.5	16.5	2.73	2.13	1.83	91.6	0.492	27.9	16.6	11.3	−0.01		
		ZKR4 – 2	20.0～20.5	16.6	2.72	2.12	1.82	91.3	0.495	27.7	16.0	11.7	0.05	19.0	29.4
		ZKR4 – 3	24.0～24.5	18.2	2.70	2.02	1.71	84.9	0.579	27.6	16.2	11.4	0.18		
		ZKR4 – 4	28.0～28.5	18.0	2.71	2.05	1.74	87.5	0.557	25.7	14.4	11.3	0.32	46.5	24.2
		ZKR6 – 1	3.5～4.0	18.7	2.72	2.07	1.74	90.3	0.563	29.5	15.5	14.0	0.23		
		ZKR6 – 2	4.5～5.0	16.6	2.72	2.05	1.76	82.8	0.545	27.1	15.5	11.6	0.09		
		ZKR6 – 3	5.5～6.0	18.5	2.73	2.12	1.79	96.2	0.525	28.1	15.7	12.4	0.23		
		ZKR6 – 4	9.0～9.5	19.4	2.72	2.08	1.74	93.7	0.563	27.8	15.6	12.2	0.31		
		ZKR9 – 1	20.0～20.5	19.0	2.71	1.95	1.64	78.9	0.652	28.2	16.0	12.2	0.25		
		ZKR9 – 2	38.0～38.5	22.7	2.71	1.94	1.58	86.0	0.715	28.0	17.5	10.5	0.50	11.1	30.9
		ZKR9 – 3	44.0～44.5	21.9	2.72	2.04	1.67	94.7	0.629	27.6	16.9	10.7	0.47		
		ZKR10 – 1	3.5～4.0	15.7	2.70	1.83	1.58	59.8	0.709	27.3	15.6	11.7	0.01		
		ZKR10 – 2	4.5～5.0	18.8	2.72	2.04	1.72	88.0	0.581	28.1	17.1	11.0	0.15		
		ZKR12 – 1	3.5～4.0	18.9	2.71	2.09	1.76	94.9	0.540	28.3	16.8	11.5	0.18	9.1	34.4
		ZKR12 – 2	20.5～21.0	18.7	2.72	2.10	1.77	94.8	0.537	28.5	18.0	10.5	0.07		
		ZKR12 – 3	25.0～25.5	18.8	2.72	2.09	1.76	93.7	0.545	28.0	16.4	11.6	0.21	42.2	28.1
		ZKR13 – 1	1.5～2.0	17.8	2.71	2.11	1.79	93.9	0.514	28.0	16.7	11.3	0.10	55.0	21.0
		ZKR13 – 2	3.0～3.5	18.0	2.72	2.10	1.78	92.7	0.528	27.1	15.3	11.8	0.23		
		ZKR14 – 1	3.5～4.0	20.6	2.70	2.03	1.68	91.6	0.607	29.0	16.1	12.9	0.35	2.0	25.4
		ZKR16 – 1	2.5～3.0	19.8	2.72	2.10	1.75	97.2	0.554	26.8	15.5	11.3	0.38		
		ZKR16 – 2	5.5～6.0	24.6	2.72	2.04	1.64	100.0	0.659	31.1	17.5	13.6	0.52	22.3	26.5
		ZKR17 – 1	10.5～11.0	19.8	2.71	1.86	1.55	71.7	0.748	29.9	17.6	12.3	0.18		
		ZKR17 – 2	16.5～17.0	19.5	2.72	2.03	1.70	88.4	0.600	29.8	18.5	11.3	0.09		
		ZKR18 – 1	30.0～30.5	15.4	2.70	2.12	1.84	89.0	0.467	26.1	15.4	10.7	0.00		
		ZKR18 – 2	37.0～37.5	16.2	2.70	2.01	1.73	78.0	0.561	27.3	15.5	11.8	0.06	17.1	27.3
		ZKR18 – 3	39.5～40.0	24.0	2.70	1.99	1.60	93.8	0.694	27.7	16.7	11.0	0.66		
		ZKR19 – 1	5.0～5.5	17.7	2.71	2.15	1.83	99.7	0.481	27.8	15.8	12.0	0.16	43.2	25.3
		ZKR19 – 2	15.0～15.5	18.7	2.73	2.06	1.74	89.7	0.569	33.4	19.0	14.4	−0.02		
		ZKR20 – 1	18.0～18.5	19.1	2.71	1.98	1.66	81.8	0.633	27.4	15.9	11.5	0.28		
		ZKR20 – 2	22.0～22.5	15.6	2.71	2.10	1.82	86.5	0.489	27.3	16.4	10.9	−0.07	45.3	26.7
		ZKR21 – 1	4.5～5.0	19.5	2.74	2.05	1.72	90.1	0.593	30.8	19.2	11.6	0.03	29.0	23.3
		ZKR21 – 2	7.5～8.0	17.1	2.71	2.03	1.73	81.8	0.566	23.8	15.1	8.7	0.23		
		ZKR21 – 3	9.0～9.5	16.7	2.70	2.00	1.71	77.9	0.579	29.4	16.9	12.5	−0.02	19.8	24.6
		组数		42	42	42	42	42	42	42	42	42	42	16	16
		平均值		18.5	2.72	2.05	1.73	87.8	0.574	28.0	16.3	11.6	0.19	* 18.2	* 24.3
		最大值		24.6	2.8	2.2	1.8	100.0	0.7	33.4	19.2	14.4	0.7	67.7	34.4
		最小值		15.4	2.70	1.83	1.55	59.8	0.467	23.8	14.4	8.7	−0.07	2.0	21.0

注：平均值中数字前面有" * "为小值平均值，而数字前面有"△"为大值平均值。

学性质试验成果

渗透系数		固结		黄土湿陷(双线法)						颗粒组成(%)						土的定名
垂直 K_{20} (cm/s)	水平 K_{20} (cm/s)	压缩系数 a_{1-2} (MPa^{-1})	压缩模量 Es_{1-2} (MPa)	荷重50 (kPa)	荷重100 (kPa)	荷重150 (kPa)	荷重200 (kPa)	荷重300 (kPa)	湿陷起始压力 P_{sh} (kPa)	>2.0 mm	2.0~0.50 mm	0.50~0.25 mm	0.25~0.075 mm	0.075~0.005 mm	<0.005 mm	土的分类标准(GBJ 145—90)按塑性指数分类
1.35×10^{-4}		0.182	8.506													低液限黏土
		0.236	6.586													低液限黏土
2.53×10^{-6}		0.144	10.323										7.6	64.2	28.2	低液限黏土
		0.182	8.215										5.8	69.3	24.9	低液限黏土
		0.340	4.735													低液限黏土
3.93×10^{-5}												4.0	12.1	58.1	25.8	低液限黏土
		0.282	5.622													低液限黏土
		0.341	4.692													低液限黏土
																低液限黏土
		0.129	11.549													低液限黏土
3.53×10^{-7}		0.153	9.756													低液限黏土
		0.245	6.449													低液限黏土
1.18×10^{-6}		0.270	5.776													低液限黏土
		0.207	7.465													低液限黏土
																低液限黏土
		0.210	7.430													低液限黏土
1.64×10^{-4}		0.439	3.766													低液限黏土
													3.5	74.0	22.5	低液限黏土
1.76×10^{-4}		0.186	8.744													低液限黏土
1.40×10^{-4}																低液限黏土
		0.217	7.302													低液限黏土
8.88×10^{-5}																低液限黏土
		0.151	10.174													低液限黏土
																低液限黏土
		0.237	6.437									8.0	10.0	54.2	27.8	低液限黏土
		0.338	4.745									7.2	10.8	54.1	27.9	低液限黏土
																低液限黏土
																低液限黏土
																低液限黏土
														77.4	22.6	低液限黏土
		0.177	8.322										8.1	67.0	24.9	低液限黏土
1.20×10^{-4}																低液限黏土
		0.352	4.802										3.4	70.5	26.1	低液限黏土
		0.189	7.835													低液限黏土
7.98×10^{-8}		0.219	7.180										9.0	66.1	24.9	低液限黏土
1.61×10^{-7}		0.425	3.837													低液限黏土
		0.071	21.013													低液限黏土
	5.34×10^{-6}															低液限黏土
		0.253	6.173									9.2	9.6	58.1	23.1	低液限粉土
													8.9	69.9	21.2	低液限黏土
12	1	26	26									4	11	12	12	
Δ1.37×10^{-4}	5.34×10^{-6}	0.238	7.594									7.10	8.07	65.24	24.99	
1.76×10^{-4}		0.439	21.013									9.2	12.1	77.4	28.2	
7.98×10^{-8}		0.071	3.766									4.0	3.4	54.1	21.2	

表 7-7　坝体土体渗透变形试验成果表

地层代号	岩性	土样编号	含水率 (%)	干密度 (g/cm³)	临界坡降 i_K	破坏坡降 i_F	建议允许破坏坡降 i	渗透系数 垂直 K_{20} (cm/s)	比重	孔隙比	破坏形式	水流方向
		ZKR2-1-2		1.68	1.04	11.10	0.52	2.20×10^{-5}	2.73	0.625	流土	由下向上
		ZKR7-1-2	14.0	1.68	1.04	9.00	0.52	3.90×10^{-5}	2.71	0.613	流土	由下向上
		ZKR9-2		1.58	1.27	10.75	0.64	6.10×10^{-5}	2.71	0.715	流土	由下向上
		ZKR12-2		1.77	1.65	12.28	0.83	8.40×10^{-6}	2.72	0.537	流土	由下向上
Q_4^l	坝体填筑土	ZKR13-1	13.0	1.79	1.24	7.63	0.62	6.00×10^{-4}	2.71	0.514	流土	由下向上
		ZKR16-2	13.0	1.64	0.87	6.08	0.44	4.40×10^{-5}	2.72	0.659	流土	由下向上
		ZKR18-1		1.84	0.98	10.48	0.49	3.80×10^{-6}	2.70	0.467	流土	由下向上
		ZKR19-1		1.83	1.05	13.63	0.53	1.00×10^{-5}	2.71	0.481	流土	由下向上
		ZKR21-2		1.73	1.19	9.00	0.60	1.80×10^{-5}	2.71	0.566	流土	由下向上
		组数	3	9	9	9	9	9	9	9		
		平均值	13.3	1.73	1.15	9.99	0.58	$^{\triangle}6.00 \times 10^{-4}$	2.71	0.575		
		最大值	14.0	1.84	1.65	13.63	0.83	6.00×10^{-4}	2.73	0.715		
		最小值	13.0	1.58	0.87	6.08	0.44	3.80×10^{-6}	2.70	0.467		

注：平均值中数字前面有"Δ"为大值平均值。

（1）1961 年 3 月～1961 年 7 月,在右岸坝基范围内桩号 2 + 400～3 + 440(右岸一级阶地前缘附近至右岸坝肩附近)地层采用灌浆帷幕防渗,帷幕厚度约 8 m,进入上第三系地层 2～4 m,灌浆孔排列形式采用梅花形和三角形,灌浆材料为水泥黏土浆(水泥:上第三系黏土:水为 $1:1:n$,$n = 3～12$),帷幕与上游坝脚以铺盖相连。

另外,当帷幕灌浆的帷幕跨过冲沟时,对冲沟中洪积的砂卵石层在帷幕上游也进行了截断(截水墙)处理。

（2）截水槽桩号 2 + 300～2 + 500 段,为截水槽南端,位于右岸高漫滩与一级阶地结合部位,截水槽槽底为上第三系上新统第三层(N_2^3)砂层。

截水槽除在北、南两端穿过有厚度不大的第四系黄土外,穿过的地层主要为第四系砂卵石层。自下而上为漂石层、砂卵石层、河床砂卵石层。截水槽两端与灌浆帷幕分别搭接200 m、100 m。

（3）坝前铺盖。两岸阶地之灌浆帷幕与上游坝脚之间为第四系全新统和上更新统黄土状低液限黏土,最初施工时的水平铺盖采用对黄土状土分层碾压以形成人工铺盖。要求碾压干密度大于 1.65 g/cm³,渗透系数小于 $2 × 10^{-6}$ cm/s,有效厚度不小于 2.0 m,并在铺盖表层加铺 0.3 m 厚的松土或砂砾作为保护层。

1961 年水库蓄水以来,上游水平铺盖及坝体陆续出现塌坑和裂缝,1962 年底至 1963年初,放空水库后,又对出现问题的地段,即桩号 2 + 700～3 + 440 段的水平铺盖进行了处理。将天然黄土铺盖就地翻压和先用夯板夯实的办法保证人工铺盖的有效厚度不小于 2m。加固范围由上游坝脚越过帷幕线至其上游的 20～25 m 处。

1974 年汛前再次放空水库,针对发现的问题又一次对水平铺盖进行了全面处理。一般对深度小于 2 m 的裂缝及塌坑采用挖深 2 m,然后分层夯实回填小碎石;若挖深 2 m 以下裂缝宽度仍超过 1 cm,则挖深 4 m,分层夯实回填;若深度 4 m 以下缝宽仍大于 1 cm,即予埋灌浆管回填灌浆。回填土干密度要求达到 1.6 g/cm³。这次处理后,坝体及水平铺盖再未发现明显的问题。

（4）下游坝脚排水。河床桩号 2 + 300～2 + 400 段在下游坝脚设有排水暗沟,在沟内回填砂卵石、反滤和卵石。为了防止雨水淤积,在卵石以上又回填了反滤和土做成暗沟;在桩号 2 + 400 附近开挖垂直坝轴线方向的排水沟,以疏导排水暗沟中汇聚的水。

1961 年 10 月～1962 年 7 月,在右岸一、二级阶地(桩号 2 + 400～3 + 200)进行了下游排水沟和减压井施工,并在桩号 3 + 110 下游方向延伸设有长度 300 m 的横向排水沟和减压井系统。排水沟挖至砂卵石层(砾岩)顶部以下 0.5～1.0 m。排水沟内设置了减压井,其深度基本达到砂卵石层(砾岩)底部,井距为 20 m,井径为 30 cm。

7.3.2　防渗效果

经过防渗处理后,试验测得人工碾压铺盖渗透系数小于 $2.31 × 10^{-8}$ m/s,第四系黄土渗透系数为 $1.16 × 10^{-6}$～$1.16 × 10^{-5}$ m/s,见表 7-8;砂卵石层帷幕渗透系数一般小于$1.26 × 10^{-3}$ m/s,大部分为 $3.47 × 10^{-5}$～$3.70 × 10^{-4}$ m/s,见表 7-9。

从表7-8可以看出,当时防渗效果是明显的。

表7-8　主坝坝基铺盖及帷幕渗透系数

地层岩性	0 + 350 断面	1 + 200 断面	2 + 700 断面	2 + 950 断面	3 + 200 断面
	渗透系数 $K(\text{m/s})$				
天然铺盖	1.16×10^{-5}		1.16×10^{-6}	1.16×10^{-6}	
人工铺盖	2.00×10^{-8}	2.00×10^{-8}	2.00×10^{-8}	2.00×10^{-8}	2.00×10^{-8}
帷幕	2.3×10^{-5}		1.0×10^{-5}	5.0×10^{-5}	1.5×10^{-5}

注:摘自《岳城水库大坝加高工程技施设计说明书》(1991年10月)、《岳城水库大坝首次安全鉴定地质评价报告》。

根据1966年12月水利电力部海河勘测设计院地勘总队第三地质勘探队编制的《漳河岳城水库主坝右岸桩号3 + 050 m附近渗漏问题地质说明书》(101 − D(66)1),为检查帷幕的防渗效果,1961年灌浆施工后期,在帷幕线上布置了4个检查孔,1966年又布置了两个检查孔,均进行了注水试验,其成果见表7-9。

表7-9　帷幕灌浆前后砂卵石层渗透性变化

桩号	孔号	灌浆前			灌浆后			说明	地貌单元
		高程	渗透系数		高程	渗透系数			
		(m)	(cm/s)	(m/d)	(m)	(cm/s)	(m/d)		
2 + 570	2 + 535	100.81 ~ 103.85	2.32×10^{-2}	20.04	98.81 ~ 102.24	3.70×10^{-4}	0.32	1961年资料	一级阶地砂卵石
2 + 685			$> 2.32 \times 10^{-1}$	200.45				1961年资料	深切河槽、一级阶地砂卵石
2 + 800	2 + 823	98.24 ~ 102.61	5.09×10^{-2}	43.98	98.45 ~ 102.68	1.26×10^{-3}	1.09	1961年资料	
3 + 075	2 + 985	99.81 ~ 108.41	6.94×10^{-3} ~ 3.24×10^{-2}	5.996 ~ 27.99	103.88 ~ 108.88	9.5×10^{-5}	0.08	1961年资料	一级阶地和二级阶地接触带、砂卵石,局部为胶结不良砾岩
3 + 080	观孔1		1.16×10^{-2} ~ 2.89×10^{-2}	10.02 ~ 24.97		2.51×10^{-5}	0.02	1966年资料	二级阶地砂卵石,局部为结不良砾岩
3 + 090	观孔4		1.16×10^{-2} ~ 2.89×10^{-2}	10.02 ~ 24.97	105.0 ~ 110.0	3.47×10^{-5}	0.03	1966年资料	

注:资料来源于《漳河岳城水库加固设计工程地质勘察报告》(101 − D(76)1)、《岳城水库大坝首次安全鉴定地质评价报告》。

从表7-9可以看出,灌浆帷幕渗透系数小于1 m/d,大部分为0.03 ~ 0.08 m/d,因此帷幕防渗效果较为明显的。但是,从 6 次注水试验成果来看,帷幕的渗透性大小不均一,说明帷幕的透水性是有差别的,尤其在桩号 2 + 685 检查孔情况较差,在钻进过程中发生大量漏水及塌孔现象,封孔灌浆时干料耗量也很大,初步证明有些地段灌浆帷幕的防渗效果较差。

为进一步检查 3 + 050 附近帷幕的质量,1966 年进行了一次多孔抽水试验,抽水试验布置见图 7-2。

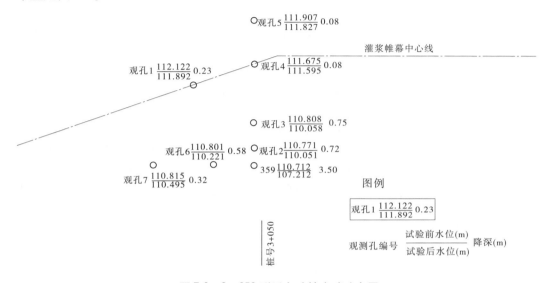

图 7-2 3 + 050 附近多孔抽水试验布置

帷幕线上的观孔 1、观孔 4 及帷幕前的观孔 5,在抽水前及抽水试验过程中,地下水位均高于帷幕后地下水位 1 m 左右。当主孔抽水降深依次为 1 m、2 m、3.5 m 时,观孔 1、观孔 4 及观孔 5 均有所反映,且降深值由小到大呈规律性变化,再次证明帷幕是透水的。

另外,当帷幕灌浆的帷幕跨过冲沟时,对冲沟中洪积的砂卵石层在帷幕上游也进行了截断(截水墙)处理。观孔 1、观孔 4 均位于冲沟中,钻进时尚未发现漏水现象。因此,穿越冲沟的灌浆帷幕的防渗效果是可靠的。

根据《岳城水库大坝首次安全鉴定工程质量复核报告》,1976 年 11 月 15 日库水位为148.32 m 时各测压管观测资料计算上游坝脚水头损失见表 7-10。

表 7-10 帷幕防渗效果对照

桩号(m)		2 + 700 ~ 2 + 950	2 + 950 ~ 3 + 100	3 + 100 ~ 3 + 400
上游坝脚水头	原设计	30	10	50
损失(%)	实测(1976)	63.5	16	34

从表 7-10 可以看出,桩号 2 + 700 ~ 3 + 100 坝段实测上游坝脚水头损失不满足设计要求,说明局部坝基灌浆帷幕的防渗效果存在一定缺陷。

上述资料表明,坝前水平铺盖经处理后至今尚未发现问题,同时考虑到多年来的水库淤积,据此认为,目前坝前铺盖防渗效果尚可;灌浆帷幕防渗效果是明显的,但灌浆帷幕质量不均一,总体为中等、弱透水性。

7.4　坝基渗漏问题分析与评价

7.4.1　坝基渗漏基本情况

主坝右岸坝段直接坐落在第四系全新统和上更新统黄土状低液限黏土上,在一级阶地厚度为 4~10 m,在二级阶地厚度为 6~22 m。黄土状土之下为第四系全新统和上更新统砂卵石,在一级阶地顶板高程为 103~105 m,厚度为 5~22 m,在二级阶地顶板高程为 106~110 m,厚度为 4~9 m。在水平铺盖防渗效果仍有一定保证而灌浆帷幕质量不均一并有一定透水性的情况下,库水将主要通过已有防渗帷幕的第四系砂卵石层入渗,见图 7-3 右岸坝段坝基渗透剖面。

根据 2006 年钻孔水位资料和地下水位等值线图,坝基砂卵石层的地下水基本由上游向下游渗流,由右岸二级阶地向一级阶地、河床渗流;大致在桩号 2+500 以左坝段坝后减压井水向桩号 2+450 坝后排水沟径流,而桩号 2+500~3+110 坝段及桩号 3+110 以右坝段坝后减压井的水向桩号 3+110 坝后排水沟径流。此外,在桩号 3+100 附近,地下水略向下游偏右岸渗流,即南西向。

7.4.1.1　地下水位

1. 测压管观测资料

根据调查,在主坝桩号 2+400 以右坝段,坝基渗流的观测管有 8 条断面,17 个测压管,但部分断面一些测压管已损坏,观测断面不完整。此外,考虑到多年以来桩号 2+800~3+200 段渗漏问题较为突出,水力坡降亦较大。为此,选择了 2+900、3+000、3+050、3+100、3+200 共 5 个断面,对观测断面上的测压管水位与库水位关系进行了分析,其与同期库水位历时曲线见图 7-4。

从图 7-4 可以看出,当库水位低于 138.0 m 时,测压管水位一般低于库水位 16~28 m,而当库水位高于 138.0 m 时,测压管水位低于库水位可达 26 m 以上;测压管水位变化趋势与库水位变化趋势基本一致,但变化幅度明显小于库水位变化幅度,测压管水位变化滞后于库水位变化约 20 d,不同断面和相同断面不同测压管之间的滞后时间也是有差别的,粗略估算径流速度为 3~7 m/d。

坝轴线下游 8 m 和 65 m 处的测压管的水位变化受库水变化的影响较为明显,而坝轴线下游 130 m 处的测压管水位变化受库水位的影响较弱,但桩号 3+200 下 124 测压管水位的变化与库水位联系密切。

在所分析的测压管中,3+050 下 8 测压管水位对库水位变化较为敏感,变化幅度明显大于其他测压管,但 3+050 下 130 测压管水位变化受库水位影响较弱,从而说明该断面坝基地下水径流不畅。

这 5 个观测断面位于一级阶地和二级阶地过渡地带,测压管水位为 108~116 m,彼此比较接近,差别不大,说明地层结构和地层透水性较为相近。

2. 钻孔地下水位

在勘察期间,对勘探钻孔的地下水位进行了观测,据此编制了库水位和钻孔地下水位历时曲线,见图 7-5。从历时曲线可以看出:

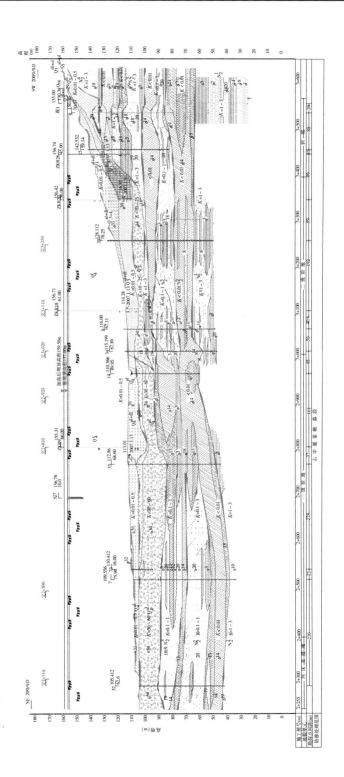

图 7-3　右岸坝段坝基渗漏剖面

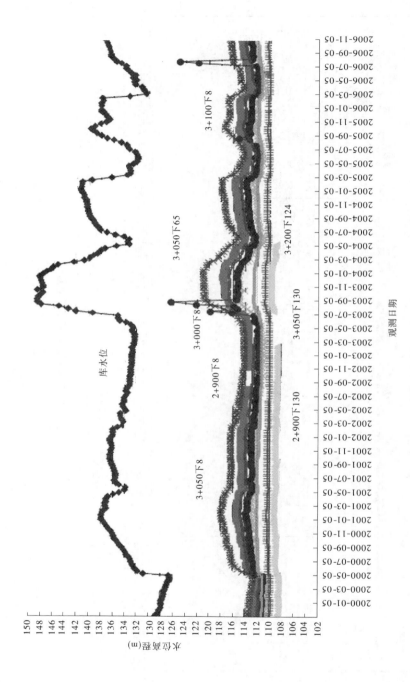

图 7.4　2000～2006 年坝基测压管水位与库水位历时曲线

注：一般观测日期为每月 5 日、15 日和 25 日，但实际观测日期有时可能会晚 1～4 天，为便于资料整理，观测日期均按每月 5 日、15 日和 25 日计。

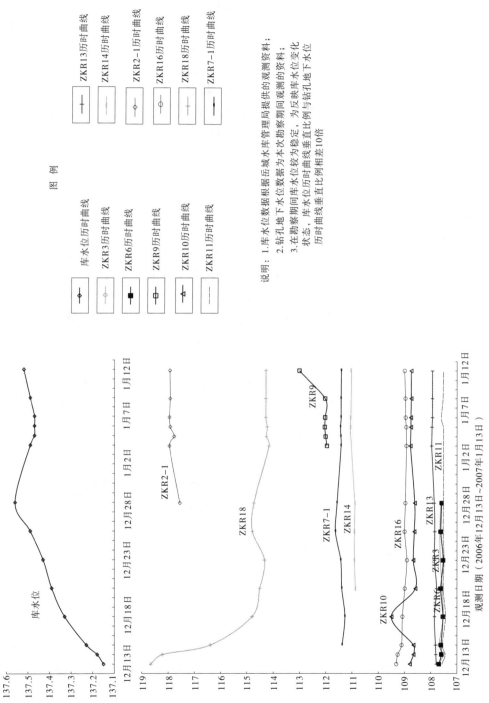

图 7-5　岳城水库主坝桩号 2 + 400 以右坝段库水和钻孔地下水位历时曲线

在一级阶地,坝前钻孔的地下水位为 111.91 ~ 115.93 m,坝中部钻孔的地下水位为 111.04 ~ 113.04 m,坝后钻孔的地下水位为 107.52 ~ 108.75 m。

在二级阶地,坝前钻孔的地下水位为 116.65 ~ 119.50 m,坝中部钻孔的地下水位为 111.04 ~ 117.93 m,坝后钻孔的地下水位为 109.11 m。

从上述观测成果和历时曲线可以看出:

(1)坝基地下水总体从上游向下游渗流,上下游水位差一级阶地为 1.23 ~ 4.29 m,二级阶地为 1.57 ~ 8.82 m。沿坝轴线方向对比,总体表现出地下水位由坝肩向一级阶地方向略有降低,说明右岸地下水仍有向河床径流的趋势。

(2)坝基地下水径流比较集中的地段位于桩号 2 +980 ~ 3 +120。

(3)坝基地下水位一般都低于库水位 15 m 左右,大部分钻孔的地下水位变化不大,比较稳定。

(4)坝后减压井、坝后排水沟与坝后钻孔地下水位(坝基地下水位)接近。

7.4.1.2　坝基渗漏量观测

据了解,主坝桩号 2 +400 以右坝段的坝基渗漏量观测设置有 2 个观测点,即桩号 2 +450 坝后排水沟梯形堰、桩号 3 +110 坝后排水沟 6# 梯形堰。多年来,流量观测点数次改建,位置也有变化。目前,仅桩号 3 +110 坝后排水沟 6# 梯形堰能够观测。此外,坝后减压井基本置于砂卵石底部,而坝后排水沟底部高于坝基砂卵石底部,因此现有坝后渗漏量的观测点仅能观测到大部分坝基渗漏量,还有一部分渗漏量尚无法观测。

由于历史原因和观测设备多次损坏导致观测终止,且时间较长,因此坝后排水沟流量观测时间连续性较差;此外,坝后排水沟周围为耕地,排水沟中的水是当地村民生活、生产的主要水源,且在桩号 3 +110 坝后排水沟边建有水泵房,因而对流量观测干扰很大,使得观测数据代表性较差。

本期主要对 2002 ~ 2006 年桩号 3 +110 坝后排水沟的流量进行了初步统计分析,见表 7-11,图 7-6 为坝后 3 +110 坝后排水沟流量与库水位历时曲线。

表 7-11　2002 ~ 2006 年桩号 3 +110 坝后排水沟的流量统计

时间	观测次数	流量						年平均值 (L/s)
		最大值			最小值			
		数值 (L/s)	库水位 (m)	日期 (月-日)	数值 (L/s)	库水位 (m)	日期 (月-日)	
2002 年	27	143	136.34	02-25	93.5	136.22	01-05	116.711
2003 年	29	262	147.57	12-04	48.4	132.77	04-05	130.438
2004 年	26	211	147.94	01-24	109	133.64	07-15	156.154
2005 年	30	198	140.48	01-14	31.8	132.68	06-24	118.290
2006 年	27	211	138.15	12-15	66	137.97	10-25	112.381

注:每月观测 3 次,全年观测 36 次。

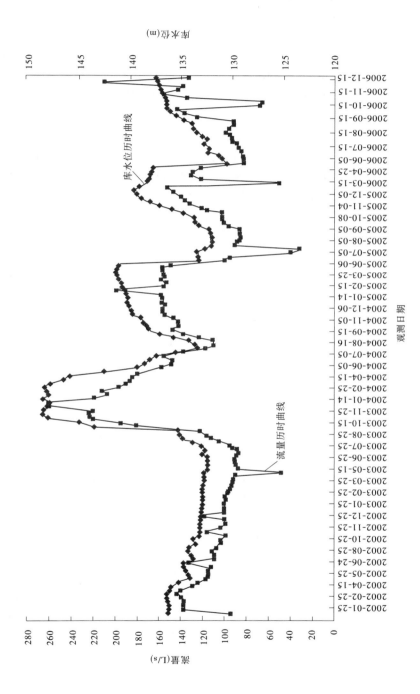

图 7-6　2002～2006 年坝后排水沟流量与库水位历时曲线

　　从每年观测次数来看,由于各种因素的干扰,一般每年总有 2~3 个月的观测数据无法采用;从流量的年平均值来看,数值差别不大,发展趋势不明显;观测流量的最大值多出现在较高的库水位时,即年底或年初,且数值差别较大,而观测流量的最小值分布趋势不明显,随机性明显,数值差别较大。

　　从图 7-6 可以看出,2002~2003 年库水位变化幅度较小,流量变化幅度亦较小,而 2003 年 6 月~2006 年库水位变化幅度较大,相应地,流量变化幅度也较大,流量变化趋势与库水位变化趋势基本一致,流量变化幅度与库水位变化幅度相近,但滞后于库水位的变化,一般滞后 10~30 d,滞后时间不同时期也存在差别,初步估算地下水径流速度为 8~24 m/d,变化较大。

　　从 5 年的流量观测资料看,异常数据较多,说明流量观测受到干扰因素的影响较大。

　　在历年的观测资料中,相比较而言,2005 年观测数据较多,历时较长,因此对其作进一步分析,见表 7-12,流量与库水位历时曲线见图 7-7。

表 7-12　2005 年桩号 3 + 020 坝后排水沟 6# 梯形堰流量观测成果

观测日期	堰口水位高度	流量			库水位(m)
(月-日)	(cm)	(L/s)	(m³/s)	(m³/d)	
01-05	17.2	159.0	0.159	13 737.6	140.39
01-14	19.9	198.0	0.198	17 107.2	140.48
01-25	16.9	155.0	0.155	13 392.0	140.69
02-05	16.8	153.0	0.153	13 219.2	140.81
02-15	17.2	159.0	0.159	13 737.6	141.04
02-28	16.9	155.0	0.155	13 392.0	141.25
03-04	17.0	156.0	0.156	13 478.4	141.29
03-25	17.0	156.0	0.156	13 478.4	141.19
04-15	16.4	148.0	0.148	12 787.2	139.46
05-25	12.7	100.0	0.100	8 640.0	133.15
06-06	12.2	94.6	0.094 6	8 173.4	133.30
06-16	6.9	40.4	0.040 4	3 490.6	133.40
06-24	5.9	31.8	0.031 8	2 747.5	132.68
07-05	11.8	91.1	0.091 1	7 871.0	132.01
07-15	11.5	86.5	0.086 5	7 473.6	131.84
07-25	11.4	85.3	0.085 3	7 369.9	131.88
08-05	11.4	85.3	0.0853	7 369.9	132.07
08-15	11.5	86.5	0.086 5	7 473.6	132.29
08-25	12.4	97.0	0.097	8 380.8	133.32
09-05	12.8	102.0	0.102	8 812.8	133.62
09-15	12.9	103.0	0.103	8 899.2	133.74
09-26	12.9	102.0	0.102	8 812.8	134.72
10-08	14.0	117.0	0.117	10 108.8	136.65

续表 7-12

观测日期 （月-日）	堰口水位高度 （cm）	流量			库水位（m）
		（L/s）	（m³/s）	（m³/d）	
10-15	14.4	122.0	0.122	10 540.8	137.05
10-24	15.2	133.0	0.133	11 491.2	137.84
11-04	15.7	139.0	0.139	12 009.6	138.73
11-16	15.9	142.0	0.142	12 268.8	139.34
11-25	16.4	148.0	0.148	12 787.2	139.65
12-05	16.8	153.0	0.153	13 219.2	139.10
12-15	8.0	50.2	0.050 2	4 337.3	138.15
平均值	13.9	118.3	0.118 3	10 221.1	136.70
最大值	19.9	198.0	0.198	17 107.2	141.29
最小值	5.9	31.8	0.032	2 747.5	131.84

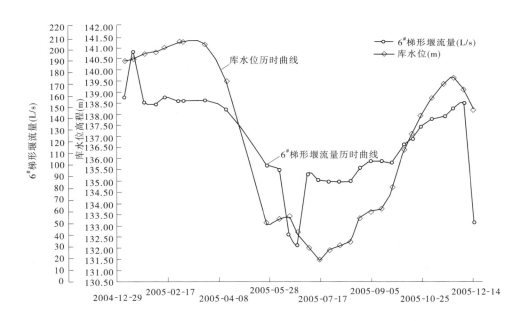

图 7-7 2005 年库水位及桩号 3+110 坝后排水沟流量历时曲线

此外,本期勘察期间亦对其流量进行了观测,见表 7-13。

2005 年的观测资料表明,其流量为 31.8～198.0 L/s,变化较大,平均值为 118.3 L/s,约为 10 221.1 m³/d,变化较大;2006 年 12 月～2007 年 1 月勘察期间的观测结果表明,流量为 104.0～184.0 L/s,平均值为 124.88 L/s,约为 10 789.63 m³/d,两者的平均值差别不大。

从图 7-7 可以看出,当库水位高于 140.50 m 时,排水沟流量变化较小,当库水位低于 140.50 m 时,排水沟流量迅速减小,并逐步趋于稳定,但库水位依然继续下降直到最低库水位,然后逐步缓慢升高,排水沟的流量随之亦以更小幅度缓慢升高,当库水位高于 136.0 m 后,排水沟的流量变化幅度明显增大,直到最大值,随后随着库水位下降而陡降。 因此,排水沟流量的变化与库水位变化趋势基本一致,两者之间存在一定的相关性,说明 坝后排水沟的水与库水存在一定的水力联系。此外,排水沟流量变化滞后于库水位变化 20 d 左右,粗略估算渗流速度为 18 m/d。

表 7-13　2006 年 12 月 ~ 2007 年 1 月桩号 3 + 110 坝后排水沟流量观测成果

观测日期 (年-月-日)	堰口水位高度 (cm)	流量		库水位 (m)
		(L/s)	(m³/d)	
2006-12-10	17	156.0	13 478.4	137.11
2006-12-15	19	184.0	15 897.6	137.23
2006-12-20	13	104.0	8 985.6	137.39
2006-12-25	13.8	114.0	9 849.6	137.45
2006-12-30	13.3	108.0	9 331.2	137.56
2007-01-05	13.2	107.0	9 244.8	137.49
2007-01-10	13.6	112.0	9 676.8	137.49
2007-01-15	13.8	114.0	9 849.6	137.53
平均值	14.59	124.88	10 789.63	
最大值	19	184.0	15 897.6	
最小值	13	104.0	8 985.6	

注:坝后排水沟水位约 110 m。

从表 7-13 可以看出,2006 年 12 月 ~ 2007 年 1 月,库水位基本稳定,为 137.11 ~ 137.53 m,相比较而言,虽然流量亦较为稳定,但变化幅度大于库水位变化幅度。

因此,坝后排水沟水与库水存在一定的水力联系,排水沟的水部分来源于水库。

7.4.1.3　水的化学矿物成分分析

勘察期间,采集了库水、钻孔地下水、坝后减压井水、桩号 3 + 110 坝后排水沟中的水 进行了水质简分析和矿物成分分析。

1. 水质简分析

水质简分析成果见表 7-14。

从上述的水质简分析成果可以看出,库水、坝后南 5# 减压井中水、坝后北 3# 减压井中 水、桩号 3 + 110 坝后排水沟中的水的化学类型基本相同,它们之间存在一定的水力联系。

从表 7-14 还发现,钻孔 ZKR12、ZKR13、ZKR7 - 1 地下水化学类型与库水化学类型基 本一致,仅个别离子含量略有一定的差别;而钻孔 ZKR3、ZKR6、ZKR10、ZKR16、ZKR17、 ZKR21 地下水化学类型与库水化学类型差别明显。初步分析认为主要是由于钻进过程 采用泥浆护壁,钻孔冲洗不彻底所致;此外,也与所处地貌单元、地层结构、地层透水性不 均一性、地层接触关系以及已有的坝基防渗处理措施有关。

(1)ZKR3、ZKR6 位于高漫滩与一级阶地结合部位,曾采取截水槽和灌浆帷幕防渗处

表 7-14　水质简分析成果

项目	取样位置		库水	坝后北 3# 减压井	坝后南 5# 减压井	桩号 3+110 坝后排水沟	ZKR3	ZKR6	ZKR7-1	ZKR10	ZKR12	ZKR13	ZKR16	ZKR17	ZKR21
阳离子	$K^+ + Na^+$	mg/L	6.44	4.14	4.83	0.69	60.95	98.67	7.82	22.08	15.64	1.38	23.69	3.22	42.32
	Ca^{2+}	mg/L	65.33	65.33	70.14	65.33	139.88	144.69	77.76	38.88	77.76	96.59	31.26	34.07	90.18
	Mg^{2+}	mg/L	17.01	17.01	16.04	17.01	17.01	25.52	11.42	4.62	9.48	13.12	7.53	10.45	11.42
	总计	mg/L	88.78	86.48	91.01	83.03	217.84	268.88	97.00	65.58	102.88	111.09	62.48	47.74	143.92
阴离子	Cl^-	mg/L	22.33	18.79	19.85	22.33	53.53	58.49	18.79	23.75	18.79	17.37	18.79	12.41	18.79
	SO_4^{2-}	mg/L	51.87	51.87	59.56	51.87	74.93	97.02	67.24	41.31	51.87	59.56	45.15	41.31	145.05
	HCO_3^-	mg/L	197.09	197.09	197.09	181.84	485.72	606.54	197.09	45.77	227.60	258.11	75.66	60.41	227.60
	CO_3^{2-}	mg/L	0.00	0.00	0.00	0.00	0.00	0.00	0.00	30.01	0.00	0.00	15.01	15.01	0.00
	OH^-	mg/L	0.00	0.00	0.00	0.00	0.00	0.00	0.00	0.00	0.00	0.00	0.00	0.00	0.00
	总计	mg/L	271.29	267.75	276.50	256.04	614.18	762.05	283.12	140.84	298.26	335.04	154.61	129.14	391.44
	pH 值		8.12	7.75	7.79	7.72	7.31	7.17	8.08	8.68	7.89	7.75	9.01	8.76	7.95
硬度	总硬度	mmol/L	2.33	2.33	2.41	2.33	4.19	4.66	2.41	1.16	2.33	2.95	1.09	1.28	2.72
	永久硬度	mmol/L	0.00	0.00	0.00	0.00	0.00	0.00	0.00	0.00	0.00	0.00	0.00	0.00	0.00
	暂时硬度	mmol/L	2.33	2.33	2.41	2.33	4.19	4.66	2.41	1.16	2.33	2.95	1.09	1.28	2.72
	负硬度	mmol/L	0.90	0.90	0.82	0.65	3.77	5.28	0.82	0.58	1.40	1.28	0.65	0.21	1.01
碱度	总碱度	mmol/L	3.23	3.23	3.23	2.98	7.96	9.94	3.23	1.74	3.73	4.23	1.74	1.49	3.73
	酚酞碱度	mmol/L	0.00	0.00	0.00	0.00	0.00	0.00	0.00	0.50	0.00	0.00	0.25	0.25	0.00
	甲基橙碱度	mmol/L	3.23	3.23	3.23	2.98	7.96	9.94	3.23	1.24	3.73	4.23	1.49	1.24	3.73
固形物		mg/L	422	426	414	432	640	810	358	288	378	298	288	286	456
游离二氧化碳		mg/L	8.66	8.66	8.66	8.66	8.66	8.66	12.99	0.00	8.66	8.66	0.00	0.00	8.66
侵蚀二氧化碳		mg/L	0.00	0.00	0.00	0.00	0.00	0.00	0.00	0.00	0.00	0.00	0.00	0.00	0.00

理措施,防渗效果好,坝基地下水径流条件差,与库水水力联系弱。

(2)ZKR10 位于一级阶地、大坝下游第三条马道上,主要是由于砂卵石层透水性不均一,故坝基地下水渗流条件较差,与库水联系不很紧密。

(3)由于 ZKR16、ZKR17 位于一级阶地和二级阶地结合部位,地层结构复杂,透水性极不均一,砂卵石层上游侧透水性强,厚度较大,下游侧透水性差,厚度变薄,坝基地下水径流不畅。

(4)ZKR21 位于二级阶地下游侧,砂卵石透水性弱,并在下游直接与黄土接触,地下水径流条件较差,与库水水力联系较弱。

(5)钻孔之间的地下水化学类型亦存在明显的差别,主要原因是钻孔水受到钻进水干扰,此外与砂卵石透水性不均一性有关。

2.水的矿物成分分析

从坝前库水、钻孔 ZKR3、ZKR6、ZKR10、ZKR12、ZKR13、ZKR16、ZKR17、ZKR7 - 1、ZKR21、坝后北 3# 减压井、坝后南 5# 减压井、桩号 3 + 110 坝后排水沟采集水样进行水质矿物成分分析,试验成果见表 7-15。

表 7-15　水的矿物成分分析成果

试验项目		取样位置								
		ZKR3	ZKR6	ZKR10	ZKR12	ZKR13	ZKR16	ZKR17	ZKR7 - 1	ZKR21
电导率	(μs/cm)	776	821	291	408	483	334	349	404	455
I^-	(mg/L)	1.14	1.51	0.000	0.065	0.14	0.000	0.003	0.015	0.003
Fe		0.056	0.049	0.021	0.043	0.051	0.33	0.030	0.033	0.034
Al		0.006 1	0.007 2	0.023	0.021	0.031	0.29	0.019	0.008 6	0.007 6
Si		27.1	29.6	2.68	11.0	21.3	4.37	3.24	22.0	20.7
P		0.53	0.46	<0.20	<0.20	0.40	<0.20	<0.20	<0.20	0.66
NH_4^+		2.50	2.18	2.48	0.32	0.61	1.87	1.30	0.16	0.42
化学需氧量		8.94	8.00	4.81	4.48	4.57	5.75	5.45	3.73	4.39

从地下水矿物成分分析成果可以看出,库水与坝后减压井水、桩号 3 + 110 坝后排水沟的水的 Fe、Al、Si、P、NH_4^+ 等离子含量有一定差异,这说明坝后减压井和桩号 3 + 110 坝后排水沟的水,除渗漏的库水外,还混有含不同矿物质成分的地下水。

7.4.1.4　物探自然电位法测试

在坝后第二马道(高程 131.5 m)、三马道(高程 118.5 m)分别布设了物探自然电位法探测剖面,经分析认为,主坝右岸坝段(2 + 400 ~ 3 + 400)坝基未发现明显的集中渗漏通道,主要为"散渗","散渗"相对集中的测段在桩号 2 + 860 ~ 3 + 190。

7.4.1.5　示踪连通试验

1.试验及分析

按照工程区实际情况,本期示踪连通试验场区划分为两个区域,并按照钻探工作进度分两期进行,第一期进行一区(二级阶地及一、二级阶地过渡地段)示踪连通试验,第二期进行二区(一级阶地)示踪连通试验。

示踪剂在坝前钻孔投放,坝轴轴线和坝后钻孔作为示踪剂接收点,一区示踪剂投放孔为ZKR12、ZKR17、和ZKR19,选定接收点 13 个,分别为 ZKR18、ZKR9、ZKR2 - 1、ZKR7 - 1、ZKR14、ZKR13、ZKR16、ZKR10、ZKR11、南 5$^\#$减压井、南 19$^\#$减压井、南 23$^\#$减压井。二区示踪剂投放孔为 ZKR1、ZKR4,选定 ZKR6、ZKR3、北 3$^\#$减压井等 3 个接收点。

选择 NO_2^-、Cl^-、I^- 和电导率为示踪剂,试验测得峰现速度平均值为 3.89 m/h,即为地下水的平均流速,水流速度与渗透速度的关系如下:

$$u = v/n$$
$$v = KJ$$
$$K = un/J$$

式中:u 为水流速度;v 为渗透速度;n 为孔隙度;K 为渗透系数;J 为水力坡降。

在示踪区,地下水的水力坡降为 10/300,孔隙度取 22% 。

渗透系数 K 值为:

$$K = un/J = 3.89 \times 24 \times 0.22/(10/300) = 616.18(\text{m/d})$$

含水层厚度平均为 8 m,计算宽度取 800 m。则坝基渗漏量为:

$$Q = KJ\omega = 616.18 \times (10/300) \times 8 \times 800 = 131\,451.73(\text{m}^3/\text{d}) = 1.52 \text{ m}^3/\text{s}$$

2. 主要结论

(1)主坝右岸坝段示踪连通试验表明,坝基砂卵石层的渗透性不均一,初现视速度为22.77~55.04 m/h,总平均值为 36.31 m/h;峰现速度为 2.04~5.19 m/h,总平均值为3.89 m/h。

(2)根据水流速度换算渗透系数为 616.18 m/d,初步计算渗漏量为 131 451.73 m^3/d(1.52 m^3/s)。

由示踪试验成果可以看出,坝基存在地下水径流,且地层透水性不均一。需要说明的是,由于示踪试验在投放示踪剂时,采用了孔口大流量注水,因此示踪试验获得的地层的渗透系数和计算的坝基渗漏量明显偏大,该成果仅可供分析问题时参考。

综上所述,主坝右岸坝段坝基存在地下水径流,总体上为垂直坝轴线方向,从上游向下游渗流,而沿坝轴线方向,右岸地下水仍有向河床方向径流的趋势。

7.4.2　渗漏量计算

坝基渗漏计算按照坝前铺盖依然有效,不考虑灌浆帷幕防渗作用和部分灌浆帷幕渗透性较强两种情况分别计算,且同时按上第三系地层渗漏量很小,忽略不计考虑。

7.4.2.1　不考虑灌浆帷幕防渗作用

坝基渗漏主要计算第四系黄土状低液限黏土和砂卵石层的渗漏。

1. 渗透系数选择

综合以往成果,给出坝基各地层的渗透系数,见表 7-16。

2. 渗漏量计算公式选择

在坝基桩号 2 + 400~3 + 400 段,由于第四系地层主要由黄土状低液限黏土和砂卵砾石组成,且呈层状分布,坝基地层属于双层结构,两层地层的渗透性差别较大,坝基的渗漏计算选择选用改进的 Γ. H. 明斯基公式:

$$Q = \frac{BH}{\dfrac{L}{T_2 K_2} + 2\sqrt{\dfrac{T_1}{K_1 K_2 T_2}}}$$

式中:Q 为坝基渗漏量,m^3/d;B 为计算坝段的长度 m;H 为上游和下游水位之差,m,即大坝水头;L 为坝基宽度,m;T_1 和 T_2 为上层和下层的厚度,m;K_1 和 K_2 为上层和下层的渗透系数,m/d。

表 7-16　　地层渗透系数

地层代号	岩性	渗透系数(m/d)
Q_4^{al}、Q_4^{al+dl}	浅黄色黄土状低液限黏土	0.01 ~ 0.5
Q_{3+4}^{al+dl}、Q_3^{al+dl}、Q_3^{al+dl}		
Q_3^{al+dl}、Q_3^{al+dl}、Q_3^{dl}	棕红色黄土状低液限黏土	
Q_4^{al}	砂卵石、砂砾石	30 ~ 60
Q_3^{al}	砂卵石,局部为胶结不良砾岩	10 ~ 25

而在桩号 3 +400 ~ 3 +590 斜坡段,第四系地层主要为黄土状低液限黏土,本段渗漏计算仅计算第四系地层的渗漏量,而不考虑上第三系地层的渗漏量,因此属于单层结构,渗漏计算公式选用 Γ. H. 明斯基公式:

$$Q = KBHT/(2b + T)$$

式中:Q 为坝基渗漏量,m^3/d;K 为渗透系数,m/d;B 为坝基渗漏宽度,m;H 为正常蓄水位与坝址水位高程差,m;T 为透水层厚度,m;$2b$ 为坝底宽度,m。

3. 计算单元划分

根据地貌单元及坝基地层结构的差异,坝基渗漏计算划分为一级阶地(2 +400 ~ 3 +012)、二级阶地(3 +012 ~ 3 +400)和斜坡段(3 +400 ~ 3 +590)三个大单元,在一级阶地单元,依据地层结构特征,又划分为 2 +400 ~ 2 +800 和 2 +800 ~ 3 +012 两段。

4. 渗漏量计算

按照上述的渗透系数、渗漏计算公式,对桩号 2 +400 ~ 3 +590 坝段的坝基渗漏量分单元分坝段进行计算,分段长度依据地层结构和渗透性综合确定,见表 7-17、表 7-18。

坝前水位取汛后最高蓄水位 149 m,坝后水位取桩号 3 +110 排水沟水位,即约 110 m,则水头 $H = 149 - 110 = 39(m)$。

为了和桩号 3 +110 坝后排水沟流量对比,还选用勘察期间的水库的库水位 137 m 作为坝前水位,而坝后水位依然采用排水沟的水位,即 110 m,进行了计算。

桩号 3 +400 以右斜坡段,坝后地形为斜坡,坝脚排水沟干枯无水,在该地段的钻孔 ZKR20、ZKR26 在第四系地层中干枯无水,表明该段在库水位 137 m 时没有发生绕渗。

从表 7-17、表 7-18 可以看出:

(1)在汛后最高蓄水位 149 m 情况下,一级阶地坝段渗漏量为 26 645.52 m^3/d,二级

表 7-17　坝基渗漏量计算成果（上游铺盖有效和不考虑坝基灌浆帷幕防渗效果、坝前水位为汛后最高蓄水位 149 m）

段位	层位	桩号	计算段长 B (m)	岩性	计算厚度 T (m)	渗透系数 K (m/d)	坝宽 2b (m)	库水位高程 汛后最高蓄水位 水位(m)	库水位高程 坝后排水沟 (m)	水头差 H (m)	计算公式	渗漏量 Q (m³/d)
一级阶地	Q₄	2+400~2+800	400	黄土状低液限黏土	$T_1=5.0$	$K_1=0.26$	400	149	110	39	$Q=\dfrac{BH}{\dfrac{2b}{K_2T_2}+2\sqrt{\dfrac{T_1}{K_1K_2T_2}}}$	20 318.22
				砂卵石	$T_2=19.0$	$K_2=45$						
一级阶地	Q₄	2+800~3+012	212	低液限黏土	$T_1=8.0$	$K_1=0.26$	400	149	110	39		6 327.3
				砂卵石	$T_2=11.0$	$K_2=45$						
合计			612									26 645.52
二级阶地	Q₃	3+012~3+400	388	黄土状低液限黏土	$T_1=13.5$ $K_1=0.2$		255	149	110	39	$Q=\dfrac{BH}{\dfrac{2b}{K_2T_2}+2\sqrt{\dfrac{T_1}{K_1K_2T_2}}}$	4 574.79
				砂卵石	$T_2=7.0$ $K_2=18$							
斜坡段	Q₃	3+400~3+590	190	黄土状低液限黏土	$T=10.0$ $K=0.26$		150	149	137	12	$Q=K\dfrac{BH}{2b+T}$	37.05
总合计												31 257.36

注：桩号 3+400~3+590 斜段，坝后水位采用坝脚排水沟沟面高程平均值。

表7-18 坝基渗漏量计算成果（上游铺盖有效和不考虑坝基灌浆帷幕防渗效果，坝前水位为勘察期间库水位137 m）

段位	层位	桩号	计算段长 B (m)	岩性	计算厚度 T (m)	渗透系数 K (m/d)	坝宽 2b (m)	勘察期间库水位 (m)	坝后排水沟 (m)	水头差 H (m)	计算公式	渗漏量 Q (m³/d)
一级阶地	Q_4	2+400~2+800	400	黄土状低液限黏土	$T_1=5.0$	$K_1=0.26$	400	137	110	27	$Q=\dfrac{BH}{\dfrac{2b}{T_2K_2}+2\sqrt{\dfrac{T_1}{K_1K_2T_2}}}$	14 066.46
				砂卵石	$T_2=19.0$	$K_2=45$						
		2+800~3+012	212	低液限黏土	$T_1=8.0$	$K_1=0.26$	400	137	110	27		4 380.44
				砂卵石	$T_2=11.0$	$K_2=45$						
合计			612									18 446.90
二级阶地	Q_3	3+012~3+400	388	黄土状低液限黏土	$T_1=13.5$	$K_1=0.2$	255	137	110	27	$Q=\dfrac{BH}{\dfrac{2b}{T_2K_2}+2\sqrt{\dfrac{T_1}{K_1K_2T_2}}}$	3 167.16
				砂卵石	$T_2=7.0$	$K_2=18$						
斜坡段	Q_3	3+400~3+590	190	黄土状低液限黏土	$T=10.0$	$K=0.26$	150	137	137	0	$Q=\dfrac{KTBH}{2b+T}$	0
总合计												21 614.06

阶地坝段渗漏量为 4 574.79 m³/d,斜坡段渗漏量为 37.05 m³/d,总的渗漏量为 31 257.36 m³/d,而桩号 3 +110 坝后排水沟 2005 年全年流量平均值为 10 220.3 m³/d,计算坝基渗漏量为排水沟流量的 3.06 倍。

（2）在勘察期间库水位 137 m 情况下,一级阶地坝段渗漏量为 18 446.90 m³/d,二级阶地坝段渗漏量为 3 167.16 m³/d,斜坡段未发生渗漏,总的渗漏量为 21 614.06 m³/d,而桩号 3 +110 坝后排水沟 2005 年全年流量平均值为 10 220.3 m³/d,计算坝基渗漏量为排水沟流量的 2.11 倍。

7.4.2.2　坝基灌浆帷幕防渗效果减弱,部分段透水性增大

根据现有资料分析,桩号 2 +800 ~3 +210 坝段坝基渗漏较为明显,形成了明显渗漏段,而 2 +400 ~2 +800 和 3 +210 ~3 +400 段防渗效果较好。桩号 3 +400 以右斜坡段第四系地层主要为黏性土,渗透性很弱,不考虑渗漏量。

1. 灌浆帷幕渗透系数

参照 1961 年和 1966 年灌浆帷幕检查成果,结合本期勘察,灌浆帷幕的渗透系数确定见表 7-19。

表 7-19　坝基灌浆帷幕的渗透系数

地貌单元	层位	岩性	渗透系数（m/d）
一级阶地（2 +400 ~2 +800）		砂卵石	0.50
一级阶地/二级阶地（2 +800 ~3 +210）	灌浆帷幕	砂卵石	15.00
二级阶地（3 +210 ~3 +400）		砂卵石	0.50

2. 计算单元划分

坝基灌浆帷幕的渗漏计算依据地貌单元和渗漏特征初步划分为 3 个单元,即一级阶地、一级阶地/二级阶地和二级阶地,具体部位见表 7-19。

坝基渗漏的主要层位是砂卵石层（坝基灌浆帷幕）,为此,本期坝基渗漏计算仅计算坝基砂卵石层的渗漏量,不考虑砂卵石顶部的黄土层和下部上第三系地层的渗漏量。

3. 渗漏量计算公式选择

由于坝基渗漏计算仅考虑通过灌浆帷幕的渗漏量,属于单层结构,故此渗漏计算选用 Г. H. 明斯基公式:

$$Q = KBHT/(2b + T)$$

式中:Q 为坝基渗漏量,m³/d;K 为渗透系数,m/d;B 为坝基渗漏宽度,m;H 为正常蓄水位与坝址水位高程差,m;T 为透水层厚度度,m;$2b$ 为坝底宽度,m。

4. 渗漏量计算

按照上述的渗透系数、渗漏计算公式,对桩号 2 +400 ~3 +400 坝段的坝基渗漏量进行分单元分坝段分别进行计算,见表 7-20、表 7-21。

坝前水位取汛后最高蓄水位 149 m,坝后水位取桩号 3 +110 坝后排水沟水位,即 110 m,则水头 $H = 149 - 110 = 39$（m）。

为了和桩号 3 +110 坝后排水沟流量对比,还选用勘察期间的水库的库水位 137 m 作

表7-20　坝基渗漏量计算成果（坝前铺盖有效而坝基灌浆帷幕部分渗透性增大、坝前水位为汛后最高蓄水位149 m）

段位	地层代号	桩号	计算段长 B (m)	岩性	计算厚度 T (m)	渗透系数 K (m/d)	坝宽 $2b$ (m)	库水位高程		水头差 H (m)	计算公式	渗漏量 Q (m³/d)
								汛后最高蓄水位 (m)	坝后排水沟 (m)			
一级阶地	Q₄	2+400~2+800	400	砂卵石（灌浆帷幕）	17.0	0.50	400	149	110	39		317.98
一/二级阶地结合部位	Q₄/Q₃	2+800~3+210	410	砂卵石（灌浆帷幕）	9.5	15.00	341	149	110	39	$Q=KBHT/(2b+T)$	6 500.927
二级阶地	Q3	3+210~3+400	190	砂卵石（灌浆帷幕）	7.0	0.50	255	149	110	39		98.99
总计												6 917.897

表7-21　坝基渗漏量计算成果（坝前铺盖有效而坝基灌浆帷幕部分渗透性增强、坝前水位为勘察期间库水位137 m）

段位	地层代号	桩号	计算段长 B (m)	岩性	计算厚度 T (m)	渗透系数 K (m/d)	坝宽 $2b$ (m)	库水位高程		水头差 H (m)	计算公式	渗漏量 Q (m³/d)
								勘察期间库水位 (m)	坝后排水沟 (m)			
一级阶地	Q₄	2+400~2+800	400	砂卵石（灌浆帷幕）	17.0	0.50	400	137	110	27		220.14
一/二级阶地结合部位	Q₄/Q₃	2+800~3+210	410	砂卵石（灌浆帷幕）	9.5	15.00	341	137	110	27	$Q=KBHT/(2b+T)$	4 500.64
二级阶地	Q3	3+210~3+400	190	砂卵石（灌浆帷幕）	7.0	0.50	255	137	110	27		68.53
总计												4 789.31

为坝前水位,而坝后水位依然采用排水沟的水位,即 110 m,进行了计算。

从表 7-20、表 7-21 可以看出:

(1)在汛后最高蓄水位为 149 m 的情况下,一级阶地坝段渗漏量为 317.98 m³/d,一级阶地和二级阶地结合部位坝段渗漏量为 6 500.927 m³/d,二级阶地坝段渗漏量为 98.99 m³/d,总的渗漏量为 6 917.897 m³/d,而桩号 3+110 坝后排水沟 2005 年全年流量平均值为 10 220.3 m³/d,计算坝基渗漏量约占排水沟流量的 67.7%。

(2)在勘察期间库水位为 137 m 的情况下,一级阶地坝段渗漏量为 220.14 m³/d,一级阶地和二级阶地结合部位坝段渗漏量为 4 500.64 m³/d,二级阶地坝段渗漏量为 68.53 m³/d,总的渗漏量为 4 789.31 m³/d,而桩号 3+110 坝后排水沟 2005 年全年流量平均值为 10 220.3 m³/d,计算坝基渗漏量约占排水沟流量的 46.9%。

从上述渗漏计算成果可以看出,若不考虑坝基灌浆帷幕防渗效果,坝基渗漏量远远大于坝后排水沟的流量,这也说明坝基灌浆帷幕仍具有一定的防渗效果,即使在考虑原防渗措施仍具有一定防渗效果情况下,右岸坝段坝基渗漏量相对于 13 亿 m³ 的大型水库来说不算很大,但其具体渗漏量仍是个不小的数值。

7.4.3　渗透稳定

勘察资料表明,右岸坝段坝基第四系砂卵石层颗粒组成极不均一,不均匀系数达到 89~281,缺少 0.5~15 mm 颗粒,可能发生的渗透变形为管涌。

7.4.3.1　允许水力坡降确定

在建库初期勘察期间,曾对桩号 1+000、1+650、1+800、2+075、2+125、2+150 部位的坝基砂卵砾石进行了管涌渗透变形试验,获得的破坏坡降为 0.07~0.56,允许坡降为 0.04~0.255。

当时结合试验成果,经多方研究论证,确定了允许渗透坡降为 0.07~0.1。多年以来,历经多次审查,各位专家普遍认可这个标准,未提出异议。

从多年设计采用允许水力坡降为 0.07~0.1,以及从在历年较高库水位下坝基砂卵石层尚未发生渗透变形的实际情况判断,坝基砂卵石的渗透变形的允许坡降采用 0.07~0.10 是较为适宜的。

7.4.3.2　根据以往测压管资料,在水库较高水位下坝基砂卵石的实际水力坡降

从水库管理局收集了多年来的水库运行水位,并据此编制了库水位过程历时曲线,见图 7-8。

自水库蓄水以来,多次经历 148.0 m 以上较高库水位的考验,1971 年持续时间为 107 d,1976 年累计持续时间为 75 d(每次持续时间 7~62 d),1977 年持续时间为 28 d,1982 年持续时间为 56 d,2003 年累计持续时间为 52 d(每次持续时间 11~41 d),2004 年持续时间为 24 d,较高库水位持续时间变化较大。

以水库管理局实测的测压管水位观测资料为基础,计算了较高库水位条件下坝基砂卵石层的视水力坡降,见表 7-22。

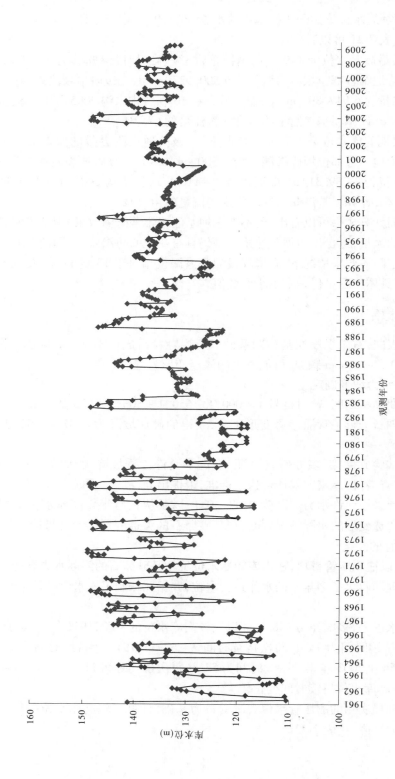

图 7-8　库水位过程历时曲线

注：曲线采用的库水位数值为月平均数值。

表 7-22　以往较高库水位下坝基砂卵石的视水力坡降计算成果

观测日期 （年-月-日）	库水位 高程 （m）	观测管 编号	水位高程 （m）	距离 （m）	水位差值 （m）	水力坡降	岩性
1969-03-20	148.11	2+360 下 132	107.68	38.0	1.21	0.032	砂卵石
		2+360 下 170	106.47				砂卵石
		2+360 下 223	106.06	53.0	0.41	0.008	砂卵石
		3+050 下 40	127.86	25.0	13.52	0.540 8	砂卵石夹砾石
		3+050 下 65	114.34				砂卵石夹砾石
1971-09-10	148.59	2+360 下 132	107.51	38.0	1.10	0.029	砂卵石
		2+360 下 170	106.41				砂卵石
		2+360 下 223	106.02	53.0	0.39	0.007	砂卵石
		3+050 下 40	127.86	25.0	13.82	0.552 8	砂卵石夹砾石
		3+050 下 65	114.04				砂卵石夹砾石
1972-03-10	148.98	2+360 下 132	107.35	38.0	1.13	0.029 7	砂卵石
		2+360 下 170	106.22				砂卵石
		2+360 下 223	105.80	53.0	0.42	0.007 9	砂卵石
		3+050 下 40	128.37	25.0	13.93	0.557 2	砂卵石夹砾石
		3+050 下 65	114.44				砂卵石夹砾石
1973-09-10	149.00	2+360 下 132	107.33	38.0	1.00	0.026 3	砂卵石
		2+360 下 170	106.33				砂卵石
		2+360 下 223	105.95	53.0	0.38	0.007 2	砂卵石
		3+050 下 40	127.14	25.0	13.78	0.551 2	砂卵石夹砾石
		3+050 下 65	113.36				砂卵石夹砾石
1973-10-10	148.14	2+360 下 132	107.65	38.0	2.09	0.055	砂卵石
		2+360 下 170	105.56				砂卵石
		2+360 下 223	106.15	53.0	0.59	0.011 1	砂卵石
		3+050 下 40	126.89	25.0	13.07	0.522 8	砂卵石夹砾石
		3+050 下 65	113.82				砂卵石夹砾石
1974-02-10	147.69	2+360 下 132	107.45	38.0	1.08	0.028 4	砂卵石
		2+360 下 170	106.37				砂卵石
		2+360 下 223	106.00	53.0	0.37	0.007	砂卵石
		3+050 下 40	126.53	25.0	12.99	0.519 6	砂卵石夹砾石
		3+050 下 65	113.54				砂卵石夹砾石
1974-02-30	148.19	2+360 下 132	107.52	38.0	1.13	0.029 7	砂卵石
		2+360 下 170	106.39				砂卵石
		3+050 下 40	126.88	25.0	13.31	0.532 4	砂卵石夹砾石
		3+050 下 65	113.57				砂卵石夹砾石

续表 7-22

观测日期 （年-月-日）	库水位 高程 （m）	观测管 编号	水位高程 （m）	距离 （m）	水位差值 （m）	水力坡降	岩性
1976-09-05	148.22	2+360 下 132	107.43	38.0	1.02	0.026 8	砂卵石
		2+360 下 170	106.41				砂卵石
		2+700 下 8	112.21	129.0	3.97	0.030 8	砂卵石
		2+700 下 137	108.24				砂卵石
		2+900 下 8	119.26	122.0	8.52	0.069 8	细砂
		2+900 下 130	110.74				细砂、砂卵石
		3+000 下 8	116.54	75.0	2.79	0.037 2	砂卵石
		3+000 下 83	113.75				砂卵石
		3+050 下 8	125.02	32.0	0.21	0.006 6	砂卵石
		3+050 下 40	124.81				砂卵石夹砾石
		3+050 下 65	115.85	25.0	8.96	0.358 4	砂卵石
		3+200 下 8	117.83	116.0	4.87	0.042	砾岩
		3+200 下 124	112.96				砾岩
1976-09-15	148.05	2+360 下 132	107.43	38.0	0.990	0.026 1	砂卵石
		2+360 下 170	106.44				砂卵石
		2+700 下 8	112.21	129.0	3.94	0.030 5	砂卵石
		2+700 下 137	108.27				砂卵石
		2+900 下 8	119.31	122.0	8.57	0.070 2	细砂
		2+900 下 130	110.74				细砂、砂卵石
		3+000 下 8	116.79	75.0	3.03	0.040 4	砂卵石
		3+000 下 83	113.76				砂卵石
		3+050 下 8	125.33	32.0	0.09	0.002 8	砂卵石
		3+050 下 40	125.24				砂卵石夹砾石
		3+050 下 65	116.04	25.0	9.20	0.368	砂卵石
		3+200 下 8	118.20	116.0	5.13	0.044 2	砾岩
		3+200 下 124	113.07				砾岩
1976-11-15	148.40	2+360 下 132	107.54	38.0	1.17	0.031	砂卵石
		2+360 下 170	106.37				砂卵石
		2+700 下 8	112.11	129.0	1.38	0.010 7	砂卵石
		2+700 下 137	108.25				砂卵石
		2+900 下 8	119.51	122.0	8.78	0.072	细砂
		2+900 下 130	110.73				细砂、砂卵石
		3+000 下 8	117.41	75.0	3.62	0.048 3	砂卵石
		3+000 下 83	113.79				砂卵石
		3+050 下 8	126.17	32.0	0.07	0.002 2	砂卵石
		3+050 下 40	126.10				砂卵石夹砾石
		3+050 下 65	116.22	25.0	9.88	0.395 2	砂卵石
		3+200 下 8	118.29	116.0	5.21	0.044 9	砾岩
		3+200 下 124	113.08				砾岩

续表 7-22

观测日期 （年-月-日）	库水位 高程 （m）	观测管 编号	水位高程 （m）	距离 （m）	水位差值 （m）	水力坡降	岩性
1977-02-25	148.51	2+360 下 132	107.35	38.0	1.01	0.026 6	砂卵石
		2+360 下 170	106.34				砂卵石
		2+700 下 8	111.89	129.0	3.68	0.028 5	砂卵石
		2+700 下 137	108.21				砂卵石
		2+900 下 8	119.48	122.0	8.68	0.071 1	细砂
		2+900 下 130	110.80				细砂、砂卵石
		3+000 下 8	116.84	75.0	3.09	0.041 2	砂卵石
		3+000 下 83	113.75				砂卵石
		3+050 下 8	125.92	32.0	0.32	0.010 0	砂卵石
		3+050 下 40	125.60				砂卵石夹砾石
		3+050 下 65	115.96	25.0	9.64	0.385 6	砂卵石
		3+200 下 8	117.85	116.0	4.93	0.042 5	砾岩
		3+200 下 124	112.92				砾岩
1982-10-15	148.17	2+700 下 8	112.25	32.0	3.08	0.096	砂卵石
		2+700 下 40	109.17				砂卵石
		2+900 下 8	119.25	32.0	8.42	0.263	细砂
		2+900 下 40	110.83				砂卵石
		3+050 下 40	125.56	25.0	8.92	0.356 8	砂卵石夹砾石
		3+050 下 65	116.64				砂卵石
		3+050 下 130	111.39	65.0	5.25	0.080 8	砂卵石
		3+200 下 8	117.61	116.0	4.41	0.038	砾岩
		3+200 下 124	113.20				砾岩
2003-10-15	148.50	2+900 下 8	116.71	32.0	7.86	0.245 6	细砂
		2+900 下 40	108.85				砂卵石
		2+900 下 130	109.72	90.0	0.87	0.009 7	细砂、砂卵石
		3+050 下 8	119.68	57.0	2.39	0.041 9	砂卵石
		3+050 下 65	122.07				砂卵石夹砾石
		3+050 下 130	110.75	65.0	11.32	0.174 2	砂卵石
2003-12-15	148.50	2+900 下 8	117.43	32.0	7.99	0.249 7	细砂
		2+900 下 40	109.44				砂卵石
		2+900 下 130	109.82	90.0	0.38	0.004 2	细砂、砂卵石
		3+050 下 8	120.75	57.0	5.36	0.094 0	砂卵石
		3+050 下 65	115.39				砂卵石夹砾石
		3+050 下 130	110.78	65.0	4.61	0.070 9	砂卵石
2004-02-15	148.27	2+900 下 8	117.69	32.0	8.15	0.254 7	细砂
		2+900 下 40	109.54				砂卵石
		2+900 下 130	109.82	90.0	0.28	0.003 1	细砂、砂卵石
		3+050 下 8	120.96	57.0	5.60	0.098 2	砂卵石
		3+050 下 65	115.36				砂卵石夹砾石
		3+050 下 130	110.79	65.0	4.57	0.070 3	砂卵石

从表7-22可以看出,在1969年、1971～1977年、2003～2004年较高库水位条件下,大部分断面的水力坡降较小,为0.002 2～0.072,小于设计允许坡降,但桩号3+050断面的3+050下40与3+050下65之间的视水力坡降较高,为0.356 8～0.557 2,大于允许坡降0.10;当库水位为148.98 m时,1982年10月15日观测管2+700下8与2+700下40之间水力坡降曾达到0.096,接近设计允许坡降;当库水位为148.27～148.50 m时,2003年10月15日、2003年12月15日、2004年2月15日观测管2+900下8与2+900下40之间水力坡降曾达到0.245 6～0.254 7,超过设计允许坡降。

7.4.3.3　2007年勘察期间坝基砂卵石水力坡降

1.勘察期间库水位为137 m条件下实测的水力坡降

1)作图法

依据钻孔观测的地下水位,编制了坝基地下水位等值线图(库水位为137 m),从等值线图7-9可以看出,桩号2+980～3+120段等水位线明显向下游凸出,水力坡降为0.064 3～0.079 4,而两侧等水位线较为平缓,水力坡降为0.026～0.033。

2)计算法

2007年勘探剖面均垂直坝轴线布置,因此同一剖面上下游钻孔之间的视水力坡降基本代表了坝基地下水从上游向下游的径流水力坡降,计算成果见表7-23。

从表7-23中可以看出,在勘察期间库水位为137 m时上下游钻孔的水力坡降绝大部分在0.005～0.048。只有桩号3+020剖面坝下游坡ZKR2-1与ZKR16之间的水力坡降为0.082,桩号3+100断面坝上游坡ZKR17与ZKR18之间的水力坡降为0.084。

地下水位等值线图反映的坝基地下水径流水力坡降与钻孔间的视水力坡降基本吻合,坝基地下水径流坡降大部分地段均很小,桩号2+980左侧小于0.048,桩号3+120右侧小于0.033,仅在桩号2+980～3+120坝轴线下游侧水力坡降较陡,最陡为0.082～0.084。

由此可见,在库水位137 m条件下,坝基地下水径流水力坡降一般小于设计坡降,坝基不会发生渗流破坏。

2.推算汛后最高蓄水位149 m条件下水力坡降

在汛后最高蓄水位为149 m的条件下,以勘察期间库水位为137 m时钻孔观测地下水位资料为基础,采用了等比例法和位势常数法推算坝基砂卵石层的水力坡降,现简述如下。

1)等比例关系推算

考虑到本期勘察期间库水位(137 m)较低,而汛后最高蓄水位为149 m,按照等比例关系,推算的库水位149 m条件下坝基砂卵石的水力坡降,见表7-24。

2)位势常数法推算

按照在渗流条件不变的情况下,位势为常数的原理,采用下面公式推算高库水位下的砂卵石层的水力坡降:

$$\varphi(\%) = \frac{h_{137} - H_2}{137 - H_2} = \frac{h_{149} - H_2}{149 - H_2}$$

式中:φ为位势(%);h_{137}为在库水位为137 m条件下实测的测压管水位,m;h_{149}为在汛后

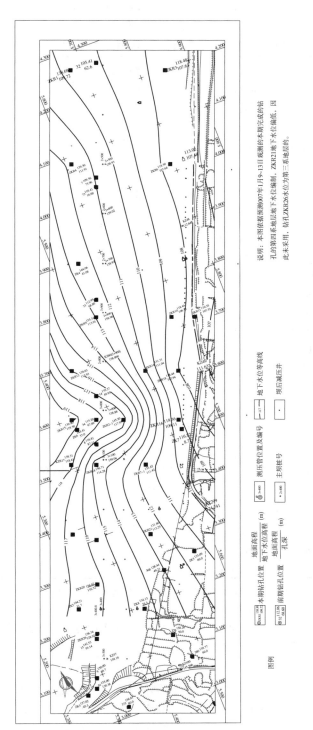

图 7-9　岳城水库主坝桩号 2 + 400 以右坝段第四系地层地下水位等值线

最高蓄水位为 149 m 下推算的测压管水位，m；H_2 为大坝下游水位，m。

故　　　　　　　　　　　$h_{149} = H_2 + \varphi(149 - H_2)$

表 7-23　坝基砂卵石层视水力坡降计算成果（库水位 137 m）

断面桩号	钻孔资料		两孔间视水力坡降	地貌单元	说明
	水位差值（m）	间距（m）			
2 + 310	ZKR1 和 ZKR3		0.011	高漫滩	
	2.09	185.4			
2 + 500	ZKR4 和 ZKR6		0.22		
	4.27	194.5			
	ZKR6 和北 3# 减压井		0.05		
	0.16	34			
2 + 810	ZKR9 和 ZKR10		0.029	一级阶地	
	4.26	148.0			
	ZKR10 和 ZKR11		0.027		
	1.23	45.80			
2 + 920	ZKR12 和 ZKR14		0.034		
	4.89	145.2			
	ZKR14 和 ZKR13		0.048		
	3.10	65.0			
3 + 020	ZKR15 和 ZKR2 - 1		0.015		
	1.57	102.2			
	ZKR2 - 1 和 ZKR16		0.082		
	8.82	108.0			
3 + 110	ZKR17 和 ZKR18		0.084	二级阶地	
	4.13	49.3			
	ZKR18 和 ZKR7 - 1		0.029		
	2.85	97.5			
	ZKR7 - 1 和南 5# 减压井		0.008		
	0.56	74			
3 + 250	ZKR19 和 ZKR21		0.022		ZKR21 地下水位偏低
	3.42	153.4			

注：钻孔水位观测时间为 2007 年 1 月 8 日～9 日、13 日，而减压井水位观测时间为 2006 年 12 月，北 3# 减压井水位为 107.46～107.49 m，南 5# 减压井水位为 110.83～110.88 m。

依据上式可以推算每个钻孔在汛后最高蓄水位为 149 m 条件下的水位，然后按照常规方法再次计算视水力坡降，见表 7-25。

7.4.3.4　渗透变形的评价

按最大可能采用库水位上升，水力坡降同比例增大的方法，由库水位为 137 m 推测库水位为 149 m 时坝基渗流水力坡降最大约为 0.091。采用位势常数法推算法，由库水位为 137 m 推测库水位为 149 m 时坝基渗流水力坡降最大约为 0.108。

表 7-24　坝基砂卵石层视水力坡降计算成果(汛后最高蓄水位 149 m)

断面桩号	钻孔编号	库水位 137 m 钻孔间计算的视水力坡降	库水位 149 m 换算的视水力坡降	地貌单元
2 + 310	ZKR1 和 ZKR3	0.011	0.012	高漫滩
2 + 500	ZKR4 和 ZKR6	0.022	0.024	一级阶地
	ZKR6 和北 3# 减压井	0.005	0.005 4	
2 + 810	ZKR9 和 ZKR10	0.029	0.032	
	ZKR10 和 ZKR11	0.027	0.029	
2 + 920	ZKR12 和 ZKR14	0.034	0.037	
	ZKR14 和 ZKR13	0.048	0.052	
3 + 020	ZKR15 和 ZKR2 - 1	0.015	0.016	二级阶地
	ZKR2 - 1 和 ZKR16	0.082	0.089	
3 + 110	ZKR17 和 ZKR18	0.084	0.091	
	ZKR18 和 ZKR7 - 1	0.029	0.032	
	ZKR7 - 1 和南 5# 减压井	0.008	0.008 7	
3 + 250	ZKR19 和 ZKR21	0.022	0.024	

表 7-25　坝基砂卵石层视水力坡降计算成果(汛后最高蓄水位 149 m)

桩号 (m)	钻孔编号	水位高程 (库水位 137 m) (m)	水位高程 (汛后最高蓄水位 149 m) (m)	下游水位高程 (m)	水位差值 (m)	间距 (m)	视水力坡降	说明
2 + 310	ZKR1	109.72	110.633		2.93	185.40	0.016	高漫滩
	ZKR3	107.63	107.699					
2 + 500	ZKR4	111.91	113.716		6.01	194.50	0.031	一级阶地
	ZKR6	107.64	107.703					
2 + 810	ZKR9	113.01	115.264	107.47	5.99	148.00	0.040	
	ZKR10	108.75	109.271					
	ZKR11	107.52	107.536		1.74	45.80	0.038	
2 + 920	ZKR12	115.93	119.364		6.88	145.20	0.047	
	ZKR14	111.04	112.488					
	ZKR13	107.94	108.134		4.35	65.00	0.067	

续表 7-25

桩号 （m）	钻孔编号	水位高程 （库水位 137 m） （m）	水位高程 （汛后最高 蓄水位 149 m） （m）	下游水位 高程 （m）	水位差值 （m）	间距 （m）	视水力 坡降	说明
3 + 020	ZKR15	119.50	124.388		3.22	102.20	0.031	
	ZKR2 - 1	117.93	121.172					
3 + 110	ZKR17	118.41	120.599	110.87	5.33	49.30	0.108	二级阶地
	ZKR18	114.28	115.268					
	ZKR7 - 1	111.422	111.583		3.69	97.50	0.038	
3 + 250	ZKR19	116.65	118.338		4.42	153.40	0.029	
	ZKR21	113.23	113.920					

注：高漫滩、一级阶地的坝后水位选用勘察期间的北 3# 减压井观测水位的平均值（107.47 m），而二级阶地的坝后水位选用勘察期间的南 5# 减压井观测水位的平均值（110.87 m）。

　　采用以往测压管资料计算的坝基砂卵石水力坡降与本期勘察成果相差甚远，究其原因目前尚不清楚，鉴于推测的坝基渗流水力坡降已经接近和略超过允许水力坡降，因此在水库高水位运行时仍应给予特别关注。

7.5　右坝肩绕坝渗漏问题

7.5.1　绕坝渗漏量

　　右坝肩山脊下游侧虽发育有较大的冲沟，但从调查情况看，冲沟内尚未发现泉水，仅见有人工开挖的水坑，水坑的水主要从砂砾石层中渗出，水量不大。

　　坝肩残丘部位上部地层主要为第四系松散堆积层，且以黏性土为主，夹有卵砾石，分布较为稳定，其厚度变化较大，透水性较弱，2002 年钻孔 ZK2 和 ZK3 在钻进期间尚未发现有地下水位，绕坝渗漏量很小；下部地层主要为上第三系地层，岩性主要为黏性土和砂层，厚度大，2002 年钻孔 ZK2、ZK3 上第三系地层承压水位为 142.17 ~ 149.19 m，高于同期库水位，库水位在该承压水位之下运行，不会发生绕坝渗漏问题，库水位超过该承压水位时可能发生绕坝渗漏。坝前虽有零散的上第三系地层出露，岩性为砂岩和砂砾岩，但范围不大，渗透性较弱，而坝下游冲沟内在高程 150 m 以下未出露上第三系地层，渗径较长，即使发生渗漏，其渗漏量也很小。

7.5.2　绕坝渗透稳定

　　根据本期勘察资料，右坝肩部位地基分布有上第三系砂层，并以粉细砂为主，较为密实，局部固结成岩。根据以往资料，建议允许水力坡降为 0.30。

2002 年完成的钻孔 ZK2 上第三系地层上部砂层(N_2^{4-4})的初见承压水位为 142.17 m（2002 年 6 月 15 日观测），ZK3 上第三系上部砂层(N_2^{4-4})的初见承压水位为 148.97 m（2002 年 6 月 15 日观测），据此推算 ZK3 与 ZK2 之间的视水力坡降为 0.10，小于允许坡降 0.30，由此认为，上第三系砂层不会发生渗透变形。

但由于右坝肩无地下水位长期观测孔，地下水渗流动态不甚了解，建议布设观测孔，进行长期观测，并依据观测资料对渗透变形进行复核。

7.6　防渗施工处理

7.6.1　防渗设计

新建防渗线布置在坝体的上游坝坡，处于原灌浆帷幕与坝顶之间。

经技术经济、施工条件的综合比较，采用半围封方案进行坝基防渗处理。

防渗帷幕中心线平面布置为一"┏━"防渗线，平行坝轴线的防渗帷幕中心线设置在主坝上游坝坡，帷幕轴线距新坝轴线的距离为 59.4 m，起止桩号 2 + 800 ~ 3 + 360，长度为 560 m。垂直坝轴线的防渗帷幕设置在平行坝轴线的防渗帷幕和原主坝上游防渗帷幕之间，该段帷幕轴线与坝轴线垂直，一端与平行坝轴线的新帷幕相交于桩号 2 + 800 处，另一端与原主坝上游防渗帷幕相接，平行坝轴线的新帷幕中心线与原帷幕中心线间距离为 179.3 m。

经对高喷灌浆墙、灌浆帷幕和混凝土防渗墙三种防渗体的综合比较，根据主坝坝基地质条件以及上游坝坡的稳定情况，确定平行坝轴线的防渗线和垂直坝轴线的防渗线采用帷幕灌浆形式。

为保证灌浆帷幕的防渗效果，依据相关规范，将帷幕底部深入相对不透水层——第三纪中细砂层 5.0 m，帷幕顶部伸入坝体壤土内 2.0 m。帷幕平均深度为 19 m。

帷幕厚度采用下式计算：

$$T = \frac{H}{J}$$

式中：T 为灌浆帷幕厚度，m；H 为最大设计水头，m，本计算上游采用汛后最高蓄水位 149 m，下游采用桩号 2 + 800 排水沟水位 109.6 m；J 为灌浆帷幕的允许水力坡降，一般取 4 ~ 6，考虑一定的安全余度，本工程取 4。

计算灌浆帷幕厚度为 9.9 m。

灌浆孔排数、孔距及排距：根据计算帷幕厚度不小于 9.9 m 的要求，本工程设计布置 4 排灌浆孔，排距为 2.6 m，孔距为 3 m，梅花形布置。

7.6.2　帷幕灌浆

7.6.2.1　灌浆试验

为取得各项相关灌浆参数，灌浆试验划分为两个试验区（见图 7-10），试验 I 区设在帷幕轴线下游距帷幕轴线约 50 m 的 157 高程平台上，帷幕轴线中心主坝桩号为 3 +

096.80~3+103.20;试验Ⅱ区设在帷幕轴线上,帷幕轴线主坝桩号为2+876.30~2+886.20,通过两次现场帷幕灌浆试验,确定了帷幕灌浆各项相关参数,并通过先导孔和取芯孔对灌浆的顶线和底线进行二次界定后,指导后续施工。

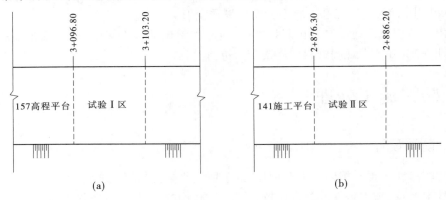

图7-10　试验Ⅰ区和Ⅱ区位置示意图

通过灌浆试验最终确定的灌浆参数如下:

(1)灌浆段长为3 m,终孔段段长不大于5 m。

(2)灌浆压力第一段为0.3 MPa,第二段至第四段为0.5 MPa,第五段至第七段为0.6 MPa,第八段以后为0.7 MPa。

(3)黏土水泥浆液比级为三个比例,依次为(黏土:水泥:水为质量比)1:1:6、1:1:4、1:1:3。

(4)结束标准为:当注入率不大于1 L/min时,继续灌注90 min,灌浆即可结束,当注入率不大于0.4 L/min时,继续灌注60 min,灌浆即可结束。

(5)灌浆孔排距为2.8 m;孔距为3.2 m,灌浆孔呈梅花形布设。

(6)灌浆顶线与底线根据先导孔及取芯孔的勘察结果重新进行界定后,指导后续施工。

(7)排内分序施工:排内分为Ⅰ序孔和Ⅱ序孔施工(见图7-11)。

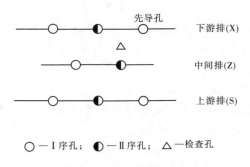

图7-11　排内分序施工示意图

7.6.2.2　帷幕灌浆

帷幕灌浆工程共5个分部工程,分为41个单元工程,完成灌浆孔719个(含27个先导孔及取芯孔),完成检查孔 72 个,灌浆孔总计消耗干料(水泥和黏土)19 266 t,总平均单耗为 914.6 kg/m,其中最大灌浆段单耗为 5 465.65 kg/m,最小灌浆段单耗为 4.42 kg/m。先导孔各段的最大透水率为 270.9 Lu,最小透水率为 0.92 Lu。

7.6.2.3　灌浆效果检查

在帷幕灌浆各单元灌浆结束 14 d 后,对各单元进行检查孔布设,检查孔钻孔、取芯、压水与灌浆。检查孔在各段施工完毕后进行压水试验时,采用静水头压力法进行单点法压水试验,预先在各单元对应部位的坝坡上测量放样,分别放出 149 m 高程的水平线段,采用钢板尺、水桶和连通管路与对应检查孔孔口相接,待孔内和连通管路中充满水时开始计时,每 5 min 读数一次,连续测 4 个值,达到稳定标准后结束压水试验。

检查孔压水试验段共计 690 段,检查孔各段的最大透水率为 4.7 Lu,最小透水率为 1.0 Lu,检查孔孔各段压水试验结果全部合格,满足工程质量要求。

7.6.3　建设期帷幕灌浆

1960 年 11 月～1961 年 2 月完成了灌浆试验工作,1961 年 3 月为坝基帷幕灌浆准备阶段,1961 年 5 月开始坝基帷幕大规模灌浆工作,1961 年 7 月结束,坝基帷幕灌浆历时 5 个月。

7.6.3.1　灌浆试验

据《岳城水库工程设计总结》,在灌浆帷幕的范围内进行了 2 个试验区灌浆和数个单孔灌浆试验。

(1)试验Ⅰ区。

试验Ⅰ区灌浆采用水泥黏土浆循环钻灌法,灌浆孔布置 2 排,排间距为 5 m,一排布置灌浆 2 个,孔间距为 6 m;另一排布置灌浆孔 3 个,间距为 3 m,共布置 5 个灌浆孔,灌浆试验成果详见表 7-26。

在 5 个灌浆孔的中间开挖 2 m×2 m 的竖井,并进行抽水试验,试验求得灌浆帷幕渗透系数平均值为 1×10^{-3} cm/s(0.864 m/d);未灌浆以前,土层的渗透系数平均值为 $4.63 \times 10^{-2} \sim 9.26 \times 10^{-2}$ cm/s(40～80 m/d)。由此可以看出,灌浆效果明显,灌浆前后渗透系数差别大。

(2)试验Ⅱ区。

试验Ⅱ区灌浆方法为预埋穿孔管法,该段透水层厚度度薄,透水性较弱。灌浆孔呈正方形布置,排距、孔距均为 4 m,共布置 4 个灌浆孔,灌浆试验成果详见表 7-26。

在 4 个灌浆孔的中间开挖 2 m×2 m 的竖井,并进行抽水试验,试验求得灌浆帷幕渗透系数平均值为 5×10^{-3} cm/s(4.32 m/d);未灌浆以前,土层的渗透系数平均值为 $2.31 \times 10^{-2} \sim 4.63 \times 10^{-2}$ cm/s(20～40 m/d)。由此可以看出,灌浆效果明显,灌浆前后渗透系数差别大。

(3)单孔灌浆。

在桩号 2+530、2+610、2+626 分别进行了单孔灌浆试验,灌浆方法均为水泥黏土循环钻灌法。

通过灌浆试验,可以得出如下结论:

　　采用循环钻灌法,利用上第三系黏土配置的水泥黏土浆,在一定压力下,大部分地段砂卵砾石具有可灌性,坝基可采用灌浆方法进行防渗处理。

表 7-26　灌浆试验成果对比

试验分区	孔号	深度(m)	水泥强度等级	黏土	浆液配比(水泥:黏土:水,1:2:n)	试验压力(kPa)	试验最大压力(kPa)	干料耗量(t/m)
I 区	1	19.52	火山灰30级	上第三系	n = 5 ~ 10	400 ~ 1 000	1 500	2.73
	3	27.18					1 200	5.75
	6	19.45					1 800	3.10
	7	19.56					1 400	2.94
	8	19.48					1 300	4.97
II 区	1	19.06	普通水泥40级	清流土料场黏土	1:1.5:n	1 200 ~ 3 500	2 000	4.81
	2	19.78				1 000 ~ 3 500	2 500	1.15
	3	18.42				900 ~ 2 800	2 000	2.47
	4	18.17				1 100 ~ 2 200	2 000	3.62

　　通过两个试验区抽水试验说明,虽然灌浆孔间距较大,但经过灌浆,仍可在很大程度上降低砂卵砾石的渗透性。因此,经过灌浆,可以形成防渗帷幕,灌浆帷幕防渗是可行的。

　　试验 I 区曾发现串浆现象,这说明在大孔隙地层中,浆液扩散半径大于 6 m,最大可达 17 ~ 23 m,但从竖井开挖揭露情况看,地层上部浆液扩散范围较小,灌浆效果较差。

　　经对两种灌浆方法比较,采用水泥黏土浆自上而下分段循环钻灌是可行的。在灌浆以前,先在覆盖土层中灌注孔口管,孔口管下端带有 0.5 m 的穿孔管,下入砂卵石层内 1 m。栓塞卡在孔口管上部,采用水泥黏土浆固壁钻孔,每钻 1 m 后,以循环浆液灌注地层。灌浆按规定标准结束后,再继续钻进,如此分段,由上而下直到计划深度。

　　在选择浆液的材料和配比时,应考虑浆液强度、可灌性、固壁性能,并力求便于施工和降低成本。依据工程区地层特性,为适应其可灌性,浆液的材料颗粒愈小愈好。为便于施工,浆液的黏度不大于 60,浆液 28 d 强度应大于 200 ~ 500 kPa,稳定性小于 0.02,析水率小于 2%。施工中采用浆液配比为水泥:黏土(上第三系):水 = 1:1:n(n = 3 ~ 12)。

　　根据灌浆试验,为避免引起较大的地面抬动、裂缝、串浆,灌浆压力可按照表 7-27 选用。在进入上第三系地层后,最大灌浆压力不宜超过 1 000 ~ 1 200 kPa。

7.6.3.2　帷幕灌浆

　　右岸灌浆帷幕范围为桩号 2 + 400 ~ 3 + 440,在坝肩深入上第三系地层约 20 m。帷幕中心线从桩号 2 + 400 ~ 3 + 040 段距离原坝轴线 225 m,距离上游坝脚约 80 m,帷幕终点桩号 3 + 440 处距离原坝轴线约 91 m,从桩号 3 + 040 至 3 + 440 采用直线连接。帷幕厚度不小于 8 m。灌浆帷幕排数为 3 排。灌浆孔间距为 6 m。在砂卵石中,采用 3 排布置,排距为 2.5 m;在砾岩中,采用 2 排布置,排距 4 m。灌浆孔布置呈梅花形,分布在帷幕中心线两侧的灌浆孔分别距离中心线约 2.5 m。由于工期原因,大部分先灌的边排孔布置成三角形,后来,在边排孔三角形的中心布置了中排孔。帷幕一般嵌入上第三系地层 2 ~ 5 m。

表 7-27　灌浆压力参考数值

序号	深度(m)	灌浆最大压力(kPa)	序号	深度(m)	灌浆最大压力(kPa)
1	5 ~ 6	300	6	17	1 500
2	7	400	7	18	1 500
3	8	500	8	19	1 600
4	9	600	9	20	1 700
5	10	700	10	>20	1 800

据《岳城水库坝基帷幕防渗处理技术总结草稿》,右岸桩号 2 +400 ~ 3 +460,总灌浆试段长度为 8 849.03 m,总的干料消耗量为 20 566 863.00 kg,平均每米试段干料消耗量为 2 324.19 kg。从空间位置看,上游排灌浆孔的平均每米试段干料消耗量为 2 750.00 kg,中游排灌浆孔的平均每米试段干料消耗量为 1 550.00 kg,下游排灌浆孔的平均每米试段干料消耗量为 2 741.00 kg。从帷幕灌浆总体情况来看,大部分试段次平均每米试段干料消耗量小于 1 t,约占统计试段的 65.638%,平均每米试段干料消耗量小于 100 kg,约占统计试段 39.10%;平均每米试段干料消耗量小于 2 t,约占统计试段的 75.965%;平均每米试段干料消耗量 2 ~ 9 t,约占统计试段 14.239%;平均每米试段干料消耗量大于 9 t,约占统计试段的 9.796%。见表 7-28。

表 7-28　帷幕灌浆每米试段干料消耗量统计

序号	每米试段干料消耗量(t/m)	段次数量	比例(%)
1	0 ~ 1	7 297	65.638
2	1 ~ 2	1 148	10.327
3	2 ~ 3	541	4.866
4	3 ~ 4	363	3.265
5	4 ~ 5	224	2.015
6	5 ~ 6	183	1.646
7	6 ~ 7	99	0.891
8	7 ~ 8	80	0.719
9	8 ~ 9	93	0.836
10	>9	1 089	9.796
合计		11 117	100

由此可以看出,大部分地段可灌性较好。此外,每米试段干料消耗量数据分布离散,说明地层不均一性明显。

另外,从两岸情况看,右岸每米试段干料消耗量明显大于左岸地段,主要是由于右岸地层渗透性明显大于左岸地层,左岸地带砂卵石弱固结现象较为发育。

在右岸不同坝段,每米试段干料消耗量差别也较大,上下游方向,也表现变化明显,见表 7-29。各坝段坝基灌浆帷幕耗浆量平均值见表 7-30。

表7-29　右岸不同坝段帷幕灌浆每米试段干料消耗量分级分布统计

每米试段干料消耗量(t/m)		主坝桩号												
		2+400~2+505		2+505~2+610		2+610~2+760		2+760~2+950		2+950~3+040		3+040~3+410		3+410~3+460	
		段次数量	占该排段次总数比例(%)	段次数量	占该排段次总数比例(%)	段次数量	占该排段次总数比例(%)	段次数量	占该排段次总数比例(%)	段次数量	占该排段次总数比例(%)	段次数量	占该排段次总数比例(%)	段次数量	占该排段次总数比例(%)
0~1	上游排	175	85.37	231	67.74	302	53.36	299	43.08	161	80.10	652	60.04	118	83.10
	中游排	188	87.44	242	74.23	398	68.86	484	69.54	186	86.51	664	74.02	74	90.24
	下游排	165	77.10	228	75.50	261	44.31	276	41.26	165	78.57	519	50.88	92	60.93
1~2	上游排	10	4.88	21	6.16	79	13.96	79	11.38	17	8.46	146	13.44	10	7.04
	中游排	8	3.72	24	7.36	63	10.90	61	8.76	14	6.51	104	11.59	3	3.66
	下游排	18	8.41	24	7.95	58	9.85	113	16.89	26	12.38	135	13.24	19	12.58
2~3	上游排	3	1.463	14	4.11	34	6.01	34	4.90	6	2.99	57	5.25	4	2.82
	中游排	6	2.79	16	4.91	33	5.71	33	4.74	9	4.19	48	5.35	1	1.22
	下游排	7	3.27	9	2.98	35	5.94	42	6.28	8	3.81	65	6.37	8	5.30
3~4	上游排	4	1.95	12	3.52	20	3.53	20	2.88	3	1.49	58	5.34	4	2.82
	中游排	0	0	8	2.45	20	3.46	19	2.73	0	0	28	3.12	1	1.22
	下游排	6	2.80	8	2.65	36	6.11	21	3.14	5	2.38	46	4.51	4	2.65
4~5	上游排	7	3.41	4	1.17	12	2.12	10	1.44	4	1.99	32	2.95	2	1.41
	中游排	2	0.93	5	1.53	13	2.25	12	1.72	1	0.47	13	1.45	3	3.66
	下游排	1	0.47	7	2.32	18	3.06	13	1.94	2	0.95	38	3.73	3	1.99

续表 7-29

主坝桩号

每米试段干料消耗量 (t/m)		2+400~2+505		2+505~2+610		2+610~2+760		2+760~2+950		2+950~3+040		3+040~3+410		3+410~3+460	
		段次数量	占该排段次总数比例(%)	段次数量	占该排段次总数比例(%)	段次数量	占该排段次总数比例(%)	段次数量	占该排段次总数比例(%)	段次数量	占该排段次总数比例(%)	段次数量	占该排段次总数比例(%)	段次数量	占该排段次总数比例(%)
5~6	上游排	0	0	6	1.76	12	2.12	7	1.01	4	1.99	27	2.49	1	0.70
	中游排	1	0.47	7	2.15	12	2.08	16	2.30	1	0.47	13	1.45	0	0
	下游排	2	0.93	4	1.32	23	3.90	8	1.20	0	0	19	1.86	3	1.99
6~7	上游排	0	0	4	1.17	6	1.06	8	1.15	2	1.00	14	1.29	0	0
	中游排	2	0.93	6	1.84	3	0.52	11	1.58	1	0.47	7	0.78	0	0
	下游排	0	0	2	0.66	4	0.68	12	1.79	1	0.48	16	1.57	1	0.66
7~8	上游排	0	0	4	1.17	7	1.24	9	1.30	2	1.00	12	1.10	0	0
	中游排	0	0	1	0.31	1	0.17	10	1.44	0	0	2	0.22	0	0
	下游排	1	0.47	1	0.33	4	0.68	7	1.05	1	0.48	14	1.37	0	0
8~9	上游排	0	0	4	1.17	4	0.71	8	1.15	1	0.50	8	0.74	0	0
	中游排	1	0.47	0	0	3	0.52	9	1.29	0	0	1	0.11	0	0
	下游排	2	0.93	0	0	3	0.51	16	2.39	0	0	20	1.96	9	5.96
9~10	上游排	1	0.49	4	1.17	6	1.06	5	0.72	1	0.50	4	0.37	1	0.70
	中游排	3	1.40	0	0	7	1.21	4	0.57	1	0.47	4	0.45	0	0
	下游排	4	1.87	9	2.98	114	19.35	108	16.14	1	0.48	129	12.65	7	4.64

续表 7-29

每米试段干料消耗量(t/m)		主坝桩号													
		2+400~2+505		2+505~2+610		2+610~2+760		2+760~2+950		2+950~3+040		3+040~3+410		3+410~3+460	
		段次数量	占该排段次总数比例(%)	段次数量	占该排段次总数比例(%)	段次数量	占该排段次总数比例(%)	段次数量	占该排段次总数比例(%)	段次数量	占该排段次总数比例(%)	段次数量	占该排段次总数比例(%)	段次数量	占该排段次总数比例(%)
10~11	上游排	0	0	2	0.59	7	1.24	3	0.43	0	0	9	0.83	0	0
	中游排	0	0	2	0.61	2	0.35	2	0.29	1	0.47	1	0.11	0	0
	下游排	3	1.40	5	1.66	23	3.90	49	7.32	1	0.48	14	1.37	1	0.66
11~12	上游排	1	0.49	7	2.05	5	0.88	20	2.88	0	0	10	0.92	0	0
	中游排	2	0.93	0	0	3	0.52	2	0.29	1	0.47	2	0.22	0	0
	下游排	0	0	1	0.33	6	1.02	1	0.15	0	0	0	0	3	1.99
12~13	上游排	0	0	18	5.28	66	11.66	173	24.93	0	0	31	2.85	0	0
	中游排	0	0	0	0	2	0.35	4	0.57	0	0	1	0.11	0	0
	下游排	0	0	2	0.66	1	0.17	3	0.45	0	0	0	0	1	0.66
13~14	上游排	0	0	2	0.59	3	0.53	18	2.59	0	0	5	0.46	2	1.41
	中游排	0	0	1	0.31	1	0.17	2	0.29	0	0	1	0.11	0	0
	下游排	0	0	0	0	1	0.17	0	0	0	0	0	0	0	0
14~15	上游排	0	0	5	1.47	2	0.35	0	0	0	0	8	0.74	0	0
	中游排	0	0	0	0	1	0.17	4	0.57	0	0	1	0.11	0	0
	下游排	1	0.47	0	0	0	0	0	0	0	0	1	0.10	0	0

续表 7-29

每米试段干料消耗量(t/m)		主坝桩号													
		2+400~2+505		2+505~2+610		2+610~2+760		2+760~2+950		2+950~3+040		3+040~3+410		3+410~3+460	
		段次数量	占该排段次总数比例(%)	段次数量	占该排段次总数比例(%)	段次数量	占该排段次总数比例(%)	段次数量	占该排段次总数比例(%)	段次数量	占该排段次总数比例(%)	段次数量	占该排段次总数比例(%)	段次数量	占该排段次总数比例(%)
15~16	上游排	0	0	1	0.29	0	0	0	0	0	0	1	0.09	0	0
	中游排	0	0	0	0	2	0.35	0	0	0	0	1	0.11	0	0
	下游排	2	0.93	1	0.33	0	0	0	0	0	0	2	0.20	0	0
16~17	上游排	0	0	0	0	0	0	1	0.14	0	0	0	0	0	0
	中游排	0	0	0	0	0	0	1	0.14	0	0	0	0	0	0
	下游排	0	0	0	0	2	0.34	0	0	0	0	0	0	0	0
>17	上游排	4	1.95	2	0.59	1	0.18	0	0	0	0	12	1.10	0	0
	中游排	2	0.93	14	4.29	14	2.42	22	3.16	0	0	6	0.67	0	0
	下游排	2	0.93	1	0.33	0	0	0	0	0	0	2	0.20	0	0
合计	上游排	205		341		566		694		201		1 086		142	
	中游排	215		326		578		696		215		897		82	
	下游排	214		302		589		669		210		1 020		151	
合计		634		969		1 733		2 059		626		3 003		375	

注：百分比例＝$\dfrac{每米试段某一干料消耗条件下上(中、下)游排的灌浆段次数}{上(中、下)游排灌浆段次总数}$，例如桩号 2+400~2+505 坝段，上游排灌浆段次总数为 205，而每米试段干料消耗量 0~1 t/m 灌浆段次数为 175，其相应的百分比例＝$\dfrac{175}{205}$＝85.37%，依此类推，计算不同坝段不同干料消耗量条件下的百分比例。

表 7-30　　各坝段坝基灌浆帷幕耗浆量平均值

序号	桩号	灌浆孔位置	干料消耗量 Q(t/m)	
1	2 + 400 ~ 2 + 505	上游排	1.300	1.010
		中游排	0.680	
		下游排	1.050	
2	2 + 505 ~ 2 + 610	上游排	2.250	1.966
		中游排	2.307	
		下游排	1.341	
3	2 + 610 ~ 2 + 760	上游排	2.953	2.500
		中游排	1.848	
		下游排	2.700	
4	2 + 760 ~ 2 + 949	上游排	5.190	3.977
		中游排	2.210	
		下游排	4.530	
5	2 + 949 ~ 3 + 040	上游排	0.825	0.641
		中游排	0.455	
		下游排	0.644	
6	3 + 040 ~ 3 + 411	上游排	2.080	1.968
		中游排	2.820	
		下游排	1.004	
7	3 + 411 ~ 3 + 460	上游排	0.820	1.162
		中游排	0.487	
		下游排	2.180	

　　据《河北省漳河岳城水库 1957 ~ 1961 年工程地质勘察综合报告》,坝基灌浆帷幕各孔耗浆量与砂卵石渗透系数对比关系见表 7-31。

　　从表 7-31 可以看出,渗透性强的地段,其耗浆量也大;相比较各个灌浆孔的耗浆量与渗透系数关系,各个灌浆区段耗浆量与渗透系数关系较为接近实际情况。

7.6.3.3　灌浆效果检查

1. 注水试验

　　在桩号 2 + 535、2 + 823、2 + 985 部位分别布置了检查孔进行了注水试验,桩号 2 + 535、2 + 823 的检查孔布置在上游排灌浆孔和中排灌浆孔之间,而桩号 2 + 985 检查孔布置在中排灌浆孔线。

　　根据注水试验成果,桩号 2 + 535 检查孔测得渗透系数为 3.48×10^{-4} ~ 3.75×10^{-4} cm/s,桩号 2 + 823 检查孔测得渗透系数为 1.19×10^{-3} ~ 1.26×10^{-3} cm/s,桩号 2 + 985 检查孔测得渗透系数为 0.95×10^{-5} ~ 0.97×10^{-5} cm/s。据此,认为帷幕基本形成,但也反映出渗透性强的地段灌浆效果比渗透性弱的地段的灌浆效果较差。

2. 水位观测。

　　在桩号 2 + 400 ~ 2 + 960 段,在帷幕上游侧、下游侧共布置了 12 个观测孔,观测地下水位动态及变化趋势。

表 7-31　坝基灌浆帷幕各试段耗浆量与砂卵石渗透系数对比关系

序号	地貌单元	勘探孔编号	桩号	渗透系数 K		渗透性类别	平均每米试段干料消耗量 Q(t/m)
				（m/d）	（cm/s）		
1	一级阶地	168 - 1	2 + 568	20.00	2.315×10^{-4}	中等透水	0.278
2		168 - 2	2 + 568	22.00	2.546×10^{-4}		2.292
3		173	2 + 700	8.00	9.259×10^{-5}	弱透水	3.107
4		169	2 + 748	13.60	1.574×10^{-4}	中等透水	0.486
5		166	2 + 802	44.00	5.093×10^{-4}		2.390
6		170 - 1	2 + 832	28.00	3.241×10^{-4}		0.505
7		170 - 2	2 + 832	36.00	4.167×10^{-4}		3.230
8		174	2 + 880	8.00	9.259×10^{-5}	弱透水	0.343
9		171	2 + 949	2.00	2.315×10^{-5}		0.105
10	二级阶地	175 - 1	3 + 075	12.10	1.400×10^{-4}	中等透水	0.242
11		175 - 2	3 + 075	28.00	3.241×10^{-4}		1.450
12	斜坡	178	3 + 351	170.2	1.97×10^{-3}	中等透水	6.060

注：表中渗透系数为以往勘察期间现场抽水、注水试验等获得的成果。

因观测时间较短及工作不充分，故获得的观测数据有限，不能完全反映帷幕防渗效果；但从仅有成果初步判断，帷幕还有具有一定的防渗效果。

7.6.4　两期帷幕灌浆对比分析

通过对比论述两期帷幕灌浆成果，可以得到如下几点认识：

（1）建设期帷幕灌浆单位试段长度所消耗干灰量明显大于近期除险加固期间帷幕灌浆相应成果，无论从平均值、最大值还是从最小值。建设期帷幕灌浆单位试段长度所消耗干灰量平均值为 2 324.19 kg/m，最大值大于 17 000 kg/m，最小值为 455 kg/m；而近期除险加固帷幕灌浆孔单位试段干料消耗量平均值为 914.6 kg/m，最大值为 5 465.65 kg/m，最小值为 4.42 kg/m。

（2）在右岸坝段，主坝桩号 2 + 505 ~ 2 + 950、3 + 040 ~ 3 + 410 段，建设期帷幕灌浆耗浆量较大，一般干料消耗量大于 1.9 t/m，而本期除险加固帷幕灌浆的浆耗浆量最大部位分布在桩号 3 + 000 一带，这说明桩号 3 + 000 附近依然是坝基渗漏较为明显的地段。

（3）从两期坝基帷幕灌浆效果检查来看，所采取手段和方法均较为单一，宜采用其他手段，相互验证，更好论证灌浆帷幕防渗效果。建设期主要采用注水试验，取得数据不多，水位观测甚少，评价帷幕防渗效果资料显得不很足；而近期除险加固主要采用压水试验，获得资料较多，但压水试验历时较短。

（4）基于上述情况，今后在水库运行期间应加强观测，并及时对观测资料进行整理和分析，以便全面、准确地了解坝基灌浆帷幕防渗效果及工作状态。

（5）近期除险加固坝基帷幕灌浆成果还正在整理之中,取得资料不甚全面,有待补充资料后进一步分析论证。

（6）两期坝基帷幕灌浆工程量均较大,建设期坝基帷幕灌浆实际用时 2 个月,近期除险加固的坝基帷幕灌浆实际历时 7 个月,并经历了主汛期。

（7）虽然两期帷幕灌浆的有关具体成果数值不相同,但从总体上看,却是一致的,反映了工程实际情况,取得的成果都是真实的,近期帷幕灌浆可以认为是对建设期坝基建立的已有帷幕灌浆的一次补强措施,由两期帷幕灌浆成果可以看出,坝基帷幕灌浆的防渗效果是明显的,是否能够取得预期目标,有待今后运行考验。

第 8 章 大副坝坝后排水暗管涌砂问题

8.1 坝后排水暗管涌砂问题

1963 年、1968 年水库泄空后检查,大副坝坝后出现沼泽化、排水沟出现流砂现象。1973 年至 1974 年蓄水后,大副坝坝后纵向排水管流砂明显加剧。

8.2 工程地质条件

8.2.1 地质条件

1996 年 12 月,天津勘测设计研究院进行了岳城水库除险加固工程初步设计阶段地质勘察工作,并于 1997 年 3 月提出了《漳河岳城水库大副坝除险加固工程初步设计地质勘察报告》,其主要地质结论为大副坝坝基范围内分布有连续的相对隔水层,其岩性为上第三系(N_2^2)高液限黏土和低液限黏土,顶面分布高程为 89.00~114.00 m,厚度为 5.00~21.20 m。

1999 年 4 月 13 日至 5 月 19 日对防渗墙基础进行了技施阶段补充工程地质勘察工作,并提出了《岳城水库除险加固工程大副坝涌砂处理工程技施阶段补充工程地质勘察报告》。

根据勘察,坝基主要分布第四系和上第三系松散堆积物。第四系松散堆积物成因较杂,一般厚度不大,岩性多为红土卵石、黄土状低液限黏土、黄土状低液限粉土、卵石、砂砾石等,为坝基浅部土层,与拟采用的混凝土柔性防渗墙关系部大;上第三系地层为坝基主要持力层之一,厚度较大,分布稳定,但岩性变化较大,以黏性土、砂土呈不等厚层状分布,按照岩性可划分为三大层(N_2^1~N_2^3),第一层(N_2^1)、第三层(N_2^3)岩性多为砂层、砂砾石,夹有低-高液限黏土、低液限粉土薄层或透镜体。而第二层(N_2^2)岩性为高-低液限黏土,夹有低液限粉土薄层或透镜体,与防渗墙关系较为密切,是坝基主要的隔水层,按岩性可分为上部、下部两个部分,上部岩性主要为栗状铝土质高液限黏土、低液限黏土、低液限粉土、粉细砂,棕红色、灰绿色、灰黄色,湿,硬塑或可塑状,黏粒含量较高,局部钙质结核或团砾,铝土矿物含量较高,呈互层状、透镜体状结构;下部岩性为棕红色高液限黏土、低液限黏土,棕红色,湿,大部分呈超固结状,部分呈可塑-硬塑状,呈厚层结构。

坝基地层结构较为复杂,地下水类型主要有承压水和潜水。潜水主要赋存于上第三系第三层(N_2^3)砂层等,水位变化明显;承压水主要赋存于上第三系第一层(N_2^1)砂层,水位与库水关系密切。

根据勘探资料分析,上第三系第二层(N_2^2)上部岩相变化大,多呈薄层或透镜体结构,地层分布稳定性差,夹有粉细砂与低液限粉土等,不宜作为防渗墙的地基和下附隔水层。

8.2.2　上第三系第二层(N_2^2)黏性土平面分布规律

大副坝场区内曾进行了不同深度、不同阶段的地质勘察工作,综合有关勘察成果,认为在勘探深度范围内,上第三系第二层(N_2^2)隔水层分布是较连续的,在水平方向上起伏较大,顶面高程为 90.92~118.54 m。沿拟建防渗墙轴线方向,按其起伏情况,大致可以划分为四段,简述如下。

第一段:桩号 0+250~0+438,第二层(N_2^2)黏性土隔水层顶板高程为 118.54~110.00 m,起伏差为 8.54 m。

第二段:桩号 0+438~0+510,第二层(N_2^2)黏性土隔水层顶板高程为 110.00~115.03 m,起伏差为 5.03 m。

第三段:桩号 0+510~0+558,第二层(N_2^2)黏性土隔水层顶板高程为 115.03~99.00 m,起伏差为 16.03 m。

第四段:桩号 0+558~1+220,第二层(N_2^2)黏性土隔水层顶板高程为 99.00~90.00 m,起伏差为 9.00 m。

综上所述,第二层(N_2^2)黏性土隔水层顶板高程总的变化趋势是南高北低,其分布高程为 90.92~118.54 m,高差为 27.62 m。

8.2.3　上第三系第二层(N_2^2)黏性土厚度变化规律

综合各期勘察成果,大副坝拟建防渗墙下伏上第三系第二层(N_2^2)黏性土隔水层厚度变化较大,厚度为 6.5~13.10 m,呈现出中部薄、向两端逐渐变厚的趋势。

8.2.4　主要结论

综合各期勘察资料,在大副坝坝基范围内,上第三系第二层(N_2^2)黏性土隔水层总体上分布较连续,其顶面高程为 90.92~118.54 m,厚度为 6.5~13.10 m。

考虑到上第三系第二层(N_2^2)上部呈互层状、透镜体状结构,岩性复杂,夹有低液限粉土等,变化较大,不宜作为防渗墙下伏的隔水层;而其下部为厚层高液限黏土、低液限黏土,厚度为 5~9 m,宏观上,空间分布连续且较为稳定,是坝基下较好的、可利用的隔水层,渗透系数为 $1 \times 10^{-7} \sim 1 \times 10^{-8}$ cm/s,其空间分布规律和渗透性可基本满足封闭式防渗墙的地基要求。

大副坝地处山前洪积扇边缘与平缓湖积的过渡地带,属三角洲相沉积环境,地层岩性复杂,变化较大,故此在施工过程中,应扩大取样范围或采取先导孔施工,并在不同地段取样进行物性分析,以验证和及时修正设计指标。

8.3　施工处理

8.3.1　防渗墙工程地质条件

设计拟建防渗墙工程位于大副坝桩号 0 + 250 ~ 1 + 220 范围,其轴线采用折线形布置,要求基础深入上第三系第二层(N_2^2)高液限黏土或低液限黏土有效深度 1 m 以上。

大副坝坝基除表部分布有 2 ~ 5 m 厚的第四系黄土状低液限黏土外,主要持力层为上第三系地层,较老的基岩(二叠、三叠)系埋藏于坝基百米以下。

上第三系第一层(N_2^1):岩性以粗、中、细砂、砾石及砂砾石层为主,夹低液限粉土及低液限黏土层。其中砂的成分以石英为主,密实,局部成岩,在砂层和砂砾石层之间,有多层低液限黏土呈薄层或透镜体状分布,该层埋藏于坝基以下 50 ~ 70 m,厚度约为 50 m。

上第三系第二层(N_2^2):补充地质勘察资料及施工揭露,上第三系第二层(N_2^2)按岩性及结构特征可分为上、下两层,即:

(1)上层:由杂色栗质高液限黏土、棕红色低液限黏土、棕红色高液限黏土及棕黄色低液限粉土、粉细砂组成,呈薄层互层状、透镜体状结构,分布不稳定,大坝桩号 0 + 250 ~ 0 + 600 段,分布高程 118.24 ~ 99.00 m,起伏差为 19.24 m,厚度为 0.5 ~ 7.0 m;坝桩号 0 + 600 ~ 0 + 900 段,分布高程为 99.00 ~ 94.5 m,起伏差为 4.5 m,厚度在 0.5 ~ 2.0 m;坝桩号 0 + 900 ~ 1 + 220 段,分布高程 94.5 ~ 90.00 m,起伏差为 4.5 m,厚度为 2.0 ~ 6.5 m。

栗质高液限黏土:杂色,湿,呈可塑状、土层中微节理发育,具黑色斑点及丝状钙质网膜,含钙质结核,分布于该层顶部。

棕红色低液限黏土:湿,可塑 – 硬塑状,以粉粒含量为主,固结良好。

棕红色高液限黏土:湿,可塑 – 硬塑,土质不均一,局部粉粒及砂粒含量较高。

棕黄色低液限粉土:粉细砂,湿,不均一,密实结构。呈薄层或透镜体状产出,主要分布于上第三系第二层(N_2^2)上部,分布较少,在北部分布略高,属中等 – 弱透水性。

(2)下层:由厚度层状低液限黏土及高液限黏土组成,沿防渗墙轴线方向除桩号 510 ~ 560 m 段起伏较大外,其他地段分布均较稳定,厚度一般为 5 ~ 9 m,总趋势为中部厚、两端薄。

低液限黏土:棕红色,稍湿,固结良好,呈坚硬状,较均一,

高液限黏土:棕红色,稍湿,固结良好,呈坚硬状,粉质,较均一。

该层分布于坝基以下 40 ~ 60 m,顶面高程为 90.92 ~ 118.24 m,总体趋势是南高北低,高差为 27.32 m,总厚度为 5 ~ 13 m。

考虑到上第三系第二层(N_2^2)上层呈互层状、透镜状结构,岩性较复杂,夹有渗透性较强的亚砂土等因素,认为该层隔水性能较差,以此层为防渗墙基础恐难以形成底部封闭的防渗体系,因此建议以上第三系第二层(N_2^2)下层的高液限黏土、低液限黏土作为防渗墙隔水底板。

上第三系第一层(N_2^3):该层主要由中、细粒砂组成,夹有黏土、亚黏土薄层及砂岩、砂砾岩透镜体。本层岩性及颗粒变化较大,互层及夹层较多,其中,黏土与亚黏土多以薄层

状分布,或以分布范围较广、厚度较大的透镜体出现,形成局部隔水层,厚度约为 35 m。

8.3.2 防渗墙基础工程地质评价

在工程建筑范围内,上第三系相对隔水层(N_2^2)分布连续,根据施工资料,各槽孔岩性以低液限黏土为主,其次是高液限黏土,个别槽孔以高液限黏土为主,其次为低液限黏土,只在个别孔段见有少量黏粒含量偏低的低液限黏土,其土体固结程度较好,对照勘察资料,其渗透系数为 $1 \times 10^{-9} \sim 1 \times 10^{-7}$,满足防渗墙地基的设计要求。

根据槽孔揭露的地层岩性资料,防渗墙底部均已进入 N_2^2 地层下部 1 m 以上,其上有 N_2^2 上部的薄层高液限黏土及低液限黏土,确保了防渗墙的隔水性能。

综上所述,防渗墙建于连续稳定的 N_2^2 相对隔水层,满足设计要求。

8.4 主要结论

(1)经施工验证,前期勘察成果精度高,结论明确,在建设施工过程中起到了良好的指导和控制作用。

(2)施工中各槽孔取样方法、取样间距、样品质量均满足了设计要求。

(3)防渗墙地基坐落于连续、稳定的上第三系第二层(N_2^2)相对隔水层上,防渗墙底部进入高液限黏土或低液限黏土有效深度 1 m 以上,满足了设计要求,构成了连续的、底部封闭的防渗体。

(4)恢复坝体所用土料为 1987 年勘察过的副坝土料场,其质量满足均质土坝的技术要求。

第 9 章 溢洪道除险加固

岳城水库已建溢洪道,也称溢洪道、第一溢洪道,位于主坝、大结合部位副坝,已投入运营多年,为国内罕见的软基溢洪道,进口闸共 9 孔,净宽 108 m,总宽 131.5 m,设计泄量为 11 000 m³/s,校核泄量达到 12 850 m³/s。设计单宽流量 83.65 m³/s,校核单宽流量 97.72 m³/s。

现状水库设计防洪标准为 1 000 年一遇,校核防洪标准接近 2 000 年一遇,超过 2 000 年一遇洪水需爆破 2 号小副坝泄洪。

岳城水库虽经过多次除险加固,但一直未解决水库非常运用洪水标准低于国家强制标准。在目前现实条件下,经研究大坝不拟再次进行加高,较为可行的方法就是增大大坝的洪水下泄能力,为此,提出了新建溢洪道除险加固方案,先后勘察与研究了第二溢洪道、第三溢洪道两个方案,并进行了比选;这两个方案分别称为曾研究的第二溢洪道和第三溢洪道(下文同)。

曾研究的第二溢洪道位于主坝右坝肩,轴线采用折线布置,设计最大下泄量 9 800 m³/s。曾研究的第三溢洪道拟对第二小副坝与第三小副坝进行改建,设计最大下泄量 9 800 m³/s。

根据岳城水库校核防洪标准达到国家强制标准存在的实际困难,考虑岳城水库校核防洪标准接近 2 000 年一遇洪水和今后增加泄流设施后万年一遇洪水位与 2 000 年一遇洪水位基本相同的实际情况,因此确定本期(2010 年)岳城水库除险加固工程按 2 000 年一遇洪水的防洪标准进行设计,消除工程质量隐患。

9.1 溢洪道除险加固概述

9.1.1 除险加固内容

本期(2010 年)溢洪道除险加固主要包括以下内容。

9.1.1.1 消能防冲设施加固工程

为保证岳城水库遭遇 2 000 年一遇洪水时溢洪道的泄洪安全,拟对溢洪道消能防冲设施进行加固处理。

1. 边墙加高

泄槽边墙加高范围为桩号 0 + 170 ~ 0 + 245,加高高度为 0.3 ~ 0.9 m。加高方式选用原边墙局部带帽加高方法。

消力池段加高范围为桩号 0 + 556 ~ 0 + 821,加高高度为 1.5 m,加高形式初拟为带帽加高。

2. 左堤加固

现状左堤护坡为喷混凝土护坡,为保证护坡承受溢洪道出口水流的冲刷,在左堤桩号 $0+000\sim0+800$ 范围内原护坡的基础上增加一层 20 cm 厚的钢筋混凝土护坡。

堤顶暂定不加高,为防止涌浪翻过防浪墙冲刷堤顶,堤顶铺设 50 cm 厚的浆砌石护顶,浆砌石表面用砂浆护面。

3. 各级堰坎加高

为保证各级消力池均能形成完整的水跃,初拟各级堰坎加高 0.5 m。同时考虑三级消力池加长拆除工程量较小,将三级消力池池长加长 5.0 m。

4. 尾水渠防冲加固

尾渠出口不等长柔性板在现状基础上均延长 30 m;左堤护脚采用钢筋混凝土板进行护脚,防护范围由 $0+355\sim0+542.5$ 扩大到 $0+355\sim0+800$,防护宽度增加 $12\sim30$ m 不等。

9.1.1.2 裂缝处理工程

为保证溢洪道闸墩混凝土的整体性,防止钢筋锈蚀,延长建筑物的使用寿命,拟对裂缝进行处理。处理方法采用化学灌浆法,灌浆材料采用强度高、黏接牢固的环氧树脂灌浆材料。

9.1.1.3 进水闸公路桥改建工程

为保证坝顶防汛公路的正常运行,本次除险加固拟对设计标准低、主梁存在裂缝的溢洪道公路桥进行拆除重建。

9.1.1.4 混凝土防碳化处理工程

为防止碳化超过钢筋保护层厚度,造成钢筋锈蚀,降低结构强度,本次除险加固设计拟对进口闸墩、闸底板、泄槽底板及边墙等部位进行防碳化处理。

9.1.1.5 启闭机房及控制楼设计

根据启闭机房存在的问题以及配合启闭机改造和电气设备更新,对溢洪道启闭机房进行改建,对控制楼在原位置进行拆除重建。

本期溢洪道除险加固工作与地质条件有关的部位为溢洪道出口柔性板加长段,现把其有关地质条件简述如下。

9.1.2　出口柔性板加长段

9.1.2.1　工程地质条件

根据《岳城水库大坝加高工程施工地质报告》($101-D(92)2$)可知,地形地貌原属残丘斜坡,受香水河和漳河切割,地形起伏较大。

出露地层主要为第四系全新统人工堆积物(Q_4^r)和冲积物(Q_4^{al})及上第三系上新统(N_2)地层。

第四系全新统人工堆积物(Q_4^r)主要为素填土,厚度不大。

第四系上更新统冲积物(Q_4^{al})岩性为黄色、灰黄色含泥质较多的砂卵砾石、钙泥胶结不良砾岩和钙泥胶结较好砾岩,局部夹有细砂和低液限黏土透镜体,漂石含量 30% 以上。根据探井揭露,胶结较好的砾岩约占 40%,胶结差的砾岩约占 30%,砂卵砾石约占 30%。

该层富含孔隙潜水,透水性不均一,有明显集中渗流现象。层底高程为 92~94 m,厚度为 6~8 m。

根据试验成果,胶结较好砾岩的湿密度为 2.52 g/cm³,湿抗压强度为 20.6~22.2 MPa。

上第三系上新统(N_2)地层可划分为第四层(N_2^4)和第三层(N_2^3)。第四层(N_2^4)岩性主要为高液限黏土,紫红色,硬塑 – 坚硬,局部可塑状,断口具油脂光泽,干裂呈片状、碎块状,底部为低液限黏土、低液限粉土。层底高程为 69~79 m,厚度为 10~25 m,为良好的隔水层。第三层(N_2^3)岩性主要为中细砂,灰黄色,以细砂为主,黏粒含量较高,较密实,局部弱固结,揭露厚度为 25 m。该层富含孔隙承压水,承压水水位为 106~106 m,水头高度为 28~38 m。

9.1.2.2　工程地质评价

柔性板加长部位分布岩性主要为第四系上更新统砂卵砾石和胶结不良砾岩,砂卵砾石松散,而砾岩胶结程度变化较大,极不均一,岩质差,允许冲刷流速低;结合水工模型试验成果分析,无论是从工程地质观点还是从溢洪道运用安全考虑,均需采取工程处理措施。

施工开挖资料表明,砂卵砾石、胶结较好砾岩和胶结差砾岩呈透镜体相互穿插,层状连续性差,总体上看,胶结差砾岩和未胶结的砂卵砾石约占 60% 以上,与砂卵砾石抗冲刷性能接近,建议允许冲刷流速小于 4 m/s。

9.2　曾研究的第二溢洪道

曾研究的第二溢洪道位于主坝右坝肩,轴线采用折线布置,设计最大下泄量 9 800 m³/s。主要建筑物有引渠、进口堰、陡槽、镇墩、一~四级消力池、二~四级堰、海漫、防冲墙、尾渠等。

进口闸宽度为 160 m,堰顶高程为 143 m,堰体长度为 33 m,堰型采用驼峰堰,设有弧形钢闸门,上游两侧设有导墙与坝体相连,墙顶高程为 161.3 m,导墙上游为引渠,引渠底高程为 140 m。进口闸下接泄槽,泄槽上游端底板高程为 139.10 m,纵坡比为 1:12,两侧边墙为重力式挡土墙,下游段高程为 114.35 m,设重力式镇墩,镇墩与一级消力池相接。设有一~四级消力池、二~四级堰,一~四级消力池池底高程分别为 105.0 m、102.5 m、100.5 m、99.0 m,池长分别为 103 m、55 m、45 m、35 m;二~四级堰堰顶高程分别为 116.4 m、109.1 m、103.7 m,二、三级堰采用实用堰,四级堰为梯形堰。

海漫顶高程为 102 m,采用混凝土砌护,末端设垂直防渗墙,其为工字钢筋混凝土地下墙,防冲墙底高程为 85.7 m,其下游采用柔性混凝土板保护。尾水渠两侧建有土堤,堤顶高程为 114.0 m,宽度为 6.0 m,内、外坡均为 1:2,左堤与现有的泄洪洞、第一溢洪道尾水渠右堤相连,内坡采用浆砌石护坡;右堤在英烈村下游与漳河右岸相连,内坡采用混凝土和浆砌石护坡。

曾研究的第二溢洪道尾渠与漳南渠相交,漳南渠采用倒虹吸穿越尾渠。

9.2.1　工程地质条件

9.2.1.1　地形地貌

第二溢洪道位于主坝南坝头,地处山前丘陵区,由进口闸至尾水渠沿线通过残丘、斜坡、漳河一、二级阶地、漫滩等地貌单元,地形开阔,下泄洪水经尾水渠后汇入漳河。

剥蚀残丘及其斜坡地带,地形起伏较大,山顶高程为180~190 m,坡度较平缓,坡底高程为129~135 m,相对高差为45~74 m。

二级阶地宽度为140~220 m,地形平坦,阶面高程为114~120 m,一般具二元结构,上部为土层,下部为砂砾石层。其前缘呈陡坎状,高度为3~5 m,在地貌上反映较为明显,其后缘与斜坡相连。

一级阶地宽度为200~350 m,地形平坦,阶面高程为105~108 m,具二元结构,上部为土层,但厚度较薄,下部为砂砾石层,厚度较大。其前缘呈陡坎状,在地貌上反映不甚明显,后缘与二级阶地前缘相连。田间水沟纵横交错。

漫滩由于受人类活动及生产耕作影响,与一级阶地界线不明显,宽度为300~400 m,高程为101.11~103.23 m,其前缘呈陡坎状,高度为1~2 m。

河道呈浅"U"形,较为宽阔,宽度为250~300 m,高程为95.16~97.96 m,由于修建了水库,基本干枯无水,仅雨季汛期水库放水时有短暂的径流。

9.2.1.2　地层岩性

出露地层为新生界第四系(Q)和上第三系(N)松散堆积层,第四系地层岩性主要为红土卵石、黏性土、砂卵砾石(局部胶结)等;上第三系地层岩性主要为砂和黏性土。下伏地层为中生界三叠系(T)砂页岩,埋深为104~117 m,高程为10~20 m。仅个别钻孔揭露,不再赘述。

根据本期勘察资料及参考前期有关成果,按照岩性、成因、水文等因素,将地层由老至新简述如下。

1. 新生界、上第三系、上新统(N_2)

上第三系地层在本区仅出露上第三系上新统(N_2)地层,下第三系(E)地层缺失,在残丘、斜坡、沟谷处零星出露,范围较小,是河湖相产物,相变现象显著,总厚度为60~130 m。按照水文地质及工程地质特性可划分为4大层,分述如下:

(1)N_2^1层。可划分为3个小层,仅个别钻孔揭露,埋藏较深,岩性主要为中细砂、黏性土,与工程关系不大,不再赘述。

(2)N_2^2层。高液限黏土(黏土),黄色、棕黄色,湿,坚硬状,土质较为均匀,局部夹粉细砂透镜体,该层分布广泛,厚度为7~15 m,为坝区主要隔水层之一。局部有低液限黏土和低液限粉土层。

(3)N_2^3层,可划分为3个小层。

N_2^{3-1}:中细砂,浅黄色,饱和,黏粒含量较高,颗粒均一,局部粗砂,底部局部为砂岩,厚度为2~10 m,厚度变化较大。

N_2^{3-2}:低液限黏土(轻壤土、壤土、黏土),黄色,湿,坚硬状,土质均一,局部为高液限黏土,厚度为5~11 m。

N_2^{3-3}：细砂(中细砂)，浅黄色，饱和，颗粒均匀，黏粒含量较高，局部为粗砂，部分地段为砂岩，厚度为 3～10 m，受 F_{26} 断层影响，断层两盘厚度变化大。

(4) N_2^4 层，可划分为 4 个小层。

N_2^{4-1}：低–高液限黏土(以壤土为主，部分为轻壤土)，黄色、棕黄色，湿，坚硬状，夹有低液限粉土透镜体，厚度为 5～16 m。

N_2^{4-2}：细砂(细砂、砂岩，夹砂砾岩)，灰白色、浅黄色，断层 F_{26} 西盘岩性为细砂、砂砾岩、砂岩，而东盘岩性为细砂，厚度为 4～7 m。在钻孔 380 和钻孔 392 附近，该层被剥蚀而缺失，沉积较厚的砾岩层。

N_2^{4-3}：低液限黏土，棕黄色、棕色，稍湿，坚硬状，局部为高液限黏土；在残丘及斜坡地带，上部岩性为低液限粉土，下部为低液限黏土和粉土互层，而在阶地地带，岩性主要为低液限黏土；厚度为 10～12 m；在钻孔 380 和钻孔 392 附近，该层被侵蚀剥蚀而缺失，沉积较厚的砾岩层。

N_2^{4-4}：中细砂(砾岩、细砂，夹砂砾岩)，灰白色、浅灰色、浅黄色，局部成岩，夹有砂砾石、砾质土和低液限黏土透镜体；岩性复杂多变，厚度为 18～30 m，与上覆第四系红土卵石(Q_1^{al+pl})呈不整合接触，仅分布在残丘及斜坡地带。

上述与工程关系紧密的地层为 N_2^3、N_2^4 两大层。

2. 第四系(Q)

按照沉积时代，可划分为下更新统(Q_1)、上更新统(Q_3)、全新统(Q_4)；按其成因，有冲积、洪积、坡积、人工堆积等；就岩性而言，可分为红土卵石、黄土状低液限黏土和粉土、砂砾石、人工填土等。

第四系地层划分为 3 大层 8 小层，由老至新简述如下：

(1)下更新统(Q_1^{al+pl})，与下伏新上第三系地层呈不整合接触。

红土卵石：土为低液限黏土，棕红色，湿，可塑–硬塑状，土质不均一，卵石成分以石英岩、石英砂岩为主，含量为 60%～80%，砾径磨圆度较好，分选性差，与黏土及砂砾混杂。分布于丘陵残丘及斜坡等部位。

(2)上更新统(Q_3)可分为 3 小层。

Q_3^{al}：砂砾石，一般结构紧密，分选性差，局部微胶结，砾石成分以灰岩、砂岩为主，粒径一般为 20～80 cm，含量为 60%～80%；砂为粉细砂，浅黄色，含量为 20%～40%。埋深为 2～19 m，厚度为 5～16 m，分布于二级阶地底部。

Q_3^{dl+pl}：黄土状低液限粉土，棕黄色、棕红色，湿，可塑–硬塑状，局部为低液限黏土，土质不均匀，孔隙大，内有网状钙质白膜及植物根系，中间夹砾石数层，底部砾石层较多。厚度和岩性变化较大，主要分布于斜坡地带等。

Q_3^{dl}：由卵砾石(成分为灰岩、石英砂岩)、红色黏土、红土卵石及砂粒碎屑等组成，岩性较杂，分布在斜坡等部位，远离主要建筑物，对工程影响不大。

(3)全新统(Q_4)可划分为 4 小层，岩性较杂，厚度变化较大。

9.2.1.3 地质构造

区内由于覆盖较厚度，老构造未出露，而新构造迹象在本区时有所见，规模一般不是很大，对工程有一定的影响。根据大坝施工开挖和前期勘察资料，已发现断层两条，即 F_{26}

和 F_{22}。

F_{26} 断层:走向为 NE10°左右,倾向为 SE,倾角约为 65°,上第三系地层被错断 10 m 以上,东盘相对下降,具拖曳现象,386 钻孔与 371 钻孔揭露该断层。关于其阻水性及与坝址区 F_4 断层关系,有待进一步勘察与研究。受 F_{26} 断层的影响,上第三系地层产生了明显的倾斜、褶曲,两盘地层均向断层方向倾斜,视倾角约为 10°。

F_{22} 断层:走向为 NE35°,倾向为 SE 或 NW,倾角为 85°,东盘相对下降,上更新统(Q_3)低液限黏土错断了 0.80 m,断层带宽度为 1 cm,充填钙质物,在主坝桩号 3 + 110 下游垂直排水沟开挖中,于桩号 0 + 280 与 0 + 300 减压井之间揭露该断层。

此外,在 389、390、392 等钻孔中,发现上第三系地层中发育有 75°以上的陡倾角和缓倾角裂隙,可见擦光面,一般充填厚度为 1 ~ 4 cm 的黏土及钙质物,密实,接触良好,在钻进过程中,发现局部有漏水现象。

9.2.1.4　水文地质

第二溢洪道地段地下水属于松散堆积物孔隙水,按照埋藏条件可划分为潜水和承压水。

1. 潜水

潜水埋藏于上第三系砂层和第四系砂砾石层中,深度为 1 ~ 33 m,水位为 105 ~ 145 m,一般与地形吻合,河中干枯时补给河水。残丘斜坡处坡降为 14% ~ 22%,阶地处坡降为 0.3% ~ 0.5%。

潜水与库水位关系密切。

2. 承压水

据勘探,地基共分布有五层承压水,均埋藏于上第三系砂层地层中,受岸边潜水补给,随库水位升降变化明显。按照埋藏深度,由深至浅,见表 9-1,简述如下。

表 9-1　承压水水位统计

序号	钻孔编号	位置	水位(m)				
			N_2^{4-2}	N_2^{3-3}	N_2^{3-1}	N_2^{1-3}	N_2^{1-1}
1	观孔 1	残丘	134.63	113.71	119.80		122.76
2	213		134.77				
3	214		134.49	113.30			
4	215	斜坡	120.11	110.75	114.59		
5	217				114.93		
6	371	F_{26} 断层东盘		106.04			
7	373	残丘		130.44			
8	374	阶地	129.25				
9	375	残丘					
10	376	斜坡	125.96	115.40			

续表9-1

序号	钻孔编号	位置	水位（m）				
			N_2^{4-2}	N_2^{3-3}	N_2^{3-1}	N_2^{1-3}	N_2^{1-1}
11	377	F_{26}断层西盘		116.27	116.91		
12	378			110.27			
13	380	斜坡		113.19			
14	381		129.56	112.72			
15	382			110.61	112.68		
16	383			110.95	113.76		
17	384			111.92	113.74		
18	385	F_{26}断层西盘		114.52	113.61		
19	386				113.10	116.33	
20	387				113.25		
21	389			114.66	110.50		
22	390				108.81	112.93	
23	391	F_{26}断层东盘			105.57	109.43	
24	392			106.18			
25	393				109.21		
26	394				113.38		
27	ZK1	残丘	128.19				
28	ZK2						
29	ZK3						
30	ZK4	F_{26}断层西盘		116.25			
31	ZK5				114.99		
32	ZK6	F_{26}断层东盘		108.80			
33	ZK7				105.48		
34	ZK8			103.30			
35	ZK9	F_{26}西盘			109.51		
36	ZK10	阶地					
37	ZK13						
38	ZK15						

注：ZK1～ZK15 水位为本期观测地下水位，其中 ZK1、ZK5、ZK7、ZK8 为长期观测孔。

N_2^{1-1} 承压含水层：含水层厚度约为 22 m，水位高程为 122.76 m（观孔 1）。以 N_2^{1-2} 黏

性土为隔水顶板,顶板高程为 50～70 m,隔水层厚度为 4～10 m。

N_2^{1-3} 承压含水层:含水层厚度为 25～28 m,底板高程为 84～100 m,水位高程为 109.43～116.33 m(389、386 钻孔水位)。以 N_2^2 高液限黏土为隔水顶板,顶板高程为 84～100 m,厚度为 7～15 m;以 N_2^{1-2} 黏性土为隔水底板。

N_2^{3-1} 承压含水层:含水层厚度为 2～10 m,水位高程为 105.48～119.80 m。以 N_2^{3-2} 低液限黏土为隔水顶板,厚度为 5～11 m;以 N_2^2 高液限黏土为隔水底板,厚度为 7～15 m,底板高程为 98～73 m,是地基主要承压含水层,与建筑物关系密切。

本期勘察在 F_{26} 断层西盘观测水位高程为 109.51 m(钻孔 ZK9),东盘观测水位为 105.48 m(钻孔 ZK7)。

N_2^{3-3} 承压含水层:含水层厚度为 7～10 m,水位高程为 103.30～130.44 m。以 N_2^{4-1} 低–高液限黏土为隔水顶板,厚度为 5～16 m;以 N_2^{3-2} 低液限黏土为隔水底板,底板高程为 82～110 m。受地形切割,在二级阶地后缘与潜水连通,局部承压性。

在 F_{26} 断层西盘,该层 1981 年观测水位为 110.27～116.27 m(钻孔 377、378、385),本期勘察观测水位高程为 116.25 m(钻孔 ZK4);断层东盘 1981 年观测水位高程为 106.04～106.18 m(钻孔 371、392),本期勘察观测水位为 108.80～103.30 m(钻孔 ZK6、ZK8)。

N_2^{4-2} 承压含水层:含水层厚度为 4～7 m,1981 年观测水位为 125.96～129.56 m(钻孔 376、381),本期勘察观测水位为 128.19～148.77 m(钻孔 ZK1)。以 N_2^{4-3} 黏性土为隔水顶板,厚度为 10～12 m;以 N_2^{4-1} 黏性土为隔水底板,底板高程为 116～125 m。至阶地后缘隔水顶板切穿,与潜水连通,局部承压性,主要分布于残丘及斜坡地带。

其中,N_2^{1-1}、N_2^{1-3} 承压含水层埋深较大,与工程关系不大;N_2^{3-3}、N_2^{4-2} 承压含水层分布范围小,局部承压性,承压水头较小,对建筑物影响较小;N_2^{3-1} 承压含水层分布范围大,承压水头高,对建筑物影响较大,见表 9-1。

在钻孔 ZK11 和水库分别取水样两组,进行了水质简分析,其成果见表 9-2。

表 9-2　水质简分析成果

项目		库水		地下水(钻孔 ZK11)	
		mg/L	mmol/L	mg/L	mmol/L
阳离子	$K^+ + Na^+$	0.92	0.04	2.99	0.13
	Ca^{2+}	44.09	1.10	63.33	1.58
	Mg^{2+}	30.62	1.26	33.54	1.38
	总计	75.63	2.40	99.86	3.09
阴离子	Cl^-	35.10	0.99	56.01	1.58
	SO_4^{2-}	75.89	0.79	64.36	0.67
	HCO_3^-	133.63	2.19	190.99	3.13
	CO_3^{2-}	0.00	0.00	0.00	0.00
	OH^-	0.00	0.00	0.00	0.00
	总计	244.62	3.97	311.36	5.38

续表9-2

项目		库水		地下水（钻孔 ZK11）	
		mg/L	mmol/L	mg/L	mmol/L
pH 值			8.10		7.36
硬度	总硬度		2.36		2.96
	永久硬度		0.17		0.00
	暂时硬度		2.19		2.96
	负硬度		0.00		0.17
碱度	总碱度		2.19		3.13
	酚酞碱度		0.00		0.00
	甲基橙碱度		2.19		3.13
固形物		356		468	
游离 CO_2			2.10		4.21
侵蚀性 CO_2			0.00		0.00

由表 9-2 可以看出,地下水 pH 值为 7.36,总硬度为 2.96 mmol/L,侵蚀性 CO_2 含量为 0, HCO_3^- 含量为 3.13 mmol/L,Cl^- 含量为 1.58 mmol/L,SO_4^{2-} 含量为 0.67 mmol/L,Ca^{2+} 含量为 1.58 mmol/L,Mg^{2+} 含量为 1.38 mmol/L,地下水水化学类型为 HCO_3^-、Cl^-、SO_4^{2-} – Ca^{2+}、Mg^{2+}。

库水 pH 值为 8.10,总硬度为 2.36 mmol/L,侵蚀性 CO_2 含量为 0,HCO_3^- 含量为 2.19 mmol/L,SO_4^{2-} 含量为 0.79 mmol/L,Mg^{2+} 含量为 1.26 mmol/L,Ca^{2+} 含量为 1.10 mmol/L,水化学类型为 HCO_3^-、SO_4^{2-} – Mg^{2+}、Ca^{2+}。

按照《水利水电工程地质勘察规范》(GB 50287—99)附录 G"环境水对混凝土腐蚀评价",地下水和库水对混凝土均无腐蚀性。

9.2.2　土的工程特性

9.2.2.1　土的物理力学性质

1980 年曾对第二溢洪道上第三系砂层和黏性土、第四系黏性土分别采取 12 组、18 组原状土样进行了常规物理力学性质试验,试验成果见表 9-3。本期勘察采取上第三系砂层样 14 组、黏性土土样 27 组、第四系黏性土土样 9 组进行室内试验,试验成果见表 9-4,砂砾石混合样 7 组进行了筛分试验,试验成果见表 9-5。

表 9-3　1980 年

地层代号	岩性	统计项目	天然基本物理性质						界限含水率			
			含水率 ω（%）	比重 G_s	湿密度 ρ（g/cm³）	干密度 ρ_d（g/cm³）	饱和度 S_r（%）	孔隙比 e	液限 ω_L（%）	塑限 ω_P（%）	塑性指数 I_P	液性指数 I_L
Q₃	黄色亚黏土	最大值	28.3	2.72	2	1.66	91.0	0.68	26.3	18.1	11	
		最小值	18.3	2.7	1.94	1.51	78.7	0.63	22.6	15.6	8	
		平均值	21.7	2.71	1.97	1.62	85.3	0.65	25.0	16.2	9	
		组数	7	6	7	7	6	6	4	4	4	
	棕红色亚黏土	最大值	33.9	2.71	2.08	1.82	92.5	0.7	35.1	21.8	17	
		最小值	13	2.69	1.97	1.59	72.9	0.48	29.0	15.4	9	
		平均值	18.4	2.7	2.05	1.73	86.1	0.55	31.5	19.1	13	
		组数	8	5	8	8	5	5	4	4	4	
	亚砂土	最大值	25.8	2.72	2.03	1.66	93.6	0.75	25.0	19.1	7	
		最小值	7.8		1.97	1.53			22.6	16.2	6	
		平均值	19.3	2.72	1.92	1.61	93.6	0.75	23.8	17.2	7	
		组数	3	1	3	3	1	1	2	2	2	
N₂	黏土	最大值	24.8	2.77	2.1	1.78	99.6	0.70	30.6	18.8	12	
		最小值	18.0	2.70	2.00	1.62	89.9	0.53				
		平均值	21.1	2.73	2.06	1.71	93.7	0.60	30.6	18.8	12	
		组数	7	6	7	7	6	6	1	1	1	
	亚黏土	最大值	18.5	2.06	1.75	0.56	90	2.72	30.6	18.8	12	
		最小值	18.0	2.06	1.74	0.54	89.9	2.7				
		平均值										
		组数	2	2	2	2	2	2	1	1	1	
	亚砂土	最大值	22.4	2.73	2.03	1.73	92.7	0.66				
		最小值	17.6	2.7	1.9	1.56	84.9	0.56				
		平均值	20.7	2.71	1.98	1.64	88.8	0.61				
		组数	3	2	3	3	2	2				
	砂层	最大值	18	2.69	2.10	1.82	87.8	0.68				
		最小值	9.5	2.67	1.85	1.59	45.3	0.47				
		平均值	15.0	2.68	1.95	1.69	68.4	0.58				
		组数	12	11	12	12	11	11				

土工试验成果

抗剪强度				水平渗透系数 K_{20}（cm/s）	压缩		不同粒径大小的颗粒组成(%)				岩性
直剪（饱固快）		饱和快			压缩系数 a_{1-2}（MPa^{-1}）	压缩模量 E_{s1-2}（MPa）	＞0.05 mm	0.05～0.005 mm	＜0.005 mm	不均匀系数	
凝聚力 C（kPa）	摩擦角 φ（°）	凝聚力 C（kPa）	摩擦角 φ（°）								
24	20	55	28.7		0.26		34.6	60.1	24.1		黄土状
		5	19.5				25	45.4	14.9		低液限
24	20	30	24.1		0.26		28.5	53	18.5		黏土
1	1	2	2		1		4	4	4		（黄色）
90	21.7	38	25.4		0.14		65.8	41.7	33.7		黄土状
							39.2	21.5	10		低液限
90	21.7	38	25.4		0.14		50.6	29.5	19.9		黏土
1	1	1	1		1		4	4	4		（棕红色）
		15	13				85	63.2	15.2		黄土状
							21.6	11.0	4.0		低液限
		15	13				47	41.7	11.3		粉土
		1	1				3	3	3		（黄色）
62	24.8	60	20.2		0.17		58.6	35.5	68.3		
57	24				0.05		7.8	21.9	14.9		低液限
59.5	24.4	60	20.2		0.11		24.9	28.2	46.8		黏土
2	2	1	1		2		7	7	7		
0.62	24				0.017		58.6	35.5	17		
							47.5	26.5	14.9		低液限
											黏土
					1		2	2	1		
29	39.1						80.1	44.7	8.3		黄土状
21	29.0						49.3	12.1	5.9		低液限
25	34.1						67.7	25.3	7.0		粉土
2	2						3	3	3		
7	39.5	0	40.2		0.07		93.6	16.1	5.5	13.5	
0	31	0	39.3				78.4	5.5	0.9	4.09	砂层
3	35	0	39.8				87.3	9.5	3.2	7.54	
3	3	2	2		1		10	10	10	6	

表 9-4　2002 年土层物理力学

地层代号	岩性	统计项目	天然基本物理性质						界限含水率				崩解		膨胀		直剪(饱固快)	
			含水率 ω (%)	比重 G_s	湿密度 ρ (g/cm³)	干密度 ρ_d (g/cm³)	饱和度 S_r (%)	孔隙比 e	液限 ω_L (%)	塑限 ω_P (%)	塑性指数 I_P	液性指数 I_L	经过时间 (h·mm)	崩解量 (%)	膨胀力 (kPa)	膨胀率 (%)	凝聚力 C (kPa)	摩擦角 φ (°)
N_2^2 高液限黏土		组数	4	4	4	4	4	4	4	4	4	4			1	1	2	2
		最小值	17.4	2.71	1.97	1.64	83.1	0.560	30.9	17.5	13.4	-0.37					62.23	18.7
		最大值	21.2	2.73	2.04	1.74	89.7	0.667	45.3	24.8	23.8	0.28					76.74	20.3
		平均值	19.6	2.72	2.01	1.68	86.4	0.616	40.5	21.5	19.0	-0.07			79.4	3.8	69.5	19.5
N_2^3	中细砂 细砂	组数	3	3	3	3	3	3									2	2
		最小值	17.0	2.65	1.86	1.54	73.5	0.584									0	34.3
		最大值	20.8	2.69	2.00	1.7	81.9	0.721									0	35
		平均值	18.5	2.68	1.93	1.63	77.3	0.642									0	34.7
	低液限黏土	组数	7	7	7	7	7	7	7	7	7	7			2	2	1	1
		最小值	17.7	2.7	1.97	1.62	82.3	0.535	30.0	17.8	11.8	-0.34			3.8	2.1		
		最大值	22.9	2.73	2.09	1.77	94.1	0.667	37.5	22.5	17.3	0.40			16.8	2.4		
		平均值	20.3	2.71	2.02	1.68	88.9	0.618	34.2	20.2	14	0.01			10.3	2.25	99.29	42.6
N_2^4	中细砂、细砂	组数	11	11	11	11	11	11									4	4
		最小值	13.8	2.66	1.62	1.34	53.9	0.603									0	32.4
		最大值	25.7	2.70	2.02	1.67	95.9	0.985									0	36.3
		平均值	19.3	2.68	1.88	1.57	74.1	0.706									0	33.9
	低液限黏土	组数	16	16	16	16	16	16	16	16	16	16	3		1	1	6	6
		最小值	13.9	2.67	1.90	1.55	63.6	0.483	28.5	14.5	10.5	-0.27	7				13.54	17.6
		最大值	24.9	2.75	2.15	1.83	100	0.734	50.9	28.1	24.5	0.57	30				187.6	28.9
		平均值	21.0	2.72	1.99	1.65	87.1	0.655	38.2	22.1	16.1	-0.05	20.7		44.9	8.7	81.3	21.9
Q_3	黄土状低液限粉土	最小值	13.8	2.70	1.72	1.36	67.1	0.519	24.0	14.7	8.4	-0.10	3.0					
		最大值	26.7	2.71	2.07	1.78	94.2	0.989	25.4	17.0	9.3	1.24	100.0					
		组数	5	5	5	5	5	5	5	5	5	5	2					
		平均值	19.2	2.70	1.91	1.61	75.3	0.696	24.8	15.8	9.0	0.37	51.5				17.89	26.9
Q_3	黄土状低液限黏土	最小值	14.6	2.70	1.96	1.65	73.7	0.578	25.2	15.0	10.2	-0.09						
		最大值	22.9	2.71	2.03	1.72	97.4	0.635	32.0	16.7	15.3	0.77						
		组数	4	4	3	3	3	3	5	5	5	4						
		平均值	18.1	2.71	2.01	1.68	85.5	0.606	27.5	15.7	11.8	0.22					24.56	17.9

性质试验成果

三轴（CU') 总强度 凝聚力C（kPa）	内摩擦角φ（°）	有效强度 凝聚力C'（kPa）	内摩擦角φ'（°）	渗透系数K20 水平（cm/s）	垂直（cm/s）	压缩系数a1-2（MPa^-1）	压缩模量Es1-2（MPa）	>0.075（mm）	0.075~0.005（mm）	<0.005（mm）	不均匀系数Cu	曲率系数Cc	荷重50	荷重100	荷重200	荷重400	荷重600	湿陷起始压力Psh（kPa）	说明
1	1	1	1			2	2	3	4	4									黏土
						0.123	5.45	10.1	42	25.1									
						0.315	13.46	27.5	47.4	58									
1	26.7	1	29.8			0.219	9.46	16.8	44.4	43.0									
1	1	1	1	2				5	5		5	5							中细砂
				3.13×10^-6				91.3	1.3		2	1							
				1.94×10^-3				98.7	8.7		4	2							
0	40.9	0	41.6	9.72×10^-4				94.7	4.5		2.8	1.2							
4	4	4	4	3	1	3	3	4	7	7	2	2							壤土
79	16.8	68.45	20.2	1.37×10^-7		0.045	11.59	18.8	45.3	17.1	11	2							
180	35.8	175.5	38.2	2.65×10^-5		0.144	34.26	37.7	67.8	38.3	41	5							
114.9	26.9	117.1	29.4	9.13×10^-6	1.32×10^-6	0.086	22.56	27.6	58.0	26.2	26	3.5							
				8	2			12	7	7	10	10							中细砂
				4.79×10^-6	1.64×10^-5			46.3	2	2	2	1							
				1.80×10^-3	5.74×10^-5			98	44.2	26	44	14							
				4.88×10^-4	3.69×10^-5			82.1	11.2	11.4	9	2.8							
5	5	5	5	5	1	10	10	7	14	14	1	1							壤土
3	22.0	6	24.8	1.28×10^-7		0.018	4.84	10.2	20.6	17									
142	34.0	135	33.8	6.92×10^-5		0.363	83.39	43.2	67.1	79.4									
52.1	26.2	55.3	29.0	1.83×10^-5	7.79×10^-6	0.122	25.58	21.5	44.5	44.2	37	3.27							
								8.5	39.6	16.5	22.0	2.0							砂壤土
								37.5	67.9	23.9	32.0	2.0							
								5	5	5	2	2							
68.5	19.0	70.1	20.9	3.69×10^-6				20.5	58.3	21.2	27.0	2.0	0.002	0.005	0.009	0.028	0.039	284.7	
				7.43×10^-6				3.1	20.8	18.3									壤土
				5.83×10^-5				47.5	78.6	31.6									
				2				6	6	6									
				3.29×10^-5	2.56×10^-6	0.301	5.52	22.6	55.4	22.0			0.001	0.002	0.003	0.009	0.014	>600	

从表 9-3 ~ 表 9-5 试验成果可知,第四系砂砾石层(Q_4^{al})天然湿密度为 2.12 ~ 2.29 g/cm^3,相对密度为 0.63,不均匀系数为 95.07 ~ 307.2,砂的细度模数为 1.33 ~ 1.88,砾的细度模数为 7.7 ~ 8.0,自然休止角为 34.7°。

第四系黄色黄土状低液限粉土(Q_3^{dl+pl})干密度为 1.36 ~ 1.78 g/cm^3,平均值为 1.61 g/cm^3;孔隙比为 0.519 ~ 0.989,平均值为 0.696;动探击数为 16 ~ 20(ZK7);液性指数平均值为 0.37,可塑状,属于黄土状土,具大孔隙特征,湿陷系数一般为 0.009,属于弱湿陷性土。

第四系黄色黄土状低液限黏土(Q_3^{dl+pl})干密度为 1.65 ~ 1.72 g/cm^3,平均值为 1.68 g/cm^3;孔隙比为 0.578 ~ 0.635,平均值为 0.606;液性指数平均值为 0.22,可塑状;压缩系数为 0.301 MPa^{-1},属中等压缩性土。湿陷系数一般为 0.003,属于弱湿陷性土。

根据前期勘察资料,第四系棕红色黄土状低液限黏土(Q_3^{dl+pl})干密度为 1.59 ~ 1.82 g/cm^3,孔隙比为 0.480 ~ 0.700,压缩系数为 0.14 MPa^{-1},属于中等压缩性土。第四系黄土状土具有弱湿陷、中等压缩性特性,工程性状较差,不宜作为溢洪道地基。

第四系砂砾石层(Q_3^{al}):杂色,成分主要为石英砂岩,含少量灰岩。粒径一般为 10 ~ 15 cm,最大为 20 cm,最小为 5 cm。

第四系下更新统红土卵石层(Q_1^{al+pl})动探击数大于 30(ZK2)。

第四层(N_2^4)中细砂的干密度为 1.34 ~ 1.67 g/cm^3,平均值为 1.57 g/cm^3;孔隙比为 0.603 ~ 0.985,平均值为 0.706;动探击数大于 30(ZK2);渗透系数为 4.79 × 10^{-6} ~ 1.80 × 10^{-3} cm/s,平均值为 4.88 × 10^{-4} cm/s。上第三系上新统第四层(N_2^4)低液限黏土的干密度为 1.55 ~ 1.83 g/cm^3,平均值为 1.65 g/cm^3;孔隙比为 0.483 ~ 0.734,平均值为 0.655;动探击数大于 30(ZK2);液性指数为 -0.27 ~ 0.57,平均值为 -0.05,坚硬 - 可塑状;渗透系数为 1.28 × 10^{-7} ~ 6.92 × 10^{-5} cm/s,平均值为 1.83 × 10^{-5} cm/s,属于微透水层;压缩系数为 0.018 ~ 0.363 MPa^{-1},平均值为 0.122 MPa^{-1},属于低压缩性土。

第三层(N_2^3)中细砂的干密度为 1.54 ~ 1.70 g/cm^3,平均值为 1.63 g/cm^3,属紧密砂层;孔隙比为 0.584 ~ 0.721,平均值为 0.642;渗透系数为 3.13 × 10^{-6} ~ 1.94 × 10^{-3} cm/s,平均值为 9.72 × 10^{-4} cm/s,属于中等透水层。第三层(N_2^3)低液限黏土的干密度为 1.62 ~ 1.77 g/cm^3,平均值为 1.68 g/cm^3;孔隙比为 0.535 ~ 0.667,平均值为 0.618;液性指数为 -0.34 ~ 0.40,平均值为 0.01,坚硬 - 可塑状;渗透系数为 1.37 × 10^{-7} ~ 2.65 × 10^{-5} cm/s,平均值为 9.13 × 10^{-6} cm/s,属于微透水层;压缩系数为 0.045 ~ 0.144 MPa^{-1},平均值为 0.086 MPa^{-1},属于中等压缩性土。

第二层黏性土(N_2^2)干密度为 1.64 ~ 1.74 g/cm^3,平均值为 1.68 g/cm^3;孔隙比为 0.560 ~ 0.667,平均值为 0.616;液性指数为 -0.37 ~ 0.28,平均值为 -0.07,坚硬 - 可塑状;压缩系数为 0.123 ~ 0.315 MPa^{-1},平均值为 0.219 MPa^{-1},属于中等压缩性土。

上第三系黏性土强度较高,但因其矿物成分以蒙脱石为主,具干裂湿涨的特性,微裂隙发育,在天然状态下闭合,施工开挖后,由于上覆荷载减小,表部回弹,裂隙张开,黏土膨胀,土的强度随时间增长而衰减,强度不稳定,尽量避开黏性土土层作为主要建筑物地基;砂层强度较高,但层位和厚度度变化较大,砂层可作为建筑物地基。

表 9-5　2002 年砂砾石 Q_4^{al} 土工试验成果

取样地点	数值类型	天然状态			天然混合级配(%)													混合级配					
		天然含水率(%)	天然湿密度(g/cm³)	天然干密度(g/cm³)	>100 mm	100~60 mm	60~40 mm	40~20 mm	20~10 mm	10.0~5.0 mm	5.0~2.0 mm	2.0~1.0 mm	1.0~0.5 mm	0.5~0.25 mm	0.25~0.075 mm	0.075~0.005 mm	<0.005 mm	限制粒径 d_{60} (mm)	分界粒径 d_{30} (mm)	平均粒径 d_{50} (mm)	有效粒径 d_{10} (mm)	不均匀系数 C_u	曲率系数 D_c
河道	WTJ3	2.6	2.08	2.03		34.1	23.6	30.3	5.4	1.4	0.7	0.2	0.7	1.8	1.2	0.4	0.2	54.809	32.135	46.331	17.163	3.2	1.1
	WTJ8	1.7	2.00	1.97	13.6	21.9	15.9	19.3	7.7	3.5	1.7	0.4	0.8	4.4	9.7	1.0	0.1	53.955	20.875	41.686	0.231	233.6	35.0
	WTJ9				45.0	12.7	8.5	9.4	6.5	2.6	1.0	0.4	1.9	6.7	4.9	0.3	0.1		31.453	80.403	0.402		9.9
	WTJ10	2.6	2.27	2.21	17.3	24.6	18.3	16.2	5.9	3.6	3.5	1.0	2.7	3.2	1.5	1.4	0.8	61.926	28.002	51.382	1.278	48.5	
	组数	3	3	3	3	4	4	4	4	4	4	4	4	4	4	4	4	3	4	4	4	3	3
	平均值	2.3	2.12	2.07	25.3	23.325	16.575	18.8	6.375	2.775	1.725	0.5	1.525	4.025	4.325	0.775	0.3	56.897	28.116	54.951	4.769 5	95.100	15.333

续表9-5

取样地点	数值类型	天然状态 天然含水率(%)	天然状态 天然湿密度(g/cm³)	天然状态 天然干密度(g/cm³)	天然混合级配(%) >100 mm	100~60 mm	60~40 mm	40~20 mm	20~10 mm	10.0~5.0 mm	5.0~2.0 mm	2.0~1.0 mm	1.0~0.5 mm	0.5~0.25 mm	0.25~0.075 mm	0.075~0.005 mm	<0.005 mm	混合级配 限制粒径 d_{60}(mm)	分界粒径 d_{30}(mm)	平均粒径 d_{50}(mm)	有效粒径 d_{10}(mm)	不均匀系数 C_u	曲率系数 D_c
阶地漫滩	TJ22	11.9	2.36	2.11	16.7	20.6	14.0	15.5	6.2	3.0	1.8	0.9	1.4	6.6	11.3	1.6	0.4	55.930	14.941	41.754	0.205	272.8	19.5
	TJ24	6.2	2.27	2.14	25.0	23.7	13.5	11.4	4.4	1.8	0.7	0.6	1.6	7.6	8.9	0.6	0.2	72.438	26.668	58.138	0.254	285.2	38.7
	TJ27	5.6	2.25	2.13	35.9	22.3	11.4	7.8	4.1	2.0	0.8	0.5	0.5	4.8	8.1	1.5	0.3	91.601	38.885	72.601	0.252	363.5	65.5
	组数	3	3	3	3	3	3	3	3	3	3	3	3	3	3	3	3	3	3	3	3	3	3
	平均值	7.9	2.29	2.13	25.9	22.2	13.0	11.6	4.9	2.3	1.1	0.7	1.2	6.3	9.4	1.2	0.3	73.323	26.831	57.498	0.237	307.167	41.233

续表 9-5

取样地点	数值类型	密度			砾粒组(%)					砂粒组(%)							
		最小密度 ρ_{min} (g/cm³)	相对密度 D_r	自然休止角 (°)	150~80 mm	80~40 mm	40~20 mm	20~5.0 mm	砾的细度模数	5.0~2.5 mm	2.5~1.2 mm	1.2~0.6 mm	0.6~0.3 mm	0.3~0.15 mm	<0.15 mm	砂的细度模数	砂的平均粒径
河道	WTJ3	1.88	0.72	34.5	14.6	46.2	32.0	7.2	7.68	11.6	5.0	8.5	32.9	24.6	17.4	1.94	0.32
	WTJ8	1.87	0.29	34.8	24.2	36.7	24.7	14.4	7.71	8.3	2.4	2.9	18.4	33.3	34.7	1.30	0.28
	WTJ9	1.87	0.89		18.3	37.9	22.2	21.6	7.53	5.2	2.8	6.2	38.9	35.2	11.7	1.69	0.29
	WTJ10				20.4	46.6	20.8	12.2	7.75	21.1	9.2	12.8	25.8	11.6	19.5	2.44	0.39
	组数	3	3	2	4	4	4	4	4	4	4	4	4	4	4	4	4
	平均值	1.87	0.63	34.7	19.4	41.9	24.9	13.9	7.7	11.6	4.9	7.6	29.0	26.2	20.8	1.84	0.32
阶地漫滩	TJ22	1.83	0.67		20.2	41.0	24.3	14.5	7.67	6.0	3.7	5.6	17.4	41.3	26.0	1.38	0.27
	TJ24	1.99	0.69		36.0	38.8	16.3	8.9	8.02	2.8	2.7	4.9	28.6	44.6	16.4	1.41	0.27
	TJ27	2.05	0.52		45.6	34.3	11.3	8.8	8.17	4.1	2.8	4.4	16.2	41.5	31.0	1.19	0.26
	组数	3	3		3	3	3	3	3	3	3	3	3	3	3	3	3
	平均值	1.96	0.63		33.9	38.0	17.3	10.7	8.0	4.3	3.1	5.0	20.7	42.5	24.5	1.33	0.27

综合考虑后,给出地基土层承载力、抗剪强度、压缩模量,建议值见表9-6。

表9-6　曾研究的第二溢洪道土层力学指标建议值

地层代号		岩性	承载力（kPa）	压缩模量（MPa）	抗剪强度	
					内摩擦角（°）	凝聚力（kPa）
第三系	N_2^2	高液限黏土	250	10	20	25
	N_2^3	中细砂、细砂	400	25	28	0
	N_2^3	低液限黏土	250	10	20	25
	N_2^4	中细砂、细砂	400	25	28	0
	N_2^4	低－高液限黏土	200	6	20	25
第四系	Q_1^{al+pl}	红土卵石	400	30	30	10
	Q_3^{dl+pl}	黄土状低液限黏土、粉土	100	5	18	15
	Q_4^{dl}	砂砾石	300	30	32	0

上第三系砂层与混凝土的摩擦系数 f 可按 $0.35\sim0.45$ 考虑,低液限黏土与混凝土的摩擦系数 f 可按 $0.25\sim0.3$ 考虑。

9.2.2.2　土的渗透性

根据本期试验资料,第四系各类成因的低液限黏土和粉土渗透系数一般为 $3.69\times10^{-6}\sim3.29\times10^{-5}$ cm/s,属于微透水性。上第三系低液限黏土渗透系数一般为 9.13×10^{-6} cm/s,属于微透水性,而中－粉细砂层渗透系数一般为 1.94×10^{-3} cm/s,属于中等透水性。

自1962年以来,对地基土层进行了野外和室内渗透试验,成果见表9-7。本期勘察在采取原状土样进行室内渗透试验的基础上,又在钻孔进行了注水试验,试验成果见表9-8。

表9-7　前期地基土层渗透系数试验成果汇总

地质时代	渗透系数（cm/s）				
	第四系（Q）				上第三系（N_2）
地层名称	红土卵石	低液限黏土	低液限粉土粉细砂	砂卵石、胶结不良砾岩	透水含水混合层
位置	残丘斜坡	斜坡阶地	一、二级阶地		
试验方法	试坑注水	室内试验		钻孔注水	钻孔注水、涌水
时间	1959~1960	1962	1962~1981	1962~1981	1962~1981
最大值	3.82×10^{-6}	3.00×10^{-6}	7.38×10^{-5}	4.65×10^{-3}	2.10×10^{-4}
最小值	1.73×10^{-7}	2.66×10^{-6}	3.13×10^{-6}	6.36×10^{-7}	5.70×10^{-8}
平均值	1.97×10^{-6}	2.89×10^{-6}	2.28×10^{-5}	1.17×10^{-3}	1.90×10^{-5}
组数	5	2	11	4	18

表 9-8　2002 年地基土层钻孔注水试验成果汇总

地层代号	上第三系（N₂）	
位置	ZK1	ZK2
试验方法	钻孔注水	
时间	2002 年	
深度	15.00 ~ 21.00	23.30 ~ 30.00
层位	N_2^{4-4}	
岩性	混合土卵石	细砂
计算公式	$K = \dfrac{0.366Q}{ls} \lg \dfrac{2l}{r}$ 式中：l 为试段长或过滤器长度，m；Q 为稳定流量，m；s 为孔中水头高度，m；r 为钻孔半径或过滤器半径，m	
渗透系数（cm/s）	9.87×10^{-5}	2.83×10^{-5}

以试验成果为基础，参考有关资料，结合地基土层工程地质特性，给出各土层的渗透系数建议值，见表 9-9。

表 9-9　曾研究的第二溢洪道土层渗透系数建议值

序号	地层代号		岩性	渗透系数（cm/s）	说明
1	上第三系	N₂	高液限黏土	3.5×10^{-6}	黏土
2			低液限黏土	1.0×10^{-5}	壤土
3			中细砂	1.5×10^{-3}	中细砂
4	第四系	Q₁	红土卵石	3.5×10^{-4}	红土卵石
5		Q₃	黄土状低液限黏土	3.0×10^{-5}	黄土状壤土
6			黄土状低液限粉土	1.0×10^{-4}	黄土状砂壤土
7		Q₄	黄土状低液限黏土	5.0×10^{-5}	黄土状壤土
8			砂砾石	1.5×10^{-2}	砂砾石

9.2.3　主要工程地质问题及初步评价

9.2.3.1　开挖与基坑排水

（1）引渠—进口闸段：地貌上为残丘、斜坡，地面高程为 157 ~ 175 m，建基高程为 140 ~ 139.1 m，闸室段为 134.5 m，基坑开挖深度为 17 ~ 35 m，挖除主要地层为第四系黄土状低液限粉土、低液限黏土、红土卵石层。进口闸段基础主要持力层为 N_2^{4-4} 层紧密砂，厚度为 4 ~ 6 m；下伏 N_2^{4-3} 层高 - 低液限黏土，厚度为 8 ~ 11 m；再下为 N_2^{4-2} 层砂层、砂砾石层。

进口闸横剖面揭露该处潜水位为 149.19 ~ 150.49 m（ZK3、ZK1），承压水位为 148.97

m(ZK3)。

（2）进口闸—镇墩段（泄槽段）：地貌上为斜坡，地面高程为 160～110 m，建基高程为 139.1～114.35 m，基坑开挖深度为 7～21 m，挖除主要地层为第四系黄土状低液限粉土、低液限黏土、红土卵石层。泄槽段基础主要持力层为 N_2^{4-2} 层砂岩、砂卵石层，厚度为 0～4 m；下伏 N_2^{4-1} 层高－低液限黏土，厚度为 1～10 m；再下为 N_2^{3-3} 层砂层、砂岩、砂砾石层，厚度为 3～16 m。

该段建筑物底板斜穿潜水和两层承压水，水文地质条件复杂。潜水位高程为 119.77～121.34 m（孔 382，孔 383），承压水位高程为 110.95～116.25 m（孔 383，ZK4）。可能出现高边坡、深基坑、不均匀沉陷及基坑大量涌水、流砂等问题。

（3）一级消力池—海漫段：地貌上为漳河二级阶地，地面高程为 135～110 m，建基高程为 99～105 m，基坑开挖深度为 15～30 m，挖除主要地层为第四系黄土状低液限粉土、低液限黏土。消力池段四级堰部位有一 F_{26} 断层呈 NE 向穿过溢洪道。基础一级消力池—四级堰（F_{26} 断层西盘）主要持力层为 N_2^{4-2} 层砂岩、砂卵石层，厚度为 0～4 m；下伏 N_2^{4-1} 层高－低液限黏土，厚度为 1～10 m；再下为 N_2^{3-3} 层砂层、砂岩、砂砾石层，厚度为 3～16 m。四级堰—四级消力池（F_{26} 断层东盘）主要持力层为 N_2^{3-3} 层砂层、砂岩、砂砾石层，厚度为 6～20 m；下伏 N_2^{3-2} 层低液限黏土，厚度为 2～10 m；再下为 N_2^{3-1} 层砂、砂岩，厚度为 5～10 m。海漫段基础地层为第四系低液限黏土，厚度为 3～11 m，砂卵砾石、胶结不良砾岩，厚度为 2～13 m。

潜水位高程为 106～115 m，高出基坑 10 m 左右；N_2^{3-1} 层承压水位高程为 109.51 m（ZK9，F_{26} 断层西盘）、105.48 m（ZK7，F_{26} 断层东盘）。N_2^{4-2} 层砂岩、砂卵石层属中等透水层。

地层岩性复杂，厚度变化较大，土的工程特性不一，开挖深度较大，可能出现高边坡、深基坑问题及基坑涌水和承压水顶托问题。

建议临时边坡水上边坡红土卵石层采用 1：0.5，其他地层按 1：1 考虑，水下边坡则较复杂，一般按 1：2～1：3 考虑，砂层虽较密实，但仍夹有疏松的薄层，其临时边坡可采用 1：3，当局部开挖低于地下水位较多时，可能发生流砂，需考虑专门排水措施，低液限黏土遇水崩解，其水下边坡也不宜大于 1：4。

由于黏土层暴露于大气后风化较快，易于崩裂松动，施工时应有不小于 0.5 m 厚度的保护层，并避免使用大型机械和大炮振动，以防止土层的扰动与泥化。

第四系（Q_3）砂砾石层在此段广泛分布，层厚为 2～15 m，分布高程在 105～120 m。如果考虑一级消力池—海漫段改以该层做持力层，则下一阶段需进一步勘察研究。

9.2.3.2　抗滑稳定性

溢洪道主要建筑物为进口堰、镇墩、边墙和尾水渠左右堤等，地基为上第三系地层，岩性为胶结砾岩、砂岩、各种粒径的砂层及黏性土，一般呈互层或透镜体状分布，厚度较大，强度较高。

（1）中细砂层。

野外观测及试验表明，本区砂层平均黏粒含量为 3% 左右。各种粒径的砂交错成层，往往夹黏性土微层，局部胶结成岩。砂层干密度一般为 1.5～1.6 g/cm³，标准贯入及动力触探表明砂层为紧密状态，钻孔中大部分可取出岩芯，抗剪强度较大，内摩擦角可按 28° 考虑。

（2）黏性土。

低液限粉土、低 – 高液限黏土的强度是较高的,黏土因其矿物成分以蒙脱石为主,具干裂湿涨的特性,在天然状态下裂隙是闭合的,开挖后由于压力减小,表部回弹,裂隙张开,黏土膨胀,水沿裂隙移动,进一步增强黏土的膨胀,土的强度随时间的增长而衰减。

如上所述,低 – 高液限黏土的工程性质较差,强度不稳定,设计时尽量将建筑物避开与黏土接触。

地层总体呈水平状,略微倾斜,倾角小于 10°,地质构造不甚发育,仅见有褶皱现象,已发现的 F_{26} 断层距离主要建筑物较远。因此,初步认为抗滑稳定条件较好;而尾水渠左右堤堤基为第四系冲积层,岩性浅部为黏性土,厚度较小,而下部为砂砾石层,厚度较大,但沿堤线分布有坑塘,局部分布有新近堆积淤泥质土,可能会对堤基稳定有一定影响。

9.2.3.3　渗漏及渗透稳定问题

1. 渗漏问题

地基岩性主要为上第三系黏性土和砂层,其中黏性土透水性较差,一般属于相对隔水层,而砂层透水性较强,属于含水透水层,不同地段出露岩性不同,特别是引渠将建在胶结不良的砂砾岩层上,进口闸右半部分直接坐落于砂层上,因此天然地基存在渗漏问题。

2. 渗透压力问题

(1)潜水渗透压力问题。

地基分布有各种成因砂层,呈层分布,渗透系数为 $1.16 \times 10^{-3} \sim 3.47 \times 10^{-3}$ cm/s,局部大于 3.47×10^{-2} cm/s,其中赋存潜水,干库时潜水位为 142 ~ 120 m,预测库水位为 155 m 时,潜水位将增高 10 m 以上,可达 148 ~ 130 m。

渗透变形试验表明,土的破坏形式为流土,见表 9-10,建议允许破坏坡降为 1.5。上第三系砂层渗透性能比较稳定,抗渗破坏梯度大,一般不会发生管涌破坏,建议允许破坏坡降为 0.3。

(2)承压水顶托问题。

N_2^{4-4}、N_2^{4-2}、N_2^{3-3} 层承压水含水层隔水顶板,在斜坡或二级阶地后缘已被切割破坏,使承压水和潜水产生水力联系,水位较高时对施工不利。

N_2^{3-1} 层承压水含水层隔水顶板高程为 76.05 ~ 91.01 m,含水层厚度为 5 ~ 10 m,水位为 104.38 ~ 114.09 m,承压水头为 18.50 ~ 27.25 m。此外,根据观测,承压水水位与库水水位相关性明显,预计在高库水水位时,承压水水位可达 130 m 高程,相应水头近 40 m,对地基顶托问题值得注意。

为了减少渗流量,降低面板扬压力,增强地基的稳定性,建议进口做垂直防渗,最好和主坝帷幕连成一体,边墙外侧需挖排水沟,面板以下设网状排水,并沿 F_{26} 断层西盘和边墙外侧排水沟中打减压井,和基础排水沟构成一个完整的排水减压系统。

9.2.3.4　液化问题

地基分布有上第三系砂层和第四系砂砾石层,层位稳定,厚度较大,各种砂层和砂砾石层一般处于地下水位以下,按照《水利水电工程地质勘察规范》(GB 50287—99)附录 N 土的液化判别规定,上第三系砂层(N_2)为第四纪晚更新世(Q_3)或以前的地层,第四系全新统(Q_4^{al})砂砾石层粒径小于 5 mm 的颗粒含量百分率小于 30%,故初判上第三系砂层及第四系砂砾石层均为不液化土。

表 9-10　曾研究的第二溢洪道土层渗透变形试验成果

土样编号	取样深度 (m)	制样指标 干密度 (g/cm³)	制样指标 含水率 (%)	临界坡降 i_K	破坏坡降 i_F	建议允许破坏坡降 i	垂直渗透系数 K_{20} (cm/s)	水平渗透系数 K_{20} (cm/s)	比重	孔隙比	孔隙率 (%)	分类名称	破坏形式	水流方向	地层代号
ZK6-1	0~6.0	1.80	12.9	6.03	8.03	2.41		1.93×10^{-5}	2.71	0.505	33.5	低液限黏土			Q_3
ZK3-7	27.0~27.5	1.62	23.6	2.77	6.99	1.11	3.51×10^{-5}		2.75	0.698	41.1	高液限黏土			N_2^{4-3}
ZK3-4	23.0~23.5	1.67	22.3	2.38	6.21	0.95	1.88×10^{-4}		2.74	0.641	39.1	低液限黏土			N_2^{4-3}
ZK3-9	29.0~29.5	1.83	19.4	15.30	21.04	6.12	7.05×10^{-4}		2.72	0.486	32.7	低液限黏土			N_2^{4-3}
ZK8-2	26.0~26.5	1.57	18.4	14.56	17.24	5.82	6.93×10^{-7}		2.72	0.732	42.3	低液限黏土	流土	由下向上	N_2^{4-1}
ZK6-4	27.5~28.0	1.63	22.1	16.44	21.71	6.58	4.44×10^{-6}		2.71	0.663	39.9	低液限黏土			N_2^{3-2}
ZK7-1	0~6.5	1.75	14.6	5.71	9.00	2.28		1.85×10^{-5}	2.71	0.549	35.5	低液限粉土			N_2^{3-2}
ZK9-3	25.5~26.0	1.77	18.4	19.00	19.00	7.60	7.03×10^{-6}		2.71	0.531	34.7	低液限黏土			N_2^{3-1}
DTJ10	0.5~2.9	1.68	18.1	7.45	9.11	2.98		2.49×10^{-5}	2.71	0.613	38.0	低液限黏土			
DTJ12	1.0~3.5	1.67	18.4	3.04	6.04	1.22		2.50×10^{-5}	2.72	0.629	38.6	低液限黏土			
最大值		1.83	23.60	19.00	21.71	7.60	7.05×10^{-4}	2.50×10^{-5}	2.75	0.732	42.30				
最小值		1.57	12.90	2.38	6.04	0.95	6.93×10^{-7}	1.85×10^{-5}	2.71	0.486	32.70				
组数		10	10	10	10	10	6	4	10	10	10				
平均值		1.70	18.82	9.27	12.44	3.71	1.57×10^{-4}	2.19×10^{-5}	2.72	0.605	37.54				
小值平均值		1.64		4.56	7.56	1.83			2.71						
大值平均值			21.85				4.47×10^{-4}			0.663	39.83				

9.2.3.5　沉降问题

在天然状态下,上第三系黏土为坚硬 – 硬塑状态,厚度较大,属于低压缩性土,而砂层一般处于紧密状态,强度较高,压缩性小,总的来看,地基沉降问题不大。但浅部黄土状土具有弱湿陷性,地层结构为透镜体状或互层状,不同岩性相间分布,厚度不均一,层位变化明显。此外,溢洪道高边墙和面板受力条件差异明显,因此应注意地基不均匀沉降问题和膨胀变形问题,为此,在建筑物交会部位增设结合缝等适应性的结构措施是必要的。

9.2.3.6　尾水冲刷及洪水问题

下游地段地层岩性为低液限黏土或粉土、砂砾石,低液限黏土或粉土厚度为 0 ~ 2 m,一般疏松,抗冲刷性能差;砂卵石层一般比较密实,含卵砾石较多,达 70% ~ 90%,局部胶结成岩。该地层抗冲性能较土、砂层为好,建议允许流速不超过 2.5 m/s。

溢洪道邻近残丘,冲沟发育,主要有 3 条冲沟或沟壑,溢洪道线与冲沟斜交,通常干枯无水,但由于雨季多暴雨,易形成洪水,溢洪道切断了冲沟水流的自然径流条件,而冲沟两岸均有村庄,为此需采取必要防护和导流措施,以保证当地居民和工程本身安全稳定。

9.3　曾研究的第三溢洪道

曾研究的第三溢洪道是曾研究的第二溢洪道的比选方案,即将现在的 2 号小副坝和 3 号小副坝改建成溢洪道,参与下泄 5 000 ~ 10 000 年一遇洪水,最大泄量为 4 890 m³/s。初步确定主要建筑物有引渠、进口堰和尾水渠等。

9.3.1　工程地质条件

9.3.1.1　地形地貌

第三溢洪道地处山前丘陵、漳河与其左岸支流香水河分水岭地带,地形开阔,分布有残丘、斜坡、香水河阶地和漫滩等地貌单元;此外,坳沟和冲沟发育。剥蚀残丘分布于漳河与香水河分水岭地带,高程为 160 ~ 225 m,相对高差为 50 ~ 70 m,斜坡位于剥蚀残丘与香水河一级阶地过渡地带,地面坡度多在 20° 以下;香水河属于季节性河流,枯水期断流,香水河河谷较宽,宽度为 600 m 左右,漫滩以上一级阶地较为发育,阶面高程为 123 ~ 140 m,宽度为 300 ~ 400 m,高出河水面为 7 ~ 11 m,后缘与斜坡相连;漫滩分布于香水河河道,高程为 117.20 ~ 130.80 m,宽度为 5 ~ 10 m。

9.3.1.2　地层岩性

区内出露地层主要为新生界上第三系和第四系地层,系各种成因的松散堆积物,上第三系地层岩性主要为各种粒径的砂、胶结不良砂岩或砾岩及黏性土,而第四系地层岩性以黄土状低液限黏土、低液限粉土、红土卵石、砂卵石为主,局部地段分布有淤泥。此外,分布有人工堆积物,系施工开挖弃土,为土、砂、石块混合物及生活垃圾等。下伏地层为中生界三叠系地层,岩性为砂岩等,埋藏深度大于 120 m。

根据本期勘察资料及参考前期有关文献,按照岩性、成因、水文等因素,可划分 4 大层,现由老至新简述如下,三叠系地层与工程关系不大,不再赘述。

1. 新生界上第三系上新统(N_2)

上第三系地层在本区仅出露上第三系(N_2)地层，下第三系(E)地层缺失，在残丘、斜坡、沟谷处零星出露，范围较小，系河湖相产物，相变现象显著，总厚度为 60~130 m，本期最大勘探深度为 40 m，按照岩性可划分为 2 大层 5 小层，分述如下：

（1）N_2^{3-1}。中细砂，黄色、黄绿色、湿、饱和，黏粒含量较高，颗粒不均，夹有黏土、砾石透镜体，局部胶结成岩，厚度为 26~35 m。

（2）N_2^{3-2}。高液限黏土，棕红色，湿，硬塑状，土质均匀，与低液限黏土、低液限粉土互层，局部含砾，厚度为 6~12 m。

（3）N_2^{3-3}。中细砂（细砂），黄色，稍密，饱和，局部为粗砂，偶见有弱固结的灰白色砂岩，岩芯呈短柱状，夹砂砾石、黏性土透镜体，厚度为 2~8 m。

（4）N_2^{4-1}。高液限黏土（黏土、亚黏土），棕红色，稍湿，可塑 – 硬塑状，土质均匀，夹有褐黄色、棕黄色低液限黏土和褐红色粉土，局部呈弱固结状；部分地段岩性变化较大，呈透镜体状分布，厚度为 8~23 m，受地形影响，厚度变化较大。

（5）N_2^{4-2}。砂砾石，杂色，结构稍密，黏粒含量较高，砾石成分为石英砂岩、灰岩，粒径一般为 2~4 cm，含量为 50%~60%；砂为细砂，浅黄色；中部夹有低液限黏土透镜体，揭露厚度为 3.30 m，分布在残丘一带。

2. 新生界第四系（Q）

第四系地层在区内分布最广，厚度较大，按其成因可划分为冲积、洪积、坡积、残积等，岩性为红土卵石、黄土状低液限黏土和低液限粉土、砂砾石等，在香水河一级阶地局部分布有注淀堆积的淤泥质低液限黏土和河道局部分布有淤泥，但一般厚度不大且分布范围小。总厚度为 10~20 m，不整合于上第三系地层之上。

第四系沉积物成因类型较多，岩性复杂，按照岩性和成因，总体上可划分以下几类：

（1）下更新统（Q_1^{al+pl}）。

红土卵石，由低液限黏土和卵石组成，结构较为紧密。卵石成分以砂岩为主，粒径一般大于 20 cm，含量一般为 60%~80%；低液限黏土呈红色、棕红色，湿，可塑 – 硬塑状，土质不均一。分布残丘及斜坡地带，厚度变化较大。与下伏上上第三系地层呈不整合接触。

（2）上更新统（Q_3）。

红土卵石（Q_3^{dl}），由低液限黏土和卵石及砂粒碎屑组成，结构较为紧密。卵石成分以砂岩、灰岩为主，粒径一般为 5~10 cm，含量一般为 50%~70%；低液限黏土，红色、棕红色，湿，可塑 – 硬塑状，土质不均一。仅局部分布，厚度为 1~5 m。

坡残积物（Q_3^{dl+pl}），下部黄土状低液限黏土，棕红色、棕黄色，具有大孔隙，局部含砾，厚度为 2~10 m。其上为黄土状低液限粉土，褐黄色，局部夹有细砂薄层，零星含小砾石，厚度为 2~10 m。再上为黄土状低液限黏土，棕黄色，大孔隙内有网状钙质白膜及植物根系，夹有数层砾石，厚度为 2~10 m。

（3）全新统（Q_4）。

冲洪积物（Q_4^{al+pl}），下部为砂砾石，砾石成分为灰岩、砂岩，粒径一般为 10~15 cm；砂为粉细砂，浅黄色，黏粒含量较高，含量 <30%，厚度为 8~25 m。上部为黄土状低液限黏土和粉土，黄色、黄褐色、棕黄色，局部见有钙质结核，具有孔隙和节理，厚度为 2~7 m。

分布范围广,是工程区的主要地层之一。

冲积物(Q_4^{al}),由低液限黏土、低液限粉土和砂卵砾石组成,厚度和岩性复杂多变,分布于香水河漫滩和河床部位,远离工程区。

人工坝体土(Q_4^r),由低液限黏土组成,局部为高液限黏土,黄褐色,稍干,可塑状,夹有砂砾石,砾石粒径一般为 5～7 cm。

杂填土(Q_4^s),系施工弃渣等,由土、碎石、卵砾石、块石、垃圾等组成,松散,土质较杂,厚度变化无规律,主要沿大副坝下游侧分布。

9.3.1.3　地质构造

区内由于覆盖较厚,老构造出露差,根据煤田勘探资料,在下伏基岩地层中发育一条走向为 NE10°～20°、倾向为 SE、倾角近 70°的断层,垂直断距为 330 m。

新构造在本区较为发育,规模有限。前期勘察和施工开挖资料已发现的断层主要有:

F_4 断层:走向为 NE25°～35°,倾向为 SE,倾角为 65°左右,属于压扭性断层,垂直断距40 m 以上,断层破碎带宽度为 0.8～1.5 m,充填黏土和白色钙质物,错断了第四系下更新统(Q_1)红土卵石。经抽水试验和地下水位长期观测,证实其具有良好的阻水作用。

受 F_4 断层影响,新上第三系地层产生了明显的倾斜变形,西盘地层倾向为 SE,倾角为 15°左右,东盘地层倾向为 SW。

F_4 断层距第三溢洪道较远,初步认为其对建筑物影响较小。

F_5 断层:分布在 478～482 钻孔和 494～476 钻孔间,走向为 NE25°左右,新上第三系地层被错断 25 m 以上。根据走向推测,F_5 断层与坝址区 F_4 断层相连,并与上述煤田勘探发现的老断层吻合,说明新构造具有继承性。

F_6 断层:为本期地面地质测绘时发现,走向为 NE27°左右,倾向和倾角不详,出露长度为 80 m。该断层有待进一步勘察研究。

另在 478、456 等钻孔中,发现有 50°～80°的中高倾角裂隙和小断层,见有水平、倾斜及垂直擦光面,充填黏土,接触良好。

9.3.1.4　水文地质

按照埋藏条件,可划分为潜水和承压水。

1. 潜水

潜水主要埋藏于第四系地层和上第三系表部砂层中,以层间水或上层滞水形式分布,埋深为 3～9 m,2 号副坝地段水位为 130～148 m,3 号副坝地段水位为 143～154 m,水位随地形而变化,接受大气降水补给,流动方向大致为 NW—SE 向,坡降为 3%～4%。根据观测,其与库水位相关性明显。此外,渠道渗漏对其动态影响较大。

2. 承压水

前期及本期勘察揭露承压水 3 层,即 N_2^{3-1}、N_2^{3-3}、N_2^{4-2} 层均埋藏于上第三系砂层中,见表 9-11,简述如下。

N_2^{3-1}:含水层厚度为 2～8 m,以 N_2^{3-3} 层黏性土为隔水顶板,厚度为 7～12 m,顶板高程为 120 m 左右。承压水水位高程为 133.49～145.18 m。

N_2^{3-3}:含水层厚度为 3～8 m,以 N_2^{4-1} 层黏性土为隔水顶版,厚度为 10～30 m,顶板高程为 125～143 m,水位高程为 138.93 m(ZK19)、145.36 m(ZK441),不同地段水位变化较大,

流向与地层倾向基本一致,由北西向南东流,受上游潜水补给,与库水水位有一定关系。

N_2^{4-2} 承压含水层:含水层厚度为 5 ~ 10 m,以 N_2^{4-3} 层黏性土为隔水顶板,厚度为 8 ~ 23 m,顶板高程为 127.03 ~ 135.57 m,地下水位高程为 131.08 ~ 151.84 m,不同地段水位变化较大,流向与地层倾向基本一致,受上游潜水补给。

表 9-11　承压水水位统计

序号	钻孔编号	位置	水位(m)		
			N_2^{3-1}	N_2^{3-3}	N_2^{4-2}
1	431	残丘		141.60	
2	432		138.29	140.99	
3	433	斜坡	138.67	142.67	
4	435			150.85	
5	436	残丘		142.39	
6	437			138.05	
7	438	斜坡	138.73		
8	439	残丘		145.18	
9	440			142.83	
10	441	斜坡	138.82	145.36	
11	442		134.18	134.11	
12	443		133.49	131.08	
13	444	一级阶地	133.60	131.30	
14	445	残丘	136.43	142.93	
15	ZK16	斜坡		144.52	
16	ZK17	坝顶		151.85	
17	ZK18	残丘		149.44	
18	ZK19	斜坡		138.93	
19	ZK20	坝顶			144.23

9.3.2　土的工程特性

9.3.2.1　土的物理力学性质

1976 年对口门方案进行勘察时,曾对上第三系砂层和土层采取 29 组原状土样进行了土的物理力学性质试验,试验成果见表 9-12;1980 年对新副坝方案勘察时,对第四系和上第三系地层采取原状土样进行了室内土工试验,试验成果见表 9-13、表 9-14,2002 年土工试验试验成果见表 9-15。

表9-12　1976年上第三系土层土物理力学性质试验成果

地层代号	岩性	数值类型	含水率 ω (%)	比重 G_s	湿密度 ρ (g/cm³)	干密度 ρ_d (g/cm³)	饱和度 S_r (%)	孔隙比 e	液限 ω_L (%)	塑限 ω_P (%)	塑性指数 I_P	饱固快 C (kPa)	饱固快 φ (°)	饱和快 C (kPa)	饱和快 φ (°)	自然快剪 C (kPa)	自然快剪 φ (°)	压缩系数 a_{1-2} (MPa⁻¹)	颗粒组成 >0.05 mm	颗粒组成 0.05~0.005 mm	颗粒组成 <0.005 mm	相对密度	不均匀系数	备注
N₂	黏土	最大值	30.4	2.79	2.08	1.71	99.9	0.88				157	27			182	32.0	0.24	21.8	48.3	68.3			高液限
		最小值	20.8	2.73	1.91	1.46	86.1	0.6				20	12.4			32	10.0	0.01	11	70.7	30.7			
		平均值	25.9	2.76	1.99	1.59	96.1	0.74				76.5	18.6	71	21.1	95.7	22.0		15.2	35	48			黏土
		组数	23	23	23	23	23	23				12	3	1	1	7	2		4	4	4			
	壤土	最大值	32.1	2.74	2.07	1.76	95.7	0.83	35.3	23.1	12	114	28			50	31		37.5	61.8	22.9			低液限
		最小值	17.6	2.69	1.84	1.39	82.4	0.53	34.1	23	12	24	14.5			45	21.5		24.5	44.3	11.2			
		平均值	24.2	2.73	1.97	1.58	90.6	0.74	34.7	23.05	12	60	23.7			47.7	25.7		30	51.4	18.6			黏土
		组数	13	12	13	13	12	12	2	2	2	4	4			3	3		4	4	4			
	砂壤土	最大值	33.6	2.72	1.89	1.54	94.2	0.95				86	36.5						70.8	35	6			低液限
		最小值	22.2	2.62	1.82	1.37	76.8	0.69				12	25.1						50.9	23.2	4.2			
		平均值	26.9	2.70	1.85	1.46	85.2	0.84				44.3	40.5						64.5	30.1	5.4			粉土
		组数	7	6	7	7	6	6				3	3						3	3	3			
	粉细砂	最大值	29	2.71	1.94	1.56	96.3	0.96				16	35						79.0	18.7	6	1.00	8.8	
		最小值	13.3	2.66	1.54	1.36	37	0.69				0	25.7						0	4.9	0	0.95	1.9	
		平均值	23.4	2.69	1.83	1.48	80.3	0.82				7	29.8	0	33				86.8	11.1	2.1	0.99	4.2	粉细砂
		组数	11	10	11	10	10	10				4	9	1	1				9	9	9	3	9	
	粉砂	最大值	28.5	2.69		1.63	89	0.94						16	33.2				71.9	12.2	2.2		5.1	
		最小值	18.7	2.67	1.75	1.38	75.5	0.65						0	21				0	11	0		3.75	
		平均值	24.8	2.68	1.86	1.49	82.1	0.81						8	27.1				87	11.6	1.4	1.2	4.56	粉砂
		组数	5	4	6	4	4	4						2	2				3	3	3	1	3	

表9-13　1980年第四系红土卵石颗分成果

顺序	坑号	取样深度（m）	取样高程（m）	卵石（mm）>150	卵石 150~80	卵石 80~40	卵石 40~20	砾石 20~10	砾石 10~5	砾石 5~2	砂粒 2~0.5	砂粒 0.5~0.25	砂粒 0.52~0.1	砂粒 0.1~0.05	粉粒 0.05~0.005	黏粒 <0.005	限制粒径 d_{60}（mm）	有效粒径 d_{10}（mm）	不均匀系数 C_u	岩性	说明
1	坑1	3.00~5.40	129.19~127.79	17.5	19.4	23.5	8.7	3.1	1.8	1.1	6.1	9.1	6.3	0.6	1.8	1.00	74.0	0.252	293.7	卵石	斜坡
		合计		69.1				6.0			22.1				1.8	1.00					
2	坑2	2.00~3.00	129.19~127.79	17.8	20.2	17.0	8.2	5.3	2.7	1.1	8.0	10.4	5.8	0.5	2.0	1.00	74.0	0.26	284.6	卵石	斜坡
		合计		63.2				9.1			24.7				2.0	1.00					
3	坑3	4.00~5.50	129.19~127.79	3.5	14.9	19.6	13.3	9.8	5.0	2.4	13.8	13.1	3.2	1.4	0	0	36.5	0.35	104.3	卵石	斜坡
		合计		51.3				17.2			31.5				0	0					
	最大值			17.8	20.2	23.5	13.3	9.8	5.0	2.4	13.8	13.1	6.3	1.4	2.0	1.00	74.0	0.35	293.7		
	合计			74.8				17.2			34.6				2.0	1.00					
	最小值			3.5	14.9	17.0	8.2	3.1	1.8	1.1	6.1	9.1	3.2	0.5	0	0	36.5	0.252	104.3		
	合计			43.6				6.0			18.9				0	0					
	平均值			12.9	18.2	20.0	10.1	6.1	3.2	1.5	9.3	10.9	5.1	0.8	1.3	0.7	61.5	0.287	227.5		
	合计			61.2				10.8			26.1				1.3	0.7					
	组数			3	3	3	3	3	3	3	3	3	3	3	3	3	3	3	3		

表 9-14　1980 年土层物理力学性质试验成果

地层代号	岩性	统计项目	含水率 ω (%)	比重 G_s	湿密度 ρ (g/cm³)	干密度 ρ_d (g/cm³)	饱和度 S_r (%)	孔隙比 e	液限 ω_L (%)	塑限 ω_P (%)	塑性指数 I_P	液性指数 I_L	直剪(饱固快) 凝聚力 C (kPa)	直剪(饱固快) 摩擦角 φ (°)	饱和快 凝聚力 C (kPa)	饱和快 内摩擦角 φ (°)	湿陷系数	压缩系数 a_{1-2} (MPa⁻¹)	压缩模量 E_{s1-2} (MPa)	颗粒 >0.05 mm	颗粒 0.05~0.005 mm	颗粒 <0.005 mm	渗透系数 K (m/d)	说明
Q₄	黄土状壤土(斜坡)	最大值	28.8	2.75	2.08	1.8	90.2	1.05	42.2	25.4	16		78	27.6	45	25.1	6.276	1.11		78.9	63.6	28.2		黄土状
		最小值	10.2	2.67	1.51	1.32	34.9	0.51	24.7	16	8		3	16.5	3	16.5	0.03	0.11		13.5	6.6	10.4		低液限
		平均值	17.1	2.7	1.84	1.58	63.2	0.75	30.8	19.1	11.9		31.2	22.9	21.6	21.9	0.76	0.45		36.7	43.0	20.2		黏土
		组数	52	34	51	51	44	44	32	32	32		22	22	10	10	10	32		38	38	38		(斜坡)
Q₄	黄土状壤土(一级阶地)	最大值	29.0	2.74	2.03	1.75	99.7	0.95	36.2	22.8	13		76	28.5	63	24.8	0.096	0.9		44.9	68.2	37		黄土状
		最小值	8.3	2.69	1.54	1.33	23.5	0.56	22.3	14.5	7		5.0	13.5	5.0	10.0	0.07	0.09		8.5	37.1	13.4		低液限
		平均值	21.9	2.71	1.94	1.59	81.2	0.75	28.7	16.2	10		24.7	23.8	30.7	17.4	0.08	0.039		20.2	57.1	22.6		黏土
		组数	57	32	53	53	41	41	27	27	27		13	13	10	10	4	20		26	26	26		(一级阶地)
Q₄	黄土状砂壤土(黄色)	最大值	25.4	2.7	2.09	1.79	94.6	0.74	24.6	19.9	6		36	30	30	18		0.18		87.1	43.5	11		黄土状
		最小值	9.8	2.67	1.86	1.55	49.4	0.51	20.9	14.5	5		1	23.1				0.09		45.5	8.8	4		低液限
		平均值	12.7	2.68	1.97	1.7	77.1	0.58	22.8	17.2	5.5		22	26.8				0.13		72.5	25.4	7.3		粉土
		组数	9	9	9	9	9	9	2	2	2							4		7	7	7		(黄色)
N₂	黄土状黏土(黄色)	最大值	29.1	2.78	2.09	1.76	100	0.76	59.7	32.2	27		100	20.7	117	15.5		0.18		33.7	58.5	62.6	3.97×10^{-4}	黄土状
		最小值	16.4	2.69	1.96	1.55	83.2	0.53	40.4	21.3	18		67	11	62	11		0.14		11.1	21.8	29.5	4.36×10^{-7}	高液限
		平均值	23.7	2.74	2.03	1.64	95.4	0.57	48.3	26.5	21.8		79.3	15.2	89.5	13.3		0.16		19.3	40.5	40.2	2.63×10^{-4}	黏土
		组数	14	12	14	14	12	14	10	10	10		3	3	2	2		4		8	8	8	3	(黄色)
N₂	黄土状壤土(黄色)	最大值	29.2	2.75	2.16	1.82	102	0.85	45.1	27.6	17		102	32				0.27		80.0	61.2	24.8		黄土状
		最小值	15.6	2.68	1.77	1.51	58.6	0.46	28.9	14.7	10		15	21				0.01		14.0	9	10		低液限
		平均值	20.7	2.72	2.00	1.67	88.5	0.63	34.6	21.2	13.5		58.3	26.3				0.1		50.2	34.3	15.5		黏土
		组数	16	15	16	16	14	14	14	14	14		7	7				6		16	16	16		(黄色)
N₂	黄土状砂壤土(黄色)	最大值	29.1	2.71	2.13	1.78	98.5	0.86	36.4	27.5	15		30	31.5		2		0.3		87	40.8	9.8	3.74×10^{-4}	黄土状
		最小值	13.4	2.67	1.83	1.45	62.3	0.44	31.2	16.9	6		19	31				0.06		50	7.8	4	7.67×10^{-7}	低液限
		平均值	20.4	2.69	1.95	1.62	85.5	0.67	33.4	23.3	10.5		25	31.3				0.17		75.2	18.6	6.3	9.44×10^{-5}	粉土
		组数	21	18	21	21	17	17	4	4	4		2	2				5		20	20	20	9	(黄色)

表 9-15　2002 年土层物理力学性质试验成果

地层代号	亚层	数值类型	天然基本物理指标					物理指标					颗粒组成(%)					
			含水率ω(%)	湿密度(g/cm³)	干密度(g/cm³)	孔隙比	饱和度(%)	比重	液限(%)	塑限(%)	塑性指数	液性指数	>2mm	2~0.50mm	0.50~0.25mm	0.25~0.075mm	0.075~0.005mm	<0.005mm
Q_4^l		组数	4	4	4	4	4	4	4	4	4	4			3	4	4	
		最小值	15.0	2.07	1.77	0.478	80.4	2.70	25.2	15.7	9.5	-0.1			4.0	67.5	20.5	
		最大值	17.3	2.12	1.84	0.525	90.0	2.72	29.4	16.8	12.9	0.1			10.0	72.0	28.5	
		平均值	16.2	2.09	1.80	0.507	86.7	2.71	27.5	16.3	11.2	0.0			7.0	69.7	25.1	
N_2^{4-1}	①	组数	2	2	2	2	2	2	2	2	2	2		1	1	2	2	2
		平均值	21.3	2.01	1.66	0.642	89	2.71	24.3	15.6	8.8	0.71		1.5	9.3	10.9	59.3	24.5
	②	组数	18	18	18	18	18	18	18	18	18	18			13	16	18	18
		最小值	15.4	1.81	1.51	0.465	67	2.69	26.3	15.4	10.5	-0.3			1.7	2.6	31.8	13.9
		最大值	25.1	2.14	1.85	0.788	96	2.75	39.4	24.0	17.9	0.3			6.4	42.9	78.5	53.4
		平均值	19.9	2.00	1.67	0.630	86	2.71	34.3	19.7	14.7	0			3.5	14.1	59.2	25.7
		小值平均值		1.91	1.59			2.70										
		大值平均值	22.9			0.703												
	③	组数	29	29	29	29	29	29	29	29	29	29		1	6	12	29	29
		最小值	18.4	1.86	1.45	0.520	81.0	2.70	32.7	18.2	14.3	-0.3		2.4	0.5	4.8	18.4	15.9
		最大值	30.0	2.12	1.79	0.890	100.0	2.75	58.5	31.0	27.5	0.3		2.4	5.1	33.7	78.5	81.6
		平均值	22.8	2.01	1.63	0.674	92.5	2.73	46.3	24.3	22.0	-0.1		2.4	3.1	10.2	48.6	46.4
		小值平均值		1.94	1.53			2.72										
		大值平均值	25.4			0.769												
N_2^{3-3}		组数	4	4	4	4	4	4					3	3	4	4	4	2
		最小值	25.9	1.79	1.42	0.546	78.2	2.68					0.0	0.0	0.7	82.6	8.6	8.1
		最大值	25.9	2.01	1.74	0.887	82.0	2.69					5.6	36.9	71.2	82.6	9.6	8.1
		平均值	19.9	1.88	1.57	0.713	74.5	2.68					2.3	20.5	42.0	32.1	5.9	5.7
N_2^{3-2}		组数	3	3	3	3	3	3	3	3	3	3			1	1	3	3
		最小值	20.2	1.91	1.52	0.689	0.0	2.71	32.9	17.5	14.4	-0.1			1.4	47.0	27.5	24.1
		最大值	27.6	1.94	1.61	0.789	95.1	2.72	36.8	22.1	15.4	0.5			1.4	47.0	61.3	47.5
		平均值	24.0	1.93	1.56	0.746	58.3	2.72	35.1	20.2	14.8	0.3			1.4	47.0	47.1	36.8
		组数	2	2	2	2	2	2	2	2	2	2					2	2
		平均值	26.7	1.96	1.54	0.782	93.7	2.75	52.7	25.0	27.7	0.1					23.1	77.0

注:新老定名对照,高液限黏土为黏土;低液限黏土为壤土;低液限粉土为砂壤土。

力学性质试验成果

湿化		膨胀		力学性质								水平渗透系数 K_{20}（cm/s）	土的定名
				压缩（常规）		直剪（饱固快）		三轴（CU）（饱和）					
经过时间（h）	崩解量（%）	膨胀力（kPa）	无荷载膨胀率（%）	压缩系数 a_{1-2}（MPa^{-1}）	压缩模量 E_{sl-2}（MPa）	凝聚力 C（kPa）	摩擦角 φ（°）	凝聚力 C（kPa）	摩擦角 φ（°）	有效凝聚力 C'（kPa）	有效摩擦角 φ'（°）		
				4	4	1	1	3	3	3	3	3	低液限黏土
				0.101	6.9	26.5	25.2	34.1	23.7	11.7	31.0	1.39×10^{-6}	
				0.221	14.6	26.5	25.2	72.5	36.8	66.0	37.3	3.70×10^{-5}	
				0.166	10.0	26.5	25.2	47.5	28.1	30.5	33.6	1.43×10^{-5}	
				2	2	1	1	1	1	1	1	2	低液限粉土
				0.267	6.18	25.4	29.7	34.0	20.4	27.0	25.8	2.95×10^{-5}	
3	3	3	3	18	18	10	10	4	4	4	4	7	低液限黏土
9.0	0.2	3.0	0.4	0.028	4.01	24.1	14.8	42.0	8.7	34.0	12.6	3.62×10^{-8}	
15.0	1.0	10.5	1.0	0.445	54.99	150.9	38.4	145.0	35.9	129.0	39.1	5.29×10^{-5}	
11.0	0.5	5.8	0.6	0.170	15.52	65.7	26.9	85.7	24.9	73.0	28.6	1.46×10^{-5}	
					7.55	38.63	20.38	65.87	8.70	54.33	12.60		
				0.247								4.89×10^{-5}	
7	7	7	7	25	25	9	9	15	15	15	15	9	高液限黏土
4.0	0.2	2.8	0.1	0.028	4.52	17.9	5.2	21.4	2.7	20.2	2.2	0.0	
15.0	25.0	67.7	10.7	0.398	54.99	217.0	38.7	174.0	35.9	181.0	39.1	1.38×10^{-5}	
7.7	5.2	27.7	4.0	0.140	18.74	83.2	23.4	67.9	19.3	69.7	20.8	4.36×10^{-6}	
					10.50	51.8	13.26	36.4	11.4	38.6	11.1		
				0.243								9.80×10^{-6}	
				1	1			1	1	1	1	3	含土质砂
												0.0	
												8.21×10^{-4}	
				0.155	12.15			61.3	29.5	41.5	32.0	2.84×10^{-4}	
2	2	1	1	2	2			2	2	2	2	2	低液限黏土
4.0	0.5	13.2	1.0	0.144	4.47			26.8	13.3	31.7	12.6	0.0	
9.0	3.0	13.2	1.0	0.394	11.71			80.2	16.1	38.5	30.1	7.14×10^{-6}	
6.5	1.8	13.2	1.0	0.269	8.09			53.5	14.7	35.1	21.4	3.57×10^{-6}	
		1	1	1	1	2	2					1	高液限黏土
		105.1	7.2	0.120	14.88	41.4	15.4					2.39×10^{-8}	

　　低液限粉土(N_2^{4-1})的干密度平均值为 1.66 g/cm³；孔隙比平均值为 0.642；液性指数平均值为 0.71，可塑状；渗透系数平均值为 2.95×10⁻⁵ cm/s，属于微透水层；压缩系数平均值为 0.267 MPa⁻¹，属于中等压缩性土。

　　低液限黏土(N_2^{4-1})的干密度为 1.51～1.85 g/cm³，平均值为 1.67 g/cm³，小值平均值为 1.59 g/cm³；孔隙比为 0.465～0.788，平均值为 0.630；液性指数为 -0.30～0.3，平均值为 0，坚硬 - 可塑状；渗透系数为 3.62×10⁻⁸ cm/s～5.29×10⁻⁵，平均值为 1.46×10⁻⁵ cm/s，属于微透水层；压缩系数为 0.028～0.445 MPa⁻¹，平均值为 0.170 MPa⁻¹，属于中等压缩性土。

　　高液限黏土(N_2^{4-1})的干密度为 1.45～1.79 g/cm³，平均值为 1.63 g/cm³，小值平均值为 1.53 g/cm³；孔隙比为 0.520～0.890，平均值为 0.674；液性指数为 -0.30～0.3，平均值为 -0.1，坚硬 - 可塑状；渗透系数平均值为 4.36×10⁻⁶ cm/s，属于微透水层；压缩系数为 0.028～0.398 MPa⁻¹，平均值为 0.140 MPa⁻¹，属于中等压缩性土。

　　砂层(N_2^{3-3})以细砂为主，夹粗砂、小的砾石及黏性土透镜体，其干密度为 1.42～1.74 g/cm³，平均值为 1.57 g/cm³，属于紧密的砂；孔隙比为 0.546～0.887，平均值为 0.713；黏粒含量平均值为 5.7%，压缩系数平均值为 0.155 MPa⁻¹；渗透系数为 2.84×10⁻⁴ cm/s，属弱透水层。

　　低液限黏土(N_2^{3-2})的干密度为 1.52～1.61 g/cm³，平均值为 1.56 g/cm³；孔隙比为 0.689～0.789，平均值为 0.746；液性指数为 -0.10～0.5，平均值为 0.3，坚硬 - 可塑状；渗透系数平均值为 3.57×10⁻⁶ cm/s，属于微透水层；压缩系数为 0.144～0.394 MPa⁻¹，平均值为 0.269 MPa⁻¹，属于中等压缩性土。

　　高液限黏土(N_2^{3-2})的干密度平均值为 1.54 g/cm³；孔隙比平均值为 0.782；液性指数平均值为 0.1，坚硬 - 可塑状；渗透系数平均值为 2.39×10⁻⁸ cm/s，属于隔水层；压缩系数为 0.120 MPa⁻¹，属于中等压缩性土。

9.3.2.2　土的渗透性

　　本区地层的透水性差异较大，不仅反映在不同岩层之间的渗透性，也同样表现在同一岩性的不同位置，即空间分布上。

　　2002 年勘察仅从钻孔采取原状土样进行了室内渗透试验，成果见表 9-15。

　　第四系各类成因的低液限黏土、粉土渗透系数一般为 2.22×10⁻⁵、1.23×10⁻⁴ cm/s，属于弱透水性；红土卵石渗透系数一般为 2.09×10⁻⁵ cm/s，属于弱透水性。上第三系高 - 低液限黏土、低液限粉土渗透系数一般为 2.90×10⁻⁵ cm/s，属于微透水性，而中 - 粉细砂层渗透系数一般为 2.84×10⁻⁴ cm/s，属于中等透水性。

　　此外，前期曾对各土层进行了抽水、注水和涌水试验及室内渗透试验，成果详见表 9-16。

　　由上述成果可见，曾研究的第三溢洪道工程地质条件与曾研究的第二溢洪道的相近，各地层物理力学性质指标相近，有关曾研究的第三溢洪道各地层物理力学指标可根据前述试验成果，参考曾研究的第二溢洪道各地层建议值适当调整使用。

表 9-16　前期地基土层渗透试验成果汇总

地质时代	渗透系数(cm/s)											
	第四系(Q)										上第三系(N_2)	
地层名称	砂卵石		红土卵石		黄土状亚黏土			亚砂土	淤泥质亚黏土		砂层砂砾石	
位置	一级阶地河床漫滩		斜坡		一级阶地			斜坡	一级阶地			
试验方法	钻孔抽水	钻孔注水	试坑注水	钻孔注水	室内	试坑注水	室内	室内	试坑注水	室内	钻孔抽永水	钻孔注水
时间	1959~1981							1980~1981	1977~1981		1959~1981	
最大值	3.31×10^{-4}	6.86×10^{-5}	6.19×10^{-5}	1.49×10^{-5}	1.79×10^{-5}	3.30×10^{-5}	6.01×10^{-6}	1.19×10^{-5}		8.68×10^{-6}	1.40×10^{-5}	1.63×10^{-4}
最小值	5.10×10^{-5}	1.27×10^{-6}	5.44×10^{-6}	2.89×10^{-6}	1.10×10^{-8}	1.11×10^{-5}	0	2.77×10^{-7}		1.10×10^{-8}	1.79×10^{-6}	3.40×10^{-8}
平均值	1.88×10^{-4}	1.30×10^{-5}	2.09×10^{-5}	9.26×10^{-6}	3.59×10^{-6}	2.22×10^{-5}	1.27×10^{-6}	4.40×10^{-6}	5.56×10^{-6}	1.97×10^{-6}	8.33×10^{-6}	1.16×10^{-5}
组数	6	14	11	6	34	5	26	6	1	15	4	66
新规范定名	砂卵石		红土卵石		黄土状低液限黏土			低液限粉土	淤泥质低液限黏土		砂层砂砾石	

9.3.3　主要工程地质问题及初步评价

9.3.3.1　开挖与基坑排水

第四系上更新统(Q_3^{dl+pl})黄土状低液限黏土,坡积洪积,厚度为 1~4 m。下更新统(Q_3^{al+pl})红土卵石,冲积洪积,厚度为 0~3 m。第四系地层总厚度不超过 7 m,建议挖除,将基础置于新上第三系地层上。

上第三系黏性土呈可–硬塑状、弱透水、中等压缩性,砂层紧密、低压缩性。具体试验指标简述如下。

上新统第四层第二小层(N_2^{4-2}):细砂为主,局部夹砂砾石,厚度为 0~5 m。

上新统第四层第一小层(N_2^{4-1}):高液限黏土、低液限黏土、低液限粉土,含钙质结核黏土。高液限黏土干密度为 1.53 g/cm³,孔隙比为 0.769,压缩系数为 0.243,渗透系数为 9.80×10^{-6} cm/s;低液限黏土干密度为 1.59 g/cm³,孔隙比为 0.703,压缩系数为 0.247,渗透系数为 4.89×10^{-5} cm/s。厚度为 14~30 m。

上新统第三层第三小层(N_2^{3-3}):砂岩、中细砂层(含土),干密度为 1.57 g/cm³,孔隙比为 0.713,压缩系数为 0.155,渗透系数为 2.84×10^{-4} cm/s。厚度为 3~10 m。

上新统第三层第二小层(N_2^{3-2}):高液限黏土、低液限黏土、低液限粉土。低液限黏土干密度为 1.56 g/cm³,孔隙比为 0.746,压缩系数为 0.269,渗透系数为 3.57×10^{-6} cm/s。揭露厚度为 6~10 m。

地基赋存潜水和承压水,局部相互连通,水文地质条件较为复杂,又临近水库,受库水位影响较大,施工开挖时需采取必要的排水措施。

9.3.3.2　抗滑稳定问题

地基主要为上新统地层砂层和黏性土,砂层一般为紧密状,厚度较大,层位较为稳定,强度较高,而黏性土天然状态下一般为可塑-硬塑状,压缩性小;黏性土具有干裂湿涨的特征,并随时间的增长,其强度逐渐下降。

地层总体呈水平状,略为倾斜,倾角小于 10°,地质构造不甚发育,没有发现不利的结构面发育,因此地基抗滑稳定性较好。

9.3.3.3　渗漏问题及渗透稳定问题

地基土层主要为黏性土、砂砾石和砂层,在黏性土中夹有砂层透镜体。黏性土属于弱透水层,砂层属于中等透水层,砂砾石属于强透水层。天然地基存在渗漏问题。

N_2^{4-2} 承压含水层顶板高程为 127.03~135.57 m,承压水头为 8.95~24.79 m,顶板厚度为 8~23 m,可能会产生顶托破坏问题。

9.3.3.4　液化问题

上新统砂岩和砂砾石,按照《水利水电工程地质勘察规范》(GB 50287—99)附录 N 土的液化判别,地层年代为第四纪晚更新世 Q_3 或以前,可判别为不液化土。

9.3.3.5　沉降问题

地层呈互层状或透镜体状分布,层位起伏较大,厚度变化明显,砂层和黏性土的压缩性存在明显的差异,一般而言,地基沉降问题不大,但需注意不均匀沉降问题。

9.3.3.6　尾水冲刷问题

下游地段主要由第四系黄土状低液限黏土和粉土组成,部分地段出露上新统砂层和黏性土,岩性和厚度变化较大,抗冲刷能力较差。

9.4　载荷试验

载荷试验安排在曾研究的第二溢洪道部位,试验点位置见图 9-1。

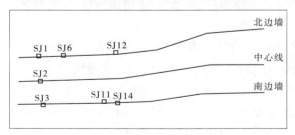

图 9-1　载荷试验点位置

9.4.1　试验场地地质概况

9.4.1.1　地形地貌

曾研究的第二溢洪道位于主坝南坝头,地处山前丘陵区,从进口闸至尾水渠沿线通过残丘、斜坡、漳河一、二级阶地、漫滩等地貌单元,地形开阔,下泄洪水经尾水渠后汇入漳河。

9.4.1.2　地层岩性

试验地层为上第三系上新统(N_2^{4-4})、第四系上更新统(Q_3)松散堆积层,岩性主要为粉细砂、红土卵石、黄土状低液限黏土、黄土状低液限粉土。

(1)粉细砂(N_2^{4-4}):米黄色,稍湿,稍密状,土质较均匀。试验地段一般埋深在地表以下 1~5 m,层厚度为 3~5 m,且仅见 SJ3。

(2)红土卵石(Q_3^{dl+pl}),由卵砾石、红色黏土及砂粒碎屑等组成,分布在斜坡等部位。试验地段一般埋深在地表以下 1~3 m,层厚度为 3~5 m。

(3)黄土状低液限黏土(Q_3^{dl+pl}),局部为低液限粉土,具有大孔隙,主要由粉粒、黏粒组成,并夹零星小砾石和钙质结核,局部成薄层状。试验地段多分布在地表,厚度变化较大。

9.4.2　静力载荷试验

9.4.2.1　试验方法

本试验依据《土工试验规程》(SL 237—1999)的有关规定,采用平板载荷试验法。平板载荷试验适用于各类地基土,它所反映的是相当于承压板下 1.5~2.0 倍承压板直径的深度范围内地基土的强度、变形的综合性状。试验均在天然状态下进行。

9.4.2.2　试验原理

载荷试验是在一定面积的承压板上向地基土逐级施加荷载,观测地基土的承受压力和变形的一种原位试验。其成果一般用于评价地基土的承载力,也可用于计算地基土的变形模量。

9.4.2.3　仪器设备

承压板采用直径为 60 cm、厚度为 3 cm 的 45# 钢板制作。垫板采用直径分别为 50 cm、40 cm、30 cm、20 cm,厚度为 6 cm 的 45# 钢板制作。

加荷装置包括压力源、载荷承台。压力源采用 100 t 级液压千斤顶,通过传力柱将千斤顶和载承台连接在一起。载荷承台设备包括 3 根主梁、6 根次梁、砂袋若干、厚度为 4 cm 的木板若干。其中主梁为 5 m 长的 30B 型工字钢梁,次梁为 6 m 长的 30B 型工字钢梁,见图 9-2。

观测系统包括:基准梁 2 根,大量程位移传感器 4 只,磁性支架 4 只,数据记录仪 1 台。各类加荷系统的供力(荷载)和测力(压力传感器)装置均已进行了率定。位移传感器、数据记录仪由中国水利水电科学研究院仪器研究所完成了率定工作。

9.4.2.4　试点制备

1.制备要求

(1)开挖试点范围不小于 3 倍承压板直径,使其达到或接近地基计算的半空间平面

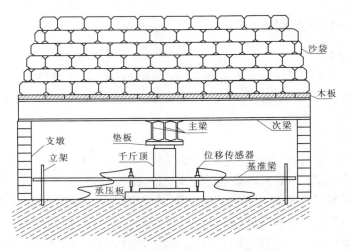

图 9-2 试坑堆载承台式安装示意图

课题边界条件的要求。

（2）确定试验层位，按边界条件要求布置试点。

（3）试点预留 20~30 cm 厚度，以保护试验点的天然湿度与原状结构。

（4）试验前剥去预留层，平整试点，对试点进行地质编录。

2. 试点编录

现就各试验点的岩性分述如下。

（1）北边墙。

SJ1：试点井深1.60 m，岩性为红土卵石（Q_3^{dl+pl}）。红土为棕红色低液限黏土，含有砂粒，卵砾石主要为石英砂岩，粒径最大大于 15 cm，一般为 5~10 cm，最小为 3~5 cm，载荷试验影响范围内卵砾石含量占25%~30%。

SJ6：试点井深3.40 m，岩性为黄土状低液限黏土（Q_3^{dl+pl}）。试验面以下0.2 m有一层0.20 m 厚的红土卵石，再下为黄土状低液限粉土。黄土状低液限黏土为浅黄色，稍湿，硬塑，土质均匀，具针孔状孔隙，含少量钙质结核；红土卵石中的土为低液限黏土，棕黄色，稍湿，硬塑，土质均匀，砾石成分为石英砂岩，粒径一般为 5~10 cm，分布不均，约占50%；黄土状低液限粉土为棕黄色，稍湿，硬塑，土质均匀，含少量小砾石，粒径为 2~3 cm，成分为石英砂岩。

SJ12：试点井深1.20 m，岩性为黄土状低液限黏土（含砾）（Q_3^{dl+pl}），浅棕红色，很湿－饱和，可塑，砾石含量占20%~30%，粒径最大达 10 cm。

（2）中心线。

SJ2：试点井深3.10 m，岩性为黄土状低液限黏土（Q_3^{dl+pl}），棕黄色，稍湿，硬塑，土质均匀，具有孔隙状，井壁可见一条近垂直裂隙，长约1.7 m。井深 3.10~3.60 m 含有零星分布的钙质结核，一般粒径为 2~3 cm；井深 3.60~4.80 m 含有砾石，粒径为 3~4 cm，磨圆好，成分以石英砂岩为主。

（3）南边墙。

SJ3：试点井深1.70 m，岩性为粉砂（N_2^{4-4}），浅黄色，稍湿，稍密－中密，局部含少量黏粒。

SJ11：试点井深2.00 m,岩性为黄土状低液限黏土(Q_3^{dl+pl}),褐黄色,硬塑－坚硬,土质均匀,具针孔状孔隙,有不均匀的含砾石层。

SJ14：试点井深1.70 m,岩性为黄土状低液限黏土(Q_3^{dl+pl})。试验面以下0.2 m有一层0.30 m厚的红土卵石,再下为黄土状低液限粉土。黄土状低液限黏土为褐黄色,稍湿,硬塑,土质均匀,井壁可见垂直节理,含少量钙质结核;红土卵石中的土为低液限黏土,砾石成分为石英砂岩,粒径一般为5～10 cm,约占35%;黄土状低液限粉土为棕黄色,稍湿,可塑－硬塑,土质均匀。

9.4.2.5　荷载分级与测读时间

1. 荷载分级

本次试验预估计极限破坏强度为600 kPa,第一级荷载值为预估计极限荷载的1/5,以后每级为1/10。试验过程中做了部分调整。

2. 测读时间

稳定标准采用相对稳定法。自加载开始,间隔10 min、10 min、10 min、15 min、15 min读数一次,以后间隔30～60 min读数一次,直至1 h内的沉降量不大于0.1 mm,即可认为已达相对稳定标准,施加下一级荷载。

3. 终止试验条件

试验过程中有下列情况之一出现时即可终止试验:

在本级荷载下,沉降急剧增加,承压板周围出现裂缝和隆起。

在本级荷载下,持续24 h沉降速率加速或近似等速发展。

总沉降量与承压板直径之比超过1/12。

当达不到极限荷载时,最大压力应达预期设计压力的2.0倍或超过第一拐点至少三级荷载。

9.4.3　试验成果

试验过程主要数据见表9-17、表9-18。

表 9-17　试验过程数据

试验点号	初始荷载 （kPa）	最大荷载 （kPa）	加荷速率 （kPa/4 h）	最大沉降量 （mm）
SJ1	230	920	115	8.76
SJ2	113	572	57	30.13
SJ3	117	711	59	18.70
SJ6	177	989	89	26.93
SJ11	350	878	175	34.91
SJ12	117	354	59	36.12
SJ14	234	1 228	117	36.73

表 9-18　试验成果整理

试验点号	岩性	变形模量 E_0（MPa）	地基承载力基本值(kPa)	相应沉降量（mm）	备注
SJ1	红土卵石	46.7	920	8.76	
SJ2	黄土状低液限黏土	19.2	280	6.49	含钙质结核
SJ3	粉细砂	31.6	427	6.00	
SJ6	黄土状低液限黏土	89.6	500	2.48	下部夹卵石
SJ11	黄土状低液限黏土	65.3	410	2.79	下部夹卵石
SJ12	含砾低液限黏土（地下水位以下）	10.3	150	6.06	
SJ14	黄土状低液限黏土	78.1	460	2.45	下部夹卵石

（1）黄土状低液限黏土、黄土状低液限粉土、红土卵石根据 $P \sim S$ 曲线的比例极限来确定溢洪道地基土的基本值。细砂根据沉降量为承压板直径的 0.01 ~ 0.015 倍所对应的压力来确定地基土的基本值。

（2）变形模量的计算。

$$E_0 = 0.79 \times (1 - \mu^2) d \frac{P}{S}$$

式中：E_0 为试验土层的变形模量，MPa；P 为施加的压力，MPa；S 为对应于施加压力的沉降量，cm；d 为承压板的直径，cm；μ 为泊松比。

9.4.4　机理分析

（1）黄土状低液限黏土土质不均，结构疏松，具有可见的大孔隙及虫孔，且具有一般湿陷性。所以载荷试验过程中表现为具有较大沉降量，而地面变形破坏不明显，仅见少量放射状裂纹，平均张开宽度为 1 ~ 2 mm，平均长度为 30 ~ 40 cm。承压板周围未见明显隆起破坏。可见试验过程中主要表现为自身孔隙的压缩。现分述如下：

①试点 SJ2，由岩性描述可知，试验应力作用范围内岩性基本一致。

②试点 SJ6、SJ11、SJ14，由岩性描述可知，试验应力作用范围内岩性不一致。载荷板下部开挖后，可见 3 个试点不同程度的夹有 20 ~ 30 cm 厚的红土卵石层或局部砾石含量较高。3 个试点的应力参数偏高，这与含红土卵石夹层有关，尚有其他因素，有待进一步试验验证。

③试点 SJ12，试点在地下水位以下，呈饱和状态。由此可见，黄土状低液限黏土在饱和状态下与非饱和状态下应力参数区别还是较大的，反映出明显的湿陷性。

（2）红土卵石的 $P \sim S$ 曲线直至最后一级加载均表现为较好的线性关系，说明该类土有较高的承载力。

（3）粉细砂层的 $P \sim S$ 曲线没有明显的转折点，加载超过一定数值后，沉降速率明显加大。

9.4.5　主要结论

（1）载荷试验成果基本反映了土体在天然状态下的力学性质。其中 SJ6、SJ11、SJ14 试点试验值偏高，其原因有待进一步查证。

（2）试验结果表明，第二溢洪道黄土状低液限黏土土体具有高孔隙率、高压缩性、高强度的特性，红土卵石、粉细砂层具有相对较高的承载力和变形模量。

（3）试验结果可以看出，地基黄土状低液限黏土在天然状态和饱水状态下的强度相差比较大，具明显湿陷性。

（4）建议下一步增加现场试验工作量，以便补充试验点数，综合统计分析，尤其应补充砂砾石层的现场试验。

第 10 章　库区库岸稳定

2009 年初,岳城水库库区塌岸防护应急工程开始实施,2010 年 6 月完成;2009 年 5 ～ 8 月,中水北方勘测设计研究有限责任公司完成了库区塌岸治理工程可行性研究阶段工程地质勘察工作,提交了成果报告,2010 年 3 月水利水电规划设计总院主持召开了审查会,《岳城水库塌岸治理可行性研究报告》尚在审查之中。

10.1　水库运行模式

2009 年勘察期间,从水库管理局收集了多年来的水库运行水位,并据此编制了库水位过程历时曲线,详见图 7-7。通过分析,可以看出:

(1)一般库水位多分布在 125.00～140.00 m,库水位高于 140.00 m 和低于 125.00 m 出现机会较少;

(2)高于 148.00 m 的库水位出现次数共有 14 次,持续时间差别较大,一般半个月至 1 个月,其中有 3 次持续时间较长,为 41～62 d,仅有 1 次持续时间超过 3 个月,为 107 d,超过 149.00 m 的库水位有 2 次,持续时间很短,仅 1～2 d;

(3)高水位多出现在当年汛后至来年汛前,而汛期库水位一般较低。

水库蓄水以来,水库已经历了多种运行水位,特别是已多次经历较高库水位考验,并且库水位高于 148.00 m 的持续时间最长超过 3 个月,最短时间一般也超过 1 个星期;此外,1982 年及以前,高于 148.00 m 库水位出现次数较多,而 1982 年以后,出现次数较少。从库水位观测资料看,水库这种运行模式已基本稳定,今后还将继续延续这样的运行模式。

10.2　水库塌岸

为便于描述,依据地质条件,并考虑工程区自然地理因素,库岸地带划分为左岸、右岸两个区域,在此基础上,划分了地质单元,单元名称来源于附近村庄名称,但各个区域范围与行政区域范围不完全吻合。

10.2.1　水库岸坡类型

根据物质组成,将水库岸坡划分为岩质岸坡、土质岸坡、岩土岸坡以及混合土岸坡等四种类型。岩质岸坡由基岩组成,该类岸坡所占比例较小,仅分布于左岸申家庄、上游漳河大桥,由二叠系砂岩和奥陶系灰岩等组成;土质岸坡主要由黄土状土组成,该类岸坡分布广泛,是库区主要岸坡类型;岩土岸坡上部为土质岸坡,下部为岩质岸坡,基岩岩性主要为上第三系胶结不良砾岩或砂岩,该类岸坡主要分布在左岸石场附近以及右岸东保障、西清流等处;混合土岸坡是指由第四系下更新统红土卵石组成的岸坡,该类岸坡主要分布在左岸西保障—坝前以及右岸漳村—坝前库段。

10.2.2　水库库岸现状

　　水库库岸主要由第四系松散堆积物组成,水库蓄水后,在波浪等应力作用下,部分库岸产生了塌岸。2009 年勘察对水库塌岸情况进行了调查,分段叙述如下。

10.2.2.1　左岸

1. 潘汪段

　　潘汪段包括大副坝北坝头—潘汪西侧冲沟段,长度为 2.185 km。

　　该段库岸弯曲,地形平缓,岸前浅滩发育,主要由第四系全新统冲洪积、冲湖积黄土状低液限黏土组成,厚度不大,下伏地层为上第三系上新统砂层和高、低液限黏土,而大副坝—3 号小副坝坝前岸坡主要由上第三系上新统高、低液限黏土组成。黄土状低液限黏土组成浅滩地形坡度为 1°~3°。磨蚀带岩性主要由黄土状低液限黏土,局部夹有卵砾石,磨蚀角为 4°~8°。149 m 高程以上岸坡地形较平缓,主要由第四系下更新统冲洪积红土卵石组成。此外,冲沟内分布有部分土质岸坡,但范围小。

　　该段库岸类型以混合土岸坡为主,高程 149 m 及以上地段分布第四系下更新统冲洪积红土卵石,以下地段分布第四系全新统冲洪积低液限黏土、上第三系地层(砂层、低液限黏土),冲沟部位分布土质岸坡。除冲沟内部分土质岸坡在高水位运行时可能产生小范围塌岸外,该段岸坡总体基本稳定(稳定)。根据预测,该段库岸不会发生塌岸,即使发生塌岸,其宽度也较小。

2. 柿园段

　　柿园段包括潘汪西侧冲沟—柿园西侧冲沟段,长度为 5.028 km。

　　该段岸坡冲沟发育,岸线较弯曲,库岸植被较好。沿 149 m 高程有高水位运行时形成的陡坎,高度为 1~2 m。岸前浅滩较发育,主要由第四系全新统、上更新统冲洪积、冲湖积黄土状低液限黏土组成,部分由卵石组成。下伏地层主要为上第三系上新统地层。黄土状低液限黏土组成浅滩地形坡度为 1°~4°;卵石组成浅滩地形坡度一般为 7°~10°。磨蚀带岩性主要为黄土状高低液限黏土,磨蚀角为 2°~20°。149 m 高程以上岸坡地形较陡,主要由第四系下更新统冲洪积红土卵石组成。

　　该段岸坡类型以混合土岸坡为主,基本分布在 149 m 高程以上,由第四系下更新统冲洪积红土卵石组成;而 149 m 高程以下岸坡为土质岸坡,由第四系上更新统冲洪积黄土状低液限黏土组成,厚度不大。由于红土卵石抗冲刷能力相对较强,且卵石不易被搬运,塌落后堆积于坡脚,已趋于形成稳定的浅滩,属于基本稳定(稳定)库岸,局部为轻度塌岸。根据预测,该段库岸一般不会发生塌岸,即使发生塌岸,其宽度较小。

3. 界段营段

　　界段营段包括柿园段西侧冲沟—界段营西侧冲沟段,长度为 6.076 km。

　　该段库岸岸坡线较弯曲,岸前浅滩较发育,主要由第四系全新统冲湖积黄土状低液限黏土组成,部分由卵石组成。黄土状低液限黏土组成浅滩地形坡度为 1°~3°,卵石组成浅滩地形坡度一般为 7°~12°。磨蚀带岩性主要为黄土状低液限黏土,磨蚀角为 1°~9°。岸坡主要由第四系上更新统冲洪积黄土状低液限黏土和下更新统冲洪积红土卵石组成。

下伏地层主要为上第三系上新统地层。

该段岸坡类型上游段为土质岸坡，由第四系上更新统冲洪积黄土状低液限黏土组成，厚度较大；下游段为混合土岸坡，由第四系下更新统冲洪积红土卵石组成。该段岸坡岸前已形成稳定的浅滩，岸坡已基本稳定。根据预测，不会发生塌岸，即使发生塌岸，其宽度小。

4. 漳村段

漳村段包括界段营西侧冲沟—前辛岸东侧冲沟段，长度为 9.367 km。

该段库岸总体走向为 NW325°。岸坡坡脚高程为 141～144 m，岸坡坡度一般为 28°～32°，库岸植被较好。沿 149 m 高程岸坡见有高水位运行时形成的陡坎，高度为 1～2 m。坡脚以下浅滩发育，由第四系全新统冲湖积黄土状黏土或卵石组成。黄土状低液限黏土组成浅滩地形坡度为 1°～2°；卵石组成浅滩地形坡度一般为 7°～12°。磨蚀带岩性主要为黄土状低液限黏土，磨蚀角为 2°～7°；局部为第四系冲积砂卵砾石和上第三系低液限黏土，其磨蚀角分别为 2°～11°、12°。岸坡主要由第四系上更新统冲洪积黄土状低液限黏土和下更新统冲洪积红土卵石组成。第四系下更新统冲洪积红土卵石，上游段分布在高程 149 m 以上，下游段分布在 160 m 以上。局部地势较低地带零星出露上第三系地层。

该段岸坡类型大部分为混合土岸坡，主要由第四系下更新统冲洪积红土卵石组成，漳村下游段为土质岸坡。下伏地层为上第三系上新统地层，上游段埋深较大。该段岸坡高水位运行时有塌岸发生，累计塌岸宽度不大，已基本稳定。根据预测，不会发生塌岸，即使发生塌岸，其宽度较小。

5. 前辛安—后辛安段

前辛安—后辛安段包括前辛岸东侧冲沟—后辛安西侧冲沟（即 L11）段，长度为 3.104 km。

该段库岸岸线弯曲。岸上地形呈台阶状，岸前浅滩发育，主要由第四系全新统冲湖积黄土状低液限黏土组成，浅滩地形坡度为 1°～2°。磨蚀带岩性主要为黄土状低液限黏土，磨蚀角为 3°～12°；局部为上第三系低液限黏土，其磨蚀角为 18°。第四系下更新统冲洪积红土卵石分布在地势较高岸坡上，局部地势较低地带零星出露上第三系地层。

该段岸坡类型大部分为土质岸坡，主要由第四系上更新统冲洪积黄土状低液限黏土组成，仅在后辛安上游（L-11 附近）局部为岩土岸坡，岸坡下部由上第三系上更新统胶结不良砾岩组成，上部由第四系上更新统冲洪积黄土状低液限黏土组成。下伏地层为上第三系上新统地层，一般埋深较大。该段岸坡坡脚高程低于 149 m，岸坡不甚稳定，多为轻度塌岸，部分为基本稳定（稳定）。根据预测，塌岸宽度较小。

6. 申家庄—台子寨段

申家庄—台子寨段包括后辛安西侧冲沟（即 L11）—台子寨西侧冲沟段，长度为 4.125 km。

该段库岸总体走向为 NW290°。该段库岸靠近水库有塌岸形成的陡坎，坡脚高程为 140～144 m，陡坎高度一般为 5～6 m。由于水库淤积，岸前浅滩发育，由第四系全新统冲湖积黄土状低液限黏土组成，浅滩地形坡度为 1°～2°。磨蚀带岩性主要为黄土状低液限黏土，磨蚀角为 1°～10°；局部为第四系冲积砂卵砾石，其磨蚀角为 18°。岸坡主要由第四系上更新统冲洪积黄土状低液限黏土组成，局部零星出露二叠系砂岩，范围小。

该段岸坡类型为土质岸坡,由第四系上更新统冲洪积黄土状低液限黏土组成,厚度较大。该段岸坡受南北方向的风浪作用强烈,为多年塌岸活跃地段,累计塌岸宽度较大。由于高程 140~149 m 未形成稳定浅滩,目前库岸仍不稳定,据预测,L12 剖面附近,塌岸宽度较大,其余地段塌岸宽度小。但凹岸段和冲沟、基岩出露部位基本稳定,属于基本稳定(稳定),即使发生塌岸,塌岸宽度较小。

7. 石场段

石场段包括台子寨西侧冲沟—石场西侧冲沟(T1 东侧)段,长度为 2. 149 km。

该段库岸岸线弯曲。目前河床靠近左岸岸坡,库水(河水)以上均为陡坎地形,坡脚高程一般为 142~144 m,坎顶高程为 156~164 m,岸前陡坎高度一般为 10~15 m,最高达 20 m。陡坡以上分布有耕地和村庄。磨蚀带岩性主要为黄土状低液限黏土,磨蚀角为 1°~11°;局部为第四系冲积砂卵砾石,其磨蚀角为 20°。岸坡主要由第四系上更新统冲洪积黄土状低液限黏土与粉土组成,部分地段出露上第三系上新统地层,岩性主要为胶结不良砾岩等。

该段岸坡类型主要为岩土岸坡,石场村上游和下游分布有土质岸坡。岩土岸坡上部为第四系上更新统冲洪积黄土状低液限黏土,厚度较大,下部为上第三系上新统胶结不良砾岩,厚度较小。该段库岸稳定主要受河流侧向冲刷影响,岩土边坡抗冲刷能力较强,但上第三系胶结不良砾岩顶面高程多低于或略高于 149 m,岸坡不甚稳定,为中等塌岸。根据预测,塌岸宽度较大,而下游侧冲沟土质岸坡则基本稳定(稳定)。

8. 冶子村段

冶子村段北侧以石场西侧冲沟作为分界线,南侧以漳河大桥西桥头为界,可划分 3 小段,长度为 2. 791 km。

(1)电站段。

电站段。包括石场西侧冲沟(T1 东侧)—电站段。

该段库岸岸线较平直,岸坡总体走向约为 NE17°。目前河床靠近左岸岸坡坡脚,库水(河水)以上均为陡坎地形,坡脚高程为 144 m 左右,坎顶高程为 164 m 左右,岸前陡坎高度为 20 m 左右。陡坡以上分布有耕地、省道。磨蚀带岩性主要为黄土状低液限黏土和上第三系上新统胶结不良砾岩,局部为第四系冲积砂卵砾石,其磨蚀角分别为 8°、40°。岸坡主要由第四系上更新统冲洪积黄土状低液限黏土与粉土组成,部分地段出露上第三系上新统地层,岩性主要为胶结不良砾岩等。

该段岸坡类型主要为岩土岸坡,靠近电站段分布有土质岸坡。岩土岸坡上部为第四系上更新统冲洪积黄土状低液限黏土,厚度较大,下部为上第三系上新统胶结不良砾岩,厚度较小。该段库岸稳定性主要受河流侧向冲刷影响,上第三系胶结不良砾岩顶面高程略高于 149 m,岸坡稳定性尚可,而土质岸坡稳定性较差,为中等塌岸。根据预测,塌岸宽度较大。

(2)加油站段。

加油站段包括冶子村北侧—电站段。

该段岸坡总体走向为 NW340°,冲沟较发育,岸坡完整性较差。水库运行至今,上游库段淤积严重,形成大面积滩地,目前河床靠近左岸岸坡坡脚。库水位(河水位)以上岸坡地形呈台阶形,坡脚高程一般为 146~147 m,坎顶高程为 155~156 m,岸前陡坎高度一般为 10 m 左右。磨蚀带岩性主要为黄土状低液限黏土,磨蚀角为 7°~12°。陡坡以上分布有耕地。岸坡主要由第四系上更新统冲洪积黄土状低液限黏土与粉土组成。

该段岸坡类型为土质岸坡,由第四系上更新统冲洪积黄土状低液限黏土组成,厚度较大,局部夹有透镜状碎石层。由于水深较小,波浪作用对该段库岸影响不大。该段库岸稳定主要受河流侧向冲刷影响,目前仍不甚稳定。根据预测,塌岸宽度较大。

(3)冶子村南侧段。

冶子村南侧段包括冶子村南侧—漳河大桥西桥头。

该段库岸蓄水前后,地形地貌变化不大。河床高程为 148 m 左右,库水位(河水位)以上岸坡较平缓,地面高程一般为 148~152 m。磨蚀带岩性主要为黄土状低液限黏土,局部为第四系冲积砂卵砾石,其磨蚀角为 7°~12°。岸坡主要由第四系上更新统冲洪积黄土状低液限黏土与粉土组成。

该段岸坡类型为土质岸坡,由第四系上更新统冲洪积黄土状低液限黏土组成,厚度较大。库岸主要受河流侧向冲刷影响,由于地形较平缓,库岸基本稳定,未发生塌岸。根据预测,不会发生塌岸,即使发生塌岸,其宽度也较小。

10.2.2.2 右岸

1. 东清流段

东清流段包括坝前—西清流东侧冲沟段,长度为 4.053 km。

该段库岸岸线弯曲,冲沟发育,库岸完整性差。坝前部位浅滩由第四系全新统冲洪积、冲湖积黄土状低液限黏土组成,地形坡角一般为 1°~3°,宽度一般大于 400 m;下游段浅滩由卵石组成,地形坡角一般为 6°~11°,宽度一般为 100~130 m。高程 149 m 附近岸坡可见高水位运行时塌岸形成的陡坎,高度为 1~2 m。磨蚀带岩性主要为第四系黄土状土和上第三系上新统胶结不良砂岩,磨蚀角分别为 4°~18°、13°~29°。岸坡主要由第四系下更新统冲洪积红土卵石组成,局部分布第四系上更新统冲洪积黄土状土和上第三系上新统地层。

该段岸坡类型以混合土岸坡为主,部分为岩土岸坡和土质岸坡。混合土岸坡由第四系下更新统冲洪积红土卵石组成,岩土岸坡上部为第四系下更新统冲洪积红土卵石,厚度较大,下部为上第三系上新统胶结不良砾岩,厚度较小。岩土岸坡坡、混合土岸坡已基本稳定,而土质岸坡分布在冲沟上游,库水和风浪作用小,一般稳定性尚可,总体上该段岸坡属于基本稳定(稳定),局部为轻度塌岸。根据预测,高水位运行时,不会发生塌岸,即使发生塌岸,其宽度也较小。

2. 中清流—西清流段

中清流—西清流段包括西清流东侧冲沟—南孟东侧大沟段,长度为 8.748 km。

该段库岸岸线弯曲,冲沟发育,库岸完整性差。岸坡坡度为 32°~51°,岸前浅滩宽度一般为 100~130 m,由第四系全新统冲湖积卵石组成,地形坡度一般为 6°~12°。磨蚀带岩性主要为第四系黄土状土和上第三系上新统胶结不良砾岩,磨蚀角分别为 3°~14°、9°~22°。高程 149 m 附近岸坡可见高水位运行时塌岸形成的陡坎,高度为 1~2 m。岸坡主要由第四系下更新统冲洪积红土卵石组成,局部分布第四系上更新统冲洪积黄土状土和上第三系上新统地层。

该段岸坡类型以混合土岸坡为主,主要由第四系下更新统冲洪积红土卵石组成,厚度较大;西清流东侧冲沟部位分布有土质岸坡,厚度较大;部分为岩土岸坡,岩土岸坡上部为第四系下更新统冲洪积红土卵石,厚度较大,下部为上第三系上新统胶结不良砾岩,厚度较小。岩土岸坡、混合土岸坡已基本稳定(稳定),局部为轻度塌岸,而土质岸坡位于冲沟上游,风浪作用小,也基本稳定。根据预测,高水位运行时不会发生塌岸,即使发生塌岸,其宽度也较小。

3. 南孟—北孟段

南孟—北孟段包括南孟东侧冲沟—乞伏东侧冲沟段,长度为 6.424 km。

该段岸坡地形较平缓,浅滩发育,宽度可达 700~800 m,浅滩地形坡度为 1° 左右,现为耕地。磨蚀带岩性主要为黄土状土,磨蚀角为 1°~8°。岸坡主要由第四系上更新统冲洪积黄土状低液限黏土组成。

该段岸坡类型为土质岸坡,主要由第四系上更新统冲洪积黄土状低液限黏土组成,局部夹有卵砾石,厚度较大。该段库岸浅滩已趋于稳定,高程 149 m 以上岸坡高度不大,为基本稳定(稳定)。根据预测,高水位运行时一般不会发生塌岸,即使发生塌岸,其宽度也较小,仅局部可能产生轻度塌岸,大部分岸坡基本稳定。

4. 乞伏段

乞伏段包括乞伏东侧冲沟—东保障东侧冲沟段,长度为 1.853 km。

该段库岸岸线弯曲,岸前浅滩发育,主要由第四系全新统冲湖积低液限黏土组成,地形坡度一般为 1°~3°。岸上地形呈台阶状,高程 149 m 以下岸坡有不同水位运行时塌岸形成的陡坎,高度一般为 1~2 m。陡坎之间地形平缓,地形坡度一般为 0°~3°。现为耕地。磨蚀带岩性主要为黄土状土,磨蚀角为 8°~14°。岸坡主要由第四系上更新统冲洪积黄土状低液限黏土、下更新统冲洪积红土卵石组成。

该段岸坡类型为土质岸坡,由第四系上更新统黄土状低液限黏土组成,厚度较大。该段库岸主要受偏北方向风浪影响,历史上有塌岸发生。由于高程 149 m 以下岸坡浅滩不稳定,据预测 R24 剖面及其附近塌岸宽度较大,而乞伏村附近及以南为轻度塌岸和基本稳定(稳定)。根据预测,高水位运行时不会发生塌岸,即使发生塌岸,其宽度也较小。

5. 东保障段

东保障段包括东保障东侧冲沟—西保障东侧冲沟,长度为 3.532 km。

该段岸坡较顺直,总体走向为 NW320°。该段岸坡地形呈台阶状,高程 149 m 以下岸坡有不同水位运行时塌岸形成的陡坎,高度一般为 1~4 m。陡坎之间地形平缓,地形坡度一般为 0°~3°,现为耕地。磨蚀带岩性主要为黄土状土,磨蚀角为 4°~12°,局部为上第三系上新统低液限黏土,磨蚀角为 9°~22°。岸坡主要由第四系上更新统冲洪积黄土状低液限黏土、下更新统冲洪积红土卵石组成,局部出露上第三系上新统地层。

该段岸坡类型为土质岸坡、岩土岸坡。土质岸坡主要分布在东保障附近,由第四系上更新统冲洪积黄土状低液限黏土组成,厚度较大。岩土岸坡分布在东保障上游,上部为第四系上更新统冲洪积黄土状低液限黏土,厚度较大,下部为上第三系上新统胶结不良砾岩,厚度较小。该段库岸主要受偏北方向风浪影响,历史上有塌岸发生。由于高程 149 m 以下岸坡浅滩不稳定,东保障村及其附近为轻度塌岸和基本稳定(稳定),而东保障村上游为中等塌岸。根据预测,高水位运行时,东保障村塌岸宽度较小或不发生塌岸,东保障村以上塌岸宽度较大。

6. 西保障段

西保障段包括西保障东侧冲沟—六合煤矿东侧冲沟段,长度为 5.615 km。

该段岸坡总体走向为 NW320°,冲沟较发育,岸湾与岸嘴相间分布。该段岸坡坡脚高程为 138 ~ 139 m,岸坡陡坎高度一般为 10 ~ 12 m。浅滩宽度一般为 20 ~ 50 m,由第四系全新统冲湖积黄土状低液限黏土和砂卵砾石组成,黄土状低液限黏土组成浅滩,地形坡度一般为 1° ~ 3°;由卵石组成浅滩,地形坡度一般为 11° ~ 13°。磨蚀带岩性主要为黄土状土,磨蚀角为 4° ~ 12°;局部为第三新上新统低液限黏土和胶结不良砾岩,磨蚀角分别为 9° ~ 11°、16° ~ 40°。岸坡主要由第四系上更新统冲洪积黄土状低液限黏土、下更新统冲洪积红土卵石组成,局部出露上第三系上新统地层。

该段库岸岸坡类型主要为土质岸坡,主要分布在西保障村以上,由第四系上更新统冲洪积黄土状低液限黏土或粉土组成,厚度大;西保障村及其附近主要为岩土岸坡,上部为第四系上更新统冲洪积黄土状低液限黏土或粉土,厚度较大,下部为上第三系上新统胶结不良砾岩,厚度较小。该段库岸主要受偏北以及偏东方向风浪影响,累计塌岸宽度较大,为中等-严重塌岸。由于坡脚高程低于 149 m,据预测,高水位运行时,西保障村附近塌岸宽度较大,而西保障村以上段塌岸宽度大。

7. 六合煤矿段

六合煤矿段包括六合煤矿东侧冲沟—观台镇东侧,长度为 2.928 km。

该段岸坡总体走向为 NW310°,冲沟较发育,岸湾与岸嘴相间分布。岸坡坡脚高程为 138 ~ 140 m,陡坎高度一般为 8 ~ 10 m。岸前浅滩发育,由第四系全新统冲湖积黄土状低液限黏土组成,地形坡度一般为 1° ~ 3°。磨蚀带岩性主要为黄土状土,磨蚀角为 5° ~ 13°。岸坡主要由第四系上更新统冲洪积黄土状低液限黏土组成。

该段库岸岸坡类型主要为土质岸坡,由第四系上更新统冲洪积黄土状低液限黏土或粉土组成,厚度大。该段库岸主要受偏北方向风浪影响,累计塌岸宽度大,为严重塌岸。由于岸坡坡脚高程低于 149 m,据预测,该段库岸塌岸宽度大。

8. 观台段

观台段包括观台镇东侧—西观台东侧冲沟段,长度为 3.782 km。

该段库岸岸线弯曲,冲沟较发育,岸坡完整性较差,岸上分布有观台镇等村镇。该段岸坡坡脚高程为 142 ~ 150 m,岸坡高度一般为 15 ~ 20 m,属于中等高度陡岸坡,岸前浅滩发育,宽度大于 100 m,浅滩地形坡度一般为 1° ~ 3°。磨蚀带岩性主要为黄土状土,磨蚀角为 0° ~ 3°。岸坡主要由第四系上更新统冲洪积黄土状低液限黏土组成,地表分布第四系人工堆积物,分布范围广,厚度变化较大。

该段库岸岸坡类型主要为土质岸坡,由第四系上更新统冲洪积黄土状低液限黏土组成,厚度大。该段岸坡在水库蓄水初期塌岸活跃,累计塌岸宽度较大。该段库岸上游段坡脚高程高于 149 m,且岸前已形成稳定浅滩,库岸已稳定;下游段岸坡坡脚高程低于 149 m,为中等塌岸。据预测,高水位运行时,观台东侧段塌岸宽度较大,而观台镇段不会发生塌岸,即使发生塌岸,其宽度小。

9. 西观台段

西观台段包括西观台东侧冲沟—漳河大桥东桥头附近,长度为 2.389 km。

该段库岸岸线弯曲。该段岸坡坡脚高程为 150 ~ 155 m,岸坡高度一般为 15 ~ 20 m,

属中等高度陡岸坡,岸前浅滩发育,宽度大,浅滩地形坡度一般为 1°～3°。磨蚀带岩性主要为砂卵砾石和黄土状土,磨蚀角为 0°～3°。岸坡主要由第四系上更新统冲洪积黄土状低液限黏土、下更新统冲洪积红土卵石组成,局部出露奥陶系灰岩。地表分布第四系人工堆积物,分布范围广,主要分布在村镇,厚度变化较大。

该段库岸岸坡类型主要为土质岸坡,由第四系上更新统冲洪积黄土状低液限黏土组成,厚度大,坡脚高程高于 149 m,且岸前已形成稳定浅滩,库岸已稳定,为基本稳定(稳定),仅漳河大桥附近段为基岩岸坡,由奥陶系灰岩组成。该段库岸已稳定。据预测,不会发生塌岸,即使发生塌岸,其宽度也较小。

10.2.3　库岸变化情况

在 2009 年勘察期间,从以往档案和文献中收集到 1959 年测量的库区 1∶10 000 地形图;2009 年 4 月,再次重新测量了库区库岸地带地形图,虽然 1959 年地形图未标注采用的高程系统和坐标系统,从两期测绘的地形图对比分析,认为 1959 年地形图与岳城水库以往采用的坐标系统和高程系统是一致的,1959 年测量地形图和 2009 年测量地形图所采用的坐标系统和高程系统是相同的,据此编制了 149 m 等高线形态对比图。

两次测量工作由不同单位完成,时间间隔较长,测量误差较大,但仍能从 149 m 等高线形态对比图看出:

水库运行以来,库岸既有向库内"增长"(这是不正确的,主要是由于测量误差所致),也有向库外"后退"。如果不考虑测量误差,认为"后退"是由水库蓄水引起的。

以水库库岸 149 m 等高线形态对比图为基础,经计算机测量和 KP－90N 数字式求积仪检查,截至 2009 年,左岸水库中游 149 m 等高线后退宽度一般为 10～30 m,水库中游以上,后退塌岸宽度为 30～50 m,而界段营以下至坝肩,后退不甚明显,累积后退范围平面投影区域面积约 563 亩。而右岸观台以下至坝肩,149 m 等高线后退宽度为 20～30 m,局部为 50～60 m,观台附近及以上后退宽度为 50～150 m,西观台后退宽度达 300～600 m,累积后退范围平面投影区域面积约 1 284 亩,两岸总计约 1 847 亩。从总体上来看,左岸申家庄、台子寨、石场、冶子及右岸东清流、中清流—西清流、南孟—北孟、乞伏、观台、西观台后退现象明显。

需要说明的是,149 m 等高线后退范围平面投影区域面积,既有塌岸损失的面积,也有因测量误差导致的面积变化。这两种因素所引起的面积变化,各自所占比例目前还难以区分。

平面投影的面积与实际面积有一定差别,由于库岸地形总体坡度不大,其差别不会很大。

由于 1959 年的测图相对粗糙一些,与近期所测地形图相比存在测量误差,据此报告中的 149 m 等高线后退范围平面投影区域面积成果与实际塌岸面积会有一定的误差,但目前的工作只能以此成果作为依据进行。

10.2.4　水库塌岸因素

水库塌岸因素主要包括以下几个方面:

(1)岸坡物质组成。

库岸的地层结构及岩性是影响水库塌岸的内在因素。胶结砾岩、红土卵石、砂砾石等粗粒碎屑物质组成的岸坡抗冲刷能力较强,塌落后不易被库岸流搬运,较容易形成与所处环境相适应的稳定浅滩,对库岸稳定有利;黄土状土组成岸坡抗冲刷能力差,遇水易崩解,塌落后容易被搬运,稳定浅滩坡度很缓,该类岸坡塌岸速度快,累计塌岸宽度大。

(2)岸坡形态与方向。

岸坡形态与方向对塌岸的影响主要表现在岸坡越高,坡度越陡,塌岸越严重;凸岸较凹岸塌岸更严重,与风向垂直的岸坡较其他方向的岸坡塌岸较为严重。

(3)波浪。

波浪对塌岸的影响主要表现在波浪对岸壁土体的淘蚀,以及对塌落物质的搬运。对于同一岸坡而言,风速越大,水面越宽,水深越大,波浪的波能就越大,从而对岸坡的破坏力就越强。

(4)库水位变化。

水库水位发生变化,波浪的影响范围也随之变化。随着库水位上升,一方面使原来的水上浅滩处于水位以下,促使浅滩再造,并使库水直接作用于岸壁,从而加速塌岸的进程;另一方面库水位升高使水深加大、水面加宽,在同样风速条件下,波浪对库岸的破坏作用更强。在库水位下降时,尤其是库水位大幅消落,造成岸坡土体内产生很大的渗透压力,使土体产生渗透破坏,进而产生塌岸。总的说来,水库高水位运行时,塌岸较为严重。

(5)冰的作用。

结冰及解冻时,浮冰在风的作用下撞击岸壁,对库岸起着一定破坏作用;封冻期间,冰体产生的冰压力,对库岸也有较强的破坏作用。

(6)水库淤积作用。

水库淤积加速了浅滩的形成,抑制了塌岸的发展。

10.2.5　长期塌岸宽度预测

长期塌岸宽度预测采用卡丘金公式法和作图法。对于不同分区,选取典型断面进行预测,实际预测断面条数依据分区长度确定。而对于基岩库岸段,不进行塌岸宽度预测。

10.2.5.1　塌岸预测主要参数

塌岸预测的最高水位选取水库的汛后最高蓄水位149.0 m,经调查多年以来的水库运行水位及考虑水库淤积,水库运行最低水位选取汛限水位,即134.0 m。

经设计复核,在汛后最高蓄水位为149.0 m时,从坝前至库尾库水位上翘现象不明显,故此,塌岸预测的最高水位均采用水库的汛后最高蓄水位149.0 m。

(1)波高 h。

决定波高的因素包括风速、风区长度(吹程)以及水深等。考虑到库岸态势基本稳定,波高采用1.0 m。

(2)波浪影响深度 h_P。

波浪影响深度 h_P 一般为1~2倍波高 h,取2倍波高,即2.0 m。

(3)波浪爬升高度 h_B。

波浪爬升高度 h_B 一般为0.1~0.8倍的波高。对于低液限黏土、黄土状土等,取0.3

倍波高,即 0.30 m;对于红土卵石或碎石土,取 0.8 倍波高,即 0.80 m。

（4）浅滩磨蚀带稳定坡角 α。

水库经过多年运行,大部分库岸已形成稳定的水下浅滩,由于水库冲淤积及当地居民耕地人工改造,大部分岸坡地形较为平缓,依据实测成果,综合分析库岸实际情况,并参照相关工程实例及结合磨蚀带地形坡度,磨蚀带稳定角度,第四系黄土状土为 6°左右,红土卵石为 10°,粉细砂为 4°;上第三系低液限黏土为 7°~8°,第四系砂卵砾石与上第三系胶结不良砾岩为 12°~13°。

（5）水上岸坡稳定坡角 β。

根据实地调查结果以及工程经验,塌岸宽度预测采用的水上岸坡稳定坡角 β,第四系黄土状低液限粉土为 40°,黄土状低液限黏土、高液限黏土为 45°,红土卵石为 60°;上第三系砂层为 60°,（砂）砾岩取 65°。

10.2.5.2　长期塌岸预测

长期塌岸宽度预测采用卡丘金图解法,详见图 10-1,并采用卡丘金公式计算法检查。各剖面预测采用的参数及长期塌岸预测宽度 S_t 值详见表 10-1。

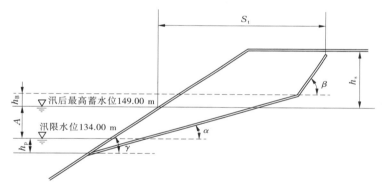

图 10-1　长期塌岸宽度预测图解

据卡丘金图解法预测,卡丘金公式法检查,左岸申家庄—坝前和右岸乞伏—坝肩及观台—西观台地段一般不会发生塌岸现象,即使发生塌岸,其宽度也较小,长期塌岸主要发生在左岸申家庄—冶子村库岸地段,塌岸宽度一般为 21~35 m,最大塌岸宽度约为 55 m,塌岸区域平面投影面积约 300 亩。右岸塌岸主要发生在西保障—观台东侧、中清流和西清流 R6 剖面附近,塌岸宽度一般为 30~85 m,最大塌岸宽度约为 105 m,塌岸区域平面投影面积约 675 亩。两岸合计约 975 亩。

10.2.6　塌岸类别划分

在现场地质调查基础上,首先分析库岸地形地貌形态、地层结构、岩性、位置;其次,对塌岸宽度采用图解法进行预测,并采用公式进行校核,了解塌岸未来发展趋势。在预测塌岸范围内,基本没有民房、厂矿或其他设施,预测塌岸宽度作为塌岸类别划分主要依据之一。对于个别重要库岸段虽预测塌岸宽度不大,从安全角度出发,划分为偏于安全类别,尤其是左岸 T1、L17 地段。

表10-1　长期塌岸宽度预测成果

位置	剖面编号	库岸主要岩性组成	塌岸宽度预测采用的参数指标									预测塌岸宽度(m)	
			预测水位以上岸高 h_s(m)	水位变幅 A(m)	波高 h(m)	波浪影响深度 h_p(m)	波浪爬高 h_B(m)	浅滩磨蚀带稳定坡角 α(°)	水上岸坡坡角 β(°)	原始岸坡坡角 γ(°)	系数 N	公式计算	图解法
潘汪	YL2	磨蚀带和岸坡岩性主要为黄土状土	1.8	9.1	1.0	0.0	0.3	6	45	7	0.60	10.09	14.42
柏园	YL3	磨蚀带岩性主要为黄土状土,岸坡岩性主要为红土卵石		13.8	1.0	0.0							不塌岸
界段营	YL5	磨蚀带和岸坡坡为黄土状土		15.0	1.0	2.0							不塌岸
	YL6	磨蚀带和岸坡坡为黄土状土		15.0	1.0	2.0							不塌岸
漳村	YL7	磨蚀带岩性为砂层和砂卵砾石,岸坡岩性主要为第三系砂层和第四系黄土状土	1.6	15.0	1.0	2.0	0.8	4(4,12)	60	4	0.50	5.95	8.16
	YL8	磨蚀带岩性主要为第四系黄土状土和第三系低液限黏土,岸坡岩性主要为红土卵石	4.2	6.6	1.0	0.0	0.8	8(7,10)	60	15	0.60	17.99	23.27
	YL9	磨蚀带和岸坡岩性主要为黄土状土	0.8	11.0	1.0	0.0	0.3	6	45	7	0.60	11.05	10.79
前辛安	YL10	磨蚀带和岸坡岩性主要为黄土状土	7.8	9.0	1.0	0.0	0.3	8(6,12)	55(45,65)	24	0.60	30.73	25.57
后辛安	YL11	磨蚀带岩性为第三系胶结不良砾岩和黄土状土,岸坡岩性主要为第四系黄土状土	9.0	11.1	1.0	0.0	0.3	9(6,12)	45	38	0.60	39.88	46.91
申家庄	YL12	磨蚀带和岸坡岩性主要为第四系黄土状土	1.8	6.5	1.0	0.0	0.3	6	45	40	0.60	35.07	54.92
台子寨	YL13	磨蚀带和岸坡岩性主要为黄土状土		5.0	1.0	0.0							不塌岸
	YL14	磨蚀带和岸坡岩性主要为黄土状土		15.0	1.0	2.0							不塌岸
石场	YL15	磨蚀带和岸坡岩性主要为黄土状土	2.3	6.4	1.0	0.0	0.3	6	45	31	0.60	33.06	43.06
	YL17	磨蚀带和岸坡岩性为第三系胶结不良砂卵砾石,岸坡岩性主要为黄土状土	14.5	5.0	1.0	0.0	0.3	12(6,12)	47(40,65)	80	0.60	22.38	33.37
	YT1	磨蚀带和岸坡岩性主要为黄土状土,磨蚀带局部岩性为第三系胶结不良砾岩	9.0	7.7	1.0	0.0	0.3	12	45(45,65)	30	0.60	19.80	21.12
冶子村	YT2	磨蚀带和岸坡岩性主要为黄土状土,磨蚀带局部岩性为第三系胶结不良砾岩	17.3	6.3	1.0	0.0	0.3	12	45(45,50)	50	0.60	25.66	41.12
	YT3	磨蚀带和岸坡岩性主要为黄土状土	13.3	5.5	1.0	0.0	0.3	6	45	34	0.60	36.02	34.51
东清流	YR1	磨蚀带和岸坡岩性主要为第三系低液限黏土,岸坡岩性主要为红土卵石	1.25	9.0	1.0	0.0	0.3	6(6,7)	60	7	0.60	1.80	6.62
	YR2	磨蚀带岩性主要为黄土状土和第三系砂岩,岸坡主要为红土卵石	11.4	15.0	1.0	2.0	0.8	6(6,12)	60	8	0.50	27.26	27.68
	YR3	磨蚀带岩性主要为黄土状土,岸坡岩性主要为红土卵石	9.7	15.0	1.0	2.0	0.3	10(6,11)	65	19	0.50	26.56	23.68

续表 10-1

位置	剖面编号	库岸主要岩性组成	预测水位以上岸高 h_s(m)	水位变幅 A(m)	波高 h(m)	波浪影响深度 h_p(m)	波浪爬高 h_B(m)	浅滩磨蚀稳定坡角 α(°)	水上岸坡坡角 β(°)	原始岸坡坡角 γ(°)	系数 N	公式计算	图解法
中清流—西清流	YR4	磨蚀带,岸坡岩性主要为黄土状土		15.0	1.0	2.0							不塌岸
	YR5	磨蚀带,岸坡岩性主要为黄土状土和胶结不良砾岩,岸坡岩性主要为红土卵石	11.7	15.0	1.0	2.0	0.8	7(6,10,12)	60	9	0.50	21.96	29.70
	YR6	磨蚀带,岸坡岩性主要为第三系胶结不良砾岩,岸坡岩性主要为红土卵石	24.3	15.0	1.0	2.0	0.8	12	65	40	0.50	37.22	66.90
	YR8	磨蚀带,岸坡岩性主要为黄土状土,岸坡岩性主要为红土卵石	9.9	7.3	1.0	0.0	0.8	10	60	16	0.50	12.87	18.40
南孟—北孟	YR9	磨蚀带,岸坡岩性主要为黄土状土		15.0	1.0	2.0	0.8						不塌岸
云伏	YR10	磨蚀带,岸坡岩性主要为黄土状土,岸坡岩性主要为红土卵石	1.0	8.8	1.0	0.0	0.8	6(6,10)	60	8	0.50	14.42	13.48
	YR11	磨蚀带和岸坡岩性主要为黄土状土		15.0	1.0	2.0	0.3						不塌岸
东保障	YR12	磨蚀带和岸坡岩性主要为黄土状土	1.0	15.0	1.0	2.0	0.3	6	45	7	0.60	16.11	11.17
	YR13	磨蚀带,岸坡岩性主要为第三系低液限黏土,主要为黄土状土	7.8	15.0	1.0	2.0	0.8	7	45	9	0.60	26.78	29.54
西保障	YR14	磨蚀带,岸坡岩性主要为第三系胶结不良砾岩和低液限黏土,岸坡岩性主要为黄土状土	2.8	15.0	1.0	2.0	0.3	8(6,8,13)	45	40	0.60	63.20	68.84
	YR15	磨蚀带,岸坡岩性主要为黄土状土,岸坡岩性主要为黄土状土和红土卵石	3.2	5.5	1.0	0.0	0.3	6	45	8	0.60	11.37	9.83
中清流—西清流	YR16	磨蚀带,岸坡岩性主要为黄土状土	1.8	15.0	1.0	2.0	0.3	6	45	9	0.60	35.26	35.09
西保障	YR17	磨蚀带,岸坡岩性主要为第三系高液限黏土和胶结不良砾岩,岸坡岩性主要为黄土状土和红土卵石	4.2	15.0	1.0	2.0	0.3	6(6,7,12)	45	27	0.60	81.08	89.34
	YR18	磨蚀带,岸坡岩性主要为黄土状土	5.8	15.0	1.0	2.0	0.3	6	45	18	0.60	70.67	85.13
六合煤矿	YR19	磨蚀带,岸坡岩性主要为黄土状土	9.3	15.0	1.0	2.0	0.3	6	45	26	0.60	83.25	104.93
	YR21	磨蚀带,岸坡岩性主要为黄土状土	6.3	10.5	1.0	0.0	0.3	6	45	40	0.60	57.75	69.81
观台	YR26	磨蚀带,岸坡岩性主要为黄土状土	7.5	7.5	1.0	0.0	0.3	6	45	13	0.60	29.36	30.36

注：部分预测剖面波浪影响深度 h_p 为"0.0",是指库岸岸坡前有较宽的滩地或台地,波浪影响深度对塌岸宽度预测基本没有影响。括弧内数值为不同岩性的浅滩磨蚀角。

综合分析后,将库区塌岸按严重程度划分为严重塌岸、中等塌岸、轻度塌岸、基本稳定(稳定)四大类别。

10.2.6.1　严重塌岸

该类岸坡多为土质岸坡,岸坡高度大,位于迎风面,波浪作用强烈。累计塌岸宽度大,目前仍不稳定,一般预测塌岸宽度大于 50 m,塌岸造成农田损失大。

10.2.6.2　中等塌岸

该类库岸多为土质边坡,岸坡高度较大,位于迎风面,波浪作用强烈。累计塌岸宽度较大,目前仍不很稳定,预测的塌岸宽度为 30～50 m,预测塌岸范围内大多为农田。

10.2.6.3　轻度塌岸

该类库岸主要指部分土质岸坡、混合土岸坡,岸坡高度较低,坡度较平缓,处于背风一侧或冲沟两岸,波浪作用较弱。目前仍不太稳定,预测塌岸宽度为 10～30 m,预测塌岸范围内基本为耕地。

10.2.6.4　基本稳定(稳定)

该类库岸主要为混合土(红土卵石)岸坡、岩质岸坡、岩土岸坡和部分土质岸坡,混合土岸坡主要由红土卵石组成,大多属于斜坡和陡坡地形,局部坡脚附近出露上第三系地层;岩土岸坡主要由第四系黄土状土和上第三系地层组成,黄土状土分布地表,厚度较小,而下伏地层为上第三系地层,岸坡平缓,浅滩宽阔,如潘汪;由黄土状土组成的岸坡,虽然厚度较大,但岸坡坡度平缓,浅滩较宽或位于背风冲沟。据预测,一般不会发生塌岸,即使发生塌岸,塌岸宽度多小于 10 m。岩质岸坡由岩石组成,库岸稳定,局部分布。

根据预测,从坝前—冶子附近漳河大桥库岸段,统计库岸段总长度 74.149 km,严重塌岸段累计长度 6.102 km,占统计库岸长度的 8.229%;中等塌岸段累计长度为 11.524 km,占统计库岸长度的 15.542%;轻度塌岸段累计长度为 6.799 km,占统计库岸长度的 9.169%;基本稳定(稳定)段累计长度为 49.724 km,占统计库岸长度的 67.060%。其中,左岸严重塌岸段累计长度 1.358 km,占左岸统计库岸长度 3.9%,中等塌岸段累计长度 3.502 km,占左岸统计库岸长度 10.06%,轻度塌岸段累计长度 3.535 km,占左岸统计库岸长度 10.15%,基本稳定(稳定)段累计长度 26.430 km,占左岸统计库岸长度 75.89%;右岸严重塌岸段累计长度 4.744 km,占右岸统计库岸长度 12.06%,中等塌岸段累计长度 8.022 km,占右岸统计库岸长度 20.40%,轻度塌岸段累计长度 3.264 km,占右岸统计库岸长度 8.30%,基本稳定(稳定)段累计长度 23.294 km,占右岸统计库岸长度 59.24%。见表 10-2 和图 10-2。

总的来看,左岸前辛安以下库岸段为基本稳定(稳定)区,局部地段属于轻度塌岸,而左岸前辛安以上库岸段为库岸再造的多发区和不稳定区,为中等塌岸和严重塌岸,部分地段为基本稳定(稳定);右岸乞伏以下库岸段为基本稳定(稳定),局部地段为轻度塌岸,而乞伏以上—观台东库岸段为库岸再造的多发区和不稳定区,为严重塌岸和中等塌岸,局部为轻度塌岸和基本稳定(稳定),观台—西观台库岸段为基本稳定(稳定)区。

表 11-2　塌岸类别统计

部位	类别	位置	相应位置库岸长度（km）	库岸分段长度（km）	百分比（%）	说明
左岸	基本稳定（稳定）	潘汪	2.185	26.430	75.89	
		柿园	4.187			
		界段营	6.076			
		漳村	8.419			
		前辛安—后辛安	1.587			
		申家庄—台子寨	2.767			
		石场	0.990			
		冶子	0.219			
	轻度塌岸	柿园	0.841	3.535	10.15	
		漳村	0.948			
		前辛安—后辛安	1.280			
		申家庄—台子寨	0.000			
		石场	0.000			
		冶子	0.466			
	中等塌岸	前辛安—后辛安	0.237	3.502	10.06	建议处理
		申家庄—台子寨	0.000			
		石场	1.159			
		冶子	2.106			
	严重塌岸	申家庄—台子寨	1.358	1.358	3.90	
右岸库岸长度合计			39.324	39.324	100.00	
右岸	基本稳定（稳定）	东清流	3.476	23.294	59.24	
		中清流—西清流	7.639			
		南孟—北孟	6.424			
		乞伏	0.884			
		东保障	0.692			
		观台	1.790			
		西观台	2.389			
	轻度塌岸	东清流	0.577	3.264	8.30	
		中清流—西清流	0.966			
		乞伏	0.384			
		东保障	1.337			
	中等塌岸	乞伏	0.585	8.022	20.40	建议处理
		东保障	1.503			
		西保障	3.942			
		观台	1.992			
	严重塌岸	中清流—西清流	0.143	4.744	12.06	
		西保障	1.673			
		六合煤矿	2.928			
右岸库岸长度合计			39.324	39.324	100.00	
左、右岸库岸长度总合计			74.149			
库岸	基本稳定（稳定）		49.724		67.060	
	轻度塌岸		6.799		9.169	
	中等塌岸		11.524		15.542	建议处理
	严重塌岸		6.102		8.229	

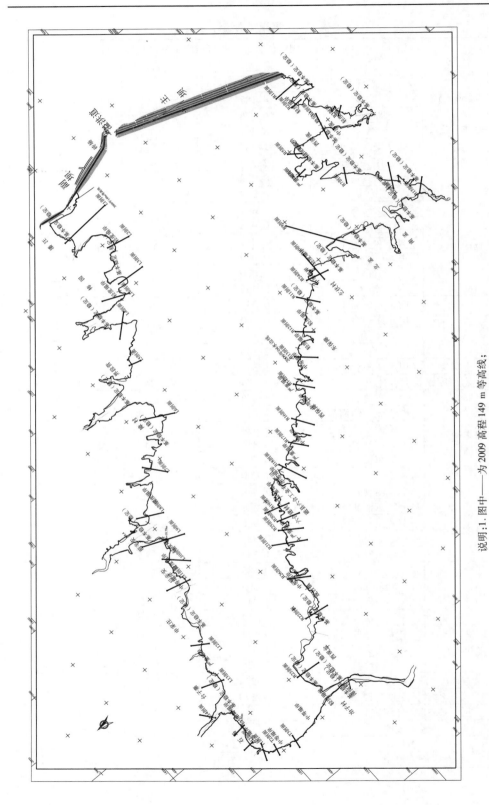

说明:1. 图中——为 2009 高程 149 m 等高线;

　　　2. 塌岸线是根据预测剖面图上预测宽度为基础,向两侧推测延伸而成的。

图 10-2　库区塌岸分布示意图

10.3　库岸防护

10.3.1　工程地质条件

10.3.1.1　地基土体地层结构

1. 左岸

左岸包括前辛安—后辛安、申家庄—台子寨、石场、冶子等四个工程段。

（1）前辛安—后辛安段。后辛安主要分布在 L11 剖面及其附近，长度为 0.237 km。

后辛安 L11 剖面附近，岸坡坡脚地面高程为 137.5 ~ 138.2 m，岸坡高度为 7 ~ 17 m。上部分布有第四系全新统冲湖积物（Q_4^{dl+1}）、上更新统冲洪积物（Q_3^{al+pl}）、下更新统冲洪积物（Q_1^{al+pl}），局部出露上第三系上新统地层（N_2）。岩性主要为黄土状低液限黏土、红土卵石，黄土状低液限黏土厚度为 3.6 ~ 8.7 m，层底高程为 143.4 ~ 149.44 m；红土卵石厚度为 5.9 m，层底高程为 151.7 m，河滩部位岩性主要为黄土状土、砂层和砂卵砾石；下伏地层主要为上第三系上新统地层（N_2），岩性主要为低液限黏土、砂砾岩，低液限黏土揭露厚度为 5.0 ~ 7.5 m，高程为 141.94 ~ 146.7 m，砂砾岩揭露厚度为 2.8 m，高程为 139.1 m。

（2）申家庄—台子寨段。主要分布在 L12 剖面及其附近，长度为 1.358 km。

岸坡坡脚地面高程一般为 142.32 ~ 148.5 m，岸坡高度为 8 ~ 10 m。上部分布有第四系全新统冲湖积物（Q_4^{dl+1}）、上更新统冲洪积物（Q_3^{al+pl}），局部出露二叠系（P）地层。冲湖积物（Q_4^{dl+1}）岩性主要为黄土状低液限黏土、黄土状低液限粉土、细砂、粗砂、砂卵砾石，黄土状土厚度为 0.4 ~ 1.6 m，分布不稳定；细砂厚度为 1.7 ~ 2.8 m，层底高程为 139.16 ~ 140.02 m；砂卵砾石揭露厚度为 3.3 m，高程为 135.32 m。上更新统冲洪积物（Q_3^{al+pl}）岩性主要为黄土状土，厚度较大，分布稳定。

（3）石场段。主要分布在 L15 ~ L17 剖面及其附近，长度为 1.159 km。

岸坡坡脚地面高程一般为 142.59 ~ 148.7 m，岸坡高度为 8 ~ 30 m。上部分布有第四系全新统人工堆积物（Q_4^r）、冲湖积物（Q_4^{dl+1}）、上更新统冲洪积物（Q_3^{al+pl}），局部出露上第三系上新统地层（N_2）。岩性主要为杂填土、黄土状低液限黏土、黄土状低液限粉土，局部夹有卵砾石；人工填土厚度为 1.5 ~ 2.0 m，层底高程为 148.8 ~ 158.1 m；黄土状低液限黏土厚度为 3.0 ~ 9.0 m，层底高程为 145.82 ~ 149.14 m，主要分布在 L15 剖面附近；黄土状低液限粉土厚度为 4.3 ~ 6.7 m，层底高程为 153.2 ~ 162.4 m，主要分布在 L17 剖面附近；黄土状低液限黏土标准贯入锤击数为 5 ~ 12 击，平均值为 8 击。下伏地层为上第三系上新统地层，岩性主要为砂砾岩、砂卵砾石、低液限黏土等，胶结不良砂砾岩、砾岩揭露厚度为 3.0 ~ 6.7 m，高程为 145.842 ~ 153.33 m；低液限黏土揭露厚度为 4.20 m，高程为 141.64 m。

（4）冶子段。主要包括 T1、T2、T3 及 T3 剖面以南至冶子以北，长度为 2.106 km。

岸坡坡脚地面高程一般为 144 ~ 147 m，岸坡高度为 11 ~ 20 m。上部分布第四系全新统冲湖积物（Q_4^{dl+1}）、上更新统冲洪积物（Q_3^{al+pl}），第四系全新统人工堆积物（Q_4^r）分布小，厚度变化，局部出露上第三系上新统地层（N_2）。岩性主要为黄土状低液限黏土，局部为杂填土,厚度为 9.3 ~ 15.0 m,层底高程为 146.67 ~ 161.12 m。黄土状低液黏土层中标准贯入锤击数为 10 ~ 18 击,平均值为 14 击。下伏地层为上第三系上新统地层(N_2),低液限黏土揭露厚度为 2.5 ~ 8.0 m,高程为 150.15 ~ 157.84 m;砾岩揭露厚度为 1.5 ~ 6.0 m,高程为 145.17 ~ 146.8 m;细砂揭露厚度为 1.3 m,高程为 152.65 m,呈透镜体分布。

2. 右岸

右岸包括中清流—西清流、乞伏、东保障、西保障、六合煤矿、观台等六个工程段。

(1)中清流—西清流段。主要分布在 R6 剖面及其附近,长度为 0.143 km。

岸坡坡脚地面高程一般为 130 ~ 133 m,岸坡高度为 25 ~ 30 m。坡脚主要分布第四系全新统冲湖积物(Q_4^{dl+1})和崩塌堆积物(Q_4^{col}),冲湖积物为黄土状低液限黏土夹有卵砾石,崩塌堆积物岩性为块石、碎石,成分为砾岩等,岸坡主要分布第四系下更新统冲洪积红土卵石和上第三系上新统胶结不良砾岩,胶结不良砾岩主要出露在岸坡中部,红土卵石主要分布在岸坡上部,厚度较大。

(2)乞伏段。主要分布在 R24 剖面及其附近,长度为 0.585 km。

岸坡坡脚地面高程一般为 132.7 ~ 138.0 m,岸坡高度为 12 ~ 26 m。上部分布第四系全新统冲湖积物(Q_4^{dl+1})、上更新统冲洪积物(Q_3^{al+pl}),局部分布第四系全新统人工堆积物(Q_4^r),岩性主要为黄土状低液限黏土,局部为黄土状低液限粉土、高液限黏土,夹有卵砾石;黄土状低液限黏土厚度为 1.0 ~ 4.0 m,层底高程为 140.8 ~ 161.3 m;黄土状低液限粉土揭露厚度为 2.0 m,高程为 156.3 m,仅分布在 QTJ3 附近;高液限黏土揭露厚度为 1.4 m,高程为 139.39 m,仅分布在 QTJ1 附近。

(3)东保障段。主要包括 R13 剖面及其附近,长度为 1.503 km。

岸坡坡脚地面高程一般为 132.6 ~ 133.2 m,岸坡高度为 14 ~ 25 m。岸坡上部分布有第四系上更新统冲洪积物(Q_3^{al+pl}),岩性主要为黄土状低液限黏土,局部夹有卵砾石,厚度为 2.8 ~ 10.0 m,层底高程为 127.96 ~ 149.85 m。下部分布上第三系上新统地层(N_2),岩性主要为低液限黏土、胶结不良砾岩;低液限黏土揭露厚度为 4.0 ~ 6.0 m,高程为 139 ~ 141.85 m;胶结不良砾岩揭露厚度约 3 m,高程为 132 ~ 135 m;揭露砂层厚度为 2.0 m,高程为 147.85 ~ 149.85 m,呈透镜体分布;揭露砂岩厚度为 2.5 m,高程为 150.88 ~ 153.38 m,呈透镜体分布。

(4)西保障段。主要包括 R14、R16、R17、R18 剖面,长度为 5.615 km。

岸坡坡脚地面高程一般为 133.2 ~ 133.7 m,岸坡高度为 10 ~ 20 m。在 R16、R18 剖面,主要分布有第四系全新统湖冲积物(Q_4^{l+al})、上更新统冲洪积物(Q_3^{al+pl})。岩性主要为黄土状低液限黏土,局部夹卵砾石,揭露厚度为 18.0 ~ 19.5 m,高程为 136.1 ~ 1 136.12 m。

在 R14、R17 剖面,上部分布第四系全新统人工堆积物(Q_4^r)、上更新统冲洪积物(Q_3^{al+pl})、下更新统冲洪积物(Q_1^{al+pl}),岩性主要为黄土状低液限黏土和红土卵石。黄土状低液限黏土厚度为 8.5 ~ 12.0 m,层底高程为 142.9 ~ 144.7 m,局部夹有卵砾石;红土卵石揭露厚度为 10.0 m,高程为 150.97 m。全新统人工堆积物(Q_4^r)仅局部分布,厚度小。下部分布有上第三系上新统地层(N_2),岩性主要为低液限黏土、细砂及砾岩。低(高)液限黏土揭露厚度为 2.5 ~ 6.6 m,高程为 136.15 ~ 145.4 m。胶结不良砾岩分布不稳定、不连续,在 R14 剖面分布两层砾岩,第一层砾岩厚度和高程分别为 2.0 ~ 2.6 m、142.7 ~ 145.4 m;第二层砾岩厚度和高程分别为 2.6 ~ 7.5 m、132.7 ~ 136.2 m。在 R17 剖面分布一层砾岩,厚度和高程分别为 3.4 m、135.5 ~ 138.9 m。此外,RZK21 揭露细砂厚度为 5.1 m,高程为 144.4 m,呈透镜体分布。

(5)六合煤矿段。主要包括 R19、R25、R20、R21 剖面,长度为 2.928 km。

岸坡坡脚地面高程一般为 133 ~ 139 m,岸坡高度为 8 ~ 18 m。上部分布第四系全新统冲湖积物(Q_4^{dl+l})、上更新统冲洪积物(Q_3^{al+pl}),局部分布有第四系全新统人工堆积物(Q_4^r),厚度小。岩性主要为黄土状低液限黏土、黄土状低液限粉土,局部卵砾石。杂填土揭露厚度为 0.4 m,揭露高程为 162.33 ~ 164.49 m;黄土状低液限黏土厚度为 8.0 ~ 20.5 m,层底高程为 137.81 ~ 155.89 m,局部夹有卵砾石;黄土状低液限粉土揭露厚度为 4.0 m,高程为 154.06 m,仅分布在 LTJ2 附近。下伏地层为上第三系上新统地层(N_2),岩性主要为低液限黏土、细砂及胶结不良砾岩;低液限黏土揭露厚度为 1.0 ~ 6.5 m,高程为 133.31 ~ 137.22 m,局部夹有卵砾石;细砂揭露厚度为 3.5 ~ 6.5 m,高程为 134.31 ~ 143.72 m;砾岩呈透镜体局部分布,揭露厚度为 2.5 ~ 6.0 m,高程为 142.23 ~ 149.89 m。

(6)观台。主要包括 R26 剖面及其以东段,长度为 1.992 km。

岸坡坡脚地面高程一般为 140 ~ 142 m,岸坡高度为 13 ~ 20 m。主要分布第四系全新统冲湖积物(Q_4^{dl+l})、上更新统冲洪积物(Q_3^{al+pl}),局部分布第四系全新统人工堆积物(Q_4^r)。岩性主要为黄土状低液限黏土及杂填土。杂填土厚度为 1.4 ~ 2.0 m,层底高程为 166.8 ~ 167.5 m;黄土状低液限黏土揭露厚度为 4.00 ~ 5.5 m,高程为 151.77 ~ 158.66 m。

10.3.1.2　岩土主要地质参数建议值

以试验成果为基础,结合土体的工程地质性状,给出各防护段地基土体有关指标建议值,见表 10-3。

表 10-3　地基土体有关指标建议值

工程部位		地层代号	地层岩性	压缩模量（MPa）	自然快剪抗剪强度		浆砌石/地基土体		承载力（kPa）	说明
					$\varphi(°)$	$C(kPa)$	$\varphi(°)$	$C(kPa)$		
左岸后辛安(L11)		N_2	胶结不良砂砾岩	35	35	0	27	50	300	挡土墙
左岸申家庄(L12)		Q_3^{al+pl}	黄土状土	6	22	18	20	0	160	挡土墙
左岸石场	L15	Q_3^{al+pl}	黄土状土	6	22	18	20	0	160	挡土墙
	L17	N_2	胶结不良砾岩、砂卵砾石	35	35	0	27	50	300	挡土墙

续表 10-3

工程部位	地层代号	地层岩性	压缩模量（MPa）	自然快剪抗剪强度		浆砌石/地基土体		承载力（kPa）	说明
				$\varphi(°)$	$C(kPa)$	$\varphi(°)$	$C(kPa)$		
左岸冶子 T1、T3	N_2	胶结不良砾岩、砂岩	35	35	0	27	50	300	挡土墙
左岸冶子 T2	N_2	胶结不良砂砾岩	35	35	0	27	50	300	挡土墙
左岸冶子 漳河大桥西桥头—T3南侧	Q_3^{al+1}	砂卵砾石	30	35	0	25	0	250	挡土墙
右岸西清流—中清流（R6）	Q_1^{al+pl}	红土卵石	30	27	10	23	0	200	挡土墙
右岸乞伏（R24）	Q_3^{al+pl}	黄土状土	6	22	18	20	0	160	挡土墙
右岸东保障（R13）	Q_3^{al+pl}	黄土状土	6	22	18	20	0		护坡
右岸西保障（R14）	N_2	胶结不良砂砾岩	35	35	0	27	50	300	挡土墙
右岸西保障（R16）	Q_3^{al+pl}	黄土状土	6	22	18	20	0	160	台阶式挡土墙
右岸西保障（R17）	Q_3^{al+pl}	黄土状土	6	22	18	20	0		护坡
右岸西保障（R18）	Q_3^{al+pl}	黄土状土	6	22	18	20	0		护坡
右岸六合煤矿（R19）	Q_3^{al+pl}	黄土状土	6	22	18	20	0	160	挡土墙
右岸六合煤矿（R20）	Q_3^{al+pl}	黄土状土	6	22	18	20	0	160	挡土墙
右岸六合煤矿（R21）	Q_3^{al+pl}	黄土状土	6	22	18	20	0	160	挡土墙
右岸观台（R26）	Q_3^{al+pl}	黄土状土	6	22	18	20	0	160	挡土墙

10.3.1.3　水文地质

工程区地下水属于上第三系和第四系松散堆积层孔隙水,按照埋藏条件,可划分为潜水和承压水,由于地形变化较大,水位变化较大。地下水主要接受大气降水补给,向河床及下游排泄。

在本期勘察期间,对钻孔、探坑水位进行了观测。由于工程区岩性多为黏性土,属于隔水层,仅部分钻孔观测到了地下水位,从观测资料看,第四系孔隙潜水主要分布在河床及漫滩部位砂卵砾石和砂层,左岸漳村附近 LTK9 地下水埋深为 1.5 m,水位为 133.014 m;左岸前辛安附近 LTK11 地下水埋深为 3.2 m,水位为 133.66 m;左岸申家庄附近 LZK20 地下水埋深为 2.8 m,水位为 139.52 m;此外,在申家庄 LZK19 第四系上更新统冲洪积中细砂地下水埋深为 6.8 m,水位为 145.44 m。

上第三系孔隙承压水主要分布在砂层、砂岩等,左岸潘汪 LZK1～LZK2 地下水埋深为

7.3 ~ 11.7 m,水位为 130.78 ~ 142.68 m;左岸柿园 LZK4 地下水埋深为 6.0 m,水位为 142.45 m;左岸前辛安 LZK13 地下水埋深为 5.6 m,水位为 144.73 m。一般情况下,承压 性不甚明显。

本期勘察期间,从库尾 TZK6 附近漳河河水、水库左岸柿园附近库水、水库右岸中清 流附近库水、水库左岸钻孔 LZK4 地下水采取水样,进行了水质简分析。

依据《水利水电工程地质勘察规范》(GB 50487—2008)附录 L"环境水腐蚀性评价", 库尾漳河河水、库水、左岸钻孔 LZK4 地下水均对混凝土无腐蚀性。

10.3.2　主要工程地质问题与评价

综合考虑库岸结构、地层岩性、岸坡高度、水库运行模式等各种因素,库区塌岸类型划 分为严重塌岸、中等塌岸、轻度塌岸和基本稳定(稳定),因此建议严重塌岸和中等塌岸地 段应优先采取工程措施进行处理,而其余地段可视情况酌情处理,并应根据防护实施情 况,及时调整方案。

设计初步确定工程措施主要有浆砌石挡土墙、浆砌石护坡及格宾笼挡墙加雷诺护 坡等。

对地形坡度较陡的地段可采取浆砌石挡土墙,而地形坡度较缓地段可采取浆砌石护 坡。也可结合地形,采取挡土墙和护坡相结合的工程处理措施。

据现有资料初步分析,建议对左岸前辛安—后辛安、申家庄—台子寨、石场、冶子及右 岸乞伏、东保障、西保障、六合煤矿、观台等严重塌岸和中等塌岸地段库岸优先采取工程处 理措施,累计工程处理长度(含部分应急处理长度在内),左岸 4.860 km,右岸 12.766 km, 两岸累计长度总计为 17.626 km。

存在主要工程地质问题现分析简述如下。

10.3.2.1　挡墙工程

1. 地基土湿陷性问题

工程区主要分布黄土状土,厚度较大,据《湿陷性黄土地区建筑规范》(GB 50025— 2004),左岸前辛安 ZTJ2 附近土体属于中等湿陷性;左岸石场 STJ1 附近土体属于强烈湿 陷性;而右岸乞伏 QTJ1 附近土体属于中等湿陷性;右岸东保障 RZK17 附近土体属于中等 湿陷性,RTK14 附近土体属于强烈湿陷性;右岸西保障 RTK20 - 1、RTK17 - 1 附近土体属 于中等湿陷性,XTJ1 附近土体属于强烈湿陷性;右岸观台 GTJ1 附近土体属于中等—强烈 湿陷性,RTK26 附近土体属于中等湿陷性,需予以注意。

2. 地基不均匀沉降

根据土工试验成果,工程区黄土状土一般具有低 - 中等压缩性,而左岸 TZK1、TZK3 附近土体具有高压缩性,右岸乞伏 QTJ1 土体具有高压缩性,右岸东保障 RZK17 附近土体 具有高压缩性,右岸西保障 RZK25、RZK26、RZK29 附近土体具有高压缩性,如挡土墙高度 较大,需注意天然地基不均匀沉降问题。

3. 地基土地震液化问题

在左岸申家庄 L12 剖面河床部位分布第四系全新统冲积湖积(Q_4^{al+1})粉细砂层,厚度 为 1.7 ~ 2.9 m,平均值为 2.3 m。根据土工试验成果,粉粒含量为 14.9% ~ 17.5%,平均值为 16.2%;砂粒含量 82.5% ~ 85.1%,平均值为 83.8%。依据《水利水电工程地质勘察规范》(GB 50487—2008),其粒径小于 0.005 mm 的黏粒含量为 0 ~ 16%,在饱和状态下,发生 7 度地震时,初步判断可能发生液化。考虑到其厚度不大,建议予以挖除,挡土墙可直接置于其下部的砂卵砾石层上。

此外,在该剖面 LZK19 还分布有第四系上更新统冲洪积中细砂层,厚度为 2.8 m,高程为 140.24 ~ 143.04 m。根据土工试验成果,其黏粒含量为 20.2%,粉粒含量为 25.9%,砂粒含量为 53.9%,属于细粒土质砂,依据《水利水电工程地质勘察规范》(GB 50487—2008),其粒径小于 0.005 mm 的黏粒含量不小于 16%,初步判别为不液化。同时,该孔分布在高程 149.0 m 以上岸坡,距离拟建挡土墙较远,不会有影响。

4.挡土墙建基面

对于陡坡库岸,宜采用挡土墙,挡土墙地基主要为第四系上更新统冲洪积或上第三系地层。挡土墙建基面应综合考虑多种因素选定,并应置于水库冲刷影响深度以下。地基土体存在湿陷性黄土状土、高压缩性土、地震可能液化土层、水库近代淤积土、人工堆积杂填土等不良土层,应予以挖除或进行工程处理。

有关地质参数可参照表 10-3 选用。

5.开挖边坡

对部分库岸地段挡土墙地基进行开挖,一般开挖深度为 5 ~ 6 m,局部开挖深度较大,岩性主要为黄土状土,局部为砂卵砾石,黄土状土水上永久开挖边坡为 1:1.25 ~ 1:1.50,砂卵砾石水上永久开挖边坡为 1:2.00 ~ 1:2.25。

挡土墙体后面水上开挖临时边坡,黄土状土为 1:1.00 ~ 1:1.25,红土卵石为 1:0.75 ~ 1:1.00。

6.挡土墙回填土料

拟修筑挡土墙部位,其回填土料可就近采用开挖的第四系上更新统冲洪积的黄土状土。根据本期击实试验,其最大干密度为 1.76 g/cm³,最优含水率为 16.55%,设计参数可参照选用。

10.3.2.2　护坡工程

对于缓坡地段可采取砌石护坡措施,也可采取挡墙、砌石护坡综合防护措施。当采取工程防护措施时,应做好排水;当采取砌石护坡时,还应清除表层扰动土体。

护坡水上永久边坡,黄土状土为 1:2.00 ~ 1:2.50,红土卵石为 1:1.75 ~ 1:2.00。

有关地质参数可参照表 10-3 选用。

第 11 章　天然建筑材料

在岳城水库多年除险加固期间,所需要的天然建筑材料主要有混凝土骨料、反滤料、防渗土料、柔性混凝土防渗墙和帷幕灌浆所需黏土料、施工平台填筑料等。

不同时期,针对不同设计要求,对天然建筑材料进行勘察和评价。各料场位置见图 11-1。

11.1　防渗土料

11.1.1　英烈土料场

11.1.1.1　地质概况

料场地处残丘与漳河二级阶地过渡地带,地形平坦开阔,高程为 120.20 ~ 133.40 m,整体呈长条带状,长度为 660 ~ 800 m,宽度为 300 ~ 400 m,其后缘与斜坡相接;局部冲沟发育,一般宽度为 20 ~ 30 m,深度为 2.1 ~ 3.3 m;出露地层主要为第四系坡积冲积(Q_3^{al+dl})黄土状低液限黏土和粉土,黄色、棕黄色,局部棕色,土质较纯,局部钙质结核较多,下部夹有卵石层,厚度稳定,上部为耕植土,厚度较小;第四系上更新统(Q_3^{dl+el})分布在残丘上,岩性为低液限粉土、红土卵石,厚度变化较大。

据勘探,有用层为冲积坡积黄土状低液限黏土,局部为粉土,厚度为 5.50 ~ 10.0 m。

地下水为孔隙潜水,在勘探深度范围内没有发现地下水位。

11.1.1.2　勘探与试验

在 2002 年进行了详细勘察和土工试验,本期进行了复核,布置了纵横 2 条勘探线,间距为 100 m 左右,探井 8 个,勘探深度为 5.30 ~ 7.50 m。2002 年和 2007 年试验成果汇总成果见表 11-1,击实试验成果见表 11-2,渗透变形试验成果见 11-3 。

11.1.1.3　质量与储量

按照《水利水电工程天然建筑材料勘察规程》(SL 251—2000)附录 A"土石坝土料质量技术标准",土料的黏粒含量、塑性指数、最优含水率与天然含水率差值小于 5%,满足技术要求。

2002 年对储量进行了复核计算,采用平均厚度法计算,有用层储量为 70.60 万 m^3,无用体积为 10.47 万 m^3;采用平行断面法计算,有用层储量为 65.65 万 m^3,无用体积为 14.04 万 m^3,储量较丰,能够满足需要。

11.1.1.4　开采与运输条件

上部为耕植土,厚度小,无用层开挖方量小。有用层厚度大,储量丰富,开采条件较好。料场目前见有简易土路,可直通工程区,至右坝肩运距 1.2 km 左右。

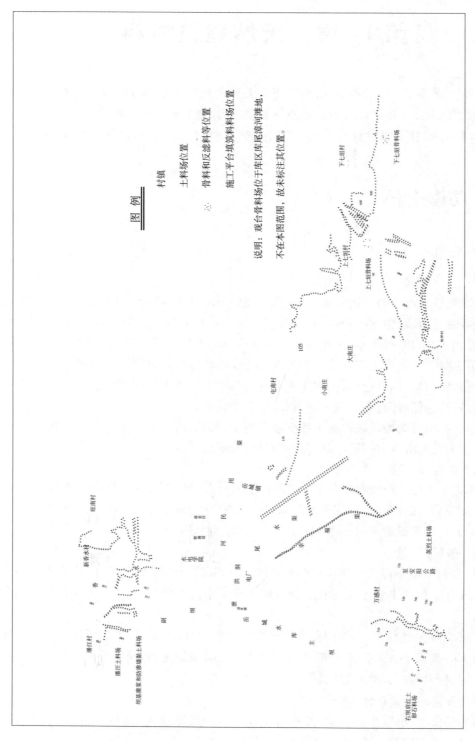

图 11-1　料场位置示意图

表 11-1　2002 年和 2007 年英烈土料场物理力学性质试验成果汇总

土样编号	取样深度 (m)	天然基本物理性质 含水率 ω(%)	比重 G_s	湿密度 ρ (g/cm³)	干密度 ρ_d (g/cm³)	饱和度 S_r(%)	孔隙比 e	界限含水率 液限 ω_L(%)	塑限 ω_p(%)	塑性指数 I_p(%)	液性指数 I_L	击实 最大干密度 (g/cm³)	最优含水率 (%)	直剪(饱固快)制样 含水率 ω(%)	制样干密度 ρ_d (g/cm³)	凝聚力 C (kPa)	摩擦角 φ(°)	颗粒组成 >2mm	2~0.5 mm	0.5~0.25 mm	0.25~0.075 mm	0.075~0.005 mm	<0.005 mm	土的分类标准 GBJ 145—90
YTJ1-1	0.7~1.0	13.4	2.70					24.5	15.0	9.5	-0.1							3.8	13.7		9.1	46.0	27.4	低液限粉土
YTJ1	0~1.0		2.71					26.9	16.7	10.2		1.79	15.8	15.8	1.72	26.7	16.1		9.6		7.4	57.9	25.1	低液限黏土
YTJ3-1	0.5~0.8	11.0	2.70					22.6	13.4	9.2	-0.2							3.5	16.0		17.3	35.1	28.1	低液限粉土
YTJ3	0~0.8		2.71					29.3	16.1	13.2		1.75	17.6	17.6	1.68	30.6	15.9		9.9		8.6	50.4	31.1	低液限黏土
YTJ4-1	1.6	25.6	2.70					26.4	17.7	8.7	0.91								2.9		26.2	52.1	18.8	低液限黏土
YTJ4	0~2.0		2.71					27.2	14.7	12.5		1.82	15.5	15.5	1.75	16.4	20.9		7.8		19.7	50.0	22.5	低液限黏土
YTJ5-1	1.7	21.0	2.72	1.83	1.51	71.3	0.801	33.1	19.5	13.6	0.11										7.0	65.4	27.6	低液限黏土
YTJ5-2	3.6	18.9	2.70	1.83	1.54	67.7	0.753	29.4	18.4	11.0	0.05											73.1	26.9	低液限黏土
YTJ5	1.0~6.0		2.71					28.8	16.2	12.6		1.74	17.7	17.7	1.674	30.3	18.1		0.5		13.3	64.6	21.6	低液限黏土
YTJ6-1	2.8	15.6	2.70	1.81	1.57	58.5	0.720	26.7	16.1	10.6	0.00										10.4	61.9	27.7	低液限黏土
YTJ6-2	5.0	18.5	2.71	2.02	1.70	84.4	0.594	34.2	19.8	14.4	0.00								6.4		7.6	47.5	38.5	低液限黏土
YTJ7-1	1.2	16.5	2.70	1.64	1.41	48.7	0.915	27.4	16.1	11.3	0.04								3.4		7.3	67.1	22.2	低液限黏土
YTJ7-2	2.0	14.2	2.70	1.74	1.52	49.4	0.776	21.8	13.3	8.5	0.11							2.7	8.1		16.8	50.3	22.1	低液限黏土
YTJ7-3	3.5	17.1	2.71	1.87	1.60	66.8	0.694	29.8	17.0	12.8	0.01								4.4		10.0	60.3	25.3	低液限黏土
YTJ7-4	5.0	19.0	2.70	1.94	1.63	78.1	0.656	29.9	17.9	12.0	0.09										5.6	65.8	28.6	低液限黏土
YTJ7	1.0~7.0		2.71					29.3	15.6	13.7		1.75	18.3	18.3	1.68	29.7	15.9		5.3		9.5	61.6	23.6	低液限黏土
YTJ9-1	3.0	10.4	2.71	1.63	1.48	33.9	0.831	28.2	15.0	13.2	-0.30								2.0		8.1	66.6	23.3	低液限黏土
YTJ9-2	6.6	16.8	2.71	2.01	1.72	79.1	0.576	30.7	19.7	11.0	-0.20											64.4	35.6	低液限粉土
YTJ9	5.5~10.0		2.71					31.5	16.8	14.7		1.72	18.0	18.0	1.65	29.2	13.8				10.3	60.7	29.0	低液限黏土
YTJ10-1	1.5	11.6	2.70	1.49	1.34	30.9	1.015	23.7	13.9	9.8	-0.20								6.5		14.1	54.7	24.7	低液限粉土
YTJ10	0.3~2.0		2.71					24.0	15.4	8.6		1.82	15.5	15.5	1.75	20.1	24.8		7.2		12.5	57.3	23.0	低液限黏土
YTJ11-1	1.3	15.5	2.71	1.74	1.51	52.9	0.795	27.1	16.0	11.1	0.00								2.8		8.7	64.6	23.9	低液限黏土
YTJ11-2	2.7	14.6	2.71	1.69	1.47	46.9	0.844	23.6	13.9	9.7	0.07								8.7		17.1	50.2	24.0	低液限粉土

续表 11-1

土样编号	取样深度(m)	含水率ω(%)	比重Gs	湿密度ρ(g/cm³)	干密度ρd(g/cm³)	饱和度Sr(%)	孔隙比e	液限ωL(%)	塑限ωP(%)	塑性指数IP	液性指数IL	击实最大干密度(g/cm³)	击实最优含水率(%)	制样含水率ω(%)	制样干密度ρd(g/cm³)	凝聚力C(kPa)	摩擦角φ(°)	>2mm	2~0.5mm	0.5~0.25mm	0.25~0.075mm	0.075~0.005mm	<0.005mm	土的分类标准GBJ145—90
YTJ14-1	1.8	17.2	2.73	1.65	1.41	50.2	0.936	29.5	16.2	13.3	0.08									1.9	7.8	59.4	30.9	低液限黏土
YTJ14-2	3.0	16.4	2.70	1.53	1.31	41.7	1.061	24.2	14.7	9.5	0.18									5.6	14.0	52.5	27.9	低液限粉土
YTJ14	1.0~3.7		2.72					25.3	14.2	11.1		1.80	15.7	15.7	1.73	6.1	23.9			5.6	11.9	57.0	25.5	低液限黏土
YTJ15-1	1.4	11.1	2.70	1.52	1.37	30.9	0.971	24.2	15.4	8.8	-0.40									6.6	12.5	56.3	24.6	低液限黏土
YTJ15-2	2.4	16.4	2.70	1.54	1.32	42.4	1.045	24.8	14.8	10.0	0.16									5.8	12.3	57.4	24.5	低液限粉土
YTJ15-3	3.6	16.7	2.70	1.71	1.47	53.9	0.837	26.1	14.5	11.6	0.19									3.8	9.1	60.1	27.0	低液限黏土
YTJ15	1.0~6.0		2.71					25.0	14.4	10.6		1.80	15.2	15.2	1.73	8.0	22.9			6.2	13.0	55.8	25.0	低液限黏土
YTJ16-1	1.0	12.0	2.71	1.61	1.44	36.9	0.882	28.5	16.4	12.1	-0.30									2.2	8.8	65.5	23.5	低液限黏土
YTJ16-2	1.9	16.1	2.71	1.55	1.34	42.7	1.022	26.7	15.6	11.1	0.05									5.1	15.9	52.7	26.3	低液限黏土
YTJ20-1	1.5~2.0	17.4	2.72	1.72	1.47	55.7	0.850	27.8	16.9	10.9	0.05									3.5	7.1	64.0	25.4	低液限黏土
YTJ20-2	4.5~5.0	14.8	2.71	1.90	1.66	63.4	0.633	26.3	15.9	10.4	-0.11									4.0	7.7	60.4	27.9	低液限黏土
YTJ22-1	2.5~3.0	15.9	2.73	1.67	1.44	48.5	0.896	28.0	17.4	10.6	-0.14										4.3	70.6	25.1	低液限黏土
YTJ22-2	4.5~5.0	16.5	2.71	1.83	1.57	61.6	0.726	26.9	16.8	10.1	-0.03									2.4	5.6	63.5	28.5	低液限黏土
YTJ23-1	2.5~3.0	16.9	2.72	1.66	1.42	50.2	0.915	28.9	17.3	11.6	-0.03									2.4	5.8	66.8	25.0	低液限黏土
YTJ23-2	5.5~6.0	15.7	2.72	1.88	1.62	62.9	0.679	28.1	17	11.1	-0.12										6.7	66.1	27.2	低液限黏土
YTJ24-1	2.5~3.0	19.1	2.72	1.66	1.39	54.3	0.957	27.1	16.9	10.2	0.22									5.2	9.8	59.6	25.4	低液限黏土
YTJ24-2	4.5~5.0	16.1	2.70	1.89	1.63	66.2	0.656	25.1	14.3	10.8	0.17									2.7	17.3	58.8	21.2	低液限黏土
组数		31	40	28	28	28	28	40	40	40	31	9	9	9	9	9	9	3	3	32	38	40	40	
平均值		16.1	2.7	1.7	1.5	54.6	0.8	27.2	16.1	11.1	0.0	1.8	16.6	16.6	1.7	21.9	19.1		3.3	5.6	11.0	58.9	26.0	
最大值		25.60	2.73	2.02	1.72	84.39	1.06	34.2	19.8	14.70	0.91	1.82	18.3	18.30	1.75	30.6	24.80		3.8	16.0	26.2	73.1	38.50	
最小值		10.4	2.70	1.49	1.31	30.9	0.576	21.8	13.3	8.5	-0.40	1.72	15.2	15.2	1.65	6.12	13.8		2.70	0.50	4.30	35.1	18.8	

注：*为小值平均值。

表 11-2　2002 年和 2007 年英烈土料场击实试验成果

土样编号	取样深度(m)	物理指标 比重	物理指标 液限(%)	物理指标 塑限(%)	物理指标 塑性指数	击实 最优含水率(%)	击实 最大干密度(g/cm³)	颗粒分析(%) >2.0mm	颗粒分析 2.0~0.50mm	颗粒分析 0.50~0.25mm	颗粒分析 0.25~0.075mm	颗粒分析 0.075~0.005mm	颗粒分析 <0.005mm	土的定名 土的分类标准GBJ 145—90(按塑性指数)	直剪(饱和固结) 制样 含水率(%)	直剪 制样 干密度(g/cm³)	直剪 凝聚力C(kPa)	直剪 摩擦角φ(°)	三轴(饱和状态) 制样 含水率(%)	三轴 制样 干密度(g/cm³)	三轴CU 凝聚力C(kPa)	三轴CU 摩擦角φ	三轴 有效凝聚力C'(kPa)	三轴 有效摩擦角φ'(°)	压缩(饱和状态) 制样 含水率(%)	压缩 制样 干密度(g/cm³)	压缩系数 a_{1-2}(MPa⁻¹)	压缩模量 E_{s1-2}(MPa)	垂直渗透 制样 含水率(%)	垂直渗透 制样 干密度(g/cm³)	渗透系数 K_{20}(cm/s)
YTJ5	1.0~6.0	2.71	28.8	16.2	12.6	17.7	1.74		0.5	13.3		64.6	21.6	低液限黏土	17.7	20.736	30.3	18.1													
YTJ7	1.0~7.0	2.71	29.3	15.6	13.7	18.3	1.75		5.3	9.5		61.6	23.6	低液限黏土	18.3	22.656	29.7	15.9													
YTJ9	5.5~10.0	2.71	31.5	16.8	14.7	18.0	1.72			10.3		60.7	29.0	低液限黏土	18.0	27.84	29.2	13.8													
YTJ10	0.3~2.0	2.71	24.0	15.4	8.6	15.5	1.82		7.2	12.5		57.3	23.0	低液限粉土	15.5	22.08	20.1	24.8													
YTJ14	1.0~3.7	2.72	25.3	14.2	11.1	15.7	1.80		5.6	11.9		57.0	25.5	低液限黏土	15.7	24.48	6.1	23.9													
YTJ15	1.0~6.0	2.71	25.0	14.4	10.6	15.2	1.80		6.2	13.0		55.8	25.0	低液限黏土	15.2	24.00	8.0	22.9													
YTJ19击-1	0.3~7.5	2.72	27.5	16.0	11.5	17.2	1.73			12.3		62.7	25.0	低液限黏土					17.2	1.70	15.7	16.0	19.9	25.5	17.2	1.70	0.146	11.284	17.2	1.70	2.63×10^{-6}
YTJ20击-1	0.3~6.0	2.73	27.6	16.4	11.2	16.7	1.76		4.5	8.7		64.5	22.3	低液限黏土					16.7	1.72	18.7	15.6	15.7	24.7	16.7	1.72	0.098	16.762	16.7	1.72	6.79×10^{-7}
YTJ21击-1	0.3~6.7	2.74	29.7	17.1	12.6	18.1	1.74		4.9	7.7		64.8	22.6	低液限黏土					18.1	1.71	45.6	11.6	30.6	22.0	18.1	1.71	0.102	16.193	18.1	1.71	1.14×10^{-6}
YTJ22击-1	0.2~7.5	2.72	26.8	15.3	11.5	16.0	1.77		4.7	12.5		61.3	21.5	低液限黏土					16.0	1.73	24.4	15.5	22.2	26.6	16.0	1.73	0.096	16.880	16.0	1.73	1.42×10^{-5}
YTJ23击-1	0.2~6.5	2.73	27.3	15.8	11.5	16.2	1.77			11.9		66.3	21.8	低液限黏土					16.2	1.73	28.4	14.7	17.8	27.1	16.2	1.73	0.107	15.358	16.2	1.73	5.10×10^{-6}
YTJ24击-1	0.3~5.0	2.73	27.7	15.2	12.5	17.2	1.74		5.3	8.7		61.4	24.6	低液限黏土					17.2	1.71	26.4	17.2	16.2	29.0	17.2	1.71	0.175	9.400	17.2	1.71	1.25×10^{-5}
组数		12	12	12	12	12	12		9	12		12	12		6	6	6	6	6	6	6	6	6	6	6	6	6	6	6	6	6
平均值		2.72	27.54	15.70	11.84	16.82	1.76		4.91	11.03		61.50	23.79		16.73	23.63	20.57	19.90	16.90	1.72	26.53	15.10	20.40	25.82	16.90	1.72	0.12	14.31	16.90	1.72	6.04×10^{-6}
最大值		2.74	31.50	17.10	14.70	18.30	1.82		7.20	13.30		66.30	29.00		18.30	27.84	30.30	24.80	18.10	1.73	45.60	17.20	30.60	29.00	18.10	1.73	0.18	16.88	18.10	1.73	1.42×10^{-5}
最小值		2.71	24.00	14.20	8.60	15.20	1.72		0.50	7.70		55.80	21.50		15.20	20.74	6.12	13.80	16.00	1.70	15.70	11.60	15.70	22.00	16.00	1.70	0.10	9.40	16.00	1.70	6.79×10^{-7}

表11-3　2002年渗透变形试验成果

土料场名称	取样深度(m)	制样指标 干密度(g/cm³)	制样指标 含水率(%)	临界坡降	破坏坡降	建议允许破坏坡降	渗透变形试验（试样为人工制备样）渗透系数 水平K_{20}(cm/s)	比重	孔隙比	孔隙率(%)	分类名称	破坏形式	水流方向
YTJ1	0.0~1.0	1.72	15.8	5.76	9.03	2.30	6.13×10^{-5}	2.71	0.576	36.6			
YTJ3	0.0~0.8	1.68	17.6	6.05	7.97	2.42	1.35×10^{-5}	2.71	0.613	38.0			
YTJ4	0.0~2.0	1.75	15.5	5.77	9.01	2.31	5.40×10^{-5}	2.71	0.549	35.5			
YTJ5	1.0~6.0	1.67	17.7	6.97	11.53	2.79	1.97×10^{-5}	2.71	0.622	38.3			
YTJ7	1.0~7.0	1.68	18.3	6.28	8.56	2.51	1.13×10^{-4}	2.71	0.613	38.0	低液限黏土	流土	由下向上
YTJ9	5.5~10.0	1.65	18.0	2.21	6.16	0.88	5.16×10^{-4}	2.71	0.642	39.1			
YTJ10	0.3~2.0	1.75	15.5	7.01	9.01	2.80	3.63×10^{-5}	2.71	0.549	35.5			
YTJ14	1.0~3.7	1.73	15.7	9.23	11.83	3.69	4.08×10^{-5}	2.72	0.554	35.6			
YTJ15	1.0~6.0	1.73	15.2	5.76	9.02	2.30	4.07×10^{-5}	2.71	0.566	36.1			
统计 组数		9	9	9	9	9	9	9	9	9			
统计 最大值		1.75	18.3	9.23	11.83	3.69	5.16×10^{-4}	2.72	0.642	39.10			
统计 最小值		1.65	15.2	2.21	6.16	0.88	1.35×10^{-5}	2.71	0.549	35.50			
统计 平均值		1.70	16.9	5.72	8.75	2.29	9.95×10^{-5}	2.71	0.595	37.29			
统计 小值平均值		1.68	16.76	2.21	6.16	0.88							
统计 大值平均值							3.15×10^{-4}			36.97			

11.1.2　东清流土料场

11.1.2.1　地质概况

料场地处漳河二级阶地,高程为 112.30～123.73 m,受溢洪道线路限制,整体呈长条带状,长度为 160～220 m,宽度为 220～300 m,其后缘与斜坡相接。由于前期施工开挖,局部地形起伏较大;出露地层主要为第四系上更新统坡积洪积(Q_3^{dl+pl})黄土状低液限黏土、粉土,黄色、棕黄色,局部棕色,土质较纯,厚度变化较大,表层为耕植土,厚度较小。

据勘探,有用层为坡积洪积黄土状低液限黏土,局部为粉土,厚度为 1.50～3.60 m。

地下水为孔隙潜水,埋藏深度为 1.10～1.65 m,水位为 105.85～110.25 m。

11.1.2.2　勘探与试验

勘探线呈网格状布置,间距一般为 120～200 m,利用部分前期和本期钻孔,勘探深度以揭穿可利用土层而进入无用层,利用钻孔控制,共布置了纵横 6 条勘探线,探井 15 个,利用钻孔 25 个,其中前期勘探钻孔 19 个,2002 年勘探钻孔 6 个。

在探井和钻孔采取了扰动小土样和击实大样,小扰动土样 5 组,击实样 7 组,进行室内土工试验,试验成果见表 11-4,渗透变形试验成果见表 11-5。

11.1.2.3　质量与储量

按照《水利水电工程天然建筑材料勘察规程》(SL 251—2000)附录 A "土石坝土料质量技术标准",土料的黏粒含量、塑性指数、有机质含量、易溶盐含量、最优含水率与天然含水率差值小于 5%,符合技术要求。

采用平均厚度度法计算,有用层体积为 47.34 万 m^3,无用层体积为 15.56 万 m^3。

11.1.2.4　开采与运输条件

场地开阔,开采方便,现有公路直通右坝肩,交通便利,临近主体工程,至第二溢洪道进口堰运距 600 m 左右。

11.1.3　潘汪土料场

潘汪土料场位于潘汪村南侧、水库左岸岸边,濒临水库。

11.1.3.1　地质概况

料场地处水库内残丘斜坡与库水交接地带,地形平坦开阔,坡度较缓,地面高程为 134.60～148.30 m,一般为荒地,部分为耕地;第四系坡积洪积(Q_4^{dl+pl})黄土状低液限黏土和粉土广泛分布,局部为坡残积(Q_4^{dl+el})红土卵石、低液限粉土夹卵砾石,岩性和厚度变化较大。

据勘探,有用层为坡积洪积黄土状低液限黏土,局部为粉土,厚度为 1.50～3.50 m,层位稳定。

地下水为孔隙潜水,埋藏深度为 0.75～2.40 m,水位为 134.05～134.25 m,库水位为 134.60 m。

11.1.3.2　勘探与试验

勘探线呈网格状布置,间距一般为 50～100 m,勘探深度为 0.90～7.00 m,高程为 133.32～139.36 m,共布置了纵横 6 条勘探线,探井 16 个。

表11.4　东清流土料场土工试验成果

编号	取样深度(m)	天然含水率ω(%)	比重Gs	湿密度ρ(g/cm³)	干密度ρd(g/cm³)	饱和度Sr(%)	孔隙比e	液限ωL(%)	塑限ωP(%)	塑性指数IP	液性指数IL	击实最大干密度(g/cm³)	击实最优含水率ω(%)	化学含水率ω(%)	有机质含量(%)	易溶盐含量(%)	制样含水率ω(%)	制样干密度ρd(g/cm³)	凝聚力C(kPa)	摩擦角φ(°)	颗粒>0.075mm	颗粒0.075~0.005mm	颗粒<0.005mm	土的分类
YTJ1-1	0.7~1.0	13.4	2.70					24.5	15.0	9.5	-0.1										26.6	46.0	27.4	低液限黏土、低液限粉土
YTJ1	0~1.0		2.71					26.9	16.7	10.2		1.79	15.8				15.8	1.72	26.7	16.1	17	57.9	25.1	
YTJ3-1	0.5~0.8	11.0	2.70					22.6	13.4	9.2	-0.2										36.8	35.1	28.1	
YTJ3	0~0.8		2.71					29.3	16.1	13.2		1.75	17.6	5.9	0.33	0.03	17.6	1.68	30.6	15.9	18.5	50.4	31.1	
YTJ4-1	1.6	25.6	2.70					26.4	17.7	8.7	0.91										29.1	52.1	18.8	
YTJ4	0~2.0		2.71					27.2	14.7	12.5		1.82	15.5				15.5	1.75	16.4	20.9	27.5	50.0	22.5	
DTJ12	1.0~3.5		2.72					31.1	16.0	15.1		1.74	18.4	5.1		0.03	18.4	1.67	6.8	21.0	9.0	64.5	26.5	
ZK6-1	0~6.0		2.71					25.1	14.9	10.2		1.87	12.9				12.9	1.80	25.4	23.9	11.9	68.1	20.0	
ZK7-1	0~6.5		2.71					25.5	17.3	8.2		1.82	14.6				14.6	1.75	35.1	20.6	5.5	72.8	21.7	
DTJ10	0.5~2.9		2.71					28.8	17.5	11.3		1.75	18.1				18.1	1.68	23.9	17.4	16.4	56.1	27.5	
DTJ10-1	2.2	11.9	2.70	1.96	1.75	59.2	0.543	22.9	14.5	8.4	-0.31			4.7	0.38						35.2	40.9	23.9	
DTJ12-1	2.0	20.4	2.70	1.66	1.38	57.6	0.957	24.4	15.0	9.4	0.57										13	68.1	18.9	
DTJ12-2	3.0	20.1	2.71	1.65	1.37	55.7	0.978	24.0	15.2	8.8	0.56										8.5	70.4	21.1	
组数		6	13	3	3	3	3	13	13	13	6	7	7	3	2	2	7	7	7	7	13	13	13	
平均值		17.07	2.71	1.76	1.50	57.49	0.83	26.05	15.69	10.36	0.24	1.79	16.13	5.23	0.36	0.03	16.13	1.72	23.56	19.40	19.62	56.34	24.05	
大值平均值		22.03	2.72	1.96	1.75	58.39	0.97	28.28	16.88	13.03	0.68	1.84	18.03	5.90	0.38		18.03	1.76	28.34	21.60	23.20	66.97	27.62	
小值平均值		10.58	2.70	1.66	1.38	29.35	0.54	22.75	14.46	9.18	0.203	1.75	13.16	4.27	0.33		13.16	1.69	10.07	14.10	5.77	34.37	17.77	

表 11-5　东清流、潘汪土料场渗透变形试验成果

渗变形试验（试样为人工制备样）

土料场名称	取样深度(m)	制样指标 干密度(g/cm³)	制样指标 含水率(%)	临界坡降 i_K	破坏坡降 i_F	建议允许破坏坡降 i	水平渗透系数 K_{20} (cm/s)	比重	孔隙比	孔隙率(%)	分类名称	破坏形式	水流方向
DTJ10	0.5~2.9	1.68	18.1	7.45	9.11	2.98	2.49×10^{-5}	2.71	0.613	38.0	低液限黏土	流土	由下向上
DTJ12	1.0~3.5	1.67	18.4	3.04	6.04	1.22	2.19×10^{-4}	2.72	0.629	38.6			
东清流 组数		2	2	2	2	2	2	2	2	2			
东清流 平均值		1.68	18.25	5.25	7.58	2.10	1.22×10^{-4}	2.72	0.62	38.30			
PTJ1-2	0.2~1.4	1.70	16.2	5.73	11.30	2.29	5.19×10^{-5}	2.70	0.588	37.0			
PTJ2-3	0.2~2.0	1.71	16.9	4.31	11.88	1.72	1.26×10^{-4}	2.71	0.585	36.9			
PTJ5-3	0.2~2.4	1.71	15.9	5.80	7.56	2.32	6.18×10^{-6}	2.71	0.585	36.9			
PTJ6-2	2.0~4.0	1.82	12.0	5.98	8.52	2.39	1.19×10^{-4}	2.70	0.484	32.6			
PTJ7-2	0.4~1.5	1.59	19.3	6.08	8.61	2.43	3.41×10^{-4}	2.70	0.698	41.1	低液限黏土	流土	由下向上
PTJ8-2	0.2~7.6	1.68	17.5	7.23	9.01	2.89	1.43×10^{-4}	2.71	0.607	37.8			
PTJ10-2	0.2~1.8	1.70	16.9	6.04	8.03	2.41	5.07×10^{-5}	2.71	0.594	37.3			
PTJ12-2	0.3~2.8	1.80	13.3	8.49	11.98	3.40	1.20×10^{-4}	2.71	0.506	33.6			
PTJ14	0~3.0	1.71	16.2	7.25	10.82	2.90	5.92×10^{-4}	2.71	0.585	36.9			
PTJ16-2	0.3~2.3	1.63	17.2	5.87	7.31	2.35	9.82×10^{-4}	2.71	0.663	39.9			
潘汪 最大值		1.82	19.30	8.49	11.98	3.40	9.82×10^{-4}	2.71	0.70	41.10			
潘汪 最小值		1.59	12.00	4.31	7.31	1.72	6.18×10^{-6}	2.70	0.48	32.60			
潘汪 组数		10	10	10	10	10	10	10	10	10			
潘汪 平均值		1.71	16.14	6.28	9.50	2.51	2.53×10^{-4}	2.71	0.59	37.00			

在探井采取了扰动小土样和击实大样,小扰动土样 14 组,击实样 10 组,进行了室内土工试验。此外,在现场进行了天然含水率和密度试验,试验成果详见表 11-6,渗透变形试验成果详见表 11-5。

11.1.3.3　质量与储量

按照《水利水电工程天然建筑材料勘察规程》(SL 251—2000)附录 A"土石坝土料质量技术标准",土料的黏粒含量、塑性指数、有机质含量、易溶盐含量、最优含水率与天然含水率差值小于 5%,符合技术要求。

采用平均厚度法计算,有用层体积为 21.42 万 m^3,无用层体积为 3.21 万 m^3;采用平行断面法计算,有用层体积约为 18.9 万 m^3,无用层体积为 4.78 万 m^3。

11.1.3.4　开采与运输条件

场地开阔,现有公路直通料场,交通便利,到曾研究的第三溢洪道运距的 200 m 左右。

11.2　坝基灌浆和防渗墙黏土料

11.2.1　勘察概况

料场位于 2 号小副坝下游侧坝脚斜坡地带。

1987 年 8 月,水利部天津水利水电勘测设计研究院勘察院曾对该土料场进行了地质勘察。

1997 年 8 月,水利部天津水利水电勘测设计研究院勘察院对该土料场再次进行了地质勘察,并在 1987 年勘察的基础上,对料场范围向南进行了扩大,提交了《岳城水库除险加固工程大副坝涌砂处理黏土料场地质勘察说明》(101 – D(97)1)。

经过以往两期施工开挖,料场地形地貌变化较大,剩余储量难以判断,据此,在以往勘察的基础上,本期再次对料场范围向南适当扩大。

2009 年 6 月进行复核勘察。

11.2.2　地质概况

11.2.2.1　地形及地层岩性

地形为斜坡地形,呈台阶状,地形起伏较大,地面高程为 136 ~ 154 m,局部为残丘,高程为 139 ~ 149 m。

料场分布地层主要为第四系(Q)堆积物和上第三系上新统(N_2)地层。第四系堆积物可划分为全新统人工堆积物(Q_4^r)、上更新统坡残积物(Q_3^{dl+el})、上更新统坡洪积物(Q_3^{dl+pl})、上更新统冲洪积物(Q_3^{al+pl})及下更新统冲洪积物(Q_1^{al+pl})红土卵石。全新统人工堆积物(Q_4^r)主要分布在大坝及其附近,主要由低液限黏土夹卵砾石组成,局部为由卵砾石夹低液限黏土组成的杂填土,厚度变化加大;上更新统坡残积物(Q_3^{dl+el})、下更新统冲洪积物(Q_1^{al+pl})红土

表 11-6　潘汪土料场土工试验成果

编号	取样深度(m)	天然 含水率ω(%)	比重Gs	湿密度ρ(g/cm³)	干密度ρd(g/cm³)	饱和度Sr(%)	孔隙比e	液限ωL(%)	塑限ωP(%)	塑性指数IP	液性指数IL	击实 最大干密度(g/cm³)	击实 最优含水率(%)	化学 含水率ω(%)	有机质含量(%)	易溶盐含量(%)	制样 含水率ω(%)	制样 干密度ρd(g/cm³)	凝聚力C(kPa)	摩擦角φ(°)	粒径>0.075mm	粒径0.075~0.005mm	粒径<0.005mm	土的分类
PTJ1-1	1.0	24.3	2.71					32.4	17.2	15.2	0.47													低液限黏土、低液限粉土
PTJ1-2	2.0		2.70					26.5	16.5	10.0		1.77	16.2				16.2	1.70	3.64	26.3	8.4	73.9	17.7	
PTJ2-1	1.0	20.1	2.72					34.9	19.9	15.0	0.01													
PTJ2-2			2.70					25.3	14.1	11.2	0.41	1.78	16.9	3.5	0.59		16.9	1.71	7.8	24.1	11.8	65.3	22.9	
PTJ2-3	0.5	18.7	2.71					28.6	16.0	12.6	1.07													
PTJ3-1		26.7	2.70					26.0	15.3	10.7	0.21			3.8	1.25									
PTJ4-1	1.4	19.7	2.71	1.86	1.55	71.3	0.748	30.2	17.7	12.5	-0.10					0.06					12.7	72.8	27.2	
PTJ5-1	1.0	17.9	2.71					33.1	20.1	13.0	0.43			4.9		0.04					8.2	58.8	28.5	
PTJ5-2	1.7	21.0	2.71					28.4	15.5	12.9				4.2							13.7	68.3	23.5	
PTJ5-3			2.71					28.2	16.1	12.1	0.04	1.78	15.9				15.9	1.71	23.3	21.0	27.0	67.9	18.4	
PTJ6-1	1.5	16.8	2.71	1.76	1.51	57.3	0.795	24.2	16.5	7.7	0.18													
PTJ6-2			2.70					21.1	13.6	7.5	0.22	1.90	12.0				12.0	1.82	6.72	29.3	9.3	56.3	17.7	
PTJ7-1	0.8	16.9	2.71					28.8	14.3	14.5	-0.02													
PTJ7-2			2.70					34.4	20.1	14.3	0.41	1.66	19.3				19.3	1.59	10.8	18.9	7.6	66.7	24.0	
PTJ8-1	1.4	18.1	2.70					28.1	15.3	12.8	0.36													
PTJ8-2			2.70					29.3	17.0	12.3		1.75	17.5				17.5	1.68	16.5	19.7		62.1	30.3	
PTJ9-1	1.0	16.2	2.70	1.77	1.52	56.3	0.776	30.7	16.5	14.2	-0.09										12.8	70.5	29.5	
PTJ9-2	2.0	20.3	2.70					31.9	18.7	13.2	0.12										11.7	59.6	27.6	
PTJ10-1	1.2	19.1	2.71					26.5	15.0	11.5	-0.20												31.2	
PTJ10-7								27.7	15.5	12.2	0.41	1.77	16.9				16.9	1.70	4.6	22.3	14.2	60.8	27.5	
PTJ11-1	3.0	15.0	2.70	1.45	1.26	35.4	1.143	26.2	15.9	10.3	-0.10										15.1	62.6	23.2	
PTJ12-1	2.4	20.1	2.71					30.6	18.6	12.0	0.07										5.4	55.9	29.0	
PTJ12-2			2.71					23.0	14.9	8.1	0.00	1.87	13.3				13.3	1.80	13.8	25.6	16.1	63.6	31.0	
PTJ13-1	1.5	15.9	2.70					31.9	18.7	13.2	0.22	1.78	16.2				16.2	1.71	17.6	22.9	21.3	50.4	21.1	
PTJ14	0~3.0		2.71					29.3	15.9	13.4		1.78	16.2								5.5	68.2	28.3	
PTJ14-1	2.3	13.1	2.70	1.6	1.36	49.1	0.993	27.0	15.2	11.8				4.1	0.92	0.05					16.5	56.4	26.3	
PTJ15-1	1.0	18.0	2.71	1.84	1.56	66.9	0.737	29.0	17.2	11.8				4.6	1.25	0.06					7.0	67.3	27.1	
PTJ15-2	4.0	18.2	2.71					29.3	18.5	10.8												66.1	25.7	
PTJ16-1	2.0	20.1	2.72					30.8	17.1	13.7				3.8		0.04					6.7	62.4	33.9	
PTJ16-2	0.3~2.3		2.71					30.7	18.5	12.2		1.70	17.2				17.2	1.63	5.56	22.2		62.1	37.6	
组数		20	30	6	6	6	6	30	30	30	20	10	10	4	2	2	10	10	10	10	19	23	23	
平均值		18.81	2.71	1.71	1.5	56.1	0.87	28.63	16.61	12.0	0.19	1.78	16.1	4.1	0.92	0.05	16.1	1.70	11.03	23.23	12.2	63.51	26.49	
大值平均值		21.27	2.72	1.81	1.5	63.0	1.07	30.62	18.35	13.1	0.42	1.89	17.3	4.6	1.25	0.06	17.3	1.75	17.80	26.33	13.7	67.67	29.90	
小值平均值		16.80	2.70	1.53	1.3	30.2	0.76	25.10	15.41	10.3	-0.01	1.72	13.7	3.8		0.04	13.7	1.65	6.92	21.17	5.9	59.18	22.49	

卵石仅局部分布,地表主要分布上更新统坡洪积物(Q_3^{dl+pl})、上更新统冲洪积物(Q_3^{al+pl})黄土状低液限黏土、卵砾石夹黄土状低液限黏土等,夹有白色钙质结核。

上第三系上新统(N_2)大多埋藏于地下,仅在地势低洼地带出露。主要由低液限黏土、高液限黏土组成,棕红色,稍湿,可塑 – 硬塑状,局部弱固结成岩,夹有白色钙质结核。料场可利用土层为高液限黏土和低液限黏土,厚度为 6 ~ 10 m,局部分布有粉细砂层薄层或透镜体,厚度变化较大。第四系松散堆积物为无用层,一般厚度为 2 ~ 3 m,局部较厚。

依据现有勘察资料,以Ⅳ—Ⅳ′与 Ⅴ—Ⅴ′地质剖面图中间为分界线,料场可粗略地划分为 Ⅰ、Ⅱ两个区,分界线北侧为 Ⅰ区,岩性以高液限黏土为主,局部为低液限黏土等;分界线南侧为 Ⅱ区,岩性主要为低液限黏土,局部为高液限黏土等。见图 11-2。

Ⅰ区上第三系上新统(N_2)岩性主要由高液限黏土组成,局部为低液限黏土及夹有砂层薄层或透镜体。钻孔中揭露高液限黏土底部高程为 140.38 ~ 144.13 m,厚度为 5.5 ~ 10.8 m。在局部地段,如 441 钻孔揭露在高液限黏土上部分布有低液限黏土,厚度为 3.2 m,底部高程为 146.49 m。

Ⅱ区上第三系上新统(N_2)岩性在分界线至Ⅴ—Ⅴ′剖面附近由两层组成。上部为高液限黏土,厚度为 3.7 ~ 6.6 m,底部高程为 139.54 ~ 144.41 m;下部为低液限黏土,Ⅴ—Ⅴ′附近厚度约为 5 m,向分界线呈尖灭状。Ⅴ—Ⅴ′剖面以南主要由低液限黏土组成,夹有砂层薄层或透镜体。钻孔揭露低液限黏土底部高程为 139.44 ~ 148.92 m,厚度为 4.5 ~ 8.5 m。

11.2.2.2　试验

从钻孔、探坑采取原状土样、扰动土样进行了土工试验,试验成果详见表 11-7。

试验成果按照分区进行了统计,从试验成果可以看出:

Ⅰ区:高液限黏土黏粒(小于 0.005 mm)含量为 36.1% ~ 77.4%,平均值为 57.30%;小于 0.002 mm 颗粒含量为 25.7% ~ 54.0%,平均值为 39.67%;大于 0.075 mm 砂粒含量为 7.7% ~ 15.7%,平均值为 11.05%;塑性指数为 25.8 ~ 36.9,平均值为 32.54;pH 值为 8.44 ~ 8.53,平均值为 8.49;有机质含量为 0.89 ~ 5.13 g/kg,平均值为 3.06 g/kg;易溶盐含量为 0.661 ~ 1.05 g/kg,平均值为 0.84 g/kg。据试验成果计算,其活动性指数为 0.82,属于正常黏土。

Ⅰ区:低液限黏土黏粒(小于 0.005 mm)含量为 11.6% ~ 44.7%,平均值为27.32%;小于 0.002 mm 颗粒含量为 8.0% ~ 30.8%,平均值为 18.48%;大于 0.075 mm 砂粒含量为 10.9% ~ 27.6%,平均值为 17.9%;塑性指数为 13.6 ~ 24.5,平均值为 19.24。据试验成果计算,其活动性指数为 1.04,属于正常黏土。

Ⅱ区:高液限黏土黏粒(小于 0.005 mm)含量为 36.7% ~ 71.2%,平均值为 53.17%;小于 0.002 mm 颗粒含量为 25.1% ~ 53.9%,平均值为 36.4%;大于 0.075 mm 砂粒含量为 5.8% ~ 10.5%,平均值为 8.2%;塑性指数为 29.0 ~ 38.9,平均值为 32.12;pH 值为 8.38 ~ 8.58,平均值为 8.48;有机质含量为 1.084 1 ~ 2.480 3 g/kg,平均值为

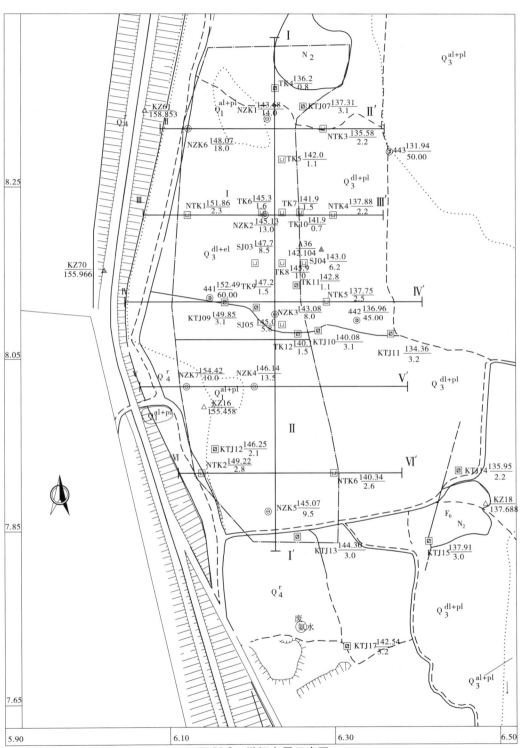

图 11-2　勘探布置示意图

表11-7　2号小副坝黏土料场土工试验成果统计

分区编号	地层代号	岩性	土样编号	取土深度(m)	含水率ω(%)	土粒比重Gs	湿密度ρ0(g/cm³)	干密度ρd(g/cm³)	饱和度Sr(%)	孔隙比e	液限ωL落锥17mm(%)	塑限ωp(%)	塑性指数Ip	液性指数IL	风干含水率(%)	易溶盐总量(g/kg)	pH值	有机质含量(g/kg)	烧失量950℃	>2.00mm	2.00~0.50mm	0.50~0.25mm	0.25~0.075mm	0.075~0.005mm	0.005~0.002mm	<0.002mm	土的分类 SL237-1999
I	N₂	高液限黏土	NZK1-1	5.5~6.0	25.8	2.77	1.86	1.48	81.8	0.873	58.7	24.5	34.2	0.04	8.22	0.661	8.44	5.1	5.59					22.6	23.4	54.0	高液限黏土
			NZK2-1	4.5~5.0	30.7	2.76	1.91	1.46	95.3	0.889	55.0	25.0	30.0	0.19	4.43	0.820	8.53	3.0	4.81					30.9	23.7	45.4	高液限黏土
			RNZK1-1	4.0~4.3							57.4	20.5	36.9								9.1	0.8	5.3	32.3	16.0	36.5	高液限黏土
			RNZK1-2	9.0~9.3							50.7	24.8	25.8								1.8	1.1	12.8	48.2	10.4	25.7	高液限黏土
			RNZK2-1	3.7~4.0							57.1	20.6	36.5											30.6	18.6	50.8	高液限黏土
			RNZK2-2	5.7~6.0							55.7	17.6	38.1											48.8	16.2	35.0	高液限黏土
			RNZK2-3	8.7~9.0							54.9	21.0	33.9											38.1	18.4	34.9	高液限黏土
			NZK3-1	3.0~3.5	13.9	2.75	1.86	1.63	55.9	0.684	55.5	23.1	32.4	−0.28	3.60	1.050	8.52	3.2	3.03					40.1	18.4	34.5	高液限黏土
			RNZK3-1	3.7~5.0							55.4	23.0	32.4											38.9	18.9	34.2	高液限黏土
			RNZK3-2	4.7~5.0							51.0	23.3	27.7											43.1	21.8	34.5	高液限黏土
			RNZK6-1	7.7~8.0							57.2	20.6	36.6											41.9	18.5	42.5	高液限黏土
			NZK6-1	3.7~14.0	18.2	2.76	1.96	1.66	75.6	0.664	56.5	22.1	34.4	−0.23	4.33	0.810	8.48	0.9	3.02					33.7		36.3	高液限黏土
			组数		4	4	4	4	4	4	13	13	13	4	4		4								13			
			平均值		22.15	2.76	1.8975	1.5575	77.15	0.778	55.4	22.84	32.54	−0.07	5.145	0.84	8.49	3.06	4.11		4.05	1.667	6.683	37.6	17.63	39.67	
			最大值		30.7	2.77	1.91	1.66	95.3	0.889	58.7	25.0	36.9	0.19	8.22	1.050	8.53	5.13	5.59				12.8	48.8	23.7	54.0	
			最小值		13.9	2.75	1.86	1.46	55.9	0.664	50.7	20.5	25.8	−0.28	3.60	0.661	8.44	0.89	3.02			0.6	3.8	22.6	10.4	25.7	
		低液限黏土	RNTK1-1	2.0~2.3							46.6	22.1	24.5								3.9	1.0	9.0	44.4	13.9	25.7	低液限黏土
			RNTK3-1	1.4~1.6							48.0	25.0	25.0	0.04									25.9	60.8		30.8	低液限黏土
			RNZK3-3	6.0~6.3							32.0	17.4	14.6								0.3	1.7	16.5	60.8	11.0	23.5	含砂低液限黏土
			RNTK4-1	1.4~1.6							33.5	19.9	13.6	0.18								6.7	10.0	57.9	7.4	8.0	低液限黏土
			RNZK6-3	16.0~16.3	13.9	2.75	1.86	1.46	55.9	0.664	42.3	21.8	20.5		3.6001	0.661	8.44	0.89	3.02		0.3	6.7	16.5	57.9	7.4	8.3	低液限黏土
			组数		4	4	4	4	4	4	5	5	5								5	5	5	5	5	5	
			平均值								40.5	21.24	19.24								2.1	2	14.26	54.78	8.84	18.48	
			最大值								48.0	25.0	25.0								3.9	6.7	25.9	60.8	13.9	30.8	
			最小值								32.0	17.4	13.6								0.3	1.0	9	44.4	3.6	8.0	
II		高液限黏土	NZK4-1	4.5~5.0	28.7	2.74	1.86	1.45	87.8	0.896	58.4	27.5	30.9								0.8	0.6	9.1	36.2	22.1	34.9	高液限黏土
			NZK7-1	5.5~6.0	29.5	2.77	1.94	1.50	96.2	0.849	56.0	25.7	32.5								0.5	1.3	4.5	42.6	11.6	41.7	高液限黏土
			RNZK7-1	4.0~6.3							54.9	25.7	29.1								0.2	1.1	6.9	56.6	12.3	35.3	高液限黏土
			RNZK7-2	7.0~7.3							67.9	29.0	38.9											20.6	17.3	53.9	高液限黏土
			RNZK7-3	8.0~8.3							55.6	29.0	32.3											53.8	18.8	27.4	高液限黏土
			组数		2	2	2	2	2	2	6	6	6											6	6	6	
			平均值		29.1	2.755	1.9	1.475	92	0.8725	57.9	27.12	32.12	0.11	3.8498	1.561	8.48	1.7822	5.2045		3	2.9	6.833	42.76	16.767	36.4	
			最大值		29.5	2.77	1.94	1.5	96.2	0.896	67.9	29.0	38.9		4.2045	2.3008	8.58	2.4803	5.4331			1.3	9.1	56.6	22.1	53.9	
			最小值		28.7	2.74	1.86	1.45	87.8	0.849	54.7	23.3	29.0	0.04	3.4951	0.8203	8.38	1.0841	4.976			0.7	4.5	20.6	11.6	25.1	
		低液限黏土	RNZK4-2	6.7~7.0							49.2	24.4	21.2									3.1	6.3	46.8	18.3	18.1	低液限黏土
			RNZK4-3	9.7~10.0							43.6	22.4	21.2									4.7	14.6	54.5	8.1	18.1	低液限黏土
			RNZK5-1	2.5~2.8							49.3	24.9	24.4									5.1	11.1	54.1	10.5	19.2	高液限黏土
			RNZK5-2	4.5~4.8							34.6	19.5	15.1									2.9	6.6	61.3	8.0	14.5	低液限黏土
			RNZK5-3	7.0~7.3							42.8	22.0	20.8									0.7	15.5	54.0	12.9	16.5	高液限黏土
			RNTK2-1	2.5~2.8							41.3	21.5	19.8								0.6	4.2	9.5	58.6	9.3	18.1	低液限黏土
			RNTK6-1	2.2~2.5							46.5	25.9	20.6								1.1	7.0	15.5	73.6	13.2	28.8	低液限黏土
			组数								7	7	7											7	7	7	
			平均值		28.7	2.74	1.86	1.45	87.8	0.849	43.9	23.1	20.8									4.2	5.1	73.6	24.4	18.1	
			最大值								49.3	25.9	24.4									7.0	15.5	73.6	13.2	28.8	
			最小值								34.6	19.5	15.1									1.4	6.0	48.6	6.2	10.7	

1.782 2 g/kg;易溶盐含量为 0.820 3 ~ 2.300 8 g/kg,平均值为 1.561 g/kg。据试验成果计算,其活动性指数为 0.882,属于正常黏土。

Ⅱ区:低液限黏土黏粒(小于 0.005 mm)含量为 16.9% ~ 42.0%,平均值为 27.4%;小于 0.002 mm 颗粒含量 10.7% ~ 28.8%,平均值为 18.1%;大于 0.075 mm 砂粒含量 9.4% ~ 19.3%,平均值为 13.8%;塑性指数为 15.1 ~ 24.4,平均值为 20.8。据试验成果计算,其活动性指数为 1.15,属于正常黏土。

从上述试验成果,并结合以往试验成果可以看出,高液限黏土质量明显优于低液限黏土。

11.2.2.3　质量与储量

依据《水利水电工程天然建筑材料勘察规程》(SL 251—2000)附录 A.4"槽孔固壁土料质量标准",Ⅰ区高液限黏土的黏粒含量平均值(小于 0.005 mm)满足要求,小于 0.002 mm 颗粒含量平均值略低于标准数值,大于 0.075 mm 砂粒含量、有机质含量不符合质量要求,塑性指数、pH 值、活动性指数符合质量标准。总的来看,基本能够用做灌浆材料,但低液限黏土塑性指数、黏粒含量、小于 0.002 mm 颗粒含量、活动性指数、砂粒含量均不符合要求。

Ⅱ区高液限黏土的黏粒含量平均值(小于 0.005 mm)满足要求,小于 0.002 mm 颗粒含量平均值略低于标准数值,大于 0.075 mm 砂粒含量、有机质含量不符合质量要求,塑性指数、pH 值、活动性指数符合质量标准。总的来看,基本能够用做灌浆材料,但低液限黏土塑性指数、黏粒含量、小于 0.002 mm 颗粒含量、活动性指数、砂粒含量均不符合要求。

由此可以看出,Ⅰ区土料质量优于Ⅱ区,建议以Ⅰ区作为料场地优先使用。

根据初步储量估算,采用平均厚度法,Ⅰ区有用层储量为 31.72 万 m³,无用层体积为 8.43 万 m³;采用平行断面法计算,Ⅰ区有用层储量为 47.17 万 m³,无用层体积为 15.6 万 m³。采用平均厚度法,Ⅱ区有用层储量为 16.76 万 m³,无用层体积为 10.6 万 m³;采用平行断面法计算,Ⅱ区有用层储量为 14.78 万 m³,无用层体积为 8.05 万 m³。

采用平均厚度法,综合储量为 48.48 m³,无用层体积为 19.03 万 m³;采用平行断面法,综合储量为 61.95 万 m³,无用层体积为 23.65 万 m³。

Ⅰ区储量能够满足需要,但由于料场邻近坝脚,不宜开挖较深,目前储量估算最低高程为 132 ~ 138 m,最大开挖深度为 10 ~ 16 m,Ⅰ区开挖深度较大,Ⅱ区开挖深度较小。表层无用层厚度为 2 ~ 3 m,局部厚度较大。

储量估算均按水上考虑。但根据以往勘察资料,该地段上第三系砂层为承压含水层,最大承压水头约为 13.5 m,承压水位大约为 138.93 m。承压水位基本在开采土层之下,但开采土层时应注意不要揭露地下水,以免给施工带来不便。

11.2.2.4　开采与运输条件

料场距离主坝右坝肩较近,交通便利,运距为 5 ~ 6 km。

11.2.3　综合评价

Ⅰ区土料质量基本能用做灌浆材料,Ⅰ区作为主要料源地,储量能够满足需要。

11.3　混凝土骨料

11.3.1　上七垣砂砾石料

料场勘察工作采用高程系统为假定高程系统,假定高程基准点为 50.00 m。料场位于上七垣村西南侧漳河河滩。

11.3.1.1　地质概况

料场地处漳河河床及漫滩部位,地形平坦开阔,河槽部位地形有起伏,高程为 44.04 ~ 47.69,高差为 1.00 ~ 3.00 m。料场沿河道分布,呈长方形,长度为 500 ~ 600 m,宽度为 400 m 左右。

地层为河流冲洪积层(Q_4^{al+pl}),上部为砂砾石,局部夹有细砂层和低液限黏土透镜体,厚度为 1.00 ~ 1.70 m,下部为砂卵砾石层,厚度为 2.00 ~ 6.00 m,厚度稳定;局部地表分布有人工堆积杂填土,是废弃的焦化厂遗址,厚度较薄。此外,部分地段为人工堆积而成的耕植土,现为耕地,厚度较小。

砂砾石杂色,稍湿,结构疏松;砾石成分为砂岩、灰岩,粒径一般为 0.50 ~ 8.00 cm,含量为 60% ~ 80%,磨圆度中等,表面粗糙;砂为中细砂,浅黄色,疏松,黏粒含量较高。

砂卵砾石杂色,灰白色,稍湿,结构疏松;砾石成分为砂岩、灰岩,粒径一般为 1.00 ~ 12.00 cm,含量为 70% ~ 80%,磨圆度中等,表面粗糙;砂为中细砂,浅灰黄色,疏松,黏粒含量较高,局部夹有中细砂透镜体,偶见胶结现象。

根据筛分试验,砂卵砾石混合料颗粒组成:大于 150 mm 的卵石含量为 17.20% 左右,150 ~ 5 mm 的颗粒含量约为 67.10%,小于 5 mm 的颗粒含量约为 22.60%。

根据勘探,剥除顶部人工堆积杂填土和耕植土,砂卵砾石层有用层厚度为 4.00 ~ 6.00 m。

地下水为孔隙潜水,仅 STJ5 见地下水,埋深为 6.00 m。

11.3.1.2　勘探与试验

勘探线呈网格状布置,间距一般为 150 m 左右,勘探深度为 2.00 ~ 6.50 m,共布置了纵横 6 条勘探线,探井 9 个。

在探井中采取样品,现场进行了筛分试验,并采取样品进行了室内物理力学性质试验,试验成果见表 11-8。碱活性骨料分析成果见表 11-9。

表 11-8 上七垣砂砾料土工试验成果

编号	深度(m)	砂粒组成 5~2.5mm(%)	砂粒组成 2.5~1.2mm(%)	砂粒组成 1.2~0.6mm(%)	砂粒组成 0.6~0.3mm(%)	砂粒组成 0.3~0.15mm(%)	砂粒组成 <0.15mm(%)	砂的细度模数	砂的平均粒径(mm)	砂料·污泥含量(%)	砂料·表观密度(g/cm³)	砂料·堆积密度(g/cm³)	砂料·堆积孔隙率(%)	砂料·轻物质含量(%)	砾料·污泥含量(%)	砾料·表观密度(g/cm³)	吸水率(%)	孔隙率·松散(%)	孔隙率·紧密(%)	软弱颗粒>20mm(%)	软弱颗粒20~10mm(%)	软弱颗粒10~5mm(%)	硫酸钠5~20mm(%)	硫酸钠20~40mm(%)	硫酸钠40~80mm(%)	硫酸钠>80mm(%)	总冻损率(%)	针片状颗粒含量(%)	砾料·轻物质含量(%)	有机物含量	三氧化硫含量
ST1	0.2~5.0	5.2	2.0	3.7	20.3	30.9	37.9	1.17	0.28	3.6	2.68	1.39	48.1	<0.1	0.3	2.70	0.5	35.2	29.6	0.0	0.0	2.0	1.7	0	0	0	0.3	2.0	<0.1	浅于标准色	少于标准物
ST2	0~2.0	8.0	3.1	4.4	27.8	39.5	17.2	1.61	0.28	11.2	2.69	1.35	49.8	<0.1	0.4	2.71	0.5	36.9	27.7	0.0	0.0	1.2	1.3	0	0	0	0.2	2.0	<0.1	浅于标准色	少于标准物
ST3	1.5~6.5	4.6	2.5	3.4	22.6	40.6	26.3	1.29	0.27	4.8	2.68	1.29	51.9	<0.1	0.4	2.71	0.5	37.6	29.5	0.0	0.0	1.6	1.7	0	0	0	0.2	2.7	<0.1	浅于标准色	少于标准物
ST4	0~4.5	6.5	3.0	5.0	32.0	38.4	15.1	1.62	0.28	5.3	2.69	1.28	52.4	<0.1	0.5	2.70	0.6	37.8	28.5	0.0	0.0	1.2	1.0	0	0	0	0.1	3.0	<0.1	浅于标准色	少于标准物
ST5	0~6.0	5.9	2.4	6.0	28.3	36.3	21.1	1.50	0.28	5.4	2.69	1.37	49.1	<0.1	0.6	2.72	0.6	36.0	29.8	0.0	0.0	1.2	1.3	0	0	0	0.2	8.6	<0.1	浅于标准色	少于标准物
ST6	1.0~5.0	9.6	3.9	6.3	31.8	33.2	15.2	1.79	0.30	11.0	2.69	1.21	54.7	<0.1	0.7	2.70	0.7	37.4	30.0	0.0	0.8	2.4	2.7	3.2	0	0	1.0	3.3	<0.1	浅于标准色	少于标准物
ST7		8.3	3.1	5.5	18.9	33.1	31.1	1.41	0.28																						
ST8	0~4.5	4.4	4.7	7.5	27.7	40.8	14.9	1.60	0.28																						
ST9	2.0~5.2	5.2	2.9	5.2	37.1	36.7	12.9	1.64	0.29																						
组数		9	9	9	9	9	9	9	9	9	6	6	6	6	6	6	6	6	6	6	6	6	6	6	6	6	6	6	6	6	6
平均值		6.4	3.1	5.2	27.4	36.6	21.3	1.5	0.28	6.88	2.68	1.32	51.00	<0.1	0.48	2.71	0.57	36.82	29.19	0.00	0.13	1.60	1.62	0.53	0.00	0.00	0.33	3.60	<0.1	浅于标准色	少于标准物
大值平均值										11.10			52.99				0.63	37.43	29.73		0.80	2.20	2.03	3.20			1.00	8.60			
小值平均值											2.67	1.26				2.70															

表 11-9　碱活性骨料分析成果

料场名称	样品编号	SiO$_2$ 浓度 R_c（mmoL/L）	碱度降低值 S_c（mmoL/L）
上七垣	STJ – 1	72.22	28.46
	STJ – 3	74.99	20.70
	STJ – 4	57.58	22.27
	STJ – 5	70.27	22.13
	STJ – 6	75.97	26.16
	STJ – 8	68.48	16.06

11.3.1.3　质量与储量

砂砾石混合料的平均粒径为 44.681 mm，不均匀系数为 244.2；砂的平均粒度模数为 1.5，砂的平均粒径为 0.28 mm，颗粒偏细，泥质含量平均值为 6.88%；砾的细度模数为 7.76，泥质含量平均值为 0.48%。

化学法评定标准，当试验结果出现 $R_c > 70$ 而 $S_c > R_c$，或者 $R_c < 70$ 而 $S_c > 35 + R_c/2$ 时，该试样被评定为非活性骨料。据此判断，该料场砂砾料均为非活性骨料。

按照《水利水电工程天然建筑材料勘察规程》（SL 251—2000）附录 A"混凝土粗细骨料质量指标"，砂料的细度模数、平均粒径、含泥量、堆积密度、堆积孔隙率不符合技术要求，其他各项指标符合技术要求；对于砾料，仅含泥量不符合技术要求，其他各项主要指标符合技术要求。因此，砂砾料基本符合混凝土粗骨料的技术要求，用于混凝土细骨料则砂粒偏细，含泥量较高。

采用平均厚度法计算，有用层体积为 58.92 万 m^3，无用层体积为 24.20 万 m^3；采用平行断面法计算，有用层体积为 60.07 万 m^3，无用层体积为 19.88 万 m^3。

11.3.1.4　开采与运输条件

料场开阔，远离村庄，河道一般干枯无水，地下水位埋藏较深，便于机械开采；从上七垣村至岳城—磁县公路为简易土路，然后沿岳城—磁县公路即可到达工程区，交通较为便利，至坝址 8 ~ 10 km。

11.3.2　下七垣砂砾石料

料场勘察工作采用高程系统为假定高程系统，假定高程基准点为 50.00 m。其位于下七垣村西南侧。

2002 年、2006 年先后对料场进行了系统勘察，2009 年仅补充了少量勘察工作。

11.3.2.1　地质概况

料场地处漳河河床及漫滩部位，地形平坦开阔，河槽部位地形有起伏，高程为 48.06 ~ 50.71 m，高差为 1.00 ~ 4.00 m。料场沿河道布置，呈长方形，勘探长度为 600 ~ 800 m，宽度为 150 ~ 200 m。目前，部分地段已被改造成耕地。

地层为河流冲洪积层（Q$_4^{al+pl}$），主要由砂卵砾石组成，厚度稳定，局部地段为人工堆积(Q_4^r)浅黄色低液限粉土,厚度为 1.50 m 左右,现为耕地。

砂卵砾石,灰白色,稍湿,结构紧密;砾石成分为砂岩、灰岩,粒径一般为 1.00~15.00 cm,含量为 65%~80%,磨圆度中等,表面粗糙;砂为中细砂,浅灰黄色,中密,分选性差,黏粒含量较高,局部夹有中细砂和低液限黏土(粉土)透镜体,偶见钙质胶结现象。

根据筛分试验,砂卵砾石混合料颗粒组成:大于 150 mm 的卵石含量为 11.80% 左右,5~150 mm 的颗粒含量约为 66.40%,小于 5 mm 的颗粒含量约为 21.90%。

根据勘探,剥除顶部耕植土,有用层厚度为 3.50~5.50 m。

地下水为孔隙潜水,2002 年探井 XSJ7 揭露地下水,水位埋深为 5.30 m。2006 年开挖的 9 个探井、2009 年开挖的 7 个探坑中,均揭露地下水位,埋深为 1.8~4.4 m。

11.3.2.2　勘探与试验

在 2002 年进行了详细勘察和试验,2006 年布置了纵横 3 条勘探线,间距为 100 m 左右,探井 9 个,勘探深度为 4.10~5.90 m。2009 年在河槽部位布置了 5 个探坑,在两侧布置了 2 个探坑。

在探井中采取样品,现场进行了筛分试验,并采取样品进行了室内物理力学性质试验,2002 年、2007 年、2009 年下七垣砂砾石料场物理力学性质土工试验成果汇总见表 11-10。2002 年采取 8 组骨料进行碱活性试验,见表 11-11。

11.3.2.3　质量与储量

砂砾石混合料的平均粒径平均值为 45.37 mm,不均匀系数为 246.3;砂的细度模数平均值为 1.49,砂的平均粒径平均值为 0.29 mm,颗粒偏细,泥质含量平均值为 5.74%;砾的细度模数为 7.82,泥质含量平均值为 0.41%。

按照《水利水电工程天然建筑材料勘察规程》(SL 251—2000)附录 A"混凝土粗细骨料质量指标",砂料的细度模数、平均粒径、含泥量、堆积密度、堆积孔隙率不符合技术要求,其他各项主要指标符合技术要求;对于砾料,各项主要指标均符合技术要求。因此,砂砾料基本符合混凝土粗骨料的技术要求,该料场中砂料多项技术指标不符合技术要求。

化学法评定标准,当试验结果出现 $R_c > 70$ 而 $S_c > R_c$,或者 $R_c < 70$ 而 $S_c > 35 + R_c/2$ 时,该试样被评定为非活性骨料。据骨料碱活性试验判断,该料场砂砾料均为非活性骨料。

采用平均厚度法计算,砂卵砾石混合料储量为 65.42 万 m^3,无用体积为 9.33 万 m^3;采用平行断面法计算,砂卵砾石混合料储量为 65.11 万 m^3,无用体积为 9.66 万 m^3。

以砂卵砾石混合料储量为 65.11 万 m^3 为基础,经初步估算,卵砾石储量为 57.82 万 m^3,粒径大于 8cm 卵砾石储量为 21.01 万 m^3,粒径不大于 8 cm 砂砾料储量为 44.1 万 m^3,砂料净储量为 7.29 万 m^3,能够满足需要。

在勘探深度范围内,在以往勘察期间,仅个别探坑揭露地下水,而 2009 年补充探坑也揭露了地下水,而河道一般干枯无水,据此认为地下水位多为局部现象,并与降水关系密切,随季节变化大,故此储量估算均按水上考虑。

11.3.2.4　开采与运输条件

料场开阔,远离村庄,河道一般干枯无水,地下水位一般埋藏较深,便于机械开采;从上七垣村至岳城—磁县公路为简易土路,然后沿岳城—磁县公路即可到达工程区,交通较为便利,运距为 15 km 左右。

表11-10　2002年、2007年和2009年下七垣砂砾石料场物理力学性质试验成果汇总

样号	取样深度(m)	天然状态 取样深度(m)	天然含水率(%)	天然湿密度(g/cm³)	天然干密度(g/cm³)	天然混合级配(%) >150 mm	150~80 mm	80~40 mm	40~20 mm	20~5.0 mm	5.0~2.5 mm	2.5~1.2(1.25) mm	1.2(1.25)~0.6(0.630) mm	0.6(0.630)~0.3(0.315) mm	0.3(0.315)~0.15(0.16) mm	0.15(0.16)~0.05(0.075) mm	0.05(0.075)~0.01 mm	0.01~0.005 mm	<0.005 mm	混合级配 限制粒径 d_{60}(mm)	分界粒径 d_{30}(mm)	平均粒径 d_{50}(mm)	有效粒径 d_{10}(mm)	d_{15}	不均匀系数 C_u	曲率系数 C_c
XTJ1	1.5~5.0	0.5~0.8	0.5	2.08	2.07	9.8	22.9	25.8	15.3	6.7	0.9	0.6	1.5	5.4	4.8	4.8	1.2		0.3	67.529	25.527	52.176	0.255		264.8	37.8
XTJ2	0.3~5.0	0.5~0.8	4.8	2.19	2.09	11.6	19.4	27.4	13.7	6.3	1.4	0.6	1.0	7.1	6.9	3.2	1.1		0.3	66.928	23.165	52.313	0.267		250.7	30.0
XTJ3	2.0~5.0	1.0~1.3	3.1	2.12	2.06	24.1	20.1	17.7	9.2	9.0	1.7	0.5	0.6	3.9	6.3	4.7	1.7		0.5	90.589	22.246	66.547	0.219		413.6	24.9
XTJ4	0.2~4.9	0.4~0.7	2.6	2.23	2.17	9.7	15.3	26.5	13.8	5.2	0.4	0.2	0.9	17.4	7.3	2.5	0.6		0.2	57.083	7.432	42.206	0.288		198.2	3.4
XTJ5	0.1~2.0		2.4	2.16	2.11	6.9	27.3	24.0	14.1	5.9	0.8	0.5	1.1	7.4	8.1	3.5	0.8		0.3	69.597	23.995	53.019	0.258		269.8	32.1
XTJ7	0~5.0	0.5~0.8	3.3	2.12	2.05	13.1	13.8	31.4	12.9	7.1	1.9	0.8	0.9	4.4	8.5	4.2	1.1		0.3	62.834	22.126	50.860	0.228		275.6	34.2
XTJ8	0.4~4.5	0.5~0.8	4.3	2.05	2.04	6.6	23.1	29.3	13.2	5.2	0.9	0.8	0.9	4.9	7.0	5.5	1.2		0.6	65.589	24.148	52.360	0.198		331.3	44.9
XTJ9	1.5~5.0	0.8~1.1	2.9	2.13	2.06	11.9	23.9	23.1	13.5	7.5	0.6	0.3	0.3	4.1	8.0	5.4	1.4		0.6	71.920	23.852	54.402	0.203		354.3	39.0
XTJ10	1.5~5.0	4.4~4.7				9.1	20.7	27.2	13.5	5.3	1.2	0.5	0.9	5.2	7.8	7.0	1.7		0.3	64.890	20.671	50.216	0.164		395.7	40.2
XTJ11	1.0~5.0					13.5	15.1	25.4	16.5	8.9	0.9	0.5	1.1	4.6	6.8	4.9	0.5		0.5	60.036	20.770	45.375	0.230		261.0	31.2
XTJ12	0.5~5.5	0.5~0.8				13.7	22.4	25.4	13.3	6.1	0.7	0.5	1.1	5.2	8.0	3.2	0.7		0.3	73.909	28.205	58.302	0.274		269.7	39.3
XTJ14	0~5.8		1.1	2.18	2.16	0.9	20.7	26.6	20.3	12.7	0.7	0.8	1.1	6.0	10.9	2.5	0.5	0.2	0.2	48.481	15.479	36.826	0.280		173.1	17.7
XTJ15	0.2~5.5		1.7	2.25	2.21		14.9	27.7	21.7	13.2	0.8	1.1	1.1	6.0	10.7	2.6	0.8	0.1	0.1	41.775	10.382	31.995	0.240		174.1	10.8
XTJ17	0.6~5.6		1.6	2.23	2.19		18.5	21.0	20.9	10.2	0.7	1.0	3.5	6.1	1.9	2.3	0.7	0.1	0.1	47.183	14.233	36.140	0.248		190.3	17.3
XTJ19	0~5.6		1.6	2.20	2.20	1.7	23.5	31.2	19.6	10.4	0.5	1.1	1.3	8.0	8.8	0.3				57.059	25.419	45.052	0.606		94.2	18.7
XTJ20	0~5.2		1.6	2.21	2.18		17.8	26.9	19.7	11.3	1.0	0.9	4.6	6.6	2.4	2.9	0.8	0.1	0.1	47.330	13.104	36.072	0.255		185.6	14.2
XTJ21	0~5.7		1.6	2.20	2.17	1.4	19.6	27.0	21.8	11.0	0.6	1.5	0.8	10.7	8.8	0.5	0.2			47.747	17.764	36.544	0.485		98.4	13.6
XTJ22		0.2	1.17	2.05	2.03	0.9	26.8	24.6	18.3	10.6	0.6	0.6	1.4	4.2	10.8	2.1	1.4	0.3	0.1	58.28	21.37	43.54	0.27	0.46	219.92	29.58
XTJ23		0.2	1.82	2.08	2.04	1.6	26.3	27.3	11.9	8.3	0.6	0.6	2.0	7.3	14.7	2.9	0.8	0.1	0.1	58.57	12.80	45.25	0.23	0.31	253.53	12.10
XTJ24		1.0	2.44	2.07	2.02	1.0	17.7	21.0	13.6	10.4	1.5	1.1	2.4	12.4	11.9	2.8	1.8	0.3	0.1	40.49	0.56	26.27	0.22	0.27	183.19	0.04
XTJ25		0.2	3.76	2.09	2.01	1.0	18.0	28.3	13.3	5.7	0.6	0.8	1.7	14.8	9.4	2.3	2.6	0.4	0.3	48.58	0.62	36.49	0.24	0.31	199.93	0.03
XTJ26		0.2	2.85	2.13	2.07	1.0	22.4	23.8	16.7	9.4	0.6	0.7	1.3	10.5	11.1	1.3	1.8	0.4	0.2	49.52	10.94	36.74	0.26	0.35	191.19	9.33
XTJ27		1.3	1.90	2.06	2.02	25.0	16.9	14.1	10.6	7.0	0.5	0.6	1.3	6.5	3.3	3.3	2.6	0.1	0.2	86.73	13.21	54.86	0.21	0.27	416.98	9.68
组数			20	20	20	19	23	23	23	23	23	23	23	23	23	23	22	10	21	23	23	23	23	6	23	23
平均值			2.35	2.15	2.10	8.61	20.31	25.54	15.54	8.41	0.87	0.70	1.39	7.33	8.19	3.25	1.05	0.22	0.27	60.11	17.31	45.37	0.27	0.33	246.30	22.17
最大值			4.8	2.3	2.2	25.0	27.3	31.4	21.8	13.2	1.9	1.5	4.6	17.4	14.7	7.0	2.6	0.4	0.6	90.6	28.2	66.5	0.6	0.5	417.0	44.9
最小值			0.5	2.0	2.0	0.9	13.8	14.1	9.2	5.2	0.3	0.2	0.4	3.9	1.9	0.3	0.2	0.1	0.1	40.5	0.6	26.3	0.2	0.3	94.2	0.0

续表 11-10

样号	取样深度 (m)	相对密度 最大密度 ρmax (g/cm³)	相对密度 最小密度 ρmin (g/cm³)	相对密度 Dr	自然休止角 (°)	堆积密度 >150mm 紧密	堆积密度 >150mm 疏松	堆积密度 150~5.0mm 紧密	堆积密度 150~5.0mm 疏松	砾粒组成 150~80mm	砾粒组成 80~40mm	砾粒组成 40~20mm	砾粒组成 20~5.0mm	砾的细度模数	砂粒组成 5.0~2.5mm	砂粒组成 2.5~1.2mm	砂粒组成 1.2~0.6mm	砂粒组成 0.6~0.3mm	砂粒组成 0.3~0.15mm	砂粒组成 <0.15mm	砂的细度模数	砂的平均粒径 (mm)	混合密度 疏松 (g/cm³)	混合密度 紧密 (g/cm³)
XTJ1	1.5~5.0	2.10	1.97	0.78	36.0	2.10	1.97	1.79	1.59	32.4	36.5	21.7	9.4	7.92	4.6	3.0	7.8	27.4	24.4	32.8	1.38	0.30		
XTJ2	0.3~5.0	2.20	2.02	0.41	36.3	2.20	2.02	1.94	1.77	29.1	40.9	20.5	9.5	7.90	6.7	2.8	4.7	32.8	32.0	21.0	1.56	0.29		
XTJ3	2.0~5.0	2.14	1.95	0.60	35.9	2.14	1.95	1.86	1.65	35.8	31.6	16.5	16.1	7.87	8.3	2.5	3.0	19.8	31.6	34.8	1.32	0.28		
XTJ4	0.2~4.9									25.2	43.6	22.7	8.5	7.86	1.4	0.8	2.9	58.9	24.8	11.2	1.62	0.32		
XTJ5	0.1~2.0									38.3	33.7	19.7	8.3	8.02	3.9	2.1	5.1	34.1	33.8	21.0	1.45	0.29		
XTJ7	0~5.0	2.28	2.10	0.41	35.9	2.28	2.10	2.04	1.77	21.1	48.2	19.8	10.9	7.80	9.0	3.5	4.0	20.3	37.5	25.7	1.49	0.28		
XTJ8	0.4~4.5	2.14	1.99	0.81	35.6	2.14	1.99	1.92	1.69	32.6	41.4	18.6	7.4	7.99	4.2	1.8	2.5	21.8	37.7	32.0	1.17	0.27		
XTJ9	1.5~5.0	2.13	1.98	0.55	35.8	2.13	1.98	1.89	1.68	35.1	34.0	19.9	11.0	7.93	4.5	1.7	2.2	20.6	34.7	36.3	1.12	0.27		
XTJ10	1.5~5.0	2.11	1.94	0.61	36.0	2.11	1.94	1.84	1.67	31.0	40.8	20.3	7.9	7.95	2.6	2.0	3.6	21.3	32.9	37.6	1.07	0.27		
XTJ11	1.0~5.0									22.9	38.5	25.1	13.5	7.71	6.0	2.4	3.1	22.5	37.8	28.2	1.32	0.27		
XTJ12	0.5~5.5	2.13	1.99	0.52	35.9	2.13	1.99	1.90	1.71	33.2	38.1	19.6	9.1	7.95	5.0	2.9	5.7	27.7	36.5	22.2	1.46	0.28		
XTJ14	0~5.8	2.24	1.91	0.79		2.24	1.91	1.83	1.65	26.1	32.1	25.7	16.1	7.68	3.4	4.1	5.7	30.1	40.3	16.4	1.51	0.28		
XTJ15	0.2~5.5	2.25	1.88	0.91		2.25	1.88	1.84	1.67	19.5	34.8	28.4	17.3	7.57	3.3	4.6	4.8	25.3	46.5	15.5	1.46	0.28		
XTJ17	0.6~5.6	2.25	1.90	0.85		2.25	1.90	1.85	1.68	23.9	35.8	27.1	13.2	7.70	3.2	4.4	4.7	26.7	47.1	13.9	1.48	0.27		
XTJ19	0~5.6	2.23	1.92	0.92		2.23	1.92	1.81	1.66	27.7	36.8	23.2	12.3	7.80	3.4	7.3	22.5	52.1	12.0	2.7	2.30	0.39		
XTJ20	0~5.2	2.27	1.90	0.79		2.27	1.90	1.84	1.68	23.5	35.5	26.0	15.0	7.68	4.3	4.1	5.8	29.1	39.0	17.7	1.53	0.28		
XTJ21	0~5.7	2.23	1.89	0.85		2.23	1.89	1.85	1.63	24.6	34.0	27.5	13.9	7.69	3.6	7.4	22.2	52.3	11.9	2.6	2.31	0.39		
XTJ22	0.2			0.64	37.0			2.00	1.75	33.3	30.7	22.8	13.2	7.84	3.4	3.0	4.5	23.3	47.9	17.9	1.37	0.26	1.80	2.18
XTJ23	0.2			0.85	37.5			2.00	1.70	35.7	36.9	16.2	11.2	7.97	2.4	2.5	5.6	28.7	42.8	18.0	1.39	0.27	1.77	2.10
XTJ24	1.0			0.73	36.5			2.02	1.73	28.2	33.6	21.7	16.5	7.74	4.3	3.1	5.4	34.9	41.1	11.2	1.61	0.28	1.77	2.13
XTJ25	0.2			0.64	38.0			1.98	1.73	27.6	43.3	20.4	8.7	7.90	1.2	2.2	7.2	43.9	35.2	10.3	1.59	0.29	1.80	2.15
XTJ26	0.2			0.85	37.0			2.02	1.75	31.0	33.0	23.0	13.0	7.82	2.4	2.6	6.4	39.2	35.3	14.1	1.55	0.29	1.77	2.13
XTJ27	1.3			0.83	37.0			2.00	1.68	34.8	29.1	21.7	14.4	7.84	1.8	2.4	5.0	24.4	42.1	24.3	1.25	0.27	1.75	2.08
组数		14	14	20	14	14	14	20	20	23	23	23	23	23	23	23	23	23	23	23	23	23	6	6
平均值		2.19	1.95	0.72	36.46	2.19	1.95	1.91	1.69	29.24	36.65	22.09	12.02	7.83	4.04	3.18	6.28	31.18	35.00	20.32	1.49	0.29	1.78	2.13
最大值		2.28	2.10	0.92	38.00	2.28	2.10	2.04	1.77	38.30	48.20	28.40	17.30	8.02	9.00	7.40	22.50	58.90	47.90	37.60	2.31	0.39	1.80	2.18
最小值		2.10	1.88	0.41	35.60	2.10	1.88	1.79	1.59	19.50	29.10	16.20	7.40	7.57	1.20	0.80	2.20	19.80	11.90	2.60	1.07	0.26	1.75	2.08

续表 11-10

试样编号	取样深度（m）	分级密度（g/cm³）											
		150~80 mm		80~40 mm		40~20 mm		20~5 mm	
		疏松	紧密	疏松	紧密	疏松	紧密	疏松	紧密
XTJ22	0.2	1.33	1.65	1.47	1.80	1.52	1.82	1.60	1.85
XTJ23	0.2	1.35	1.63	1.48	1.73	1.55	1.78	1.60	1.83
XTJ24	1.0	1.35	1.65	1.48	1.77	1.50	1.78	1.60	1.83
XTJ25	0.2	1.37	1.63	1.50	1.77	1.52	1.77	1.60	1.82
XTJ26	0.2	1.37	1.63	1.48	1.78	1.50	1.77	1.60	1.83
XTJ27	1.3	1.37	1.65	1.48	1.72	1.57	1.73	1.60	1.82
组数		6	6	6	6	6	6	6	6
平均值		1.36	1.64	1.48	1.76	1.53	1.78	1.60	1.83

表 11-11　2002 年下七垣砂砾石料场碱活性骨料分析成果

料场名称	样品编号	SiO₂ 浓度 R_c（mmoL/L）	碱度降低值 S_c（mmoL/L）
下七垣	XTJ - 2	76.29	22.89
	XTJ - 3	70.27	21.32
	XTJ - 4	84.91	23.97
	XTJ - 7	61.16	21.17
	XTJ - 8	78.41	23.18
	XTJ - 9	61.81	23.33
	XTJ - 10	59.54	23.37
	XTJ - 12	77.43	22.42

11.3.3　观台砂砾石料

11.3.3.1　地质概况

料场地处漳河河床及漫滩部位,地形平坦开阔,主河槽位于左岸,高程为 139～148 m;料场位于主河槽右岸,地形略有起伏,中间为凹槽状,高程为 152.1～145.1 m,宽度为 400～500 m,两侧地形略高,高程为 146.1～151.4 m,高差为 1.00～4.00 m。料场勘探线沿河道布置,呈长方形,勘探长度为 600～1 500 m,宽度为 500～700 m。凹槽地带为荒地,仅局部为耕地,而两侧地带均为耕地。

该料场分布地层为第四系全新统冲积物(Q_4^{al})和人工堆积物(Q_4^r),人工堆积物(Q_4^r)主要分布在两侧和下游侧,一般厚度不大,为 0.5～4.0 m,岩性主要为低液限黏土,局部为煤渣、块石等;冲积物(Q_4^{al})主要由砂卵砾石组成,厚度稳定,为 2.3～4.0 m,局部夹有低液限黏土薄层和透镜体,厚度为 0.2～2.0 m。

砂卵砾石:灰白色,稍湿,结构紧密;漂石卵砾石成分为砂岩、灰岩,漂卵石粒径变化较大,多小于 15 cm,含量为 18.5%～59.7%,平均值为 32.13%;卵砾石粒径一般为 1.00～15.00 cm,含量为 29.8%～52.6%,平均值为 41.45%;磨圆度中等,表面粗糙;砂为中细砂,浅灰黄色,中密,分选性差,含量为 9.4%～44.2%,平均值为 17.77%;粉粒含量为 0.9%～6.8%,平均值为 2.74%;黏粒含量为 0.2%～1.5%,平均值为 0.49%。

根据筛分试验,砂卵砾石混合料颗粒组成:大于 150 mm 的漂石卵石含量平均值约为 32.13%,150～2.5 mm 的颗粒含量平均值约为 41.45%,小于 2.5 mm 的颗粒含量约为 26.42%。

根据勘探,剥除顶部耕植土,有用层厚度为 3.50～5.50 m。

地下水为孔隙潜水,根据探坑揭露,在勘探深度内未见到地下水。

11.3.3.2　勘探与试验

布置了纵横 11 条勘探线,间距为 200 m 左右,探坑 26 个,勘探深度为 4.10～5.90 m。

在探井中采取样品,现场进行了筛分试验,并采取样品进行了室内物理力学性质试验,土工试验成果汇总见表 11-12。

表 11-12　观台砂砾石土工试验成果统计表

试样编号	取样深度 (m)	天然混合级配 (%)															界限粒径				
		>150 mm	150~80 mm	80~40 mm	40~20 mm	20~10 mm	10~5 mm	5.0~2.5 mm	2.5~1.25 mm	1.25~0.63 mm	0.63~0.315 mm	0.315~0.16 mm	0.160~0.075 mm	0.075~0.010 mm	0.010~0.005 mm	<0.005 mm	d_{10}	d_{15}	d_{30}	d_{50}	d_{60}
GTK1	0.5	1.4	28.1	31.8	14.6	3.3	1.9	1.0	0.7	1.0	4.9	7.3	2.7	1.0		0.3	0.28	0.49	31.01	51.32	63.60
GTK2	0.2	39.9	19.8	17.5	6.9	3.3	1.8	0.3	0.4	0.5	2.5	4.5	1.5	0.8	0.1	0.2	1.02	16.55	55.45	110.39	149.39
GTK3	1.0	20.0	17.3	24.1	6.9	4.1	2.2	0.6	0.8	1.0	4.2	9.4	3.2	2.3	0.2	0.4	0.22	0.30	24.52	55.94	73.41
GTK5	0.5	1.3	22.9	28.5	6.9	4.3	2.4	1.0	0.9	1.1	5.0	8.7	5.8	4.8	0.1	0.6	0.14	0.22	9.24	43.04	54.80
GTK7	0.3	20.0	18.5	21.7	6.9	6.4	2.8	0.8	0.7	0.6	3.0	6.2	2.6	1.6	0.1	0.4	0.28	2.10	27.09	55.37	76.15
GTK8	0.2	20.0	22.9	26.2	6.9	4.0	2.3	0.7	0.4	0.4	2.1	5.7	2.1	1.3		0.3	0.36	9.44	38.92	66.18	86.57
GTK9	0.5	0.8	19.4	32.2	6.9	5.2	2.9	1.3	0.9	0.7	4.5	8.9	3.7	1.7	0.1	0.3	0.22	0.33	19.60	42.51	52.64
GTK11	0.5	2.4	18.6	28.9	6.9	4.7	2.3	0.9	0.6	1.0	3.6	12.7	5.4	2.7	0.1	0.5	0.18	0.22	10.34	39.83	51.14
GTK12	0.5	1.4	24.4	34.2	6.9	3.6	1.9	0.9	0.4	0.4	2.2	8.6	5.5	4.1	0.2	0.7	0.15	0.23	25.89	50.00	60.19
GTK13	0.5	0.9	17.6	19.7	6.9	2.2	1.2	0.4	0.5	1.0	9.1	25.7	7.9	2.9	0.1	0.6	0.14	0.18	0.26	12.63	37.33
GTK15	0.2	0.8	30.9	27.7	6.9	4.6	2.0	0.4	0.3	0.4	2.6	7.9	2.8	4.2	0.6	0.5	0.20	0.28	26.50	52.02	66.49
GTK16	0.5	0.8	34.2	37.6	6.9	2.7	1.5	0.2	0.3	0.4	1.4	5.8	3.3	1.5		0.3	0.27	12.33	42.01	60.76	73.01
GTK18	0.5	1.0	19.7	26.9	6.9	6.2	3.5	1.1	0.5	1.1	3.9	8.8	5.4	6.2	0.6	1.5	0.10	0.18	6.56	36.97	49.31
GTK21	0.2	30.0	22.0	19.3	6.9	3.5	1.7	0.6	0.5	0.3	1.5	4.5	2.9	2.0	0.1	0.3	0.33	11.51	42.19	85.15	114.38
GTK22	0.2	0.8	20.5	34.6	6.9	5.5	2.9	0.6	0.5	0.5	3.4	9.1	4.0	2.4	0.2	0.4	0.21	0.28	21.33	46.06	55.57
GTK23	1.0	0.7	18.1	27.2	6.9	7.2	2.7	0.9	0.6	0.9	4.9	10.4	4.6	2.4	0.1	0.3	0.19	0.25	12.58	35.59	46.89
GTK24	0.1	30.0	23.6	20.6	6.9	2.5	1.6	0.9	0.8	0.6	3.2	6.2	2.0	1.0	0.1	0.2	0.34	5.10	48.03	88.51	116.39
GTK25	0.4	25.0	15.6	22.5	6.9	3.3	1.9	0.5	0.7	1.0	3.9	8.5	3.4	3.2	0.3	0.6	0.20	0.29	27.45	59.92	81.72
GTK26	0.3	1.4	17.8	28.5	6.9	6.0	3.2	1.7	1.2	1.0	4.8	9.9	4.0	2.9	0.1	0.6	0.20	0.26	10.84	37.40	48.79
组数		19	19	19	19	19	19	19	19	19	19	19	19	19	16	19	19	19	19	19	19
平均值		10.45	21.68	26.83	7.31	4.35	2.25	0.73	0.62	0.72	3.72	8.88	3.83	2.58	0.19	0.49	0.26	3.19	25.25	54.19	71.46
最大值		39.9	34.2	37.6	14.6	7.2	3.5	1.7	1.2	1.1	9.1	25.7	7.9	6.2	0.6	1.50	1.02	16.6	55.5	110.4	149.4
最小值		0.70	15.6	17.5	6.90	2.2	1.2	0.2	0.1	0.1	1.4	4.5	1.5	0.8	0.1	0.20	0.10	0.2	0.3	12.6	37.3

续表 11-12

试样编号	取样深度 (m)	天然密度			不均匀系数 C_u	曲率系数 C_c	自然休止角 (°)	相对密度	混合密度 (g/cm³)		分级密度 (g/cm³)									
		含水率 (%)	湿密度 (g/cm³)	干密度 (g/cm³)					疏松	紧密	150~5 mm		150~80 mm		80~40 mm		40~20 mm		20~5 mm	
											疏松	紧密	疏松	紧密	疏松	紧密	疏松	紧密	疏松	紧密
GTK1	0.5	2.45	2.17	2.12	229.59	54.58	37.0	0.81	1.83	2.20	1.67	1.97	1.42	1.67	1.47	1.73	1.48	1.80	1.60	1.82
GTK2	0.2	1.18	2.06	2.03	147.04	20.29		0.79	1.80	2.15	1.68	1.97	1.38	1.67	1.47	1.72	1.50	1.77	1.60	1.80
GTK3	1.0	2.11	2.11	2.07	338.29	37.74	38.0	0.76	1.78	2.17	1.67	1.97	1.40	1.65	1.48	1.73	1.50	1.78	1.60	1.82
GTK5	0.5	1.60	2.13	2.10	397.12	11.28	37.5	0.85	1.77	2.20	1.68	1.97	1.41	1.65	1.47	1.72	1.50	1.80	1.60	1.80
GTK7	0.3	1.51	2.09	2.06	271.96	34.41	38.0	0.87	1.73	2.15	1.70	1.98	1.35	1.68	1.47	1.73	1.53	1.78	1.60	1.83
GTK8	0.2	1.97	2.17	2.12	240.48	48.61	37.5	0.88	1.83	2.17	1.68	1.98	1.48	1.68	1.47	1.70	1.53	1.77	1.55	1.78
GTK9	0.5	1.09	2.11	2.09	234.98	32.59	37.0	0.73	1.80	2.13	1.67	1.98	1.47	1.67	1.47	1.72	1.48	1.80	1.57	1.83
GTK11	0.5	2.15	2.17	2.12	288.90	11.80		0.62	1.83	2.18	1.67	2.00	1.40	1.67	1.47	1.72	1.50	1.78	1.53	1.80
GTK12	0.5	2.02	2.07	2.03	398.63	73.74	38.0	0.73	1.83	2.18	1.70	2.00	1.37	1.68	1.47	1.75	1.50	1.78	1.57	1.83
GTK13	0.5	1.14	2.07	2.05	261.06	0.01														
GTK15	0.2	2.28	2.08	2.03	339.22	53.87														
GTK16	0.5	2.21	2.12	2.07	268.43	88.87	37.5													
GTK18	0.5	2.68	2.10	2.04	503.16	8.91														
GTK21	0.2	2.45	2.13	2.08	342.46	46.60														
GTK22	0.2	2.60	2.14	2.09	271.09	39.93	38.0	0.82	1.85	2.15	1.68	1.98	1.35	1.68	1.47	1.77	1.48	1.80	1.53	1.82
GTK23	1.0	1.81	2.07	2.03	244.21	17.58		0.63	1.82	2.18	1.68	1.98	1.38	1.67	1.47	1.77	1.47	1.80	1.62	1.83
GTK24	0.1	2.11	2.15	2.11	340.34	57.94														
GTK25	0.4	2.20	2.17	2.12	404.54	45.65														
GTK26	0.3	2.06	2.18	2.14	248.91	12.29														
组数		19	19	19	19	19	9	11	11	11	11	11	11	11	11	11	11	11	11	11
平均值		1.98	2.12	2.08	303.71	36.67	37.61	0.77	1.81	2.17	1.68	1.98	1.40	1.67	1.47	1.73	1.50	1.79	1.58	1.81
最大值		2.68	2.18	2.14	503.16	88.87	38.00	0.88	1.85	2.20	1.70	2.00	1.48	1.68	1.48	1.77	1.53	1.80	1.62	1.83
最小值		1.09	2.06	2.03	147.04	0.01	37.00	0.62	1.73	2.13	1.67	1.97	1.35	1.65	1.47	1.70	1.47	1.77	1.53	1.78

续表 11-12

试样编号	取样深度(m)	砾石颗粒级配% 150~80mm	80~40mm	40~20mm	20~5mm	粒度模数	吸水率(%)	表观密度(g/cm³)	针片状颗粒含量(%)	泥块含量(%)	含泥量(%)	软弱颗粒含量(%) 40.0~20.0mm	20.0~10.0mm	10.0~5.0mm	坚固性各级损失百分率(10次循环)(%) 150~80mm	80~40mm	40~20mm	20~10mm	10~5mm	总质量损失百分率(%)	有机质比标准色浅或深	轻物质含量(%)
GTK1	0.5	35.2	40.0	18.3	6.5	8.04			0.3	0.0		0.1	10.5	6.1								0.00
GTK2	0.2	40.3	35.4	14.0	10.3	8.06			0.4	0.0		0.0	0.0	5.7								0.00
GTK3	1.0	29.9	41.5	17.8	10.8	7.91			0.3	0.0		0.0	11.4	9.7								0.00
GTK5	0.5	32.3	40.3	17.9	9.5	7.95	0.47	2.70	1.3	0.0	0.2	0.0	2.8	14.8								0.96
GTK7	0.3	28.9	33.9	22.8	14.4	7.77	0.46	2.69	0.4	0.0	0.2	0.1	0.0	11.3	1.0	0.7	12.9	9.3	12.3	4.9	浅	0.00
GTK8	0.2	34.2	39.1	17.3	9.4	7.98	0.41	2.70	0.6	0.0	0.3	0.4	1.1	0.0	0.3	15.8	8.0	11.7	10.0	8.7	浅	0.00
GTK9	0.5	25.2	41.8	22.6	10.4	7.82	0.47	2.70	0.7	0.0	0.2	0.0	2.5	13.3	1.6	13.4	2.8	7.9	9.2	7.5	浅	0.01
GTK11	0.5	26.4	41.3	22.3	10.0	7.84	0.48	2.73	0.2	0.0	0.2	0.0	3.7	6.9	3.6	9.8	3.1	6.4	8.4	6.4	浅	0.92
GTK12	0.5	32.1	44.7	16.1	7.1	8.02			0.2	0.0	0.6	0.6	2.7	18.2	0.3	0.7	2.9	6.4	9.4	1.4	浅	0.00
GTK13	0.5	34.5	38.8	20.1	6.6	8.01			1.4	0.0		1.5		14.8								0.00
GTK15	0.2	38.9	34.7	18.1	8.3	8.04	0.40	2.70	0.3	0.0	0.3	2.8	6.7	10.8	1.1	3.7	3.5	4.0	6.7	2.7	浅	0.02
GTK16	0.5	39.5	43.6	12.0	4.9	8.18	0.47	2.72	1.3	0.0	0.1	0.0	0.6	14.6	1.5	8.3	3.8	4.4	7.4	5.0	浅	0.56
GTK18	0.5	28.2	38.5	19.5	13.8	7.81			1.0	0.9		2.5	12.6	15.8								0.00
GTK21	0.2	38.4	33.6	18.9	9.1	8.01			0.1	0.0		0.1	9.2	7.5								0.00
GTK22	0.2	26.2	44.3	18.8	10.7	7.86	0.55	2.71	0.4	0.0	0.1	1.3	2.4	5.5	0.7	1.0	7.1	4.2	2.1	2.3	浅	0.00
GTK23	1.0	24.5	36.8	25.3	13.4	7.72			0.2	0.0		0.0	0.0	14.3								0.00
GTK24	0.1	42.9	37.4	12.2	7.5	8.16			2.1	0.0		0.0	0.0	15.9								0.44
GTK25	0.4	29.5	42.6	18.2	9.7	7.92			0.3	0.0		0.0	0.0	0.0								0.00
GTK26	0.3	24.6	39.4	23.2	12.8	7.76			0.5	0.0		0.0	9.7	6.4								0.00
组数		19	19	19	19	19	8	8	19	19	8	19	19	19	8	8	8	8	8	8		19
平均值		32.19	39.35	18.71	9.75	7.94	0.46	2.71	0.63	0.05	0.25	0.49	3.99	10.08	1.27	6.65	5.53	6.78	8.18	4.87		0.15
最大值		42.9	44.7	25.3	14.4	8.2	0.6	2.73	2.1	0.9	0.6	2.8	12.6	18.2	3.6	15.8	12.9	11.7	12.3	8.7		0.96
最小值		24.5	33.6	12.0	4.9	7.7	0.4	2.69	0.1	0.0	0.1	0.0	0.0	0.0	0.3	0.7	2.8	4.0	2.1	1.4		0.00

续表 11-12

砂料试验

试样编号	取样深度(m)	砂的颗粒级配(%) 5~2.5mm	2.5~1.25mm	1.25~0.63mm	0.63~0.315mm	0.315~0.16mm	<0.16mm	细度模数	平均粒径(mm)	表观密度(g/cm³)	堆积密度(g/cm³)	疏松孔隙率(%)	黏土杂质含量(%)	泥块含量(%)	化学 云母含量(%)	硫酸盐硫化物含量(%)	有机质比标准色浅或深	轻物质含量(%)
GTK1	0.5	5.1	4.0	5.2	25.8	38.6	21.3	1.47	0.28				9.6					1.02
GTK2	0.2	3.1	3.5	4.6	23.3	41.4	24.1	1.31	0.27				10.7					0.83
GTK3	1.0	2.8	3.7	4.5	18.8	42.7	27.5	1.23	0.26				13.5					0.84
GTK5	0.5	3.3	3.3	3.8	18.1	31.0	40.5	1.08	0.27				12.4					0.55
GTK7	0.3	5.2	4.2	3.8	18.8	38.5	29.5	1.30	0.27	2.72	1.40	48.5	13.3	1.1	0.05	0.33		0.27
GTK8	0.2	5.4	3.5	2.7	16.0	43.5	28.9	1.25	0.26	2.70	1.37	49.3	15.3	0.6	0.03	0.13	浅	0.22
GTK9	0.5	6.1	3.8	3.2	20.5	40.2	26.2	1.37	0.27	2.70	1.44	46.7	10.8	0.3	0.16	0.33	浅	0.17
GTK11	0.5	3.1	2.4	3.5	13.1	46.2	31.7	1.08	0.25	2.70	1.35	50.0	12.8	0.7	0.02	0.58	浅	0.22
GTK12	0.5	1.3	1.6	1.7	10.2	38.4	46.8	0.77	0.25	2.68	1.35	49.6	25.0	2.2	0.07	0.17	浅	0.22
GTK13	0.5	0.9	1.0	2.2	18.9	53.1	23.9	1.06	0.25				8.1				浅	0.34
GTK15	0.2	1.7	1.6	2.0	13.2	40.2	41.3	0.88	0.25	2.69	1.35	49.8	19.4	1.6	0.18	0.23	浅	0.38
GTK16	0.5	1.7	0.9	0.9	10.7	46.0	39.8	0.82	0.24	2.67	1.39	47.9	15.9	0.3	0.05	0.25	浅	0.31
GTK18	0.5	3.7	2.0	3.8	13.4	30.1	47.0	0.95	0.27				47.3					0.43
GTK21	0.2	4.7	3.6	3.2	11.4	35.3	41.8	1.06	0.26				19.9					0.20
GTK22	0.2	2.6	2.0	2.3	16.3	43.4	33.4	1.04	0.26	2.69	1.35	49.8	16.2	0.6	0.07	0.47	浅	1.05
GTK23	1.0	2.5	3.3	3.7	19.2	41.1	30.2	1.16	0.26				9.5					0.39
GTK24	0.1	5.6	5.3	4.3	21.4	41.1	22.3	1.46	0.27				8.9					0.4
GTK25	0.4	2.3	3.4	4.5	17.7	38.0	34.1	1.12	0.27				20.7					0.62
GTK26	0.3	6.2	4.7	4.0	18.2	37.8	29.1	1.36	0.27				11.6					0.36
组数		19	19	19	19	19	19	19	19	8	8	8	19	8	8	8		19
平均值		3.54	3.04	3.36	17.11	40.35	32.60	1.15	0.26	2.69	1.38	48.96	15.84	0.93	0.08	0.31		0.46
最大值		6.2	5.3	5.2	25.8	53.1	47.0	1.5	0.28	2.7	1.4	50.0	47.3	2.2	0.2	0.6		1.05
最小值		0.9	0.9	0.9	10.2	30.1	21.3	0.8	0.24	2.7	1.4	46.7	8.1	0.3	0.0	0.1		0.17

注：0.16~0.005 mm颗粒百分含量是从颗粒分曲线查得的成果，并非实际试验数据。

采取 3 组骨料进行碱活性试验,见表 11-13。

表 11-13　观台砂砾石料场砾石碱活性试验成果

样品编号	化学法		砂浆棒快速法	评定结果
	SiO_2 浓度 S_c（mmol/L）	碱度降低值 R_c（mmol/L）	14 d 膨胀率（%）	
GTK8	17.6	51.9	0.02	非活性骨料
GTK9	18.8	52.1	0.07	非活性骨料
GTK11	21.6	77.9	0.05	非活性骨料

11.3.3.3　质量与储量

砂砾石混合料的平均粒径平均值为 54.19 mm,不均匀系数平均值为 303.71;砂的平均粒度模数平均值为 1.15,砂的平均粒径平均值为 0.26 mm,颗粒偏细,泥质含量平均值为 16.73%;砾的细度模数平均值为 7.94,泥质含量平均值为 0.30%。

按照《水利水电工程天然建筑材料勘察规程》(SL 251—2000)附录 A"混凝土粗细骨料质量指标",砂料的细度模数、平均粒径、含泥量、堆积密度、疏松孔隙率不符合技术要求,其他各项主要指标符合技术要求;砾料多项主要指标符合技术要求,但含泥量较高。因此,砂砾料基本符合混凝土粗骨料的技术要求,该料场中砂料多项技术指标不符合技术要求。

化学法评定标准,当试验结果出现 $R_c > 70$ 而 $S_c > R_c$,或者 $R_c < 70$ 而 $S_c > 35 + R_c/2$ 时,该试样被评定为具有潜在有害反应;反之,则评定为非活性骨料。砂浆棒快速法评定标准:砂浆试件 14 d 的膨胀率小于 0.1%,则骨料为非活性骨料;砂浆试件 14 d 的膨胀率大于 0.2%,则骨料为具有潜在危害性反应的活性骨料;砂浆试件 14 d 的膨胀率为 0.1% ~ 0.2% 的,对这种骨料应结合现场记录、岩相分析或开展其他的辅助试验、试件观测的时间延至 28 d 后的测试结果等来进行综合评定。根据骨料碱活性试验判断,该料场砂砾料均为非活性骨料,能够用于浆砌石护坡垫层,其级配按照设计要求选用。

采用平均厚度法计算,砂卵砾石混合料储量为 150.60 万 m³,无用层体积为 26.33 万 m³;采用平行断面法计算,砂卵砾石混合料储量为 139.22 万 m³,无用体积为 32.36 万 m³。

以砂卵砾石混合料储量 139.22 万 m³ 为基础,经初步估算,卵砾石储量为 109.65 万 m³,粒径大于 8 cm 的卵砾石储量为 42.4 万 m³,粒径不大于 8 cm 的砂砾料储量为 96.82 万 m³,砂料净储量为 29.57 万 m³,能够满足需要。

需要说明的是,设计拟采用粒径大于 10 cm 的颗粒,由于试验筛无 10 cm 直径网眼,卵砾石储量估算为粒径大于 8 cm 储量;此外,受试验仪器的限制,粒径大于 15 cm 的颗粒无法测试其堆积密度,故作为弃料处理,砾石分级含量未包含大于 15 cm 的颗粒,因而估算的储量可能偏大。

11.3.3.4　开采与运输条件

料场开阔,远离村庄,河道一般干枯无水,地下水位一般埋藏较深,便于机械开采;从观台镇—料场为简易土路,交通较为便利,至观台镇运距为 2 ~ 3 km,至左岸潘汪村运距为 17.8 km,至右岸中清流村运距为 14.3 km,水库两岸均有环库公路,左岸路况良好,仅局部较差,而右岸路况较差。

11.4　施工平台填筑料

2006 年,对红土卵石料场进行了初查;2008 年,进行了详查。按照料场的分布状况,划分为 A、B、C、D 4 个区域,A、B 区为 2006 年选择料场,C 区为本期新选料场,D 区为以往施工开挖遗留的东清流料场部分,相距很近,地质条件相近,一并简述。

11.4.1　地质概况

料场地处右坝肩残丘上,沿山脊分布,高程为 150 ~ 203 m,地形起伏大,整体呈长条带状,形态不规则,长度为 330 ~ 800 m,宽度为 100 ~ 330 m;出露地层主要为第四系下更新统冲积洪积(Q_1^{al+pl})红土卵石(混合土卵石),由土和漂石卵砾石组成,一般漂石含量为 10% ~ 30%,卵石含量为 20% ~ 50%,砾石含量为 10% ~ 30%,呈浑圆 - 次浑圆状,岩性以石英砂岩为主,其次为石英岩和灰岩,含砂量较高;土为高 - 低液限黏土,棕红色,稍湿,可塑状,含量为 15% ~ 25%。一般厚度为 4 ~ 6 m,但随着地形变化,其厚度变化较大,是料场主要地层;第四系上更新统冲积坡积(Q_3^{al+dl})黄土状低液限黏土和粉土,黄色、棕黄色,局部棕色,土质较纯,局部钙质结核较多,下部夹有卵石层,厚度变化较大,局部表层为耕植土,厚度较小,分布在料场外围。下伏地层为上第三系上新统砂岩、砂砾岩等。

料场大部分为荒山,部分为耕地,B 区一侧山包局部栽有树木。此外,A 区 NW 侧见有坟地。

根据勘探,有用层为冲积洪积(Q_1^{al+pl})红土卵石(混合土卵石),厚度为 4 ~ 15 m,厚度随地形起伏而变化较大。

地下水为孔隙潜水,在勘探深度 15.00 m 范围内未发现地下水。

11.4.2　勘探与试验

2006 年,进行了初步勘察,为此,按照设计需要量,2008 年对 A、B 区进行了补充勘察,扩大了料场范围,加密了勘探点,加深了勘探深度;此外,新选择了 C 区,对 D 区进行了勘察。

按照料场的地形特征和有用层的分布布置勘探线,勘探线呈网格状布置,勘探线间距一般为 50 m 左右,勘探点间距为 50 m 左右。

A 区地面高程为 150.73 ~ 202.33 m,勘探深度为 1.30 ~ 15.0 m,实测纵横地质剖面

图 8 条,勘探点 27 个。

　　B 区地面高程为 158.73 ~ 195.96 m,勘探深度为 0.50 ~ 10.0 m,实测纵横地质剖面图 10 条,勘探点 42 个。

　　C 区地面高程为 182.54 ~ 201.06 m,勘探深度为 3.10 ~ 7.00 m,实测纵横地质剖面图 20 条,开挖探井 26 个。

　　D 区地面高程为 170.69 ~ 196.15 m,勘探深度为 1.80 ~ 7.20 m,实测纵横地质剖面图 2 条,开挖探井 12 个。

　　2007 年,对探井开挖料进行了 6 组筛分试验,并从探井采取了 4 组扰动土样和击实样 3 组,进行了室内土工试验,试验成果见表 11-14。

　　2007 年仅对粒径小于 5 mm 的土料进行了击实试验,并对粒径小于 2 mm 的土料进行了击实后的压缩和渗透试验,试验成果见表 11-15。

　　2008 年,在 A 区,从探井采取了 4 组筛分扰动土样和 3 组击实土样,进行了土工试验,试验成果见表 11-14。

　　在 B 区,从探井采取了 4 组筛分扰动土样和 3 组击实土样,进行了土工试验,试验成果见表 11-14。

　　在 C 区,从探井采取了 4 组扰动土样和击实样 3 组,进行了土工试验,试验成果见表 11-16。

　　在 D 区,从探井采取了 3 组筛分扰动土样,进行了土工试验,试验成果见表 11-16。

　　混合料的室内击实试验及击实后试验成果见表 11-17,试验采用最大压力为 0.318 MPa。

　　此外,在 A、B、C 区分别采取了 2 组扰动土样进行室内土工试验,成果见表 11-18。

　　颗分曲线详见图 11-3 ~ 图 11-6,击实曲线详见图 11-7 ~ 图 11-10。

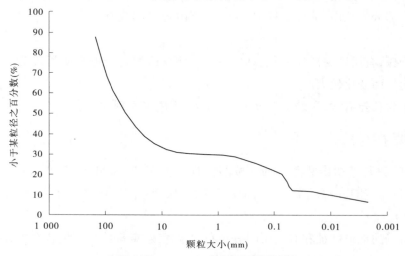

图 11-3　ATJ3 红土卵石颗分曲线

表 11-14　右坝肩红土卵石料场 A 区和 B 区土工试验成果

位置	样号	取样深度(m)	天然含水率(%)	天然湿密度(g/cm³)	天然干密度(g/cm³)	>150 mm	150~80 mm	80~40 mm	40~20 mm	20~5.0 mm	5.0~2.5 mm	2.5~1.25 mm	1.25~0.630 mm	0.630~0.315 mm	0.315~0.16 mm	0.16~0.075 mm	0.075~0.010 mm	0.010~0.005 mm	<0.005 mm	d_{10}(mm)	d_{15}(mm)	d_{30}(mm)	d_{50}(mm)	d_{60}(mm)	C_u	C_c
A 区	DTJ1	0~5.7	7.6	1.99	1.85		31.7	26.4	12.2	11.4	2.3	3.0	4.7	5.1	2.0	0.2	0.5	0.1	0.4	0.802		20.597	52.359	66.964	83.5	7.9
	DTJ3	0~5.7	5.0	1.93	1.84		36.2	15.2	6.1	8.0	7.0	10.2	6.6	5.8	2.5	0.2	1.5	0.3	0.6	0.577		3.071	44.518	69.864	121.1	0.2
	DTJ8	0~4.6	6.2	2.00	1.88	1.50	32.2	29.6	10.9	5.4	4.5	4.9	4.0	3.8	1.8	0.2	0.8	0.1	0.3	1.076		30.253	56.752	70.392	65.4	12.1
	ATJ3	0~5.4	5.3	1.99	1.89	12.0	24.2	14.7	10.4	7.8	0.7	0.3	0.6	2.3	2.8	3.9	10.5	1.4	8.4	0.011	0.057	1.966	42.175	68.666	6 242.30	5.12
	ATJ9	0~5.0	7.5	2.02	1.88	8.1	18.8	30.6	7.0	4.8	0.2	0.2	0.8	2.2	1.7	1.3	13.5	2.0	8.8	0.007	0.051	0.809	49.499	60.235	8 605.00	1.55
	ATJ22	0~5.0	9.3	2.08	1.91	8.1	21.9	22.8	13.7	4.9	0.5	0.3	1.2	4.6	4.7	4.6	8.9	0.6	3.2	0.065	0.107	9.742	43.678	59.447	914.57	24.56
	ATJ23	0~4.2	8.7	2.07	1.90	8.4	16.7	15.6	11.6	12.3	0.6	0.4	1.3	3.8	3.5	3.2	12.9	1.9	7.8	0.011	0.054	0.350	23.559	41.450	3 768.10	0.27
	组数	7	7	7	7	5	7	7	7	7	7	7	7	7	7	6	7	7	7	7	4	7	7	7	7	7
	平均值	7.09	2.01	1.88	7.62	45.74	30.54	14.66	8.84	2.59	2.56	2.34	3.17	2.16	1.70	5.41	0.71	4.21	0.36	0.07	9.54	44.65	62.43	2 828.57	7.39
	最大值	9.30	2.08	1.91	12.00	150.00	80.00	40.00	20.00	7.00	10.20	6.60	5.80	4.70	4.60	13.50	2.00	8.80	1.08	0.11	30.25	56.75	70.39	8 605.00	24.56
	最小值	4.95	1.93	1.84	1.50	16.70	14.70	6.10	4.80	0.20	0.20	0.60	0.32	0.16	0.08	0.01	0.01	0.30	0.01	0.05	0.35	23.56	41.45	65.42	0.23
B 区	DTJ10	0~5.6	7.6	1.95	1.81	2.2	20.6	18.2	7.0	12.1	8.3	9.3	6.8	8.6	4.0	0.4	1.4	0.4	0.7	0.406		2.197	16.168	42.986	105.9	0.3
	DTJ13	0~6.0	7.1	1.97	1.84	3.1	19.9	32.5	7.0	11.8	5.4	6.5	4.6	4.9	2.4	0.3	0.7	0.3	0.6	0.695		7.613	47.541	57.503	82.7	1.5
	DTJ18	0~5.5	7.3	1.93	1.80	3.4	29.8	25.7	6.9	9.9	3.7	4.0	4.7	6.8	2.8	0.4	1.0	0.3	0.6	0.506		11.240	54.536	68.785	135.9	3.6
	BTJ7	0~3.3	7.0	1.97	1.85	13.5	24.6	10.3	11.1	7.9	0.2	0.1	0.4	2.9	4.8	6.9	10.8	1.1	5.4	0.055	0.067	0.363	36.300	70.642	1 284.40	0.03
	BTJ9	0~5.0	7.0	1.99	1.86	9.0	25.9	21.1	6.5	7.9	0.2	0.2	0.8	1.7	2.5	4.0	10.7	2.1	7.4	0.012	0.055	6.135	52.072	69.785	5 815.40	44.95
	BTJ21	0~5.9	8.7	1.96	1.81	18.6	31.3	18.5	6.4	6.7	0.2	0.1	0.8	3.3	3.1	2.6	5.5	0.3	2.6	0.113	0.364	34.778	79.786	101.290	896.39	105.67
	BTJ22	0~5.2	7.5	2.04	1.90	7.4	20.0	25.5	15.1	8.4	0.8	0.2	2.4	3.1	3.1	3.3	7.4	0.7	2.6	0.070	0.199	16.171	43.495	56.741	810.59	65.84
	组数	7	7	7	7	7	7	7	7	7	7	7	7	7	7	7	7	7	7	7	4	7	7	7	7	7
	平均值	7.45	1.97	1.84	8.17	24.59	21.69	8.57	9.24	2.69	2.91	2.93	4.47	3.24	2.56	5.36	0.74	2.84	0.27	0.17	11.21	47.13	66.82	1 304.47	31.69
	最大值	8.70	2.04	1.90	18.60	31.30	32.50	15.10	12.10	8.30	9.30	6.80	8.60	4.80	6.90	10.80	2.10	7.40	0.70	0.36	34.78	79.79	101.29	5 815.40	105.67
	最小值	7.00	1.93	1.80	2.20	19.90	10.30	6.40	6.70	0.20	0.10	0.40	1.70	2.40	0.30	0.30	0.30	0.60	0.01	0.06	0.36	16.17	42.99	82.74	0.03

续表 11-14

位置	样号	取样深度(m)	相对密度 最大密度 ρ_{max} (g/cm³)	相对密度 最小密度 ρ_{min} (g/cm³)	相对密度 D_r	堆积密度 >150mm 密实	堆积密度 >150mm 松散	堆积密度 150~5.0mm 密实	堆积密度 150~5.0mm 松散	砾粒组成 150~80mm	砾粒组成 80~40mm	砾粒组成 40~20mm	砾粒组成 20~5.0mm	砾的细度模数	砂粒组成 5.0~2.5mm	2.5~1.25mm	1.25~0.63mm	0.63~0.315mm	0.315~0.16mm	<0.16mm	砂的细度模数	砂的平均粒径(mm)
A区	DTJ1	0~5.7	1.88	1.68	0.86	1.88	1.68	1.80	1.60	38.8	32.3	14.9	14.0	7.96	12.5	16.6	25.5	27.6	10.9	6.9	2.72	0.42
	DTJ3	0~5.7	1.90	1.70	0.72	1.90	1.70	1.86	1.63	55.3	23.2	9.3	12.2	8.22	20.4	29.4	19.0	16.9	7.3	7.0	3.18	0.48
	DTJ8	0~4.6	1.93	1.69	0.81	1.93	1.69	1.87	1.64	41.2	37.9	14.0	6.9	8.13	22.0	24.1	19.6	18.5	8.7	7.1	3.11	0.45
	ATJ3	0~5.4			0.52			1.83	1.64	42.4	25.7	18.2	13.7	7.97	2.3	1.0	1.9	7.4	9.1	78.3	0.45	0.29
	ATJ9	0~5.0			0.45			1.83	1.62	30.7	50.0	11.4	7.8	8.04	0.7	0.7	2.6	7.2	5.5	83.4	0.34	0.31
	ATJ22	0~5.0			0.62			1.89	1.62	34.6	36.0	21.6	7.7	7.97	1.7	1.0	4.2	16.1	16.4	60.5	0.74	0.29
	ATJ23	0~4.2			0.66			1.87	1.68	29.7	27.8	20.6	21.9	7.65	1.7	1.1	3.7	10.7	9.9	72.9	0.55	0.30
	组数		3	3	7	3	3	7	7	7	7	7	7	7	7	7	7	7	7	7	7	7
	平均值		1.90	1.69	0.66	1.90	1.69	1.85	1.63	38.96	33.27	15.73	12.03	7.99	8.75	10.56	10.93	14.92	9.69	45.15	1.58	0.36
	最大值		1.93	1.70	0.86	1.93	1.70	1.89	1.68	55.30	50.00	21.64	21.89	8.22	22.00	29.40	25.50	27.60	16.43	83.39	3.18	0.48
	最小值		1.88	1.68	0.45	1.88	1.68	1.80	1.60	29.72	23.20	9.30	6.90	7.65	0.65	0.65	1.94	7.17	5.54	6.90	0.34	0.29
B区	DTJ10	0~5.6	1.91	1.68	0.60	1.91	1.68	1.82	1.62	35.6	31.4	12.0	21.0	7.82	20.7	23.2	17.1	21.6	10.0	7.4	3.01	0.43
	DTJ13	0~6.0	1.91	1.67	0.74	1.91	1.67	1.83	1.65	28.0	45.7	9.8	16.5	7.85	20.9	25.1	17.9	19.1	9.3	7.7	3.06	0.44
	DTJ18	0~5.5	1.90	1.63	0.66	1.90	1.63	1.81	1.60	41.2	35.6	9.5	13.7	8.04	15.0	16.4	19.4	28.0	11.6	9.6	2.66	0.41
	BTJ7	0~3.3			0.87			1.91	1.51	45.6	19.1	20.6	14.7	7.96	0.6	0.3	1.2	8.9	14.7	74.2	0.40	0.26
	BTJ9	0~5.0			0.80			1.96	1.55	42.2	34.4	10.6	12.9	8.06	0.7	0.7	2.7	5.7	8.4	81.8	0.34	0.28
	BTJ21	0~5.9			0.85			1.87	1.53	49.8	29.4	10.2	10.7	8.18	1.1	0.5	4.3	17.8	16.8	59.5	0.73	0.29
	BTJ22	0~5.2			0.87			1.97	1.53	29.0	37.0	21.9	12.2	7.83	3.4	0.8	10.2	13.1	13.1	59.3	0.90	0.31
	组数		3	3	7	3	3	7	7	7	7	7	7	7	7	7	7	7	7	7	7	7
	平均值		1.91	1.66	0.77	1.91	1.66	1.88	1.57	38.77	33.22	13.51	14.51	7.96	8.91	9.58	10.40	16.33	11.99	42.78	1.59	0.35
	最大值		1.91	1.68	0.87	1.91	1.68	1.97	1.65	49.76	45.70	21.88	21.00	8.18	20.90	25.10	19.40	28.00	16.76	81.76	3.06	0.44
	最小值		1.90	1.63	0.60	1.90	1.63	1.81	1.51	28.00	19.11	9.50	10.65	7.82	0.61	0.31	1.23	5.74	8.45	7.40	0.34	0.26

表11-15 2007年右坝肩红土卵石料场细颗粒土料击实试验成果

土样编号	取样深度(m)	击实			压缩(饱和状态)				垂直渗透		
		比重	最优含水率(%)	最大干密度(g/cm³)	制样指标		压缩系数 a_{1-2}(MPa^{-1})	压缩模量 E_{s1-2}(MPa)	制样指标		渗透系数 K_{20}
					含水率(%)	干密度(g/cm³)			含水率(%)	干密度(g/cm³)	
击DTJ1	0~5.7	2.72	25.2	1.50	25.2	1.44	0.865	2.270	25.2	1.44	3.90×10^{-6}
击DTJ8	0~4.6	2.74	25.4	1.53	25.4	1.47	0.574	3.447	25.4	1.47	4.35×10^{-6}
击DTJ10	0~5.6	2.73	23.8	1.56	23.8	1.50	0.383	5.151	23.8	1.50	1.75×10^{-5}
组数		3	3	3	3	3	3	3	3	3	3
平均值		2.73	24.8	1.53	24.8	1.47	0.61	3.62	24.8	1.47	8.58×10^{-6}

表 11-16　右坝肩红土卵石料场 C 区和 D 区工试验成果

位置	样号	取样深度(m)	天然状态			天然混合级配(%)														混合级配						
			天然含水率(%)	天然湿密度(g/cm³)	天然干密度(g/cm³)	>150 mm	150~80 mm	80~40 mm	40~20 mm	20~5.0 mm	5.0~2.5 mm	2.5~1.25 mm	1.25~0.630 mm	0.630~0.315 mm	0.315~0.16 mm	0.16~0.075 mm	0.075~0.010 mm	0.010~0.005 mm	<0.005 mm	限制粒径 d_{10} (mm)	限制粒径 d_{15} (mm)	分界粒径 d_{30} (mm)	平均粒径 d_{50} (mm)	有效粒径 d_{60} (mm)	不均匀系数 C_u	曲率系数 C_c
C 区	CTJ6	0~5.3	12.4	2.08	1.85	7.2	16.9	28.6	6.4	8.7	0.2	0.3	1.0	7.9	3.7	6.5	4.1	1.7	6.8	0.047	0.098	0.564	44.820	56.416	1 200.30	0.12
	CTJ7	0~5.3	8.7	1.97	1.81	6.5	14.7	24.8	9.9	8.3	0.8	0.5	0.8	6.6	4.4	7.7	6.9	1.8	6.3	0.022	0.075	0.417	32.806	48.645	2 211.10	0.16
	CTJ16	0~7.0	5.3	2.00	1.90	6.0	12.4	35.2	6.9	7.6	0.2	0.2	0.5	5.3	4.0	6.8	6.4	2.0	6.5	0.019	0.076	0.521	45.262	54.461	2 866.30	0.26
	CTJ17	0~5.4	5.3	2.00	1.90	7.1	14.5	30.5	8.8	9.5	0.1	0.2	0.9	8.5	5.8	6.5	3.4	0.8	3.4	0.100	0.179	6.111	43.399	54.373	543.73	6.87
	组数		4	4	4	4	4	4	4	4	4	4	4	4	4	4	4	4	4	4	4	4	4	4	4	4
	平均值		7.93	2.01	1.87	6.70	14.63	29.78	8.00	8.53	0.33	0.30	0.80	7.08	4.48	6.88	5.20	1.58	5.75	0.05	0.11	1.90	41.57	53.47	1 705.36	1.85
	最大值		12.40	2.08	1.90	7.20	150.00	80.00	40.00	20.00	5.00	2.50	1.25	8.50	5.80	7.70	6.90	2.00	6.80	0.10	0.18	6.11	45.26	56.42	2 866.30	6.87
	最小值		5.30	1.97	1.81	6.00	12.40	24.80	6.40	7.60	0.10	0.20	0.50	5.30	3.70	6.50	3.40	0.80	3.40	0.02	0.08	0.42	32.81	48.65	543.73	0.12
D 区	DTJ1	0~7.2	11.1	2.05	1.85	6.1	11.3	25.0	10.7	12.8	0.2	0.4	2.1	9.8	5.0	7.5	4.1	0.9	4.1	0.082	0.134	0.550	25.653	43.978	536.32	0.08
	DTJ2	0~4.7	9.9	1.98	1.80	8.1	14.1	27.2	9.1	10.2	0.4	0.3	0.8	6.3	5.9	7.0	4.0	1.6	5.0	0.069	0.121	0.658	38.712	52.457	760.25	0.12
	DTJ10	0~6.0	4.2	1.92	1.85	5.0	18.7	28.8	12.0	8.6	0.1	0.1	0.6	4.9	4.2	5.3	4.7	1.5	5.4	0.059	0.120	10.283	43.158	54.722	927.49	32.75
	组数		3	3	3	3	3	3	3	3	3	3	3	3	3	3	3	3	3	3	3	3	3	3	3	3
	平均值		8.40	1.98	1.83	6.40	14.70	27.00	10.60	10.53	0.23	0.30	1.17	7.00	5.03	6.60	4.27	1.33	4.83	0.07	0.13	3.83	35.84	50.39	741.35	10.98
	最大值		11.10	2.05	1.85	8.10	18.70	28.80	12.00	12.80	0.40	0.40	2.10	9.80	5.90	7.50	4.70	1.60	5.40	0.08	0.13	10.28	43.16	54.72	927.49	32.75
	最小值		4.20	1.92	1.80	5.00	11.30	25.00	9.10	8.60	0.10	0.20	0.60	4.90	4.20	5.30	4.00	0.90	4.10	0.06	0.12	0.55	25.65	43.98	536.32	0.08

续表 11-16

位置	样号	取样深度 (m)	相对密度 最大密度 ρ_{max} (g/m³)	相对密度 最小密度 ρ_{min} (g/m³)	相对密度 D_r	堆积密度 (g/cm³) >150mm 密实	>150mm 松散	150~5.0mm 密实	150~5.0mm 松散	砾粒组成(%) 150~80 mm	80~40 mm	40~20 mm	20~5.0 mm	砾的细度模数	砂粒组成(%) 5.0~2.5 mm	2.5~1.25 mm	1.25~0.63 mm	0.63~0.315 mm	0.315~0.16 mm	<0.16 mm	砂的细度模数	砂的平均粒径 (mm)
C区	CTJ6	0~5.3			0.76			1.89	1.68	27.9	47.2	10.6	14.4	7.89	0.6	0.9	3.1	24.5	11.5	59.3	0.77	0.32
	CTJ7	0~5.3			0.71			1.87	1.66	25.5	43.0	17.2	14.4	7.80	2.2	1.4	2.2	18.4	12.3	63.4	0.73	0.31
	CTJ16	0~7.0			0.83			1.81	1.60	20.0	56.7	11.1	12.2	7.84	0.6	0.6	1.6	16.6	12.5	68.0	0.56	0.29
	CTJ17	0~5.4			0.88			1.85	1.62	22.9	48.2	13.9	15.0	7.79	0.3	0.7	3.0	28.7	19.6	47.6	0.91	0.29
	组数				4			4	4	4	4	4	4	4	4	4	4	4	4	4	4	4
	平均值				0.80			1.86	1.64	24.06	48.76	13.18	14.00	7.83	0.96	0.91	2.49	22.08	13.98	59.60	0.74	0.30
	最大值				0.88			1.89	1.68	27.89	56.68	17.16	15.01	7.89	2.23	1.40	3.11	28.72	19.59	68.03	0.91	0.32
	最小值				0.71			1.81	1.60	19.97	42.98	10.56	12.24	7.79	0.34	0.63	1.57	16.61	11.49	47.64	0.56	0.29
D区	DTJ1	0~7.2			0.82			1.89	1.64	18.9	41.8	17.9	21.4	7.58	0.6	1.2	6.2	28.7	14.7	48.7	0.98	0.32
	DTJ2	0~4.7			0.74			1.87	1.68	23.3	44.9	15.0	16.8	7.75	1.3	1.0	2.6	20.1	18.8	56.2	0.77	0.29
	DTJ10	0~6.0			0.78			1.87	1.68	27.5	42.3	17.6	12.6	7.85	0.4	0.7	2.2	18.2	15.6	62.8	0.64	0.29
	组数				3			3	3	3	3	3	3	3	3	3	3	3	3	3	3	3
	平均值				0.78			1.88	1.67	23.21	42.99	16.84	16.95	7.72	0.75	0.96	3.65	22.36	16.38	55.91	0.80	0.30
	最大值				0.82			1.89	1.68	27.46	44.88	17.89	21.40	7.85	1.28	1.17	6.16	28.74	18.85	62.83	0.98	0.32
	最小值				0.74			1.87	1.64	18.90	41.81	15.02	12.63	7.58	0.37	0.74	2.23	18.22	14.66	48.68	0.64	0.29

表 11-17　右坝精红土卵石料场击实及击实后试验成果

编号	击实 最大干密度(g/cm³)	击实 最优含水率(%)	击实后饱和和固结剪切 制样密度(g/cm³)	击实后饱和和固结剪切 制样含水率(%)	击实后饱和和固结剪切 摩擦系数	击实后饱和和固结剪切 凝聚力(kPa)	击实后压缩 制样密度(g/cm³)	击实后压缩 制样含水率(%)	压力为0.106 MPa 压缩系数 a(MPa⁻¹)	压力为0.106 MPa 压缩模量 E_s(MPa)	压力为0.212 MPa 压缩系数 a(MPa⁻¹)	压力为0.212 MPa 压缩模量 E_s(MPa)	压力为0.318 MPa 压缩系数 a(MPa⁻¹)	压力为0.318 MPa 压缩模量 E_s(MPa)	说明
ATJ-1	1.83	15.1	1.89	13.4	0.80	9.34									依据经验和参照有关工程资料,在击实后压缩实验中,比重选取 2.70~2.75,起始孔隙比选为 0.65~0.84
BTJ	1.79	17.3	1.72	17.3	0.38	13.3	1.72	17.3	0.66	2.80	0.34	5.38	0.20	9.01	
CTJ	1.82	14.9													
ATJ-2	1.97	13.4					1.89	13.4	0.35	5.13	0.22	8.15	0.22	8.15	
组数	4	4			2	2			2	2	2	2	2	2	
平均值	1.85	15.2			0.59	11.32			0.505	3.965	0.28	6.765	0.21	8.58	

注:试验选用的压实度为 0.96。

表 11-18　A、B、C 区扰动土样土工试验成果汇总

土样编号	取土深度(m)	含水率 ω(%)	土粒比重 G_s	湿密度 ρ_0(g/cm³)	干密度 ρ_d(g/cm³)	饱和度 S_r(%)	孔隙比 e	界限含水率(17 mm液限) 液限 ω_L	塑限 ω_P	塑性指数 I_P	液性指数 I_L	界限含水率(10 mm液限) 液限 ω_L	塑限 ω_P	塑性指数 I_P	液性指数 I_L	颗粒组成(%) >2.00 mm	2.00~0.50 mm	0.50~0.25 mm	0.25~0.075 mm	0.075~0.005 mm	<0.005 mm	土的定名
RATJ13-1	1.0~4.0		2.76					50.2	21.8	28.4		40.8	21.8	19.0			4.6	7.0	20.5	23.2	44.7	含砂高液限黏土
RATJ16-1	1.0~4.0		2.76					51.4	22.4	29.0		41.8	22.4	19.4			3.7	4.5	23.5	23.8	35.5	含砂高液限黏土
RATJ14-1	1.0~4.0		2.75					38.8	20.0	18.8		33.0	20.0	13.0				7.0	7.4	54.8	30.8	低液限土
RATJ13-1	1.0~4.0		2.75					44.1	21.0	23.1		36.7	21.0	15.7				8.0	25.9	34.0	32.1	含砂低液限黏土
RATJ16-1	1.0~4.0		2.76					44.1	21.0	23.1		36.7	21.0	15.7			5.4	12.8	20.0	30.8	31.0	含砂低液限黏土
RATJ25-1	1.0~4.0		2.76					49.6	21.6	28.0		40.4	21.6	18.8			6.6	7.2	19.6	23.8	42.8	含砂低液限黏土

注:RATJI3-1,RATJI6-1,RCTJI6-1,RCTJ25-1 界限含水率过 0.50 mm 的筛。

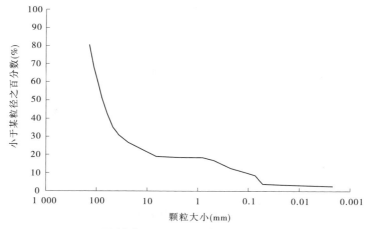

图 11-4　BTJ21 红土卵石颗分曲线

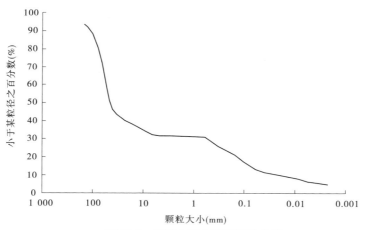

图 11-5　CTJ16 红土卵石颗分曲线

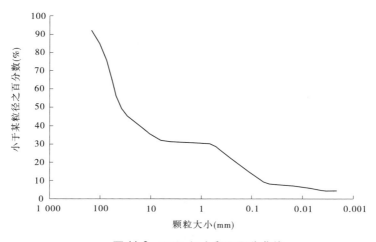

图 11-6　DTJ2 红土卵石颗分曲线

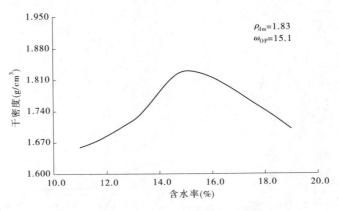

图 11-7　ATJ－1 红土卵石击实曲线

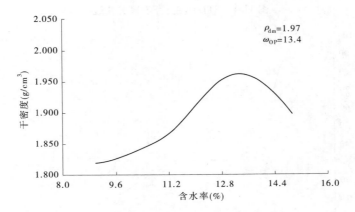

图 11-8　ATJ－2 红土卵石击实曲线

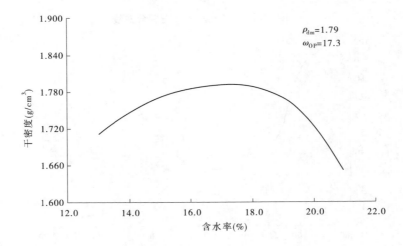

图 11-9　BTJ 红土卵石击实曲线

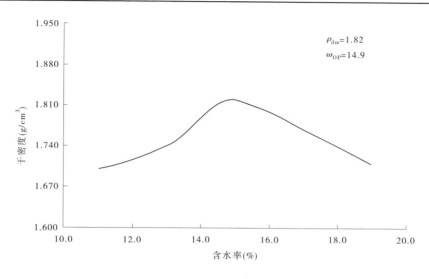

图 11-10　CTJ 红土卵石击实曲线

从本期击实及击实后剪切、压缩试验成果看,由于土料中粗颗粒含量变化较大,击实试验的最大干密度差别不大,但数值偏小,而剪切试验成果变化较大。

此外,1998 年 11 月,水利部天津水利水电勘测设计研究院科学研究所对东清流红土卵石料场进行 6 组击实试验和 7 组剪切试验(4 组饱和固结快剪、3 组饱和快剪),试验建议值见表 11-19,试验成果见表 11-19,试验采用最大压力为 0.4 MPa,并提交了《岳城水库大副坝涌砂处理红土卵石直剪及击实试验报告》。

表 11-19　1998 年东清流红土卵石料场击实和击实后剪切试验建议值

砾石含量 (%)	最大 干密度 (g/cm³)	最优 含水率 (%)	剪切试验			
			饱和固结快剪		饱和快剪	
			凝聚力 (kPa)	内摩擦角 (°)	凝聚力 (kPa)	内摩擦角 (°)
90	2.03	4.6	15	30	13	16
60	2.08	9.7	15	20	10	9.5
40	1.99	10.3	20	10	2	7.5
10	1.72	20.6	30	9.5		
60						
40						
10						
天然	2.05	7.1				
平均值			25	17.375	8.3	11

《岳城水库大副坝涌砂处理红土卵石直剪及击实试验报告》主要结论有:

表 11-20　1998 年东清流红土卵石料场击实和击实后剪切试验成果

探井编号	>5 mm 砾石含量(%)	击实试验		剪切试验					
		最大干密度 (g/cm³)	最优含水率 (%)	干密度 (g/cm³)	含水率 (%)	试验方法	饱和度 (%)	凝聚力 (kPa)	内摩擦角 (°)
6	60			1.88	17.2	饱和快剪	100	13	16
2	40			1.80	17.9		97	10	9.5
1	10			1.51	26.0		90	2	7.5
5	90	2.03	4.6	2.03	4.3	饱和固结快剪	100	15	30
3－1	60	2.08	9.7	2.08	11.0		100	15	20
4	40	1.99	10.3	1.96	18.4		100	20	10
3－2	10	1.72	20.6	1.63	22.4		100	30	9.5
1	69.8	2.13	6.7						
2	57.0	1.98	8.0						
3	65.1	2.03	5.8						
4	62.5	2.01	7.0						
5	71.0	2.13	5.9						
6	61.9	2.04	6.6						

注：试验样品为人工制成的重塑样。

（1）砾石含量约为70%时最大干密度达到最大值,为2.13 g/cm³;砾石含量约为10%时最大干密度为最小值,为1.72 g/cm³;不同砾石含量和天然砾石含量的最大干密度的加权平均值为2.05 g/cm³。

（2）土体的最优含水率基本随含砾量的增大而减小,随着含砾量的减小而增大,其最优含水率的加权平均值为7.1%。

（3）土体的内摩擦角与含砾量呈正相关,含砾量增加,内摩擦角增大;含砾量减小,内摩擦角也减小。

（4）土体的饱和快剪试验,凝聚力与砾石含量呈正相关,凝聚力的大小取决于咬合力,咬合力越高,凝聚力越大,咬合力降低,凝聚力也降低。

（5）土体的饱和固结快剪符合一般规律,其凝聚力与含砾量呈反比例关系,凝聚力随着砾石含量的减小而增大,随着砾石含量的增大而减小。

两期击实及击实后剪切、压缩试验,与1998年东清流料场试验成果相比,本期击实试验的最大干密度偏小,而1998年击实试验的最优含水率变化较大,两期饱和固结剪切试验的凝聚力基本一致,但内摩擦角差别明显,主要是由于卵砾石含量变化较大引起的,并与采取样品的代表性有关。

参照试验成果和工程经验,红土卵石击实后饱和固结快剪的凝聚力为13 kPa,内摩擦角为16°;击实后压缩模量为8 MPa,最优含水率为15.2%,最大干密度为2.05 g/cm³。

11.4.3　质量与储量

红土卵石拟用于填筑临时施工平台,从试验成果可以看出,其物性、压缩性均表现出均一性较差,但基本能够满足临时填筑料的要求。

A区,采用平均厚度法计算,有用层储量为32.31万 m³,无用体积为3.18万 m³;采用平行断面法计算,有用层储量为22.65万 m³,无用体积为2.92万 m³。

B区,采用平均厚度法计算,有用层储量为32.83万 m³,无用体积为4.44万 m³;采用平行断面法计算,有用层储量为35.80万 m³,无用体积为9.46万 m³。

C区,采用平均厚度法计算,有用层储量为23.39万 m³,无用体积为5.35万 m³;采用平行断面法计算,有用层储量为23.62万 m³,无用体积为4.14万 m³。

D区,采用平均厚度法计算,有用层储量为3.10万 m³,无用体积为0.49万 m³;采用三角形法计算,有用层储量为3.02万 m³,无用体积为0.49万 m³。本区储量估算仅计算了南侧区域,其他区域较小,分布零散,未核算储量。

4个区域总储量约为85.09万 m³(平行断面法和三角形法)、91.63万 m³(平均厚度法),能够满足需要。

11.4.4　开采与运输条件

有用层厚度较大,开采条件较好,以A、B、C区为主料场,D区为备用料场。料场有简易乡村土路,可直通右坝肩,至右坝肩运距为0.5~1.5 km。料场未见地下水,施工开采均为水上。

第 12 章　有关地质问题评述

12.1　岳城断裂（F_8）

在以往地质勘察与评价时,关于岳城断裂在坝址分布及其性状认识上尚不完全一致,虽然岳城断裂发育方向基本与主坝坝轴线延伸方向平行,但其是否从主坝坝基或坝轴线下游附近穿过,尚不很肯定。此外,在溢洪道施工开挖揭露 F_4、钻孔 261 与钻孔 262 及其附近揭露断层、主坝右岸垂直坝轴线排水沟开挖揭露断层 F_{22}、拟建第二溢洪道勘察推断得断层 F_{26} 与岳城断裂联系亦未形成明确结论。

但根据 1997 年 2 月国家地震局分析预报中心编制的《南水北调中线工程枢纽渠段地震安全性评价报告》,该断裂为太行山隆起区的山前台地和丘陵地带内的一条次级、南起岳城水库大坝附近,向北经磁县旺南村、里青、水鱼岗,到西来村,止于磁县北习西西向断裂,全长约 18 km。断裂走向为 NE30°~50°,倾向为 SE,倾角为 50°,为一正断层。该断裂又称为梧东断裂,为煤田地质资料所确定,根据峰峰矿务局资料,老断层最大落差达 550 m。该断层在岳城水库主坝右岸垂直坝轴线排水沟开挖时揭露,从当时地层描述和区域地层对比来分析,断裂错断的棕红色低液限黏土层为中更新统地层、红土卵石层为下更新统地层,可见断裂活动时代为早更新世和中更新世早期。另外,在溢洪道勘探时,探槽揭露到该断层为下更新统的红土卵石层与第三纪砂岩接触,断面倾角为 60°,估计下更新统底面落差 10 m 以上。根据溢洪道钻孔资料,该断裂存在一基岩为 50~60 m 的陡坎,其中钻孔 261 与钻孔 262 相距仅 30 m,而基岩顶面深度变化达 50 m,即晚第三纪底面落差约为 50 m,并且错断了下更新统的黏土层,落差达 20 m,同时影响到中更新统地层,与上更新统呈超覆关系。由此可以看出,其认为溢洪道施工开挖揭露断层、钻孔 261 与钻孔 262 及其附近揭露断层、主坝右岸垂直坝轴线排水沟开挖揭露断层均为岳城断裂。

鉴于岳城水库坝址区松散堆积物厚度较大,新构造运动较为活跃,而松散堆积层中构造迹象不易发现和认识,在以往勘察工作中,由于专项投入经费有限,在今后勘察设计工作中,需继续重视对岳城断裂的勘察与研究工作。

12.2　地层划分

上第三系上新统（N_2）是库区和坝址区的主要地层,分布范围甚广,库区及临近的临水、南大峪、石庙、老鸦峪、申家庄、水冶一线均有出露。地层成因、岩性、岩相复杂多变,厚度不稳定,尤其以库区中部和尾部明显,岩性主要有砾岩、砂砾石、各种粒径的砂、高液限黏土、低液限黏土、低液限粉土等,呈层状或透镜体状分布。

本层在京广线以东地区属于湖泊相沉积,坝址以西至库尾观台一带为山前冲积洪积相的堆积,而坝址区及其附近地区是两者的过渡相或可称为山前三角洲相的沉积。

根据闫宇、宋岳发表在 2008 年 4 月第二期《资源环境与工程》上的论文"中国部分地区上第三系地层工程地质性质及岩性定名"，对上第三系地层勘察认识过程如下：

（1）在 20 世纪五六十年代勘察期间，根据河北省地层表，岳城水库地区上第三系为上新统（N_2）半胶结 – 胶结的砾岩、砂岩、黏土岩等。

（2）在 20 世纪七八十年代扩建加固期间，通过溢洪道、大副坝等工程的基坑开挖及补充勘察，认为枢纽地区的上第三系上新统以土类为主，含有少量岩类地层，并按工程地质性质分为四大层，其中第四层又分为四个亚层，除第七层（N_2^{4-4}）和第三层（N_2^3）中含有钙质半胶结的砾岩和砂岩外，其余均为土层。根据试验成果，上第三系的砂土相对密度为 0.87 ~ 0.97，呈密实状态，其抗剪强度和允许承载力均高于第四系类似的砂土。黏性土液性指数为 – 0.1 ~ 0，一般呈硬塑 – 坚硬状，其力学指标高于第四系类似的黏性土。

该地层在 1989 年出版的《河北省北京市天津市区域地质志》中，岳城地区上第三系中新统九龙口组（N_1^3）总厚度为 73 m，共分为 12 个小层，岩性主要有砾岩、含砾砂岩、砂岩、泥质砂岩、砂质黏土及黏土等。从区域地层对比分析可知，以往岳城水库勘察资料中上上第三系上新统（N_2）地层应确定为中新统九龙口组（N_1^3）。为保持资料的一致性，岳城水库勘察资料仍沿用了以往的地层划分。

12.3　坝基砂卵砾石临界水力坡降

勘察资料表明，右岸坝段坝基第四系砂卵石层颗粒组成极不均一，不均匀系数达到 89 ~ 281，缺少 0.5 ~ 15 mm 颗粒，可能发生的渗透变形为管涌。

在建库初期勘察期间，曾对桩号 1 + 000、1 + 650、1 + 800、2 + 075、2 + 125、2 + 150 部位的坝基砂卵砾石进行了管涌渗透变形试验，获得的破坏坡降为 0.07 ~ 0.56，允许坡降为 0.04 ~ 0.255。

当时结合试验成果，经多方研究论证，确定了允许渗透坡降为 0.07 ~ 0.10。多年以来，历经多次审查，各位专家普遍认可这个标准，未提出异议。

从多年设计采用允许水力坡降为 0.07 ~ 0.10，以及从在历年较高库水位下坝基砂卵石层尚未发生渗透变形的实际情况判断，坝基砂卵石的渗透变形的允许坡降采用 0.07 ~ 0.10 是较为适宜的。

从有关工程经验参数和临近工程经验来看，砂卵砾石的允许水力坡降偏小，这种认识也是明确的，在有关报告中有所叙述。但在现实条件下，选用沿用已久的参数是最为经济、实用的、稳妥的方法，也取得了普遍认可。但这并不意味着这个问题答案就是正确的，它只是在特定条件下的较为合理的答案，因此在今后需要继续重视这个问题，并在可能情况下，结合有关问题，进行现场试验，论证参数，这是根本的解决途径。

12.4　主坝坝后水体温度较高问题

在勘察期间，对库水、坝后南 5# 减压井、北 3# 减压井、桩号 3 + 110 坝后排水沟水体温度进行了连续观测，持续时间约为 50 d，同时对钻孔地下水体温度进行了测量，现简述如下。

（1）库水、减压井水温和桩号 3 + 110 坝后排水沟。

库水、南 5# 减压井、北 3# 减压井水温测量成果见表 12-1。

表12-1　库水、南5#减压井、北3#减压井和桩号3+110坝后排水沟水温测量成果

观测日期(年-月-日)	库水			南5#减压井			北3#减压井			桩号3+110坝后排水沟		
	时间(时:分)	水体温度(℃)	气温(℃)	时间(时:分)	水体温度(℃)	气温(℃)	时间(时:分)	水体温度(℃)	气温(℃)	时间(时:分)	水体温度(℃)	气温(℃)
2006-12-03	17:19	9.6	2.2	16:12	18.4	4.2	16:45	15.2	4.2	16:01	18.4	4.2
2006-12-04	11:17	9.4	4.0	9:55	18.8	-1.0	10:20	15.4	0.0	9:44	18.4	-2.0
2006-12-05	15.15	9.4	3.5	15:51	18.6	4.0	15:37	15.4	2.0	16:11	18.4	0.0
2006-12-06	17:00	8.4	0.5	16:04	18.7	0.5	16:24	15.4	0.0	15:52	18.4	0.5
2006-12-07	16:14	7.8	0.0	15:21	18.8	0.0	15:46	15.4	-0.5	15:08	18.4	0.0
2006-12-09	10:36	6.0	0.0	9:00	18.7	-2.0	10:02	15.4	1.0	8:42	18.4	-3.0
2006-12-10	9:46	7.0	-4.0	8:54	18.6	-4.0	9:17	15.2	-3.0	8:40	18.4	-1.0
2006-12-15	14:50	7.5	8.0	9:37	18.6	6.0	10:53	15.4	8.0	9:21	18.4	3.0
2006-12-20	10:22	5.8	6.0	9:15	18.6	-2.0	9:33	15.4	-2.0	9:07	18.4	-3.0
2006-12-25	10:15	5.0	-2.0	8:58	18.4	-5.0	9:26	15.2	-4.0	9:07	18.2	-4.5
2006-12-30	10:20	3.0	-6.0	8:40	18.2	-5.0	9:30	15.1	-5.0	8:50	18.1	-4.0
2007-01-05	9:57	2.0	-1.5	9:10	18.0	-2.0	9:25	15.0	-1.0	8:55	17.8	-3.0
2007-01-10	10:10	2.4	-2.0	9:15	17.8	-3.0	9:38	15.0	-3.5	8:57	17.6	-4.0
2007-01-15	10:05	0.4	-3.0	9:25	17.4	-2.5	9:40	15.0	-3.0	9:15	17.4	-2.0

在库水水面温度进行测量同时,对库水沿深度也进行了水温测量,测量成果见表 12-2。

表 12-2　库水沿深度方向水温测量成果

日期 (年-月-日)	库水深度(m)	水温(℃)	气温(℃)
2006-12-20	0.0	6.5	4.8
	1.0	6.4	
	2.0	6.4	
	3.0	6.4	
	4.0	6.4	
	5.0	6.4	
	6.0	6.4	
	7.0	6.4	
	8.0	6.4	
	9.0	6.4	
	10.0	6.3	
	11.0	6.3	
	12.0	6.3	
	13.0	6.3	
	14.0	6.3	
	15.0	6.3	
	16.0	6.3	
	17.0	6.3	

从表 12-2 中可见,库水沿深度方向水温变化较小,为 6.3 ~ 6.5 ℃,基本稳定。

(2)钻孔水温。

对 ZKR1、ZKR4、ZKR6、ZKR9 ~ ZKR16、ZKR2 - 1、ZKR17、ZKR18、ZKR7 - 1、ZKR19、ZKR21、ZKR26 钻孔水体温度进行了测量,共计 18 个钻孔,其中 ZKR26 钻孔进行了两次温度测井,见表 12-3。

表 12-3　钻孔水温测量成果

钻孔编号	观测日期(年-月-日)	气温(℃)	水温(℃)
ZKR1	2007-01-13	−4	13.6 ~ 14.1
ZKR4	2007-01-13	−4	13.2 ~ 14.3
ZKR6	2006-12-24	2 ~ 3	15.4 ~ 15.5
ZKR9	2007-01-03	2	13.5 ~ 14.7
ZKR10	2006-12-24	2 ~ 3	14.8 ~ 15.5
ZKR11	2006-12-24	2 ~ 3	14.5 ~ 15.2
ZKR12	2006-12-31	−2	14.1 ~ 14.4

续表 12-3

钻孔编号	观测日期(年-月-日)	气温(℃)	水温(℃)
ZKR13	2006-12-24	2 ~ 3	14.8 ~ 15.0
ZKR14	2006-12-24	2 ~ 3	14.4 ~ 14.8
ZKR15	2007-01-6	4	14.4 ~ 14.9
ZKR16	2006-12-24	2 ~ 3	15.5 ~ 16.0
ZKR2 – 1	2006-12-31	– 2	15.2 ~ 15.8
ZKR17	2006-12-26	0 ~ 1	14.6 ~ 15.1
ZKR18	2006-12-24	2 ~ 3	14.6 ~ 15.2
ZKR7 – 1	2006-12-24	2 ~ 3	12.9 ~ 15.5
ZKR19	2007-01-1	0	13.0 ~ 14.0
ZKR21	2006-12-24	2 ~ 3	16.7 ~ 18.9
ZKR26	2006-12-24	2 ~ 3	12.4 ~ 13.3
ZKR26	2007-01-6	4	13.1 ~ 13.2

从表 12-3 中可以看出,钻孔中地下水温度明显高于气温,为 12.4 ~ 18.9 ℃。此外,除 ZKR21 外,其余各孔地下水温度差别不大。

(3)水井水温调查。

鉴于坝后水体温度较高,为此对右坝肩上下游村庄的民用水井、机井以及废弃的机井和附近的正在施工的煤炭钻孔的水体温度进行了调查,井、泉水温度一般高于气温,但由于位置不同,水体温度差别较大。

测量水体温度期间,正值冬季,气温及库水温度均较低,但所有测量钻孔的水体温度均较高,一般为 12.4 ~ 15.5 ℃,特别是 ZKR21 钻孔明显偏高,为 16.6 ~ 18.9 ℃;同时发现,南 5# 减压井水体温度与桩号 3 + 110 坝后排水沟水体温度、钻孔 ZKR21 地下水水体温度接近,为 17.4 ~ 18.8 ℃,而与其余测点水体温度差别明显。由此可以认为,桩号 3 + 110 坝后排水沟目前所测得的流量并非全部是渗漏库水,而是由渗漏库水和地下水两部分组成。地下水体温度较高,在坝基内的主要延伸方向为 ZKR21 – 南 5# 减压井。

此外,坝后南 5# 减压井水体温度为 17.4 ~ 18.8 ℃,北 3# 减压井水体温度为 15.0 ~ 15.4℃,桩号 3 + 110 坝后排水沟水体温度为 17.4 ~ 18.4 ℃,东清流村水井、机井水体温度为 15.8 ~ 16.8 ℃,西清流村机井水体温度 13.4 ℃,英烈村水井、机井水体温度为 14.4 ~ 15.4 ℃,右坝肩正南方向的英烈村至众乐村之间的煤田钻孔(深度为 950 m,二叠系砂岩、页岩,设计深度为 1 100 m,进入奥陶系地层)水体温度为 16.2 ℃,而库水水体温度为 0.4 ~ 9.6 ℃,气温仅为 – 6.0 ~ 8.0 ℃,水体温度之间的差异较大,且水体温度较高涉及的范围较大,从大坝上游西清流村至下游东清流村、英烈村均存在这种现象。

坝后地下水在一定范围内水体温度较高,其具体原因有待进一步查证。

12.5 主坝右岸坝基黄土状土工程地质性状

综合以往资料和 2006 年勘察成果,坝基下黄土状土主要由浅黄色黄土状低液限黏土和棕红色黄土状低液限黏土组成,局部夹有低液限粉土,主要岩性及分布如下。

沿坝轴线,在一级阶地(桩号 2 + 400 ~ 3 + 012)部位,主要由全新统冲积(Q_4^{al})的、全新统冲坡积(Q_4^{al+dl})的浅黄色黄土状低液限黏土组成,厚度为 4 ~ 10 m,在冲沟局部黄土状土缺失而代之为全新统洪积(Q_4^{pl})砂卵石;在二级阶地(桩号 3 + 012 ~ 3 + 400)部位,主要为全新统和上更新统冲坡积(Q_{3+4}^{al+dl})的浅黄色黄土状低液限黏土和上更新统冲坡积(Q_3^{al+dl})棕红色黄土状低液限黏土,厚度为 5 ~ 22 m;右岸斜坡(桩号 3 + 400 以右)地带,上部为上更新统冲坡积(Q_3^{al+dl})的浅黄色黄土状低液限黏土、上更新统坡残积(Q_3^{dl+el})的棕红色黄土状低液限黏土、上更新统坡洪积(Q_3^{dl+pl})的棕红色黄土状低液限黏土、上更新统坡积(Q_3^{dl})的棕红色黄土状低液限黏土(局部夹有卵砾石)、下更新统冲积洪积红土卵石,厚度为 6 ~ 13 m。

12.5.1 土的物理力学性质

根据试验成果,浅黄色黄土状低液限黏土含水率为 13.3% ~ 26.2%,平均值为 20.1%;湿密度为 1.83 ~ 2.09 g/cm³,平均值为 2.00 g/cm³;干密度为 1.52 ~ 1.80 g/cm³,平均值为 1.66 g/cm³;塑性指数为 8.7 ~ 13.7,平均值为 11.1;液性指数为 -0.33 ~ 0.75,平均值为 0.295;饱和固结快剪试验的凝聚力 C = 2.0 ~ 54.5 kPa,内摩擦角 φ = 11.8° ~ 34.2°,平均值 C = 22.2 kPa,φ = 25.6°;压缩系数 a_{1-2} = 0.131 ~ 0.497 MPa⁻¹,平均值为 0.288 MPa⁻¹;属于密实、中等压缩性土。

棕红色、棕色黄土状低液限黏土含水率为 14.5% ~ 26.9%,平均值为 21.8%;湿密度为 1.63 ~ 2.09 g/cm³,平均值为 2.00 g/cm³;干密度为 1.46 ~ 1.78 g/cm³,平均值为 1.65 g/cm³;塑性指数为 8.9 ~ 14.5,平均值为 11.9;液性指数为 -0.04 ~ 0.87,平均值为 0.38;饱和固结快剪试验的凝聚力 C = 1.9 ~ 49.8 kPa,内摩擦角 φ = 16.9° ~ 32.2°,平均值 C = 23.7 kPa,φ = 23.4°;压缩系数 a_{1-2} = 0.114 ~ 0.346 MPa⁻¹,平均值为 0.246 MPa⁻¹;属于密实、中等压缩性土。

12.5.2 湿陷性

建坝初期,试验成果表明,坝基下黄土状土湿陷性差异较大,综合判定具有一定的湿陷性,相对湿陷系数平均值为 0.066。

本期勘察采取 6 组土样进行湿陷性试验,从试验成果来看,一般湿陷系数为 0 ~ 0.009,不同压力下的湿陷系数均小于 0.015,按照《湿陷性黄土地区建筑规范》(GB 50025—2004)的规定,判定为非湿陷性土。

12.5.3 压缩性

据试验成果,浅黄色黄土状低液限黏土的压缩系数一般为 0.131 ~ 0.497 MPa⁻¹,平均值为 0. 300 MPa^{-1},而棕红色黄土状低液限黏土的压缩系数一般为 0. 116 ~ 0. 346 MPa^{-1},平均值为 0. 255 MPa^{-1},均属于中等压缩性土。

12.5.4　渗透性及渗透稳定性

　　据 2006 年试验成果,浅黄色黄土状低液限黏土的垂直渗透系数平均值为 1. 38 × 10^{-6} cm/s,水平渗透系数平均值为 9. 48 × 10^{-6} cm/s,属于微 – 极微透水性。棕红色黄土状低液限黏土的垂直渗透系数平均值为 1. 21 × 10^{-5} cm/s,水平渗透系数平均值为 5. 05 × 10^{-4} cm/s,属于弱 – 微透水性,局部中等透水性。两者的水平渗透系数大于垂直渗透系数,说明其透水性有一定的差异,水平渗透系数为垂直渗透系数 6. 9 ~ 41. 7 倍。

第 13 章　病险水库地质勘察与思考

岳城水库自运用以来,先后曾出现过不同的病险问题,主要的病险问题曾进行了地质勘察和工程处理,且已先后竣工并投入使用,业已证实前期的勘察成果基本满足了设计和施工需要,勘察研究报告对拟除险加固建筑物的工程地质条件论述,有关病险问题分析评价和结论是基本正确的,勘察成果在以往各期除险加固工程施工处理中发挥了应有作用。

综观岳城水库病险问题地质勘察,总结了几十年地质勘察历程,既能够更好地服务于岳城水库的正常运行,也可以为今后运行过程中发现或出现的病险问题的地质勘察提供直接指导作用和积累经验,更能为同类型病险水库的地质勘察工作提供借鉴意义。

(1)必须重视除险加固的工程地质勘察。

我国病险水库除险加固工作任务巨大,地质勘察工作亦很繁重,为了使病险水库的问题能够得到解决,保证工程安全稳定运行,也为了控制工程规模和投资,提高资金利用效益,避免脱离工程实际和现状,以及未来发展和需求,在病险水库的除险加固工程及其地质勘察工作中,应坚持实事求是、按照客观规律办事、从实际出发的精神,保持严谨科学作风,务必坚信质量百年大计的理念,病险水库是能够解决好的。

工程地质勘察工作是病险水库除险加固工程的基础性工作,对于病险水库除险加固工作圆满完成起着至关重要的作用,必须引起足够的重视。岳城水库大副坝坝后暗管涌砂、主坝右岸坝段坝基渗漏问题、主坝散浸问题、库区塌岸问题均对工程地质勘察工作给予了足够重视,并能够顺利先期进行,为后续设计工作奠定了扎实的基础,促进了有关除险加固工作的按计划有序进行。

水库病险问题是在工程运行期间发现或出现的工程问题,是一种客观的工程现象的反映,其有一个发生、发展的过程,人们对病险问题的认识也有一个逐步深化的过程,尤其是一些复杂的、多年难题,为此,病险水库的地质勘察应分阶段有序稳妥进行,控制必要勘察期限和合理进度及精度,使得病险问题能够得到全面"暴露",为全面、准确认识及解决病险问题创造客观条件,切不可盲目冒进、主观臆断,片面追求进度,因勘察经费而过度简化勘察计划。

(2)抓住关键问题进行病险水库的勘察。

作为病险水库,其可能存在各种各样的问题,但各个病险问题对工程的影响和重要性是有差异的,为此,在病险水库的地质勘察工作中,必须抓住关键问题,进行全面、系统、深入地勘察研究,切不可"一视同仁",使得除险加固工作失去重点和核心,造成一定的浪费,延误进度。

多年来,在岳城水库先后出现的病险问题中,大副坝坝后暗管涌砂问题、主坝散浸问题、主坝右岸坝段坝基渗漏、库区塌岸问题是工程地质方面的主要的、重大问题,对于工程安全、稳定运行及设计功能发挥起着重要作用,更是建筑物除险加固和库区塌岸治理工作的核心、本质,在除险加固工作中起着主导作用。先后进行系统的工程地质勘察工作,可以促进有关病险问题圆满解决。

（3）必须重视地面地质测绘和调查。

地面地质测绘和调查是水利水电工程地质勘察工作的"龙头"，向来引导全局，而对于病险水库的除险加固工程地质勘察工作也是这样的。通过地质测绘和调查，可获得较为全面、真实、、丰富、客观的第一手资料，从而能够真正把握现状，了解实际，为深入分析、研究、评价工程病险问题奠定坚实的基础，更能为宏观分析、综合评判工程问题、避免重大失误创造了客观条件和基础。

在岳城水库主坝右岸坝段坝基渗漏问题勘察工作中，以以往资料为基础，继续深入地进行地质测绘和调查，仔细观察各种现象，详细研究工程区基本工程地质条件，正是这样，地下水温度偏高的问题得以发现，并逐步开展较为系统观测工作。库区塌岸治理工程地质勘察，针对多年来塌岸问题未有明确结论，各种争论不断，且以往有关塌岸缺少记录和观测资料，为此，首先进行地质测绘和调查，管理单位和沿岸乡村（镇）及村民是主要调查对象，全面调查库岸现状和发展过程，以及曾经发生的塌岸造成的损失，获得了真实、可靠、丰富的资料，全面了解实际情况，为继续研究分析塌岸问题创造了有利的条件，并能够为库岸综合评价奠定坚实基础。

（4）重视资料收集和调查访问。

在病险水库地质勘察中，全面、客观、真实地了解存在的病险问题及其发展过程是首要的任务，其对于正确认识、分析和评价病险问题起着非常重要的作用。而观测资料收集和调查走访是最基础性的工作，也是关键环节，必须高度重视，唯有如此，才能准确、客观、真实地了解工程现状和病险问题本质，并为病险问题论证、分析、研究及解决奠定稳妥、可靠的基础。

在岳城水库主坝右岸坝段坝基渗漏问题的勘察工作中，把收集和调查走访作为勘察工作首要任务，始终紧抓不放送，先后收集整理了水库多年来库水位、较高库水位下坝基砂卵砾石实际水力坡降数值及坝后暗管检查维修记录，并调查走访管理单位和有关人员，从而客观、真实地了解岳城水库运行特征和坝基渗透变形真实状况，为坝基渗透问题的深入分析和研究提供扎实的基础。

在库区塌岸勘察期间，先后向水库管理单位、沿岸村镇单位和村民收集以往发生塌岸记录和记忆，从而对库区塌岸问题有了直观、真实的了解，也认识到塌岸严重性及其治理意义。

（5）加强地质综合分析和判断。

病险水库的除险加固工程地质勘察工作，由于多种原因，勘察工作难以按照规程规范全面、系统地进行，所采取勘察手段和获得资料是有限的，在这种情况下，地质综合分析和判断发挥着独特作用。

岳城水库主坝右岸坝段坝基渗漏问题勘察中，已有灌浆帷幕的防渗效果的分析与评价是必须解决的首要问题，但限于条件、时间等因素，短时间内不能采取勘察手段直接调查其防渗效果，为此，通过分析现有的各种资料及工程运行状况，结合水库运行模式，经地质综合分析和判断，对已有灌浆帷幕的防渗效果作出客观、切合实际的评价。

在主坝散浸问题勘察中，经勘察发现，虽然坝体土中存在"软层"、"硬层"，坝体土不均一明显等问题,但这些"软层"分布分散,未能形成连通性的通道,以及从实际情况来看,"软层"的干密度不是很低,结合竖井开挖情况、物探测试成果等,经地质综合分析和判断,认为坝体土虽然存在"软层",但不存在渗漏通道,散浸段渗水主要来自砂砾料与碾压土体接触面的含水带。

(6)重视施工地质工作。

鉴于病险水库的特殊性,在施工处理中,加强施工地质工作,一方面及时发现问题,修正前期勘察结论,确保工程处理达到预期目的;另一方面,收集整理施工揭露的有关地质资料,积累资料,建立全面、系统工程技术档案,为今后工程安全稳定运行、新的工程问题勘察与研究提供丰富、翔实基础资料。

地基是隐蔽工程,一旦错过施工开挖期收集地质资料,地基覆盖后,一切均无法逆转,造成的损失是巨大的。

在目前市场经济条件下,施工地质工作也受到的一定程度的影响。一些工程不够重视施工地质工作,地基资料缺失或不完整;而有些项目施工地质工作流于形式,未能和施工结合起来,服务于施工,应付局面。这些现象造成工程竣工验收时,基础性资料不完善,会对工程今后安全稳定运行有影响。

(7)除险加固工作必须常抓不懈,建立长效机制。

随着时间的流逝,工程老化都是客观、真实存在、不容回避的现象,在运营过程中,任何工程都会出现或发现一些问题,而病险水库存在的问题较为严重,已经影响了工程安全稳定运行,从长远来看,病险问题与工程相伴生,虽然以往病险问题解决了,但还可能会出现新的病险问题或工程问题,例如岳城水库坝后水位温度较高问题就是一个典型新发现的问题。此外,过去解决的问题还会再次出现,如岳城水库主坝右岸坝段坝基渗漏问题;病险水库的除险加固工作不可能做到"一劳永逸",相反,对于病险水库的除险加固工作,应坚持科学、客观、辩证唯物主义的态度和认识观,必须常抓不懈,建立长久机制、制度,形成科学的、符合我国实情的水库除险加固管理运行体系;同时,在管理工作中,重视日常观测监测、观察工作,并对观测监测资料及时整理分析,发现问题及时处理,以确保工程处于良好运行状态,发挥设计功能。

(8)限于经费,有些问题还不能深入勘察与研究,暂时遗留下来。

目前,病险水库除险加固项目批复立项后,除险加固的有关费用才能真正、具体落实,前期的勘察、设计费用基本均由管理单位筹集资金进行,限于经费和体制及资金投入问题,有些病险问题暂时无力顾及,暂时搁置或遗留下来,等待以后有机会再去解决。

在岳城水库主坝右岸坝段坝基渗漏问题勘察期间,发现地下水温度偏高问题,这是一个新发现的问题,虽依据现有资料进行了初步分析和研究,但限于经费等,还不能进行深入的勘察研究,故在本期除险加固工作中未涉及,暂时遗留下来,今后在恰当时机,继续开展勘察研究。

参考文献

[1] 闫宇,宋岳. 中国部分地区上第三系地层工程地质性质及岩性定名[J]. 资源环境与工程,2008(2): 183 – 187.

[2] 盛金宝,沈登乐,傅忠友. 我国病险水库分类和除险技术[J]. 水利水运工程学报,2009(4):116 – 121.

[3] 杨光煦. 砂砾地基防渗工程[M]. 北京:水利电力出版社,1993.

[4] 能源部,水利部水利水电勘测设计规划总院. 水利水电工程勘测设计专业综述 II 勘测[M]. 成都:电子科技大学出版社,1993.

[5] 黄向春. 岳城水库塌岸研究[D]. 天津:天津大学建工学院,2011.